中国科学院
水 利 部 成都山地灾害与环境研究所 知识创新项目

中国山区发展报告

——中国山区聚落研究

陈国阶 方一平 陈 勇 沈茂英
杨定国 王 青 刘邵权 高延军 著

商 务 印 书 馆
2007年·北京

图书在版编目(CIP)数据

中国山区发展报告:中国山区聚落研究/陈国阶等著. 北京:商务印书馆,2007

ISBN 978-7-100-05384-6

Ⅰ. 中… Ⅱ. 陈… Ⅲ. 山区-可持续发展-研究-中国 Ⅳ. X322.2

中国版本图书馆CIP数据核字(2007)第023498号

中国山区发展报告——中国山区聚落研究

陈国阶 方一平 陈 勇 沈茂英 杨定国 王 青 刘邵权 高延军 著

商 务 印 书 馆 出 版
(北京王府井大街36号 邮政编码 100710)
商 务 印 书 馆 发 行
北京瑞古冠中印刷厂印刷
ISBN 978-7-100-05384-6

2007年9月第1版 开本 787×1092 1/16
2007年9月北京第1次印刷 印张 22½ 插页 6

定价:58.00元

前　言

中国区域发展不平衡是一个复杂的区域差异现象，宏观上有东、中、西部地带性差异，有城市与乡村差异，有汉族聚居区与少数民族聚居区差异；我们在《2003 中国山区发展报告》中，又明确指出还有平原、丘陵、山区差异。我国山区集中分布于西部和各省（自治区、直辖市）的边界、交界地带，并且大多是少数民族聚居区，是农村聚落的“汪洋大海”。因此，山区是当前社会经济发展各种不利因素和困难因素叠加影响的地区，山区聚落作为山区最基本的社会经济单元和最基础的社会组织单元，在发展上则是弱势区域中的弱势基层，是贫困中的特殊聚群，山区聚落居民是我国弱势群体中的底层弱者，是山区贫困的主要载体。总之，我国山区是地形上的隆起区，同时是经济上的低谷区，山区是全国脱贫的攻坚区，山区聚落则是我国“农村、农业、农民”问题的重点、焦点；山区聚落的发展态势直接影响到全国发展的大局，影响着我国全面小康社会的建设，是我国构建社会主义和谐社会成败的试金石，是我国社会主义新农村建设难点中的难点。

多年来，我们针对山区发展中的问题，踏遍了全国山区的山山水水，多次深入山区农村聚落、农户、田间地头进行调研、考察、访问，大量感性认识引发了我们对山区未来发展的理性思考。其中下列几个方面感受颇深。

一、中国山区发展滞后，不只是表现在经济水平上，而且更强烈地表现在社会发展的层次上，表现在发展机制和思维理念的差别上，表现在发展环境和发展阶段的落差上。因此，山区发展问题是一个受自然、历史、社会、文化、观念等多重因素影响的综合性、系统性问题，改变山区的落后面貌将是一个长期的艰巨的过程。

二、中国山区发展滞后，与其传统生产方式和生活方式互为因果，与人口和聚落模式紧密相关。当代山区聚落模式呈现分散、小聚团、边远、封闭、边缘（远离经济中心）的特征，是农业社会自给自足小农经济的衍生物，与区域、全国乃至世界工业化、农业产业化、城镇化的进程是格格不入的。因此，现存山区聚落的模式已成为山区发展的绊脚石，山区要发展就必须对山区聚落进行改造、重构，重新进行战略安排与部署。

三、实施以“生产发展、生活富裕、乡风文明、村容整洁、管理民主”为内涵的社会主义新农村建设，是党中央解决我国“三农”问题、构建社会主义和谐社会的重要战略举措。建设社会主义新农村，在山区而言，就是要建设 21 世纪新山区。这是我国工业化、城镇化快速发展时期山区农村发展所面临的新战略目标和战略任务，也是构建社会主义和谐社会、落实科学发展观的必然选择。但建设社会主义新农村必须落实到具体空间里，必须以最基础的村落、聚落为起点。山区聚落要适应社会主义新农村建设的需要，必须有新的发展思维，必须有新的发展模式，必须打破其传统、封闭、边远、边缘、自给自足的格局，构建新的聚落建设与发展模式。因此，本报告将山区聚落作为研究主题，就是从建设社会主义新农村和建设21世纪新山区的战略需求出发的。

在本报告编写之前及其过程中，为了更好地把握我国山区聚落发展的脉搏，掌握山区聚落发展的新动向，切实解剖、分析中国山区发展与山区聚落发展的关系，揭示山区聚落存在的问题，探求中国山区聚落未来可能的演化和发展方向，总结山区聚落经济社会发展的成功经验；我们先后分期分批到华北、东北、西北、西南、华东、华中等主要山区进行实地考察调研，虽然还来不及做较长时间的蹲点、定点跟踪监测，但对全国山区的发展态势和山区聚落的发展现状有了较客观的了解和较好的认识，为本报告的编写奠定了良好的实践基础。

我们知道，对我国农村聚落的研究已经不少，但过去的研究主要集中在局部区域，集中在聚落社会学、聚落地理学、聚落建筑、聚落民情民俗等方面。本报告对山区聚落的研究立足于自然科学和社会科学的交汇，力图从新的科学视野上进行研究，特别是立足于社会主义新农村建设、21世纪新山区建设的新理念，立足于全国工业化、城镇化快速发展时期山区发展道路的探索上。我们深信，这还是一个崭新的领域，一个有重大理论学术价值和实践指导意义的领域。我们希望本报告的出版，能引起各部门、各级领导、各界专家学者和社会贤达以及广大读者对山区发展、山区聚落发展的关心，提高社会各界对山区聚落问题特殊性的认识，能为我国社会主义新农村建设战略的实施起到良好的促进作用。

本报告由陈国阶提出研究大纲，由课题组所有成员多次进行讨论、完善，然后结合山区野外考察成果，分工写作，最后由陈国阶完成修改、加工、补充、统稿、定稿等工作。各章节写作人员如下：第一章，第一节陈勇，第二节沈茂英，第三节陈国阶；第二章，第一节陈国阶、王青、陈勇，第二、三、四节方一平；第三章，第一节王青、陈国阶、沈茂英，第二、三节陈勇、刘邵权、陈国阶，第四节陈勇、沈茂英、刘邵权；第四章，第一节高延军，第二节陈国阶、高延军，第三节陈国阶、高延军；第五章，杨定国；第六章，第一节方一平、陈国阶，第二、三节陈国阶、方一平，第四节方一平；第七章，沈茂英。华南农业大学叶延琼参与了部分山区的调研考察工作，杨德伟、徐厚琴、杨维琼参与了部分数据的整理工作。这里需要特别说明的是，考虑到以往研究工作的积累、完善，以及山区发展报告的系统性，本书少量章节引用了我们已发表的部分成果。

本报告作为中国科学院成都山地灾害与环境研究所知识创新工程资助项目，一直得到所领导集体的支持、关心和帮助；有关四川山区聚落研究，还得到四川省科技厅部分资金的支持；“长寿聚落”撰写中，得到中国科学院南京土壤研究所龚子同教授及黄标教授的大力帮助，特此表示衷心的感谢。

陈国阶

2006年9月

目　录

第一章　中国山区聚落概论

第一节　聚落的一般理论

所谓聚落，就是人类各种居住地的总称，由各种建筑物、构筑物、道路、绿地、水源地等物质要素组成。聚落一般分为乡村聚落和城市聚落。由于对城市聚落的研究较多，且理论和方法相对比较成熟，在很多情况下，“聚落”一词往往是指乡村聚落，即狭义的聚落之意。聚落主要是地理学的研究对象。在地理学中有聚落地理学或乡村聚落地理学。聚落地理学是与城市地理学相对应的一门重要的人文地理学分支学科。近年来，由于乡村生态环境问题日益引起人们的关注，学术界也开始从生态学的角度展开了对聚落的研究，从而形成了一门与城市生态学相对应的聚落生态学或称为乡村聚落生态学。除了聚落地理学和聚落生态学外，对聚落研究较多的是建筑学和考古学。建筑学对聚落的研究主要侧重于对聚落建筑的形态、布局、功能和结构的研究，而考古学对聚落的研究则主要是对史前时期聚落遗址形态结构的研究，其目的是为了揭示当时的社会关系以及人类与生态环境的关系。

一、对“聚落”及相关概念的理解

乡村聚落与村落：乡村聚落与村落在很多文献中均被视为同义词，但其内涵并非完全一致。聚落在古代指村落，如《史记・五帝本纪》中的“一年所居成聚，二年成邑，三年成都”中的“聚”和《汉书・沟洫志》中的“或久无害，稍筑室宅，遂成聚落”中的“聚落”都是指村落[1]。古代的“聚落”并不包含表示古代城市的“城”、“都”、“邑”、“都市”、“都会”的意义。在近现代，聚落泛指一切居民点，既包括乡村居民点（乡村聚落），也包括城市居民点（城市或城市聚落）。乡村聚落指各种乡村居民点，既包括乡村中的单家独院，也包括由多户人家聚居在一起的村落（村庄）和尚未形成城市建制的乡村集镇，有时还包括建于野外和自然保护区的科学考察站以及城市以外的别墅区或度假村。所以，乡村聚落的内涵大，而村落的内涵小，村落只是乡村聚落的一个类型和重要组成部分。

乡村聚落与乡村：由于乡村概念的多重属性和乡村界定的困难[2]，在使用“乡村”一词时，往往概念比较模糊，给研究工作带来了不必要的困难。在研究乡村聚落生态时，有必要对乡村聚落和乡村的区别予以说明。尽管乡村聚落和乡村都是与城市相对应的概念，但两者的内涵也不一样。前者主要是指非城市人口的聚居地或住区，后者是指除城市地域以外的所有地方，一般来说不包括没有人类活动或人类活动较少的荒野和无人区。从地域范围看，乡村聚落和乡村是部分和整体的关系。前者是点，后者是面。从聚落发展与演化的过程看，乡村聚落和城市聚落或城市只是聚落发展和演化过程中的不同阶段。前者处于低级阶段，后者处于高级阶段。乡村聚落在人口规模和占地面积上均比城市小，其人口的职业构成也没有城市复杂。

乡村聚落与社区：社区是指以一定地理区域为基础的社会群体。社区至少包括以下一些特征：有一定的地理区域，有一定数量的人口，居民之间有共同的意识和利益，并有着较密切的社会交往。乡村聚落是指乡村人口的居住地或住区。除包括一定的人群外，还包括一定的建筑物和道路。有学者提出“人、房屋、道路”是构成聚落的三大要素[3]。聚落和社区是既相互区别又相互联系的两个概念。两者的共同之处主要在于都以一定的地理区域为基础，都包含有一定的人群。而不同之处在于两者所暗含的重点不一样。聚落所强调的是一定人群的自然和居住属性，而社区所强调的是一定人群的社会经济属性。芝加哥学派在创立人类生态学（又称为人文区位学）时就将社区（community）当做人类生态学研究的基本单位，认为社区就是或多或少依附于其居住地区的人口与其自然环境之间所构成的整体。由于社区和聚落的诸多相似之处，社区成为乡村聚落生态研究可资借鉴和借用的重要概念。聚落生态研究的目的就是寻求聚落内人口与聚落生态环境的和谐统一。聚落生态研究的范围除了聚落本身外，还应有一定的腹地，即聚落内人口的活动区域，这个活动区域实际上就是一个完整的社区的地域范围[4]。由于人口是聚落的重要组成部分，聚落生态也就成为人类生态学研究的重要内容。古典的人类生态学将社区作为其研究的基本单位时，所考虑的重点是社区内人的行为和组织方式如何受到来自时间和空间因素的影响。而当代的人类生态学更多地关注人类对自然生态系统的影响以及环境对人类行为的响应。作为人类与生态环境发生联系最直接、最密切的时空单元和系统的聚落必然会成为当代人类生态学的基本研究单位。

聚落与人居环境：所谓人居环境，就是人类聚居生活的地方，是与人类生存活动密切相关的地表空间，是人类在大自然中赖以生存的基础，是人类利用自然和改造自然的主要场所[5]。就研究层次而言，人居环境可分为全球、区域、城市、社区和建筑五个层次。在空间上，人居环境可分为生态绿地系统和人工建筑系统。与人居环境相比，希腊建筑学家道萨迪亚斯（C. A. Doxiadis，1913～1975）所提出的人类聚居在内容上似乎更为宽泛。人类聚居就是“人类为了自身的生活而使用或建造的任何类型的场所”。这些场所可以是天然形成的（如洞穴），也可以是人工建造的（如房屋）；可以是临时性的（如帐篷），也可以是永久性的（如花岗石的庙宇）；可以是简单的构筑物（如乡下孤立的农房），也可以是复杂的综合体（如现代的大都市）。人类聚居由两部分组成：一部分是内容，即单个的人以及由人所组成的社会；另一部分是容器，即由自然的或人工的元素所组成的有形聚落及其周围环境。人类聚居不仅包括聚落实体，而且包括聚落周围的自然环境以及由人类及其活动所构成的社会。人类聚居由自然、人类、社会、建筑和支撑网络五种基本要素组成。

二、聚落产生的历史考察与风水学说

（一）古代聚落的历史演化

聚落是人类发展到一定历史阶段的产物。聚落或乡村聚落的产生和发展经历了一个漫长的历史过程。在这个漫长的历史过程中，人类的居住方式大致经历了树栖、穴居、屋居和聚落四个阶段，前三个阶段与古人类学上的“直立人”时期、“早期智人”时期和“晚期智人”时期相对应，与考古学上的旧石器时代的早期（距今 248 万～30 万年）、中期（距今 30 万～5 万年）和晚期（距今 5 万～1 万年）大致相同；而第四个阶段与考古学上的新石器时期（距今 1 万～3 000 年）一致。

1. 树栖阶段

由于这一时期年代久远，加之树木本身的特点，没有考古遗迹作为佐证，只能从古文献中一些零星的信息进行推测。“古者禽兽多而人少，于是皆巢居以避之，昼拾橡栗，暮栖树上，故名之曰巢氏之民”（《诸子集成》《庄子·盗拓》）。根据人类进化的过程和历史以及民族学和文化人类学的一些资料，可以基本认为，人类在其进化和发展的历史上有过树栖的历史。例如，到了近代，新几内亚和印度尼西亚的某些部落，还保留着每年在树上的窝棚里居住一段时间的习俗，而非洲的布须曼人现在仍保有树居的习惯。

2. 穴居阶段

穴居包括天然穴居和人工穴居。天然穴居的历史已经被大量的考古遗迹所证实。在旧石器中期，随着人类身体的不断进化和活动范围的扩大，树居已经不能完全满足防风御寒和躲避野兽的需求。在有天然洞穴的地方，人类总是要利用洞穴的诸多功能。在我国的北京、山西、辽宁、贵州、广西、湖北和浙江等地均发现有原始人居住过的洞穴。在国外，在法国、西班牙和意大利等国家发现有旧石器时代人类居住过的洞穴，其中在考古学上有重要意义的尼安德特人遗骨就是在德国的尼安德特河谷的洞穴中发现的。除了被动利用天然洞穴外，在没有天然洞穴的地方，人类还曾主动开挖人工洞穴来满足居住的需要。《易·系辞》中“上古穴居而野处”中的穴居并不一定是指天然洞穴。

3. 屋居阶段

房屋的出现并不意味着完全意义上聚落的出现。修建简单的房屋已经较穴居有了巨大的进步。在欧洲的罗马尼亚、奥地利、法国和德国等国家，发现有大量的旧石器时代晚期的房屋建筑遗存，说明在旧石器时代晚期，人类的居住方式已经开始由穴居转向了屋居。

在旧石器时代，世界各地的自然条件各不相同，不同地区人类在文化发展阶段也不尽一致。因此，不同地区的古人类可能在同一时期会采取不同的居住方式。

4. 聚落阶段

人类进入新石器时代，随着全球气候的转暖、人口规模的扩大，简单的采集和狩猎已经不能满足人类的需要。于是，种植业和畜牧业开始出现。全新的生产方式需要有全新的居住方式与之相适应。这样，定居和聚落生活也就开始出现了。在我国，新石器聚落遗址广泛分布在黄河流域和长江流域。根据我国目前聚落考古资料，可以把新石器时代的聚落演化分为四个时期。①磁山一裴李岗文化时期（8000～7000 a B. P.），该时期为聚落的形成期，聚落数量少，主要分布在山区或山区与平原的交界处，单个聚落规模小，聚落内部居住着同一氏族公社的成员，聚落内部有氏族一家族两级社会组织，但家族独立性尚不强，氏族成员的社会地位也大体平等；磁山遗址面积达 8 万 m^2，已清理出 120 多个灰坑，发现大量陶器、磨盘和磨棒等粮食加工工具以及炊煮用具，说明磁山遗址是一个大的村落，其中部分住屋为半地穴式房屋。裴李岗文化遗址已出现居住区、墓葬区和制陶区的功能分区，说明裴李岗文化时期已经形成了比较成熟的农业聚落。②仰韶文化前期（7000～5500 a B. P.），该期为聚落的发展期，聚落数量增多，不少聚落开始从山区向丘陵地区的河谷地带迁移，聚落规模有所扩大，聚落内部的主要遗址为房屋、灰坑、窖穴和墓穴，房屋分为双间和套间，聚落间虽然有中心聚落、次中心聚落和普通聚落之分，但聚落之间和聚落内部依然保持着平等的关系。③仰韶文化后期（5500～4500 a B. P.），该期为聚落初步分化时期，聚落面积大小相差悬殊，大面积聚落急剧增加，似城聚落开始从普通聚落中分化出来，聚落内部既有宽敞的大房屋，也有狭小的半地穴似房屋。墓葬等级和形式出现较大差别。④龙山文化时期（4500～4000 a B. P.），该期为聚落群和聚落体系形成时期，以郑洛地区最为典型，主从式聚落分布格局开始出现，城乡对立格局加剧。在龙山文化后期，人们发明了水井，与河流的距离和高度问题不再成为限制聚落位置的主要因素。同时，人们开始烧制石灰用以铺地和涂抹墙面达到防潮目的。在长江流域地势低洼和潮湿地区，开始出现干栏式和地面式房屋，以防洪水淹没。

从空间布局上看，已有的考古发掘研究证实我国史前时期的聚落分布特点：靠近水源，不仅取水方便，而且有利于开展农业生产活动；位于河流交汇处，交通便利；地处河流阶地上，不仅有肥沃的耕作土壤，而且能避免受洪水袭击；如在山坡处，较多处于阳坡[6]。从聚落所处的地貌类型看，经历了从山前丘陵到河谷岗地、再到河流阶地和平原的发展过程[7]。聚落的形式和分布既反映了人类适应自然的能力在不断增强，也反映了人类早期聚落生态思想的进步和深化。

除了聚落考古外，我国早期的文献也对古人的聚落生态思想有所记载。先秦著作《尔雅》中就有这样的描述："邑外谓之郊，郊外谓之牧，牧外谓之野，野外谓之林。"说明当时比"聚"更大的"邑"在聚居中心外有郊，郊有耕地，是居民从事农业耕作的地方；郊外有牧，是畜牧场地；牧外为野，即荒野之地；最外层为森林地带。这是我国最早对一个完整聚落生态系统的描述。从功能结构分析，"邑"是人类居住的中心，承担着明显的居住功能；"郊"和"牧"是人们从事生产劳动，为"邑"中居民提供食物来源的主要场所，带有明显的生产功能；"野"是保护居民不受野兽侵袭的安全带，有巨大的防御功能。而"林"则为居民采集野生动植物资源和薪柴提供了广阔的空间，承担着食品和能源补给的功能。

(二)风水学说——中国古代的聚落生态思想

所谓风水，就是古代的堪舆术，或称卜宅、相宅、图宅、青乌、青囊、形法、地理、阴阳、山水之术等。风水是宅地和墓地所处的山脉、山形、水流及坐向的统称。术家认为，不论阳宅和阴宅，风水的好坏，均关乎生人的吉凶休咎。如果摈弃风水中的迷信部分，应该说，风水有其科学和合理的成分。正因如此，我国风水文化如同我国"天人合一"的古代哲学思想一样越来越受到国际生态学界的重视[8]。施坚雅(Skinner)认为风水是"通过对最佳空间和时间的选择，使人与大地和谐相处，并可获得最大利益、取得安宁与繁荣的艺术"[9]。

"风水"一词最早出现在晋代假托葛璞之名的《葬书》中。《葬书》上说："〈经〉云：'气乘风则散，界水则止'。古人聚之使不散，行之使有止，故谓之'风水'。风水之法，得水为上，藏风次之。""风水"一词虽然出现在晋代，但作为包含有古老生态思想的风水文化在我国有更悠久的历史。早在史前时期，我国古代先民在进行房屋建造和聚落建设的时候，大都比较注重当地的环境状况。一般来说，房屋大都建在依山傍水、绿树成荫、环境幽雅的地方，并且注重方位。

风水术作为中国传统术数的一种，在古代聚落选址和房屋建造中发挥着重要的影响。可以说，风水术就是中国古代的聚落区位理论[10]。风水术在对人类聚落进行选择时，常认为蕴藏山水之"气"的地方最为理想。聚落生态的理想模式应是："背有靠，前有照，负阴抱阳；左青龙右白虎；明堂如龟盖；南水环抱如弓。"根据《阳宅小书》的解释："阳宅左有流水谓之青龙，右有长道谓之白虎，前有污池谓之朱雀，后有丘陵谓之玄武，为最贵之地。"这样的聚落生态模式实际上给我们塑造了一个临水背山、阳光充足、交通方便、既注重供水、又注重排水的理想人居环境。在具体操作上，风水术可归纳为所谓的"地理五诀"——龙、穴、砂、水、向。其实就是把自然环境要素归纳为龙、穴、砂、水四大类。根据这四大类本身的条件及其相互间的关系决定聚落建筑的基址及位向的布置。所以，对这四大要素的考察和踏勘构成了风水活动最主要的内容，称为"觅龙、察砂、观水、点穴、立向"。

1. 觅龙

风水术中所谓“龙”，指山脉。清代孟浩所著《雪心赋正解》上说：“龙者，山之行度起伏转折，变化多端，有似于龙，故以龙名之。”清代叶九升在《山法全书》中对龙作了如下解释：“龙者何？山之脉也。土乃龙之肉，石乃龙之骨，草乃龙之毛。”如何觅得好“龙”？先看祖宗之山，再寻父母之山。祖宗之山指山脉的出处，亦即群山的起源之处。父母之山为穴场所在山脉的入首处。风水中望势寻龙，讲求山势壮大，蜿蜒而来。从景观美学的角度来看，蜿蜒起伏的山峦，能给人一种壮美舒畅之感。而入山之首处则要山碧水环，左右盘旋以形成曲折的入口。这显然是由于山区聚落要避风的生存需要，同时也满足人的安全防御心理。在辨认龙脉形势时，还要注意主龙四周要有帐幕（小山）护卫，左右之山前护后拥，方能气势壮大。

2. 察砂

风水术中的“砂”，指与主龙相伴的小山，尤指穴场周围层层环绕的山体。穴场左侧的砂叫上砂，又称龙砂；右侧的砂叫下砂，又称虎砂。上砂要高大，下砂要低下。这主要是出于避风、通风和回风等方面的考虑。风水术中认为砂的层次越多越好，而且砂脚要有潺潺流水，缓流环绕，才称得上好风水。

3. 观水

所谓“水”，在风水师眼中，就是龙的血脉，穴的外气。水与气如影随形，水表气里，表里同运，气行则水随，气蓄则水止。观水不仅看水与山的交合势状，而且还要看水流的大小、形态、向背、质地和色泽等，特别要看水流出入山口的状态，即“入山首观水口”。水口有两种，一为水流入之处，一为水流出之所。前者要开敞，后者当封闭。接着便是观察水城，所谓水城指的是水的形局。水城的作用是界水，使龙气不散逸。风水师根据水在地面的流动情况来分美恶，认为弯曲环绕者为美，直冲急流者为恶。这种美恶观看起来似乎很荒唐，但它实际上与传统文化追求含蓄隽永、曲径通幽是一脉相承的。至于水的流向，则以由西向东流为最妙，这显然又是从中国的西北高东南低的地形地貌特点推衍出来的。

4. 点穴

风水术中的“点穴”，指确定住宅立基之处。点穴的标准是什么？根据清代林牧所著的《阳宅会心集》：阳宅的基本要求是“地势宽平，局面阔大，前不破碎，坐得方正，枕山襟水，或左山右水”。此外，对于穴位还要“龙首当镇，龙尾当避”，故中国村落多位于地势开阔的河流阶地上或不易被水淹没的半山腰上。

5. 立向

向就是宅的坐向。在点穴时，往往还要注意穴位的坐山朝向，即“立向”。风水师认为，坐向要以背山面水，坐北朝南为最佳。这样的房屋一般视野开阔、阳光充足、既不受夏日曝晒之苦，也无冬日之寒风，真是冬暖夏凉，舒适宜人。

总之，风水术讲究有选择地建造房屋，即选择一种最适合于人类生产生活的环境作居所。在风水学看来，人的居所乃是人之根本。《黄帝宅经》中说：“宅者，人之本。人以宅为家，居若安，即家代昌吉，若不安，即门族衰微。”因此，“人之居宅，大须慎择”。其实，“宅”字本身就是由“择”的意思演化而来，汉代刘熙在《释名》中说：“宅，择也，择吉处而营之也。”

（三）对风水若干理念的现代解读

风水文化追求“藏风”、“得水”、“聚气”的空间环境，实际上是追求一种理想的生态环境。从中国所处地理环境的特点来看，中国常年盛行的主导风向对风水模式的形成影响很大。中国的主导风向有二，其一是偏北风，其二是偏南风。偏南风是夏季风，温暖湿润，有和风拂煦、温和滋润之感；偏北风是冬季风，寒冷干燥，且风力大，有凛冽刺骨、“主杀”伤筋之感。因此，避开寒冷的偏北风就成为古代中国人普遍重视的问题。风水模式中北、西、东三面环山，而南面略微敞开的环境模式，正是一个以抵挡偏北风为主要目的“功能性”环境模式。

风水术讲求相地先看水，因为水是生命之本。风水中崇尚婉转缓流之水，最忌咆哮湍急之水。婉转之水徐徐流淌，悄然无声，容易形成一种优雅宁静的环境氛围。而湍急之水咆哮不休，终年不息，肯定会对人的情绪产生不良影响。医学研究表明，要使大脑处于完全的休息状态，外界环境中的声、光刺激越小越好。所以，风水中要求周围环境的水流要悄无声息，是有其道理的。此外，风水强调“得水”，所得之水不仅在水流形态上要屈曲环抱，而且水质上也要求色碧、味甘、气香，这对于保护居民的身体健康起着重要的作用。风水术中还特别讲求“乘生气”。所谓“生气”，是一种万物赖以生长发育的活力。因此，一个风水环境的生气决定着该环境的活力。最早提出“生气论”这个大地有机自然观的风水著作是《葬书》。其论曰：“葬者，乘生气也。”“五气行乎地中，发而生乎万物”、“夫阴阳之气，噫而为风，升而为云，降而为雨，行乎地中而为生气”，可见，阴阳之气就是生成万物的“生气”。阴阳二气交合的结果，呼出则变成风，上升则变成云，下降而成雨，蕴藏在地下则为生气。这种“生气循环”的原理与气象学中水汽循环的道理极为相似。因此，所谓“乘生气”，就是要选择水汽循环良好的聚落环境。

风水文化讲究“南面而居”，而影响“南面而居”观念形成的环境因素，主要是中国地处北半球，阳光多从南面照射而来，其次也与前面提到的盛行风向有关。另外，房屋建成南北走向，与地球磁场的磁极分别在南北两极也不无关系。

目前，在中国乡村的许多地区，人们还十分讲究风水林和风水树。其实，这些观念与人们追求与自然的和谐相处以及寻求大自然对人类的庇护作用不无相关。风水林和风水树大都具有悠久的历史，在人们心目中是祖先留下的宝地和遗物，是当地兴旺发达的象征，是神圣不可侵犯的地方，谁毁坏了风水林和风水树，谁就是大逆不道。在风水师眼里，风水林和风水树具有聚气藏风的作用。从现代生态学的角度看，风水林和风水树不仅具有防风蔽日、保持水土的功效，而且还能维持生物的多样性，使人和其他生物及环境要素一起构成一个完整的生态系统[11]。

风水文化中的环境模式除包含有人文要素（如隐喻、象征、防御）之外，主要寻求的是小环境内部的土壤、植被、空气、水分、光照等环境因素的相互协调，以达到"气"的统一。其根本目的是维持宇宙之气与人体之气的交融，以使处于某一特定环境中的人能够与大自然保持一个生生不息的有机整体。

当然，风水文化中的迷信成分和巫术成分也是大量存在的，其中很多东西还限制和左右着人们的行为。例如，在中国传统社会里，许多人运用风水术进行阴宅和墓地的选择，笃信祖先墓地的好坏与生者的祸福吉凶与升官发财有直接的关系，这些都是风水文化中应该批判的内容。在现代社会，我们应该树立新的风水观，用现代生态学思想去改造传统风水文化中愚昧落后的东西，使风水文化更好地为人类服务。

三、当代不同学科对乡村聚落的解读

现代聚落是古代传统聚落继承、演化和发展的结果。随着聚落规模的扩大、人口密度的增大、社会生产力的发展和城市的出现，聚落的形态开始多样化，特别是工业化、城市化之后，人口大量涌向城市，传统意义上的农村聚落、山区聚落不论从人口数量上还是从经济贡献上都不能与城市、小城镇相提并论。因此，城市研究成为热门，而聚落研究成为冷门。但是即使是工业化水平、城市化水平很高的发达国家，也仍然存在大量的农村聚落。我国历史上是农业大国、农民大国，至今农村人口仍占多数，农村聚落仍是农村居民生存、生产、生活、繁衍、发展的基本地理单元和生态位，既有社会组织功能，也有生产功能，更是人直接与自然环境进行物质、能量、信息交换的区域单元。更重要的是，我国现阶段正是工业化、城市化快速发展时期，农村聚落正面临着空前的剧变。如何正确认识农村聚落，建设农村聚落，成为我国现代化进程中必须认真研究的问题。下面就现代对农村聚落的理解，从不同学科角度加以概略介绍。

（一）社会学角度的乡村聚落

社会学有着广阔的研究领域与丰富的研究内容，该学科以社会整体性及其各组成部分之间的相互状态和管理协调机制为研究对象，由此形成了农村社会学与城市社会学两大分支学科。社区（community）是社会学研究的重要内容，它是指"当一群人集中于个人家庭和工作地点并以社会互动的日常模式（如与生活、生产等相关的生活模式）为基础时，这种结合通常称为社区。村庄、集镇等通常被看做社区的实例[12]”。社区是一个群体，它由彼此联系又具有共同利益或纽带、处于共同地域的一群人组成，其成员关系建立在共同地域的基础上[13]。社区人口一般具有共同的价值取向，关系密切、出入相望、疾病相抚、富有人情味，并形成一定的社会组织形式。村庄是社区的常见形态。对此，著名社会学家费孝通先生指出，“村庄是一个社区，其特征是，农户聚集在一个紧凑的居住区内，与其他相似的单位隔开相当一段距离（在中国有些地方农户散居，情况并非如此），它是由各种形式的社会活动组成的群体，具有特定的名称，而且是一个为人们所公认的事实上的社会单位[14]。”社区还有一层意思，那就是社区群体的地理联系和依赖，即：

社区＝人群＋地域

因而，社区是一群人居住生活在同一地域，基于共同的利益需要而形成的社会有机体。当代社区概念因社区发展理论的提出而更加丰富，社区也包括城市街道、居委会等。人们经常可以看到这样的标语，即“社区是我家，建设靠大家”，表明社区思想已经渗透到各个领域。这也表明“社区是进行一定社会活动，具有某种互动关系和共同文化维系力的人类群体及其活动区域[15]”。

社区的概念很多，使用频率也特别高。有人对社区概念进行过统计，大约有 140 多种。中国学者一般认为，社区是指聚集在一定地域范围内的社会经济共同体，包括五个基本要素：第一，以一定生产关系与社会关系为纽带组织起来的、达到一定规模、进行共同社会生活的人群；第二，人群从事的社会活动在一定区域范围内；第三，相对完备的生活服务设施；第四，有一套相互配合的社会生活制度和管理机构；第五，人群在情感和心理上具有认同感和归属感。至于社区范围，并没有统一的规定和标准，但人们一般把农村的一个村庄或乡镇作为一个社区，把城市的一个街道作为一个社区。

但不管怎么说，社会学范畴的社区是以人为研究重点，强调一定地域范围内人群之间的社会关系、社会组织和社会制度。在这里，社区内的建筑设施、建筑形态等是为人群服务而存在的，社区所依存的自然资源和地域环境仅仅是社区研究所关注的劳动对象而已。社区内各种制度规范、组织机构等是社区概念的重点。

（二）土地管理学角度的乡村聚落

土地管理科学从土地利用的角度，从土地利用现状的差异性和相似性出发将土地划分为 8 种类型，包括耕地、园地、林地、居民点及工矿用地、交通用地、水域和未利用土地等。其中，“居民点及工矿用地”是一种重要的土地利用类型。居民点泛指城乡居民的聚居地，有城镇居民点与农村居民点之别，划分依据是居民点人口的职业特征差异。城镇居民点是经国务院批准有市建制的居民点和经省人民政府批准有镇建制的居民点以及居民点内交通等基础设施占地，属于城镇建成区面积。农村居民点是建制镇以下的农村居民的聚居地，仅指建筑占地、市场、道路等非生产用地和基础设施用地[16]，耕地、林地、草地等农村居民生产性用地范围不属于居民点范畴。按照农村居民点的政治、经济地位和人口规模，农村居民点又划分为集镇和村庄两类。集镇是指不具有城镇人口特征的乡政府所在地和一些边远山区未设建制镇的县政府所在地。有些集镇虽然不是政府所在地，但在历史上曾经设立过镇的建制，或历来是农村集市贸易的集散地、工副业和服务业有一定基础的农村居民点，也属于集镇。村庄是乡镇以下的农村居民点，村又分为中心村和自然村。中心村为村民委员会所在地，除作为村民生产、生活基地外，还有一定的政治、经济和文化职能。自然村是普通村落，是村民生产生活基地。可见，农村居民点主要是农村居民的生活及副业活动用地，是村落的土地利用类型。而农村居民点又是居民点及工矿用地的主体。1995 年底，全国农村居民点用地面积 1 645.58 万 hm^2，占全国居民点及工矿用地面积的 68.3%。平均每个村居民点用地为 22.2hm^2，其中中部地区村落占地最大，为 27.5hm^2，西部与东部基本持平。但村域管辖面积差异很大，东部地区一个村域范围大约为 4.4km^2，中部地区为 11.2km^2，西部地区高达 28.6km^2，这与西部山地多、海拔高、人口稀少有关。各地居民点用地情况还存在比较大的差异，中部地区农村居民点占地面积最大，东部地区最小(表 1.1)。

由此可见，农村居民点这一概念仅仅是对村落的非农业占地(包括房屋占地、道路交通、给排水、公共物品以及非农业生产如厂房、商店等)的描述，是从土地利用结构的角度对农村各类非农业用地的控制，其目标是控制非农业建设用地，以实现耕地的持续供给。因此，当涉及农村居民点时，并不需要考虑居民点的建筑风格、建筑材料，也不需要考虑居民点内的各种社会关系、经济关系、居民点与周围耕地的关系，它只是土地利用的概念。

表 1.1 中国东、中、西部地区农村居民点用地情况(1995 年)

	单位	全国	东部	中部	西部
土地面积占全国比重	%	100	13.9	29.6	56.5
耕地面积占全国比重	%	100	28.4	43.2	28.4
乡村人口占全国比重	%	100	40.3	35.8	23.9
村数	个	740 128	300 937	251 154	188 037
占全国比重	%	100	40.7	33.9	25.4
农村居民点用地面积	hm^2	16 457	5 799.9	6 918.2	3 738.9
占全国比重	%	100	35.3	42	22.7
村域占地面积	km^2/个	12.8	4.4	11.2	28.6
平均每个村居民点用地规模	hm^2	22.2	19.3	27.5	19.9

注：①因缺少各省(市、区)农村居民点数，本表只能按照村计算密度和用地规模；②表中 1,2,5 行数据来源于《土地利用现状调查》，3,4 来源于《中国统计年鉴》，6,7 依据以上数据计算。

(三) 行政管理学角度的乡村聚落

农村行政管理学是研究农业经济运行、农村发展问题的专门学科,村落、农户是其研究的重点内容之一。"村民委员会"则是从行政管理和村落社会发展的角度,对村落正式组织机构的一种描述,属于准政府基层正式组织形式,也是我国乡村统计基本单元。在我国农业统计年鉴中,有人口(农业人口、非农业人口)、户、乡镇以及村委会的数量统计。例如,四川省 2003 年底有 54 742 个村委会。因而,村委会这一概念就经常与村落同时使用,有时甚至代替村落。村民委员会是村落内法定群众性自治组织,是村民自我管理、自我教育、自我服务的基层群众性组织。它起源于过去农村人民公社体制下的"三级所有、队为基础"时代的生产大队(现在的行政村),区域范围覆盖若干个自然村寨(村民小组)。其职责有:办理本村的公共事务和公益事业,调解民事纠纷,协助维护社会治安;向人民政府反映村民的意见、要求并提出建议;协助乡、民族乡、镇的人民政府开展工作;支持和组织村民依法发展各种形式的合作经济和其他经济组织,承担宪法、法律、法规和国家的政策,教育和推动村民履行法律法规的义务,爱护公共财产,维护村民的合法权利和利益,发展文化教育,普及科技知识,促进村和村之间的团结、互助,开展多种形式的社会主义精神文明建设活动。

(四) 农村经济学角度的乡村聚落

农村经济学是研究农村生产、分配、交换和消费以及相互关系的学科。农户经济和村落集体经济是其研究的重点内容。从农村生产资料的占有、分配角度出发,农村土地资料为社会主义公有制下的集体所有制形态,农村绝大部分土地归农村集体经济组织所有。在行政村范围内采取以家庭为基本经营单位的双层经营形式。重点内容是村落内农、林、牧、副业的生产、交换、分配和消费关系,研究村落公共产品如道路、学校、卫生院所等投入负担,研究村民的负担及流向等问题,其基本指导思想是以最少的投入获得最大的产出。其中,在农村经营管理形式上也集中于对村落的组织结构及其功能的讨论。这就是为什么"三农"问题的讨论在经济学界比较广泛和热烈。在研究农村生产资料(土地)与劳动者的结合问题上,经济学研究结合形式和内容,以及这种结合给联合体内成员带来的收益等,重点考察村落集体经济的发展和农户收益的提高。在农户获得生产资料——耕地、林地的长期承包经营权以后,乡村集体经济发展面临空前的压力,村落集体经济每况愈下,只有极少数村落的集体经济有所发展。由于农村经济学对集体经济和农户经济的过度重视,对住户分布形态、住户组织关系、农村生态环境等考虑很少,"经济人"理性色彩较重。

(五) 人文地理学角度的乡村聚落

聚落(settlement)是人文地理学研究的重点。乡村聚落就是指乡村人口进行生产和生活的基本场所，由住宅、街道、道路等各类生产和生活设施构成[17]。我国乡村聚落的密度很大，大约每 2km^2 就有一个乡村聚落，平均间距为 1.4km，可谓房舍相望、鸡犬之声相闻。中国各地乡村聚落的分布情况差异很大，有的小而密，有的大而稀，这一切都同自然地理(尤其是地形)、经济水平、人口密度、生产特点和历史传统有关。表 1.2 是我国一些有代表性地区的乡村聚落数量和规模。

表 1.2　中国一些代表性地区的乡村聚落数量和规模

县名	自然区	村庄数(个)	分布密度(个/km^2)	平均规模(人/个)
上海，嘉定	长江下游平原	3 427	6.91	128
贵州，仁怀	云贵高原	3 101	1.74	141
江西，宜丰	江南丘陵	2 310	1.19	103
河北，宽城	华北山区	1 520	0.8	126
河北，安新	华北平原	404	0.68	630
宁夏，西吉	西北黄土高原	7 825	0.58	156
海南，琼中	华南山区	648	0.21	247
吉林，长白	东北山区	148	0.06	394

金其铭在《农村聚落地理》中指出"给城市和农村聚落下确切的定义很困难"，农村聚落是"人类活动的中心，是人们生产、生活、休息和进行政治、文化活动的场所"。农村聚落地理研究着重于聚落的形成、功能、类型及其分布规律，以揭示聚落与环境之间的关系，聚落体系的空间结构变化，为农村规划和发展服务。陈兴中等在《中国乡村地理》一书中认为"乡村聚落包括所有村庄、寨子及自然集镇，它们是乡村居民居住、生产与生活的场所[18]"。

H.J. 德伯里在《人文地理学——文化、社会与空间》一书中指出，"住房和其他建筑物组成聚落"，"聚落小至由几个村庄单元组成，大到市镇那样的规模。把规模小的聚落即村庄和村落称为乡村聚落。"城乡聚落的划分没有通用标准。乡村聚落居民或在周围土地上从事农业耕作，或为从事农业的人提供服务。乡村聚落与土地的关系很密切和直接，直接或间接依靠土地为生。聚落能够反映历史环境或生活需求。

可见，乡村聚落主要以乡村人口的居住房屋为重点，研究聚落建筑形态所反映出的历史文化、环境变化以及人与环境之间的互动影响。同时，透过聚落形态特征及布局结构变化，反映外界对聚落社会、经济和文化的影响。但乡村聚落的概念及研究忽视了聚落居民之间的关系，以及聚落生产活动和经济活动。

(六) 生态学角度的乡村聚落

生态学最初是研究生物及其环境之间相互关系的科学，乡村聚落原本不属于生态学研究的范畴，但随着人与自然的协调问题日益突出，生态学研究内容和重点扩展到人类社会、渗透到人类的经济社会活动，城市生态学、人类生态学、生态经济学、景观生态学、生态伦理学等相继成为生态学的重要分支学科。近年来发展成为以乡村聚落为研究对象的生态学分支学科，提出“农村聚落生态学”和“聚落生态”等概念。聚落生态学研究者将乡村聚落界定为“除城市以外位于农村地区的所有居民点、农村居民、各种产业生态系统和人类活动所及的自然生态系统所组成的复合生态系统[19]”。乡村聚落生态学“运用生态学的理论与方法，研究农村聚落的结构、功能及演替过程”，审视乡村聚落布局与生态环境的关系，聚落演化与生态环境的相互影响，当代聚落与生态环境建设关系，以及聚落与外域的物质能量交换与物质循环、聚落内人与人之间的生态关系，人与环境和资源的互动关系[20]，指导开展聚落生态建设，创造良好的人居环境。

由此可见，学科背景不同，对乡村聚落的理解和认识也略有差异，但大体包括以下基本要素：①城市以外的农村人口居住区及活动区；②居住区或活动区有一个清晰的地域界限，或是自然村，或是行政村，或是乡镇，或是特定社区人口所活动的地域范围；③一定地域范围内的人及其相互关系；④有一定的认同感，并为此设置相应的组织制度；⑤适应人口生存发展的建筑物及各类附属设施；⑥有一定的自然资源和环境要素，可以支撑人的生存。由于学科研究的对象有别，乡村聚落的范围可大可小，对人的资源占用和需求不同，但出发点都是处理好聚落人与聚落环境、聚落人与人之间的各种社会经济生态关系。因此，从这些方面来看，尽管各类学科都在研究聚落，但称谓不同，研究的侧重点不同，或以人为重点，或以物为重点，或以生态系统为重点，或以人－资源－环境及其相互关系为重点。

第二节　乡村聚落系统结构与功能

一、乡村聚落结构

聚落是人类居住最基本的空间单元，是人与自然环境联系最密切的空间实体。聚落是地域内人类利用、适应、改造自然的行为发生最直接的区位。从系统论看，聚落是自然－经济－社会复合系统的区域空间载体。因此，聚落是人与自然相互作用、结构有序的区域单元和生态系统。下面从不同角度对其结构进行分析。

（一）人文地理视野下的乡村聚落生态系统结构

系统是由相互的因子和不同层次组成的整体。人们将其分为自然系统与人工系统两大系统。介于自然和人工系统之间的系统称为半自然系统。人文地理学认为，聚落是人工与自然相结合的复杂系统。它包括聚落社会结构、聚落空间结构两大组成部分。

聚落社会结构包括两个方面，即聚落居民和聚落组织；聚落空间结构包括三个方面，即聚落建筑设施、自然资源和地域环境。乡村聚落生态社会复合系统的结构见图 1.1。

- 聚落系统
  - 聚落社会结构
    - 聚落居民：人口及结构，劳动力，智力，家庭
    - 聚落组织：政治组织，经济组织，文化卫生组织，群众组织
  - 聚落空间结构
    - 建筑设施：住屋，生产设施，道路等
    - 自然资源：土地，淡水，食品，能源，资源
    - 地域环境：大气，气候，水域

图 1.1　乡村聚落系统

1. 社会结构

人是聚落社会结构的核心和主体，居主导地位和支配地位。人口数量和规模决定聚落的等级和规模，决定聚落社会设置和社会功能。农村与城市聚落的划分，习惯上也是按照聚落人口数量来确定的。那么，多少人以上的居民点才叫城市？各个国家的标准并不一样，加拿大 1 000 人，美国 2 500 人，英国 3 500 人，国际统计学会建议 2 000 人，联合国建议 2 万人，日本 3 万人。我国不仅规定 10 万人以上才叫城市，而且还规定 20 万人以下为小城市，20 万～50 万人为中等城市，50 万～100 万为大城市，100 万人以上为特大城市。据此，中国 10 万人以下居民点都应该是乡村聚落。

社会组织是维护聚落社会稳定的设置。人具有社会属性和自然属性两重性，人的社会属性决定有人类的地方就有与之相适应的社会设置，家庭是最基本的社会细胞，也是聚落社会形成的基本社会单元。除家庭外，其他社会设置视聚落人口规模不同，社会组织的构成也各不相同。基本社会组织包括：聚落政治组织、经济组织、群众组织、文化教育卫生组织等正式组织，以及基于血缘、亲缘、地缘、邻里等关系形成的非正式组织。聚落社会组织设置便于聚落社会的协调、稳定，便于转移和规避风险，以取得聚落社会各成员利益的最大化。由于乡村聚落的等级、规模和功能的差异，社会组织结构差别很大，一个自然村内部，除家庭外，可能没有正式组织结构，只有一些地缘性、亲缘性帮扶组织。自然村往往以整体方式加入到某个行政村，依靠行政村实现正式组织设置。当然，规模比较大的自然村，往往就是一个村民小组或者行政村。一个典型的行政村落，其组织结构就相对完善，不仅有政治组织（村民委员会、村党支部），还有正式的经济组织（合作经济、集体经济、农户经济以及各类公司、工厂等经济实体）。图 1.2 是四川省典型行政村落的社会组织结构。这些组织通过一定的制度和管理措施维系聚落社会的

发展与稳定。

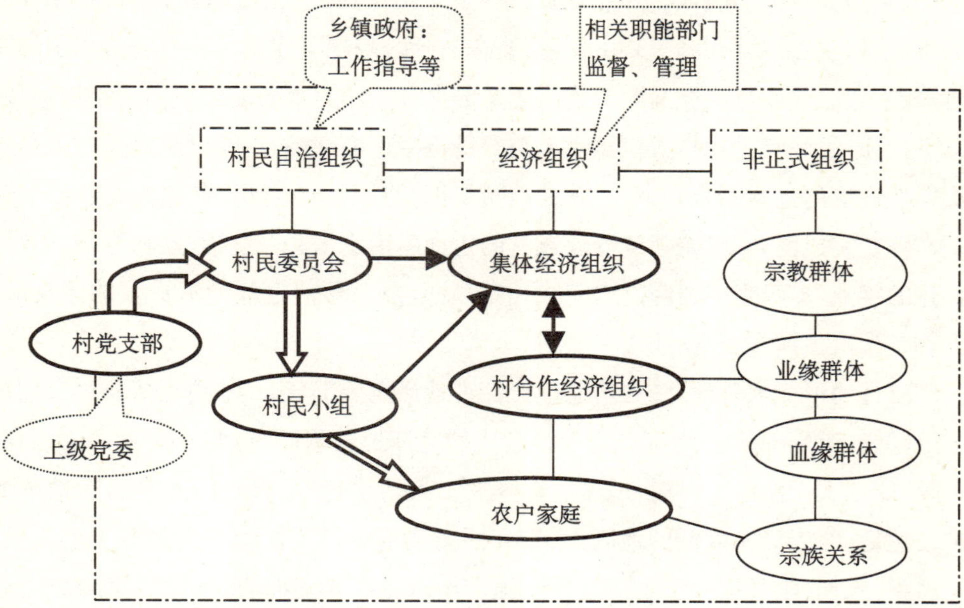

图 1.2　典型村落组织结构示意图

聚落社会制度包括输入性制度、内生性制度和习俗、道德等社会规范。输入性制度主要指国家政策、制度等对聚落社会组织的确认和规范。聚落政治组织是被有关法律、法规和条例确认的组织，其行为规范必须在这些法律法规的框架内执行。例如，村民委员会是按照村民委员会组织法选举产生的村民自治组织，该组织的成立、目标等必须与村民委员会选举法的要求相符。村集体经济组织同样如此，要遵守相关的法律法规，行使相应的权利并承担相应的义务。除输入性制度外，各个聚落还根据聚落特殊性制定相应的聚落管理制度规范，如乡规民俗、村规民俗等，以及大量社会道德、习俗等社会习惯来维系聚落社会系统的稳定、和谐和统一。岷江上游羌族地区村寨多有"议话坪"，由寨首召集户主在"议话坪"聚集，讨论村寨大事并形成社会规范并按照规范执行[21]。

2. 空间结构

乡村聚落空间结构包括建筑设施、自然资源和地域环境三大部分。建筑设施主要指生产设施、生活服务设施和基础设施等。由于乡村聚落总体上规模小、产业结构单一等特点，生产设施和生活服务设施很难分开。如农户住屋，既是生活居住设施，又是农户进行产后加工、服务的重要场所，还是农户从事养殖、加工等的主要场所。一般情况下，聚落规模越大，建筑设施的专业化分工也就越明确，聚落规模越小，建筑设施的多用途特征也越明显。因而，乡村聚落建筑设施可以简单划分为：庭院建筑设施和基础设施两大部分。

庭院是农村聚落房屋建筑的标志。城市聚落的房屋建筑用途相对单一，有住房、厂房、仓库、商店、办公楼、学校、医院等多种类型房屋。乡村聚落住房建筑的功能很多，兼顾生产、生活等多种功能，既是生活起居室，也是生产房、加工房以及店铺。其中，最常见的房屋建筑是院落（即庭院），由住屋、厩舍、仓库、院坝等建筑设施和院落周围的绿树翠竹掩映组成，是农村人类文明与物质生产的见证。作为重要的地域空间结构，庭院具有以下特征：①庭院是乡村人口再生产与经济再生产的交织点；②庭院是乡村聚落长期适应自然环境的选择结果；③庭院既是消费空间，更是生产空间，农村绝大部分生产活动是在庭院完成的；④庭院建筑反映农村的生产生活水平；⑤庭院是农村生态产业构建和转化的接点，多级生产在庭院内完成；⑥庭院是乡村聚落占地面积最多的建筑形态；⑦庭院是聚落主体和表现。

庭院占地形成宅基地，是聚落非生产性占地最重要部分，一般占聚落非生产用地的30%～60%，个别地区达到80%以上。就人均宅基地面积而言，北方大于南方，西部大于东部，内地大于沿海，人均耕地多的地区大于人均耕地少的地区，经济落后地区大于经济发达地区，人口密度低的地区大于人口密度高的地区，平原、丘陵地区大于山区。

道路、水利、水源等属于聚落基础设施。相对城市聚落而言，乡村聚落基础设施主要包括道路、供水设施（自来水水管、水泵、水井等）、水利设施（水渠）、晒场、电线等，游乐设施、购物设施等非常少。聚落规模越小，公共设施也就越少。至今还有许多山区聚落基本没有基础设施。这主要与乡村居民的活动有关。乡村居民大多以农业生产为主，活动半径局限于聚落地域界内，对公共设施特别是娱乐设施的需求比较少，基础设施供给能力低。

3. 资源结构

乡村聚落是乡村人口聚集的地方，聚落周围必须有能够满足聚落人口生活和生产需要的基本自然资源，必须具有容纳聚落人口进行活动的土地和空间。因而，自然资源是聚落生存和发展的基本条件，也是聚落生态系统的重要组成部分。聚落自然资源的基本组成如图 1.3。

土地是乡村聚落最重要的自然资源。任何聚落都是建立在一定面积的土地之上的。乡村聚落规模主要根据可利用的耕地面积及分布状况而定。聚落规模大、人口多，至少表明该地适合聚落发展，有可以支撑聚落发展的耕地资源、林地资源和水资源。山区聚落规模小，主要原因在于山区土地破碎，适合聚落空间扩展的土地面积较少。为满足耕作半径需要，聚落人口规模一般比较小，多与耕地资源趋同分布。

能源是乡村聚落发展所必须考虑的因素。我国乡村聚落的能源大多来源于薪柴特别是森林薪柴。由于农村电气化试点县工作的推进以及近几年农村电网改造工程的实施，农村聚落生活用电问题得到一定程度的缓解，许多村落不仅解决了照明用电，还使用电饭煲、电炒锅等。但是，受聚落分散等特点影响，还有相当部分的农村聚落大量依靠薪柴作为生活能源。因而，在生产力水平较低、相对封闭的聚落，薪柴供给是聚落发

- 自然资源
  - 再生资源
    - 生物资源：包括动物、植物、微生物以及它们的各种组织和器官等
    - 非生物资源：包括土地资源、气候资源、水资源以及太阳能、水能、风能等
  - 非再生资源
    - 耗竭性：包括矿物能源（如石油、煤、天然气等），非金属矿类（如石棉、石墨、大理石等），部分放射性金属
    - 非耗竭性：包括大部分金属元素等

图 1.3　自然资源分类

展的重要条件。至今，我国许多少数民族地区村寨，还保存有“神林”、“神山”、“柴山”，多选择在背山面水之地。

4. 环境结构

环境是相对于中心事物而言的，以人类为主体的环境，有狭义与广义两种。广义环境包括：①第一环境，即自然环境，或叫原生环境，其中包括对人类有用的自然资源，也包含对人类不利的自然灾害，如地震、火山、海啸、洪水、泥石流等；②第二环境，又叫次生环境，即被人类活动所改变了或污染了的自然环境，如被破坏的森林草原、被污染了的农地、被绿化的荒山荒坡、被整治的河堤等；③第三环境，即由人工建造的房屋、道路和各项设施等组成的人工环境；④第四环境，即由政治、经济、文化等各种社会因素所构成的人与人之间的社会环境。狭义环境主要指第二环境，即被人类改变或污染的环境。

乡村聚落环境面临两种情况，其一是环境污染，主要是水体污染、大气污染、固体废弃物污染、噪声污染和农田土壤污染。农村聚落的环境污染既有自身的原因，如聚落兴办乡镇企业产生的“三废”对聚落自身的污染，大量使用化肥农药对作物和土壤的污染等。在工业化、城镇化过程中，农村聚落还受到城镇或非农村管辖的大企业的污染危害。其二是生态环境退化，表现为森林面积缩减、林种结构单一、草地过载等生态环境退化问题，使山村与森林的距离越来越远。陡坡垦荒、毁林开荒使大量边缘土地转化为陡坡耕地。这种情况的发生与农村聚落特别是山区聚落的存在和发展密切相关。

（二）生态经济学视野下的乡村聚落结构

生态经济系统是由生态系统和经济系统通过技术中介，以及人类劳动过程所组成的物质循环、能量转换、价值增值和信息传递的结构单元（图 1.4）。构成生态经济系统的必要条件有三个：一是生态经济系统具备一个完整的生态系统结构和功能单元，在这个结构单元中，人是主体，生态系统是自然环境，经济系统是经济环境；二是生态系统内必须融入人类的技术要素和劳动过程，以构成人工或人类生态系统；三是必须有规模化

的市场产品输入，在这个系统中，概念系统与实体系统实现融合，生态系统与经济系统有序融合和双向耦合。自人类社会出现以来，生态经济系统演替变化先后经过了原始型生态经济系统演替、掠夺型生态系统演替、协调型生态经济系统演替。农村生态经济系统是主要的生态经济系统类型，包括农业生态经济系统、林业生态经济系统、牧业生态经济系统、农村工业生态经济系统和庭院生态经济系统。

- 聚落复合生态经济社会系统
  - 社会生态经济系统
    - 非生物部分
      - 工农业技术——工农业企业、交通、通信、电力、管网等技术
      - 建筑与构筑物
      - 经济——工业、农业、第三产业、金融
      - 文教卫生、福利等设施
    - 生物部分——居住人群
  - 自然生态系统
    - 非生物部分
      - 大　气
      - 地质地貌
      - 气　候
      - 能源——光、热、燃料
      - 资源——岩石、矿床、水
    - 生物部分
      - 陆生生物
        - 植物——聚落各种绿地、宅旁地植物、栽培植物
        - 动物——生活在聚落中的各种动物
        - 微生物——细菌、真菌群体
      - 水生生物
        - 植物——水生植物
        - 动物——鱼、节肢动物、软体动物
        - 水生细菌群体

图 1.4　聚落复合生态经济社会系统图解

乡村聚落生产活动包括农业生产、牧业生产、林业生产、乡村工业和庭院生产等几大部分。从这个角度看，聚落不仅是一个微观地域生产综合体，更是一个生态经济系统的集合体。其中，生态系统由生命系统和非生物环境系统两大部分构成。生命系统就是植物、动物、微生物等生命有机体的集合，是聚落生产活动的劳动对象。非生物环境系统就是光、热、水、气、土和各种无机、有机元素的集合。经济系统是指生产力系统和生产关系系统在一定的地理环境和经济社会制度下的组合，通过社会再生产过程的生产、交换、分配和消费的循环运动进行。经济系统的结构组成要素包括劳动力、土地、资金、技术、制度等。经济系统的运行必须以一定的生态系统运行为基础，对生态系统产生影响。

生态系统的基础地位不仅体现在经济再生产活动，如农业生产、林业生产和副业生产等方面，而且还反映在聚落形态、规模和分布上。乡村聚落的位置、规模、形态、分布，与地形、河流的关系最为密切，而气候则影响聚落结构。另一方面，聚落一旦形成就会反过来对自然生态系统产生影响：聚落形态逐渐摆脱自然环境的束缚，人工生态环境逐步形成。对于聚落与自然生态系统的关系，中国古人有非常独特的理解。《商君书·徕

民篇》:在100“里”见方的范围内,山陵、薮泽、溪谷流水和都邑道路各处地十分之一,肥沃农田要占十分之四,贫瘠土地约占十分之二。因为山陵沼泽、溪谷流水可以提供创造财富的自然基础,而城市与道路可以为人民提供良好的物质环境,也就是说,人类聚居所在之地,要非常重视良好的自然生态环境。

经济系统是聚落生态经济系统的主体。人是聚落生态经济系统中的能动主体,通过各种形式的调节控制,使经济系统的再生产过程成为一种具有一定目的的社会活动,并通过技术手段影响和改造生态系统,形成一系列人工生态系统,使其为自己的目的服务。但这种经济活动必须是有条件的、相对的,那就是根据生态系统的反馈信息,调节影响程度,否则就可能破坏生态系统的基础。在聚落内部,调节机制来自于社会系统和支撑系统。

聚落生态经济系统的结构表现食物链、生产链和交换链等三链组合特征,即自然再生产(原料)—加工—产品—交换—产品—消费—废物—生态系统。在这个过程中,经济过程相对较短,但对自然环境的影响很大。

(三)乡村聚落在我国现行行政管理体系中的地位

乡村聚落体系是指聚落发展的演替结构和顺序。尽管乡村聚落总体呈现出规模小、分散、密度低等特征,但由于聚落人口规模、社会组织设置、产业活动、生活设施、道路条件和民众思想文化等,聚落等级是不一样的。据此,将乡村聚落划分为“县城镇—中心镇(建制镇)—集镇—中心村—基层村(自然村)—三家、二户的院落”6个降序等级。从县城镇逐渐降低到独户院落,不仅人口密度、规模在逐渐降低,而且经济活动、社会组织设置、基础设施等也在降低。聚落等级越低,自然因素的控制作用越强,经济活动也越简单,聚落社会系统的开放度越低,自然生态系统的开放度越大。表1.3对不同乡村聚落的基本特征进行了总结。图1.5是不同聚落对应的支撑产业与生态环境特征描述,图1.6反映聚落等级之间的相互关系。

表1.3 乡村聚落体系的基本特征描述

	自然村	中心村	集 镇	建制镇	县城镇
人口密度	低	低	中	相对较高	高
经济活动	简单	简单	相对复杂	较复杂	复杂
社会结构	简单、同质	简单	相对复杂	复杂	更复杂
生活设施	无	较少	简单	较好	较完备
思想文化	封闭、守旧	封闭、落后	相对封闭	较开放	开放
对初级资源依存度	高度依赖	较依赖	一般	较少	最少

县城镇	工业、商业、服务业	人工生态系统
建制镇	工业、服务业	人工生态系统为主
集镇（集市）	贸易、工业	人工、自然生态系统
中 心 村	农　业	半自然生态系统
农户院落式自然村	农业等第一产业	农业生态系统为主
聚 落 等 级	支撑产业	生态系统特征

图 1.5　聚落等级、支撑产业与生态系统递变

1. 县城镇

到 2004 年底，中国有 1 636 个县(未包括 374 个县级市和 852 个市辖区)和 1 636 个县城镇，设县(含县级市)行政区域面积占国土面积的 93%左右。县城镇是县域区域范围内基础设施最好、人口密度最大、经济活动最复杂的大型聚落，是全县经济、文化、人口、政治和行政管理的中心。同时，县城镇又是被广大农村地区重重包围的“点”状地理单元，辐射周围的面状地理区域以及次级建制镇、集镇，乃至周围村落。县城镇规模、产业结构直接影响县域范围内的建制镇、集镇和村落。此外，县城镇都是县政府机构所在地，一般设置在县域经济重心和人口重心的重合地段，便于县城镇社会经济文化功能的发挥。因而，县城镇市场区位条件较好、交通便捷，商贸繁荣，人口往来频繁。

2. 建制镇

中心集镇(建制镇)，一般为几个乡的区域中心，集经济、文化、政治等为一体。人口规模一般在 2 万人或 0.5～1.0 万人。我国目前有建制镇 19 060 个(1998 年数)，数量超过集镇数量。建制镇一般由集镇演化而来，但需要得到国家相关部门批准。我国建制镇的设立是按照 1984 年标准成立的。建制镇非农业人口多、经济活动复杂、基础设施较好、交通便捷，是农村地区仅次于县城镇的非农业聚落。当然，由于各地经济发展水平、地形地貌等自然资源的影响，建制镇在不同区域的发展水平是有很大差异的。

3. 一般集镇

大部分为乡村基层政府的所在地，是农村地区商品交换、集市贸易的场地；交通运输的枢纽，企业的生产据点；文化教育、科技、卫生、邮电各事业单位的设施场所。一般人口规模在 2 000～5 000 人之间。其服务范围即本乡行政区域。通常情况下，每个乡至少有一个集镇，在少数地方有多个集镇。但是，在一些人口稀少的高山区，由于幅员

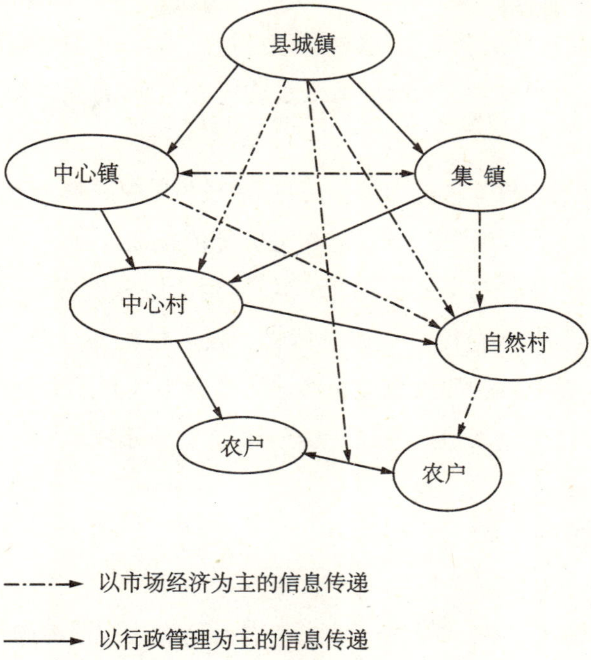

图 1.6　乡村聚落相互关系

面积过大而人口密度过低，可能一个乡还没有一个集镇。也有一些乡，尽管有乡政府驻地，但由于距离建制镇和县城镇较近，乡政府驻地却不能形成集市，没有市场服务功能。集镇不仅非农业人口少，而且缺乏非农产业支撑。集镇非农产业也大多为农业生产服务，非农业人口以公务人员为主，人口流动性比较弱。

4. 中心村(行政村)

中心村一般为一个行政村管理机构所在地，是农村地区从事农业、家庭副业和工业生产活动的较大居民点。拥有本村庄和附近自然村服务的一些基本生活福利设施，如学校、医疗点、农资销售点、小卖部等，以及电话、卫星电视接收设备、广播等设备，部分地方还有水泥路面、清洁卫生的饮用水。通常情况下，一个行政村有一个中心村。但是，在部分低山丘陵区以及高山区，一个行政村由于人口居住过于分散，也可能没有中心村，代之以村长或村委书记所在的自然村成为中心村。中心村主要以农业生产为主，商贸等非农产业有所发展，但区域差异比较大。

5. 自然村(村民小组)

基层村(自然村)为村镇中从事农业和家庭副业生产活动的最基本的居民点，具有简单的生活福利设施，条件较好的自然村有一些公共服务设施如教学点、水泥路面等，条件较差的中心村则缺少公共设施，只是农户集中居住地而已，村民多以农业生产活动为主，非农产业发展较差。在组织形态上，自然村为一个或多个村民小组，有的甚至只有几户、十来户人，没有任何政治组织。受文化习俗不同和地形限制，有些自然村往往就是一个行政村。在这种情况下，自然村、行政村合二为一。但是，在大多数地方，自然村都比较小，在社会组织设置、产业结构、人员构成等方面，自然村都比较单纯、同一，农户之间的同质性高。

单家院落或三、五户村基本上为纯居民点，往往为单家独户或者三、五户家庭组成，以农牧、农林生产为主，封闭且联系弱，对初级资源依赖性较强。尽管它仍然属于乡村聚落形态的一种，但除居住房屋外，基本没有任何生活服务设施，也难以形成任何组织结构，在组织形态上多归入村民小组或自然村。独户村、三家村的形成历史一般比较短，多是一些家庭为某些特殊原因而定居形成。随着山区开发力度的加大和农村经济发展，特别是商品经济的发展，这些散居农村居民点数量正在减少。

二、乡村聚落功能

聚落功能，可以从横向模式及纵向模式来进行分析。所谓横向就是聚落内各子系统之间的联系；所谓纵向就是各子系统分别与外界系统在功能上的联系。由于乡村聚落等级不同，聚落功能差异也非常明显。通常情况下，等级越低的聚落，社会设置越低，规模越小，其功能也就越简单。自然村以居住、生产为主，经济系统简单，居民成分单一，如同一个熟人社会。集市以商品交换为主。集镇、建制镇等聚落，等级越高，社会组织设置越多，经济生活越复杂，生活基础设施好，区域辐射能力强，服务功能也越强大，往往成为一个区域发展的增长点。但是，不管聚落处于何种等级，其基本功能离不开六个方面。

(一) 居住、防御功能

房屋是人们“遮风挡雨”的场所，若干房屋相连成为聚落，供人类居住、生活，也是防御外氏族侵扰的有效空间。因而，聚落为人们提供生活空间、居住空间和交往空间。随着人们生活水平的提高，人们对居住要求也越来越高，聚落形态正在向不断适应人们生活所需的方向发展，从最原始的“遮风挡雨”和防御外敌侵扰，演化为保障个人私密和居民利益的中介。

(二) 约束功能

我国农村聚落是出于血缘、业缘、地缘和亲缘关系而组成的利益共同体，人们在这个共同体中进行着各式各样的活动，成员与成员之间发生着各种各样的联系和交换，由此形成聚落成员之间的相互作用和依赖。聚落的社会文化特征、建筑风格等依赖于成员的特征，但不是一个个特征的简单堆积，而是个体特征及其相互关系综合的结果。因此，聚落内单个个体特征的变化或个体相互关系的改变很难引起聚落总体特征的变化。

反过来，一旦聚落特征形成，就会强烈地影响聚落内的每一个成员，甚至左右聚落的行为。这就是聚落的约束功能。由于约束功能的存在，使得聚落成员在行为上出现趋同性。约束功能的体现主要通过行为规范来实现。聚落行为规范包括风俗习惯、生活方式、消费方式、宗教信仰以及文化倾向等方面。聚落成员很难摆脱这些规范的约束。

（三）整合功能或稳定功能

作为聚落成员个体，由于所处的位置和所扮演的角色不同，也由于各自不同的经历，其价值取向和思维方式往往也不尽相同，对相关政策的理解和接受程度也有差别，但聚落成员往往能够共同遵守一种既不能完全符合政策要求也不符合个体意愿的行为规则，这就是聚落整合功能作用的结果。聚落作为一个地域性组织结构，在政府与农户之间扮演中介作用，在聚落成员的观念行为与政府政策要求之间不断冲突，又不断融合，发挥自己的整合作用。一般来说，经过聚落整合作用的结果而形成的行为规范，成员必须无条件遵守，否则在聚落内将很难生活下去。长期以来，聚落成员已经习惯于遵守经过整合作用而形成的行为规范。现代社区发展所倡导的参与式发展、社会发展等，就是利用聚落整合作用的结果。

（四）生产、服务功能

乡村聚落生产功能很复杂，不仅包括农产品生产、非农产品生产，还包括文化的传承和培育。由于聚落等级不同，其生产功能也存在非常大的差别。中心村、自然村等分布在乡村田野，初级资源的利用和开发是最基本的生产功能，以农业为主要生产活动。而等级较高的建制镇，社会生态经济系统更复杂，生产功能更多样化，非农业生产与商贸成为最主要的功能，非农业生产活动（农产品加工、贸易、工业、建筑、交通以及旅游等）所占比重不断提高，在部分聚落甚至演替为以非农产业为主的城镇聚落、集镇以及商贸中心。

服务功能是聚落的重要功能，是聚落不同于单个居民点的重要区别。服务功能强弱及服务功能的辐射强度、范围往往是聚落等级高低的标志，也代表其在区域发展的地位。服务功能由商业、服务业、医疗卫生、文化教育、行政管理等部门来体现。各种服务设施的配套发展和供给能力决定聚落服务功能的完善程度。通常情况下，等级越高的聚落，服务功能越强大，如集镇、建制镇等，各种社会设置均比较完善，辐射的地域范围广，享受服务的人口多，且来源地广泛。相反，等级越低的聚落，服务设施少，辐射人口仅限于聚落内部。

（五）文化传承功能

文化是人类群体或社会的共享成果，不仅包括价值观、语言、知识，而且包括物质对象，是代代相传的生活方式和价值观念。不同的乡村聚落有不同的文化特征，反映聚落生产方式、生活方式以及与环境的相互协调。其中，聚落建筑形态、聚落居民服饰文化等，在同一区域的不同聚落的表现形态是不一样的。也就是说，聚落是文化传承的重要载体。

（六）管理功能

乡村聚落是乡村居民的活动场所，具有一定的地域范围以及地域范围内的人口、资源，无时无刻不在进行生产—交换—分配—消费等活动，使聚落具有重要的管理功能。聚落管理包括两个层面，一是聚落农户家庭内部管理，二是聚落农户之间、聚落资源的占有、分配、公共产品供给等方面的管理。在农村改革之前，聚落集体经济力量强大，在农产品的生产和分配上拥有绝对权威，对聚落成员的管理、控制权较大，很容易将聚落成员的观念行为约束在聚落所允许的范围内。随着农村经济体制改革的深入，聚落管理功能逐渐弱化，服务功能增强，表现为引导聚落成员的生产、生活向健康、富裕、文明的方向发展。

第三节　中国山区聚落特征及其研究意义

一、中国山区聚落的基本特点

由于我国区域经济发展极不平衡，不仅存在东、中、西三大地带社会经济发展差异，而且存在山区、丘陵与平原三大地理差异。山区整体经济社会发展滞后于平原，城镇化水平低，山地人口中极少部分居住在城镇，大部分分布在广大的农村地区，以乡村聚落为居住空间、社村为基本社会单元，过着相对朴素和贫乏的物质文化生活。与平原地区相比，山区聚落普遍贫困，并对自然环境高度依赖，靠山吃山，经济属性以自给为主，生活单调、物质困乏，社会文化属性表现为封闭、守旧和知识贫乏，但不缺乏物质文化生活的多样性。由于山区聚落的自给性和资源依赖性，人口增加的生存驱动造成土地利用结构变化，对边际土地（含坡耕地、林地和草地）的压力增大，过度开垦、放牧和乱砍滥伐等，引发土地退化，陷入“人口增加—耕地扩张—林地转耕地—土地产出降低—贫困—人口增加—生态环境退化”的恶性循环[22]。山地生态环境退化，加上山地生态系统的稳定性差，对低山和平原地区生态环境造成损害。因此，分析我国山区聚落的基本特征和存在的问题，能够更好地了解山区聚落的发展现状，寻求山区聚落可持续发展的方法和模式，对于山区生态环境保育和全面建设小康社会具有十分重要的意义。

（一）山区聚落与平原聚落的区别

山区聚落与平原聚落有共同之处，即从一般意义上说都是指农村聚落，具有共同的特征。其次，山区聚落与平原聚落主要是从地貌上划分，在某些情况下，山区与平原的概念难以绝对地区分。例如，在青藏高原这样的典型山区，实际上也有不少县、乡被划分为平原县、平原乡。在大山脉、大山系中的不少山间盆地，也具有平原的特征。因此，划分是相对的。但作为大的地貌单元，山区与平原毕竟是不同的，相对而言，山区海拔高（与相邻平原比较），坡度较大，重力作用较大。由此，引发环境的不同，进而带来山区聚落与平原聚落的区别（表 1.4）。

表 1.4　山区乡村聚落与平原乡村聚落之比较[23]

	山区聚落	平原聚落
生态环境特征	生态系统复杂，兼有森林生态、草地生态、农田生态等多种类型	生态系统单一，以农田林网构成的人工生态系统为主
自然环境	地貌复杂，有高山、中山、低山、山原、峡谷、高原等，海拔高、立体气候明显；土层瘠薄；聚落界限模糊	地貌和气候单一，土层深厚；聚落边界清楚
土地结构	农耕地比重低、坡度大、分散零碎、复种指数低；林地和牧草地比重大，未利用、难利用土地面积比例高；非农用地面积小	以农耕地为主，分布集中成片、复种指数高；林地面积小，多为四旁林、农田林网；非农用地面积大且增长趋势明显
资源权属	土地权属复杂，国有林地（草地）和集体林地（草地）并存于聚落边界内，林地林木产权复杂且模糊	集体土地、农户承包经营，耕地产权结构简单、明确
生产水平及经营形式	农业生产水平低，粗放经营、广种薄收、靠天吃饭；以乡土知识和传统技术为主，施用农家肥、堆肥等；农业生产条件差，有效灌溉耕地少，自然灾害对农业影响大；自给农业、生计农业特征明显；单家独户经营	农业生产水平高，精耕细作、稳产高产；化肥、农药和良种大量使用；设施农业发展快，农业市场化程度高，商品农产品比重大，农业技术先进；农业经营形式复杂，农户、“农户＋公司”、公司等
社会文化组织结构	通达性差，基础设施落后，相对封闭，乡土文化和传统知识厚重；人口民族属性复杂，文盲人口多；宗族、亲缘关系复杂；语系复杂；妇女生育率高；贫困人口多、贫困发生率高	通达性好，交通等基础设施好，社会经济系统开放程度高，现代科技和文化影响深；以大众文化、主流文化为主；宗族、亲缘关系弱；妇女生育率低；贫困人口少
经济发展	经济发展水平低，收入结构较单一，以农业、牧业、林业为主，对传统自然资源的依存性明显，劳动力参与社会就业的程度低；非农产业发展水平低	经济发展水平高，收入构成多元化；非农产业收入比重高，自然资源约束微弱；劳动力流动广泛、社会劳动就业程度高

续表

	山区聚落	平原聚落
发展项目	以生态环境建设项目为主，天然林保护工程、退耕还林、退牧还草、自然保护区、小流域综合治理、水土保持等，项目外部效益好，社区资源利用受影响	经济和社会发展项目多，聚落社区群众受益；生态环境建设项目少，社区资源利用基本没有影响
自然灾害	自然灾害（滑坡、山崩、泥石流、水土流失、雪灾、霜冻、山洪等）威胁大，生存环境恶劣	自然灾害少，少量涝灾，基本旱涝保收
外部性	聚落生产消费的外部性明显，既有平原聚落环境外部性特征，更有山区资源不合理利用通过山地物质输送对下游和平原地区社会经济发展的影响	外部性影响小，主要有垃圾污染、地下水污染、空气污染等

（二）山区聚落的资源构成特点

山地是与平原不同的地貌单元和地理区域。山地特殊的地理环境与复杂多变的生态系统特征，决定了山地资源的独特性与生物多样性，因而山地聚落的资源构成和利用与平原聚落具有显著不同的特点。

1. 山区聚落的地域范围广、垂直地带性特征明显、土地利用结构复杂

受山地地貌影响，耕地破碎、土地肥力低，单位人口所需要的耕地面积大，而适合山地居民修房造屋的土地面积有限，由此造成山区聚落选址有限而资源分布向垂直高度发展的结果，形成明显的地带性特征。在山区，一个行政村的面积往往比平原地区一个乡（镇）面积还要大，真正是“地广人稀”。此外，由于山地地貌复杂，有高山、中山、低山、山原、峡谷、河谷等地貌类型，加上海拔高度的作用，使得聚落的土地利用结构多样，垂直地带性特征明显，大多为林地、牧草地以及难利用土地，耕地面积非常少，土层又薄、土壤肥力低，满足单位人口所需要的土地面积大，聚落建筑占地少、分散。

2. 聚落农业资源的品种多样、资源权属结构复杂、安全性差

由于山地地形起伏，气候和土壤复杂多变，生物种类繁多，加上山丘具有“隔离岛”的特征等，具有“一山有四季，十里不同天”的特点，使山区聚落拥有平原地区聚落无法比拟的资源优势，不仅农业生物资源、农作品种多样，栽培农作物地域特色鲜明，而且野生物种也极为丰富，许多聚落还在国家各类自然保护区范围内。不少聚落还蕴藏有大

量可开发的各类矿产资源。

山区聚落地域范围内的自然资源的权属结构也较平原聚落复杂许多。国有、集体和私有等多种所有制和经营管理形式并存。其中，森林资源权属结构特别复杂，聚落居民在不同权属结构的森林资源中拥有的权利差别大，处置林木的限制因素也很多。例如，聚落居民可以在国有林区放牧、采集野生菌类和药材、在国有林场做工等各类活动，却必须在国家《森林法》、《自然保护区管理条例》等相关法律法规的许可下、通过合法手续才能处置自留山上的木材资源。

3. 人文资源的独特性与多样性

由于高山河谷的阻隔，山区聚落具有地域分散性和封闭性的特点，表现出与外界相对封闭的社会文化特色。正是由于山区聚落在地域结构上的分散性、封闭性，许多独特的人文景观得以保留下来，形成具有地域特色、民族特点的古村落，成为研究人类社会发展历史、古建筑、民族工艺、民族文化以及保护资源等的活化石。

山区聚落的人文特征还表现在宗教文化上。高山被埃德温·伯恩鲍姆(Edwin Bernbaum)称为“诸神的家园、超然的象征、文化认同的标志、诗歌与哲学的源泉”[23]。山地是我国各种宗教的发祥地，一直以来都是教徒朝拜的圣地。峨眉山、五台山、九华山和普陀山是我国著名的四大佛教名山。峨眉山许多寺庙建筑在海拔 2 500m 以上，其中金顶高达 3 099m。珠穆朗玛峰北坡的绒布寺海拔 5 000m，是我国最高的寺庙聚落。这些聚落无论在建筑特色还是在人文历史等方面，都具有独特的地域文化优势。

(三) 山区聚落的经济特征

与平原聚落社区相比较，山区聚落经济活动明显有别于平原聚落。

1. 自给半自给经济

由于山脊的“自然屏障”作用，使山区聚落成为一个个相对封闭的“孤岛”，生产、交换和分配等活动在聚落内封闭或半封闭循环，生产目的主要不是通过投入劳动和生产资料获取所需要的经济收益，而是满足人口生产和再生产的食物保障。相对于城镇和平原地区，山区聚落大多具有边缘性或边际性特点，受交通条件、土地边际性、市场边缘化等限制，理性而有效的选择就是自给半自给的生产特征。而且，这种经济的空间差异明显，愈是在边缘地区愈突出，越是在落后的山区，在人口社会流动低的地区，越是强烈；愈在高海拔山地，自给自足的特征愈明显，海拔愈低，自给程度也低。这种自然经济特征不仅表现在生活消费品的自己生产上，而且表现在土地、劳动力、肥料等生产要素的自给上[24]。“种田为吃饭，栽树为烧柴，养猪为吃肉，养牛为犁田”仍然是山区聚落的基本经济活动规范。

这种传统的自给自足的经济特征正在承受市场经济带来的巨大压力。由于资金、技术、信息等生产要素都趋向利润高的发达地区，使山区聚落资源要素相对稀缺的特点日益突出。山区聚落依靠简单生产工具和劳动力向自然索取产品的方式越来越不适应全国发展的需要。

2. 传统资源配置为主，人口增长带动初级资源的急速扩张

山区聚落自给半自给经济，体现在农业生产要素和经济要素的组合即配置上，是一种特殊的生产方式和人地关系，其特点是依靠以土地为代表的自然资源和劳动力资源为生存和发展的基础，农产品增长依靠土地生产要素的数量扩张来实现，由此带来人口增加，土地面积扩张，森林面积减少，大量的边际坡耕地乃至陡坡耕地被作为生计型生产资料。一方面，山区土地承载能力低下（表 1.5），垦殖指数低，产量增加必须依靠耕地面积的扩大；另一方面，山区人口流动性低，人口增长又快，为养活增加人口的所需耕地只能依靠新开垦荒地来实现。因而，耕地坡度越来越陡，产量越来越低。同时要获得最大产量又必须扩大耕地面积。

表 1.5 农业类型与土地承载力[25]

农业类型	土地承载力（人/km^2）	变化（倍）	农业类型	土地承载力（人/km^2）	变化（倍）
渔猎农业	0.02～0.03		传统农业	40	14.8～80
原始农业	0.5～2.7	25～90	现代农业	160	4

3. 自然资源依托型经济

与平原聚落不同，山区聚落受耕地、道路交通、信息等限制，主要经济活动依托当地自然资源，属于典型的自然资源依托型经济。一受耕地破碎和立体气候影响，聚落耕作农产品种类多、产量小，自给程度高。从玉米、小麦、青稞、荞麦到各种山地蔬菜，种类齐备，基本可以满足聚落人口的日常食物需要。在丰产和有剩余时，也出售一部分产品补贴家用。二是畜产品门类多，商品量少、商品率低。以生猪为例，横断山地区普遍是自养自食，很少有农户出售生猪。在藏区，人们将牲畜存栏数量作为家庭殷实的象征，牲畜出栏率极低、畜产品商品化程度低。三是森林产品丰富、种类繁多，从木材产品到非木材产品，应有尽有，其中非木材产品商品率和自给率都比较高。云南大理每年举行交易会，当地聚落居民每年都要带来 574 余种药用植物和食用植物物种来进行交易。四川岷江上游地区，自古就盛产各类高山药材，大宗而有名的药材有麝香、贝母、鹿茸、虫草、大黄等，很多在清末就已经大量出口。清末民初的薛城镇有一百六七十户，其中从事药材收购的商户就有 20 多家。在药材生意兴旺时，四川盆地的安岳、遂宁等有上千人在薛城镇附近的山上采集药材[26]，形成一种典型的野生药材资源开发经济，带动本地集镇的发展。四是依托环境资源而形成的旅游经济。由于山地的三维地理特征，土壤条件和气候差异大，又属于欠发达区域，工业污染少，夏季气候宜人，越来越成为久居城市的人们休闲避暑的首选区域。

（四）社会组织特征

自从聚落形成以来，不仅是生产和生活的主要活动空间，更是实现交往、管理场所，因而，无论是自然村还是多个自然村组成的行政村，村落都是乡村社会中最常见的独立的社区，是乡村社会存在的支撑，具有十分重要的社会管理职能[27]。

受自然环境约束，山区聚落作为社会组织单元的作用更加突出，成为一个极其重要的社会自组织系统，分担着大部分社会服务功能。与平原聚落相比较，山地聚落表现出独特的社会组织属性。

1. 社会结构单一、同质

山区聚落表现出明显的社会环境封闭和生活方式长久固定不变，形成一种传统的乡土社会特征，社会结构单一、同质。所谓同质，主要是指山区聚落规模小、聚族而居，受自然环境限制，居民生产生活交往范围窄，婚嫁半径小，有的甚至近亲结婚，即所谓亲上加亲，聚落人口来源单一，形成一种所谓“熟人社会”[28]。由于山区聚落在地理位置上偏僻、边远，在政治权力上弱势无助，在经济上自给和贫穷，还包括因为远离政治权力中心、经济文化中心而形成的边缘化。这种边缘化不仅在平面上展开，而且在垂直方向上加强。越是海拔高的地区，这种社会的同质化程度越高。

2. 以血缘、地缘、宗族等为主形成的非正式制度安排

山地聚落的一个重要社会特征是家族或宗族等非正式制度安排对聚落社会稳定的影响。所谓家族，是一种以血缘关系为基础、由家庭房派结成的亲缘集团或社会群体单位。在一个家族中，“家庭是最小的单位，家有家长，积若干家而成户，户有户长，积若干户而成支，支有支长，积若干支而成房，房有房长，积若干房而成族，族有族长。下上而推，有条不紊”。同宗同族之人集为宗族，是家族的扩大。家族对各家的控制和影响较为突出，部分地方甚至代替村落正式组织，成为维系聚落社会稳定的重要力量。其他非正式组织还包括宗教、地缘等关系内生性制度。由于束缚在互相隔绝的血缘和地缘环境的共同体中，使聚落社会群体表现出浓厚的血缘宗法关系特点，居民用大量时间处理宗族宗法关系，导致较重的心理依赖，并形成较固定的组织，表现出很强的凝聚性、服从性。

这类非正规组织及其制度在山区聚落的广泛存在，主要受制于以下五个方面。一是山区聚落的封闭性、山脊山丘对文化扩散的阻隔以及微型生态环境的差异，使聚落生产、生活以及各类文化生活等，都被束缚在聚落内，人们对聚落的依赖高于平原地区。二是山地自然环境的复杂性，使现代科学对山地自然生态系统的了解有限，各种神秘的

自然现象使山地生态系统变化多端，个体力量的渺小与大自然的神秘迫使人们联合起来，寻求彼此的互助，也诞生了具有地域特色的宗教思想，统治人们、影响人们的习惯。在很多少数民族地区，各寨子不仅有寨主或头人，还有“神山”、“风水林”以及“寨神”、“树神”等等[29]。岷江上游的羌族、各村寨所敬奉的神都有差异[30]。可见，宗教文化对聚落影响是不可忽视的。三是山区聚落对自然资源高度依赖以及山区农业生产特点所决定的。山区聚落耕作半径和活动半径比较大，生产工具和生产技术往往比较落后，农业动力以人畜为主，而耕作面积又比较大，单家独户的生产困难大，在长期的生产生活中形成了互换的生产方式，这样可以克服地形限制，增加抵御自然的能力。四是山区人口密度低，人口流动性小。从聚落发展的历史来看，往往以一定的亲缘、地缘或血缘关系的人们聚族而居形成，村民之间都相对密切，自然而然形成一种互助关系，在重大事件上相互帮忙。五是聚落文化的封闭性，聚落居民表现出非常强烈的认同性。正如有的学者指出，在村里办事按一定规矩办，想问题要按一定方式去想，不管你乐意不乐意。这既不是因为古板，也不是因为有族规，而是因为有一大群人盯着你。这种现象在贫穷山区尤其严重。

（五）山区聚落的文化观念特征

山区“碎、险、散、远”的自然属性，增大了山区开发的社会成本和经济成本，道路交通设施差，客观上“难达”及其空间距离的阻隔，使各种文化、信息、技术等也难于落户山区。这种难达性和边际性，使山区与平原、山区与山区之间交流少，并长期积淀为主观的文化封闭，形成“保守、排他和崇尚个性”的文化特征[31]。故形成山地贫困文化并传承下来（图 1.7）。另一方面，山地的自然屏障作用和“界壳”作用，使山地又成为文化的冲突地和避难地，从而保护大量具有特色的聚落文化。

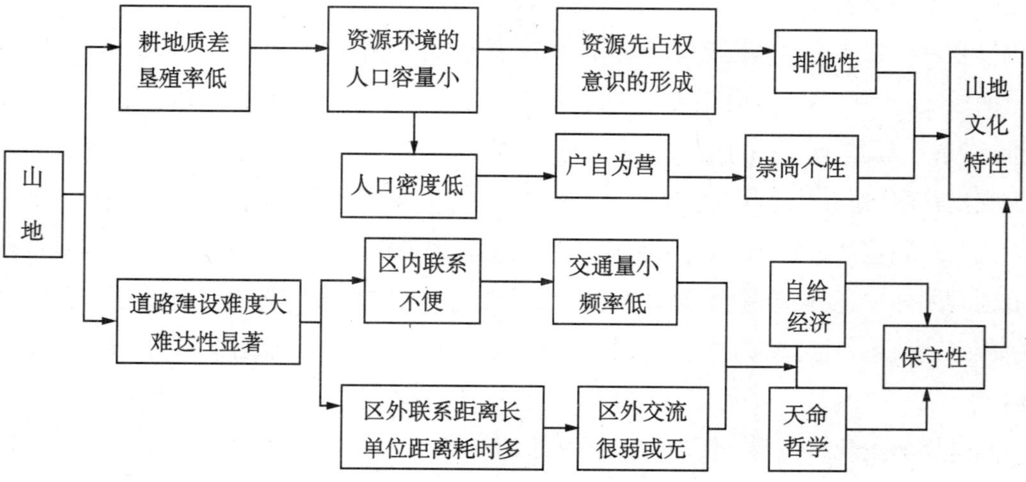

图 1.7　山地文化特征及其形成机制

1. 山区聚落的贫困文化特征

所谓贫困文化是人们所拥有的一种安于贫困的价值观。价值观是文化的核心，是人的追求、理想和信念体系，反映的是人的深层精神状态，属于价值理性范畴。山区聚落由于地理闭塞，形成一种具有浓郁特色的聚落贫困文化价值观，表现出“听天由命、消极无为”的人生观，信奉“人的命天注定，胡思乱想没有用”、“富贵本是前世修，命中没有莫强求”，固守“安于现状”的幸福观。大巴山区存在的“火炉”心理，就是典型一例。在这里有一种烤火习惯，一般农历 9 月至翌年 4 月，山民都要烤火。烤火时，一家人整日围在火炉边，即使走亲串户，也都提着火炉。“脚蹲小火炉，手捧玉米糊，皇帝老子不如我”的民谚就描述了这种心态。

2. 文化的封闭性和排他性

由于农耕文化的长期积淀和闭塞的自然环境以及“差序格局”的限制[32]，山区聚落对传统的地域文化和生活方式有着执著的偏爱和迷恋，而对外部文化、现代文化和城市生活方式有着一种本能的隔膜与排斥。他们宁可忍受封闭、贫困，也不愿离开自己熟悉的家园。在一些山村有一些农村青年曾外出打工，但又因不习惯外面的生活方式，或者“想家”而飞鸟归林。较高的收入和繁华的都市，抵不过山区人的“安土重迁”、“贫而安贫”的惯性力量。在他们看来“金窝窝银窝窝，不如咱这草窝窝”。

3. 文化的冲突性

山区聚落远离人口、财富和权力中心，使其置身于经济和政治的边缘，普遍表现出贫穷、落后、封闭的特点，山区聚落被置于经济贫困的前沿。而高山的山脊通常又是民族和国家的边界，又容易成为紧张局势和冲突的中心地带。

在我国，山区聚落文化冲突表现特别明显，聚落本地文化与外来文化在利用资源、开发资源等方面的差异表现强烈。外来文化以直接开发或通过诱导山地人间接开发山区资源为载体，两种文化的人群与山区环境的直接关系不同，产生和遵循的理论观念和行为规范也不同。简单地说，山外人只取不予，导致资源外流与环境退化；山里人为保住自己对山区资源的先占权而盲目开发，也带来环境资源的退化。

文化冲突还表现在对传统聚落文化与现代文明的态度上。由于山区的自然属性使得许多古村落、古建筑、传统手工艺等得以保留下来。但是聚落通达性改善后，面对汹涌而来的旅游者、开发商等，古村落的传统文化、建筑、生活方式以及生产方式的保存与现代文明的扩张所导致的冲突，正在使越来越多的山区古村落丧失文化避难所的属性，其非物质性文化正在流失。

(六) 人口民族特性

山地曾经是人类文明的发祥地，也是少数民族的集中分布区。据历史记载，中国最古老的民族之一——羌族，最早就活动在今青海、甘肃一带的昆仑山、积石山及陇东高原一带，后来东迁到岷山，随后有一部分移居到横断山，另一部分迁入中原地区。我国主要少数民族除满族外，大部分都相对集中在山区。有关山区聚落的民族特征在第二章中还要专门论述，此处从略。

山区聚落人口结构呈现农业社会特征。总体上，平均寿命较短，婴幼儿死亡率较高，在性别比上，男性大于女性；与此同时，出生率高。山区聚落疾病类型与城市和平原农村也有差别：在城市和平原聚落，心血管疾病、癌症是主要死亡病因；而山区聚落，心血管疾病和癌症发病率较低，传统的自然疫源性疾病、地方疾病发病率和死亡率都较高。

（七）中国山区聚落与贫困

如果说山区是中国经济发展滞后的区域，那么山区聚落是贫困的载体。从这个意义上说，贫困也就成为山区聚落的一大特征，这种贫困和落后不仅反映在低收入、物质生活匮乏、技术设施落后等层面，还表现在山区特有的人文属性上，使得山区聚落在承受物质贫困的同时，还要忍受着观念贫困的桎梏。贫困是山区聚落面临的最大问题，也是我国新农村建设和全面建设小康社会的难点。回顾我国农村反贫困的历程，无论是20世纪80年代中期的18片贫困区，还是“八七”扶贫计划的592个国家贫困县，以及国家十年扶贫开发计划所列的592个扶贫开发重点县，大都集中分布在山地丘陵地区[33]。山地丘陵成为农村贫困的高发区，也是扶贫难度最大的地区。在四川省1 532个贫困乡镇中，山区贫困乡镇占85%，丘陵贫困乡镇占14%，平原贫困乡镇仅为1%。

2003年，我国还有农村赤贫人口2 900万，有低收入人口5 600万，两者合计为8 500万，并首次在国家扶贫开发重点县出现全国贫困人口反弹的现象[34]，农村贫困人口主要分布在深山区、石山区、深沟等区域，山区聚落贫困问题更加突出。仅以四川省凉山彝族自治州为例，2000年底，全州农村绝对贫困人口有40多万人，占农村人口的12%。其中，有205个村11.5万人生活在海拔3 000m以上高寒山区，有250个村7.5万人居住在陡坡(40度以上)，有38个村1.38万人生活在与世隔绝的深沟地区，三者共计20余万，占绝对贫困人口的50%左右。不仅如此，脱贫人口的返贫率也特别高，在15%～20%，灾年更高①。此外，贫困村落还面临极度贫乏的社会经济设施制约。仅凉山州12个国家扶贫开发重点县就有53个乡、1 509个村不通公路，占贫困乡的12.65%。即使通公路的乡村，道路普遍存在标准低、通行能力弱、自然灾害影响大等问题。还有16.6万户75.8万人未能用上电，仍然用煤油、松明为照明工具。甘孜州的石渠县，在全县24个乡(镇、场)、168个行政村中，有6个乡(镇)、150个行政村未通公路，

① 凉山州“十五”规划领导小组、凉山州计划委员会：“凉山彝族自治州‘十五’发展战略研究”，2001，327～373。

分别占总数的25%和89.3%；有19个乡(镇)、159个行政村未通电，分别占79%和95.9%。甘孜州的道孚县有141个行政村不通公路，12个乡144个村未通电话，96个村未通电，125个村存在人畜饮水困难，104个村没有教学点。

二、山区聚落已成为山区发展的制约因素

以上论述了中国山区聚落发展特点和发展滞后的严峻事实，并且预示着面对未来发展，山区聚落将处于较被动的局面。就全国山区发展而言，许多战略对山区虽有帮助，但与其他相比，山区得益不多，受到的市场压力、空间挤压、竞争势位等越来越不利。这种态势的形成是多方面综合因素综合作用的产物，有自然因素、历史因素、人为因素，各因素之间又相互作用，并长期积淀。其中山区聚落对发展的影响已日渐明显，日益突出。当代山区聚落是自然、历史、人文等因素影响和作用的产物，是与生产力发展水平、社会文化传统、自然环境和社会体制相联系的。相对落后的社会生产力导致当前与工业化、城镇化发展不相适应的人口分布模式、聚落模式，而反过来，当前存在的人口模式、聚落模式又阻碍着工业化、城镇化的发展，阻碍着山区自身优势的发挥，同时又拖了全国的后腿。从一定意义上说，当前山区聚落的问题已不是一个单纯的人口居住环境问题，而是一个牵连到山区社会经济能否健康发展，能否跟上全国步伐从而实现全面小康的问题。进一步说，山区发展已要求山区聚落进行脱胎换骨的改造或重构，要求山区聚落以新的模式来适应工业化、城镇化的发展。因此，可以预见，在中国工业化、城镇化的过程中，山区聚落将发生重大的变化。研究和预测这些变化，对于山区的健康发展，特别对于建设社会主义新山区将具有十分重要的意义。

中国山区聚落大多有悠久的历史，有的多达几千年。它们经过朝代更迭、历史沧桑、制度变化。就聚落本身而言，却并没有大的变化，一直维持着分散、靠山吃山、远离经济中心、远离城市的模式。为什么到了今天，我们就认为有必要对山区聚落进行重新评价、进行重构乃至进行迁移呢?

应该说，这是与生产力发展的水平、社会经济发展的水平相联系的。千百年来，社会经济虽有发展，社会制度虽有变动，但基本上脱不了农业社会农耕(或牧养)的经济特征，在农业社会的背景下，居民逐草而生，依地而居，傍水而栖是一种合理的选择，山区聚落的经济模式与平原没有本质上的差别。农业社会的基本经济特点是自给自足，只要山区居民的所在地具备生产粮食、有饮水源、有柴薪的条件，就可以作为栖息之地，就可以安身立命，就可以聚团而落脚。山区分散的土地资源，规定聚落、农户必定是分散的、零碎的；山区不具备充足的水资源，不可能发展大规模的聚落，山区在农业社会里没有快捷的交通工具，也没必要建设公路，更不需要发达的通讯工具。山区的特点，不论是地貌条件、气候条件、土地条件、水源条件都是与农业社会自给自足的经济特点相联系、相适应的。

但是，进入工业社会之后，生产条件发生了翻天覆地的变化，经济的主体不是农业而是工业；资源的主体不是耕地，而是矿产、能源；社会的支撑不只是自然资源，而是人才资源、技术资源；经济的发展不是自给，而是商品；居民生活的追求不是日出而作、日落而归，而是全面发展，价值实现；劳动的工具不是畜力、人力，而是机械、电力。也就是说，工业社会是一个开放的社会，是市场化、商品化的社会；工业社会需要聚落的规模化、城市化，需要物流、人流、信息流、技术流，需要交通、通信、信息。而所有这些条件，恰恰是山区不具备或很难具备的，是山区聚落无法适应的。因此，延续千百年的山区聚落模式到了工业化、社会化、城市化的历史阶段，其一切弱点、致命点、与社会不适应的盲点就都暴露出来了。山区的边远性、封闭性、脆弱点、边缘性与工业化、城市化的过程已构成严重的脱节和冲突，山区聚落的“桃花源”特点已变成社会经济发展的绊脚石。

因此，维护山区聚落固有的自给自足模式，已不能适应工业化、城市化的需要，维持山区聚落的旧模式，不能或要高成本才能建立通信、交通设施，但仍不能组织现代社团活动，不能有效组织教育、文化、卫生、社会保障等现代社会的基本组织形式；山区儿童即使是有钱的家庭，要入学接受教育，因远离学校也很困难；而分布于满山遍野的农户更不可能让每家每户都有公路之便，有电力供应，有通信、电视设施，有市场、银行、医院、技术咨询便利设施等。因此，现代社会不可能改变自己的发展模式去适应山区聚落，只有山区聚落脱胎换骨去适应现代社会。

因此，从建设全面小康社会的目标着眼，从全国逐步缩小地区差异着眼，从建设和谐社会着眼，我们可以归结出这样的逻辑关系，即全国发展的难点在农村，农村的难点在山区农村，而山区农村发展的难中之难在于聚落。可以说，在山区发展中面临着多种挑战，多种困难，多种障碍，这其中最大的障碍是山区聚落的分散性、边远性、边缘性、封闭性。因此，研究山区聚落，改造山区聚落，寻找山区聚落与工业化过程相适应的模式，实际上就是从根本上寻找山区发展的新模式，寻找建设社会主义新山区的新途径，是解开山区贫困、山区落后的关键钥匙，是牵住山区发展的“牛鼻子”。具体地说，山区未来的发展蓝图、产业布局、生态建设、社会构建、城镇化、工业化，都应围绕山区人口的布局，即山区聚落的重构来展开，除此别无他途。

因此，我们研究山区聚落不是为聚落而研究聚落，而是立足于全国的宏观战略，立足于山区的综合发展，立足于建设社会主义新山区的全面目标。为此，山区聚落的重构与山区发展目标、过程、模式紧密相连，与产业发展、生态建设、社会和谐的目标相联系，是立足于工业化、城镇化、生态化的社会需求而展开的。因此，是一种宏观、中观、微观的不同空间层次相配套的研究思路，也是一种综合、协调的研究思路。

三、研究山区聚落是国家战略的需求

从上述分析可以看出，中国工业化、城镇化的进程，已为中国农村、农业、农民问题的解决提出要求，也创造了有利条件；对于山区农村，也将提出新的要求，走出新的发展路子。如果说，建设社会主义新农村是中国新的历史任务的话，那么建设社会主义新山区将是建设社会主义新农村的重点和难点。解决了中国山区的发展问题，实际上就解决了中国农村的发展问题，建设了社会主义新山区实际上就等于建设了社会主义新农村。从国家战略要求来说，当前必须集中研究几个问题。

（一）中国山区聚落的发展演化方向

当前山区发展面临的突出问题是，山区的人口、聚落、产业如何发展？换句话说，中国山区的发展面临着许多急需解决的问题，其中山区聚落的演化、发展方向和道路、山区聚落的产业支撑、聚落重构等都需要科学的指引。

从宏观上看，对中国山区聚落的形成与演化及其与社会经济发展的关系，需要作出科学的回答，以此作为探索中国山区发展道路的基础，作为建设社会主义新山区的重要内容，只有对中国山区聚落的产生、演化、性质及其与社会经济发展（特别是社会发展阶段和经济发展水平）的关系有较透彻的了解，才能对山区聚落的价值、不足、未来的改造、去留、重构等问题有科学的判断。

在此基础上，对全国山区聚落进行全面发展规划，分析全国山区聚落的分区特征、民族特征、产业特征，分析各山区聚落面临的挑战，提出在未来5年、10年、20年山区聚落的演化或发展目标。其中重点是提出山区重构的模式。

（二）研究中国工业化、城市化进程中山区聚落的新模式

重点是三大重构。

（1）空间重构。对全国山区聚落和人口的空间分布，从未来发展战略高度，进行新的布局，较好地解决人口、住户分散、零乱、边远、封闭的局面，重点是将高海拔、高山峡谷、高中山分散居民向城镇、集镇、大聚落转移。许多地广人稀的省区州地县，人口将集中于交通沿线、河谷、城镇，建设人口集中区域和新的农村聚落基地，让大面积的湿地、山脉、湖泊、草原处于天然恢复、自然循环状态。

（2）组织重构。结合聚落布局，减少县、乡、镇、村的数量，构建组织，形成具有一定规模的城镇，既解决人口分散问题，又解决行政管理成本高、不利于文化、教育、管理的社区组织问题。青藏高原、高大山系、内陆荒漠地区的地州县、乡、村的数量将大大减少。

（3）产业重构。以集约化、规模化为目标，改变各家各户的分散经营，逐步发展产业专业户，如牧区的牧草种植户、饲养户、产品流通或加工户；山区经济以第二、三产业为支撑；农业在科学技术的支撑下，实现集约经营；农业人口大幅度减少；农业效益大幅度提高，新的产业门类如天然药物开发、有机农业、特色农业占主导地位。

（三）研究山区聚落未来的主要存在模式

工业化、城市化的过程和归宿必定是农村人口向城市的大量转移，中国山区人口在未来不可避免地会向城市、平原、经济发达区转移，许多与人口集中、产业重构、社会进步不相适应的山区聚落必将被淘汰、转移。但作为各国工业化、城市化过程的大后方，广大的山区有其强大的生命力，依然会有许多山区聚落要得到保存、发展、扩大。目前的任务就是要研究哪些山区聚落类型应该保留、保护、发展以及如何发展等。重点是下列聚落的保护和发展。

（1）山区城市和城镇。以第二、三产业为支撑，发展成有山区和区域特色的人口聚集区。特别是矿产、水能和农林牧产品的加工基地、商贸基地。

（2）旅游城镇或聚落。主要是各类风景名胜区、国家森林公园、省级森林公园、宗教、文化遗址。

（3）古聚落、著名居民长寿聚落将成为保护对象，要给予保留、维护。

（4）自然保护区。包括国家级、省级、地市级的自然保护区，但不再保留普通居民而只保留管理机构和科研机构。

（5）城市居民的避暑度假区、休闲疗养区。

（6）边贸聚落、国防安全部署聚落。

（7）特色农业生产、林牧业生产基地（特色药材、茶叶、花卉、特色养殖、特色水果、干果、林特产基地等）。

（8）探险、猎奇、教育基地，特种科研基地。

（四）研究山区生态移民和聚落迁移

结合我国山区脱贫和建设小康社会的实际，进行生态移民，即现阶段各地进行的狭义生态移民，重点是对一些根本不具备生存条件，无法改变贫困—生态恶化—贫困的恶性循环，生境、环境及生态位、生态系统不具备持续发展的最基本条件的聚落整体迁移到条件较好、有发展空间的区位。包括以下几种聚落类型。

（1）山区灾害高发区和危险区聚落。即聚落易受或常受滑坡、泥石流、崩塌、山洪、雪崩等威胁，居民安全无保障，并且难以治理的聚落。

（2）生态环境恶劣的聚落。这类聚落多分布于高中山或高山峡谷，地形险峻，耕地资源缺乏。若遇干旱或少雨，人畜饮水就会遇到困难。聚落多处山区深处，交通不便、信息不灵、生产方式落后，不能发挥资源多样性优势，而过分依靠陡坡垦殖，以柴为薪，形成对植被的破坏，引发水土流失和山地灾害，脱贫希望渺茫。

（3）地方病高发区聚落。山区是我国克山病、大骨节病、甲状腺肿、氟中毒等地方病的主要分布区之一。许多聚落位于上述的某一种或某几种地方病区之内。居民发病率高，贫、病、残交加，不仅对当代居民的生存和健康构成严重威胁，而且对子孙后代及长远发展留下后患。最好的办法是将聚落移出病区。

(4)自然保护区风景名胜区聚落。目前我国不少的自然保护区、风景名胜区都保留着为数不少的农村聚落。这些聚落的存在对区内的野生动植物保护构成威胁。而自身的发展又受到严重制约，难以脱贫或达到小康。其生产、生活(包括对野生植物的过量采集、大量农药和化肥的使用、大量牲畜的放养等)对野生动植物造成影响和危害。为此，将自然保护区内、特别是核心区内的农户进行异地搬迁，对于自然保护和居民长远发展都有好处。

(5)水库淹没区聚落。开发山区水能资源是我国重要的能源发展战略内容之一，许多水库淹没区都分布着许多聚落。这些聚落在水库蓄水之前必须搬迁出淹没区。

(6)新建游牧区聚落。在我国广大高原牧区，存在大量原始游牧生产方式和聚落模式，居民逐草而居，夏进冬退，依靠天然牧场勉强维持生计。但随着人口的增加和牲畜数量的增长，普遍存在着超载过牧、草场退化和沙化的现象。为此，必须在牧区建立定居聚落，改变游牧生活方式。定居聚落应接近交通要道，具备一定规模人口和相应的环境承载力，建设人工草场，构建现代社区，发展水电、太阳能和风能等生态能源。

(五) 山区聚落的管理研究

历来中国山区聚落在空间上具分散性，在文化上是多元的，在产业上是落后的，在信息上是封闭的，在组织上是松散的，在管理上是缺位的。因此，未来山区聚落如何管理是很有研究空间的。特别是随着山区工业化、现代化的发展，人口素质提高，社会发展水平提高，山区聚落作为当代社会的重要组成部分，社区活动的范围扩大，科技、文化、卫生、教育、保险、安全、信息、商务等的现代观念的引进和发展，山区聚落不再是封闭的系统，而是开放的系统；主导产业不再是农业，而是三大产业并存；山区聚落功能不再只是人口增繁、农业生产，而是为城市、平原提供资源、生态、环境、休闲等支撑，管理的复杂性、功能性、重要性空间提高。由此管理就成为一个十分重要的问题。

参考文献

[1] 金其铭："我国农村聚落地理研究历史及近今趋势"，《地理学报》，1988(4)。

[2] 张小林："乡村概念辨析"，《地理学报》，1998(4)。

[3] 何金铸：《人文地理学》，1987，台湾(教学用书)，226。

[4] 陈勇、陈国阶："对乡村聚落生态研究中若干基本概念的认识"，《农村生态环境》，2002，18(1)。

[5] 吴良镛："'人居二'与人居环境科学"，《城市规划》，1997(3)。

[6] 刘沛林：《风水——中国人的环境观》，三联书店，1995。

[7] 赵春青：《郑洛地区新石器时代聚落的演变》，北京大学出版社，2001。

[8] 周鸿：《文明的生态学透视——绿色文化》，安徽科学出版社，1996，66。

[9] 俞孔坚："'风水'模式深层意义之探讨"，《大自然探索》，1990(1)。

[10] 陈勇、陈霞、尹志华："道教聚落生态思想初探"，《社会科学研究》，2001(6)。

[11] 刘沛林:《古聚落:和谐的人聚空间》,三联书店,1997。
[12] David Popeneo 著:社会学(第 10 版)(李强译),中国人民大学出版社,2000,570。
[13] 〔美〕埃佛理特 · M. 罗吉斯:《乡村社会变迁》,浙江人民出版社,1988,164。
[14] 费孝通:《江村经济:中国农民的生活》,江苏人民出版社,1986,5。
[15] 李维长、何丕坤:《社会林业理论与实践》,云南民族出版社,1998,27。
[16] 李元:《中国土地资源》,中国大地出版社,2000,250～251。
[17] 张善余:《中国人口地理》,科学出版社,2003,349。
[18] 陈中兴、周介铭:《中国乡村地理》,四川科学技术出版社,1989,62。
[19] 陈勇:“四川西部山区聚落生态研究”(博士论文),中国科学院,2003,35。
[20] 刘邵权:“农村聚落生态研究——理论与实践”(博士论文),中国科学院,2004,7。
[21] 冉翠:“岷江上游羌族地区习惯法特点简析”,载冉光荣等编《岷江上游历史文化研究》,四川大学出版社,1996,143～156。
[22] 李爱贞:《生态环境保护概论》,气象出版社,2001,81～82。
[23] World Conservation 2002, No. 1, 9-10。
[24] “山区贫困农户经济行为及成因与帮扶对策”,《山区开发》,1996(5)。
[25] 李文华:《生态农业——中国可持续农业的理论与实践》,化学工业出版社,2003,76～88。
[26] 四川省编辑组:《羌族社会历史调查》,四川省社会科学院出版社,1986,2～7。
[27] 毛丹:《一个村落共同体的变迁——关于尖山下村的单位化的观察与阐释》,学林出版社,2000,99。
[28] 费孝通:《乡土中国》,三联书店,1987。
[29] 课题组:《中国林业可持续发展战略总论》,林业出版社,2002,125～135。
[30] 王康等:《羌族的信仰和礼俗:神秘的白石崇拜》,四川民族出版社,1992,20～21。
[31] 中科院成都山地灾害与环境研究所:《山地学概论与中国山地研究》,四川科学技术出版社,2000,49～51。
[32] 贾俊民:“贫困文化:贫困的贫困”,《社会科学论坛》,1999(5)。
[33] 国务院扶贫开发领导办公室编:《中国农村扶贫开发概要》,中国财政经济出版社,2003,1～3。
[34] 国家农调总队:“2003 年全国扶贫开发重点县农村绝对贫困人口 1763 万”,三农数据网,2004 年 3 月 22 日。

第二章　中国山区聚落的地理空间格局

第一节　中国山区聚落空间分布的一般规律

一、中国山区聚落分布的宏观格局

中国山地面积大，纬度上地跨热带、亚热带、温带和寒温带，经度上从东经 73°22′至东经 135°03′。加之地形西高东低，形成三大地形阶梯。这种大的山地地貌格局，从宏观上控制着我国山区聚落分布的区域特点。

（一）中国山区聚落分布的西高东低格局

中国山区聚落分布的海拔高度相差巨大，从海拔几十米的山区到海拔 4 000m 以上的山区都有聚落分布。我国西部是青藏高原，海拔平均在 4 000m 以上，为第一阶梯，在这一区域的山地，即使聚落分布于山麓，其海拔也在 3 500～4 000m 之间，不少还在 4 000m 以上。在青藏高原公路沿线，不少居民点分布在 4 500m 乃至 4 800m 以上。如青藏公路和拉萨—亚东公路的兵站，海拔都很高，海拔高于 4 000m 的城镇也不少。从青藏高原向东是第二阶梯，许多山地海拔高度在 1 000～2 000m，少部分山地海拔在 2 500～3 000m 之间。因此，不少山区聚落可以从山麓分布到山顶，但由于山体高度的限制，山顶聚落也只有 1 500～2 000m，少部分聚落分布于 2 500m 以上，例如四川盆周山地、云贵高原、秦岭、武陵山等。从第二阶梯东缘至沿海，为第三阶梯，山地成为被平原包围着的孤岛或与平原相邻的山脉。第三阶梯内的山地一般海拔在 1 500m 以下，个别高于 2 000m，虽然在第三阶梯的山区聚落可以分布于山脉的顶部，但许多山脉本身受海拔高度限制，最高也只分布至 1 500m 左右，大部山区聚落分布于海拔 500m 以下。

从聚落在山体的分布上看，第一、第二和第三阶梯也有差异。在第一阶梯内，由于基带的海拔已很高，山区聚落一般只能分布于山麓或高原河谷上，聚落分布的垂直地带跨度较窄，因为其上限就是永冻带，人类难以生存。而在第二阶梯过渡带，特别是横断山区，由于山高谷深，相对高差大，山区聚落分布的垂直带较宽，从河谷的几百米分布于 2 500m 以上。第二阶梯内的山区聚落在同一山体内分布垂直宽度也较大，但主要分布于山麓和山间盆地、河流阶地上，大部分集中在 1 000m 以下。第三阶梯山区聚落大部分集中在 500m 以下的山区内。

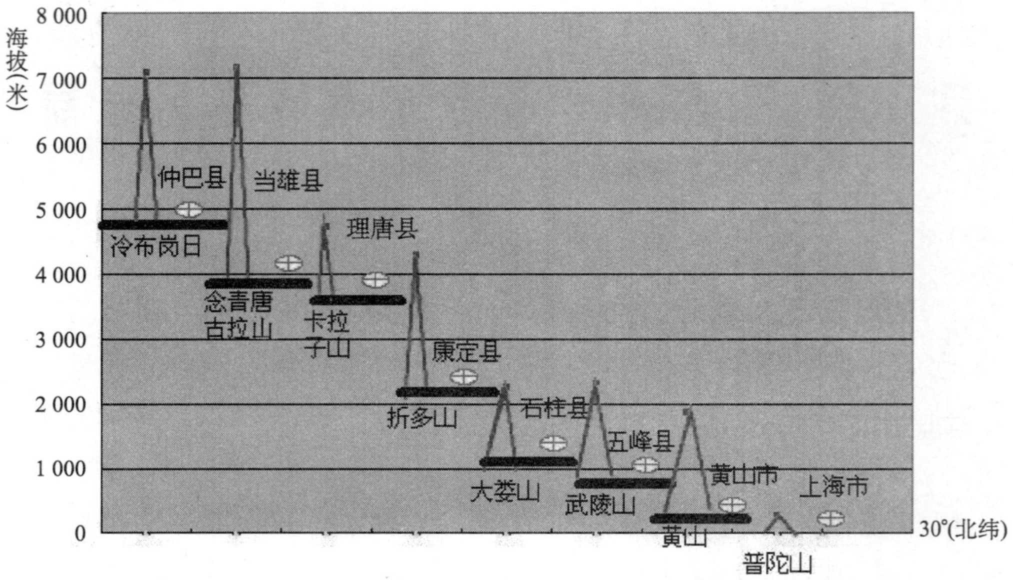

图 2.1　中国山区聚落分布的东西海拔差异

图 2.1 为以北纬 30°为横轴的中国山区聚落分布东西海拔差异图，可以看出主要山区海拔高程及其山区聚落的分布呈现明显的西高东低的变化规律。在第三阶梯，以普陀山和黄山为代表，除黄山的一些庙宇、旅游服务点外，聚落都在 500m 以下；第二阶梯，以武陵山、大娄山为代表，大部分聚落分布于 800～1 200m 之间，少数聚落可达 1 500m以上；第一阶梯，面积广大，康定县城海拔就达 2 700m，理县县城海拔超过 4 000m，西藏阿里狮泉河镇海拔 4 300m，因此，大多数山区聚落都在海拔 3 500m 以上，最高聚落在海拔 5 000m 之上。

（二）中国山区聚落分布的南北差异

如上所述，中国地跨几大自然地带。因此，山区聚落分布的海拔高度随纬度变化而变化。一般而言，在我国南岭以南的山地，由于地处热带、南亚热带，适宜人类居住的气候条件的垂直高度较高、较宽，山区聚落有分布于山顶或山脉上部的，如南岭部分山区聚落分布于 1 000m 左右。理论上该带山区聚落分布至 3 500～4 000m(若有这样的山脉的话)应不成问题。至中亚热带地区，山区聚落的上限一般可分布到海拔 1 500m 左右，如赣西、鄂西、湘西和豫西山区，山区聚落分布至 1 500m 左右，神农架最高达 2 000m；秦岭山区聚落大约也分布于 2 000m 左右。至华北地区，如燕山、太行山、吕梁山一带，山区聚落分布高度一般不超过 1 200m，大部分分布于 500～1 000m 左右。而我国东北山地，包括大、小兴安岭和长白山，由于受气候严寒的影响，山区聚落除森林线外，基本上都分布于山麓地带，海拔大部分在 500m 以下，上限为 1 000m[1]。

总体而言，我国山区聚落的宏观分布格局受到大的地貌单元和自然气候带的控制，特别是山区聚落分布的海拔上限，实际上代表着人类生存环境的上限。我国不仅是多山国家，而且是青藏高原——全球第三极的主体，大面积分布着居住于 4 000m 以上的山区聚落，最高的达到海拔 5 000m，如珠峰北坡的绒布寺。这在世界上是独一无二的。许多山区聚落在几近生命禁区中生活，这几乎是中国山区聚落的一大特色。在世界上，包括许多领土大国在内，高于 4 000m 以上的山峰也是屈指可数的。而中国大面积、高海拔的山区聚落，养育着成千上百万的居民，体现中华民族艰苦卓绝地谋生存、求发展的品格，成为中国作为山区大国的重要象征。

二、中国山区聚落分布的中观格局

这里的所谓中观格局，是指在特定山脉山系或山区中的聚落分布的特点。总体而言，对大多数山区来说，随着海拔的升高，聚落数量愈来愈少，规模愈来愈小。但在一些地方，如横断山区，大部分和规模较大的聚落，基本上都分布在中海拔（即半山）地带。从聚落分布的复杂性和代表性上看，横断山区有典型意义：一是横断山海拔高，山高谷深，聚落分布有垂直变化的地形条件；二是横断山大部分处于亚热带、南亚热带的自然基带内，高耸的山体有明显的自然地带分异规律，在 3 000～3 500m 以下人类依然可以垦殖生存，因此自然环境为聚落的垂直分布提供条件；三是横断山区内有多条干旱河谷，形成特殊景观，对山区聚落分布产生重大影响，增加山区聚落空间分布的多样性和独特性；四是横断山区是我国少数民族聚居区，少数民族的亲山性成为山区聚落的主体，并且各民族之间选择山区聚落的部位也都有自己的民族特色。本节将以横断山为例，就中国山区聚落的中观布局（即垂直分布）作一分析。

（一）高山峡谷区特殊的地理环境决定了聚落垂直分布的超常规性

我们对地处横断山区的理县进行了调查分析，发现理县境内的聚落分布（表 2.1），除了一部分聚落沿河谷分布外，大部分聚落分布在海拔 2 000～2 700m 之间，其中聚落分布频率最高的地带是在海拔 2 400～2 500m 之间。在海拔 2 000m 以下，聚落的数量尚不足总数的 20%[2]。聚落的这种不随海拔高度升高而减少的分布格局由其特殊的地理环境所决定。

表 2.1　理县不同海拔高度耕地面积和聚落数量

项目	2 000m 以下	2 000～2 600m	2 600m 以上
耕地面积（hm^2）	566.72	2 297.17	614.40
聚落数量（个）	58	146	102
平均每个聚落拥有的耕地面积（hm^2）	9.77	15.73	6.02

在海拔 2 000m 以下的地带主要是干旱河谷区。降水量少，年平均降水量在 400mm 和 600mm 之间。因山高谷深，焚风效应显著，严重缺水；加之，“V”字形河谷，坡陡植被稀少，宜耕地面积更少。河谷坡壁上，岩层破碎，土质疏松，是滑坡、坍塌、泥石流等山地灾害的集中分布区。因此，河谷坡壁虽然海拔不高，并且处于山体下沿，但恶劣的环境和生存条件决定了干旱河谷地带聚落分布数量少。

相反，在海拔 2 000～2 700m 之间的地带是聚落分布最多的地带。这一地带在垂直气候带上属低中温带，气候较为湿润温暖。该区降水量约在 600～800mm 之间，≥10℃的积温在 1 800～3 300℃之间，是人类居住较为理想的气候类型。在地貌上，该地带是坡度相对平缓的夷平面，大部分耕地均分布于此。

在海拔 2 700～3 200m 之间的山地寒温带是森林集中分布的区域，聚落分布相对较少。在扑头乡以下的干旱河谷地段除了一部分聚落分布在海拔 2 700～2 799m 的地带外，更高地带则很少有聚落分布。在扑头乡以上的湿润河谷地段，绝大部分的聚落分布在河谷或临近河谷地带。这一地段虽海拔较高，但气候条件组合较好，适合农作物的生长，是人类居住条件较好的地带。

在海拔 3 200m 以上山地亚寒带，聚落分布稀少，全县仅有 2 个聚落分布于此带。其主要原因是此带的气候严寒，全年的有效积温尚不能满足一季作物的生长。海拔 3 300m基本上是聚落分布的上限。

(二) 河谷和高半山是聚落分布较为集中的地带

在岷江上游地区，当地居民通常将山体分为河谷、半山(二半山)、高半山和高山四部分。河谷地带位于山体底部，距河流较近。由于相当一部分耕地分布于河谷阶地上。加之，公路均沿河谷修建，交通方便，很大一部分聚落分布于河谷地带。在杂谷脑下游的干旱河谷区，降雨稀少，多数河谷聚落分布于杂谷脑河支沟与主河交汇处，聚落主要呈集聚团状分布格局。在杂谷脑上游的半湿润地带，降水相对充足，河谷地带的聚落主要分布在河流两岸地势平缓处，聚落主要呈松散带状分布格局。

半山或二半山为河谷地带和高半山地带之间的过渡带。这里地势相对陡峭，耕地较少。同时，该地带水源缺乏，聚落分布相对较少。过去，当地居民选择在半山修建聚落可能与当时械斗不断、有利于防守有关。半山上的聚落分布松散，很多聚落散乱点缀于半山坡上。

高半山位于半山之上、高山以下，地形相对平缓。该地带虽交通不便，但耕地较多，同时，距高山牧场和森林较近，是典型的农、牧、林交错地带，对于习惯于半农半牧又兼有狩猎习惯的羌族和嘉戎藏族居民来说，无疑是较为理想的居住地。加之，天然的海拔高度和相对高差为居民提供了易守难攻的地理环境，在过去民族和部族之间的战争与械斗不断的岁月里是最为安全的地方。因此，高半山成为杂谷脑河流域聚落分布最多的地带。

高山地带泛指高半山以上的所有地区，这里虽然地域辽阔，土地面积广大，但无论海拔高度还是相对高度都较高，地貌和气候条件不如上述三个地带优越，因此，聚落分布稀少(图 2.2)。

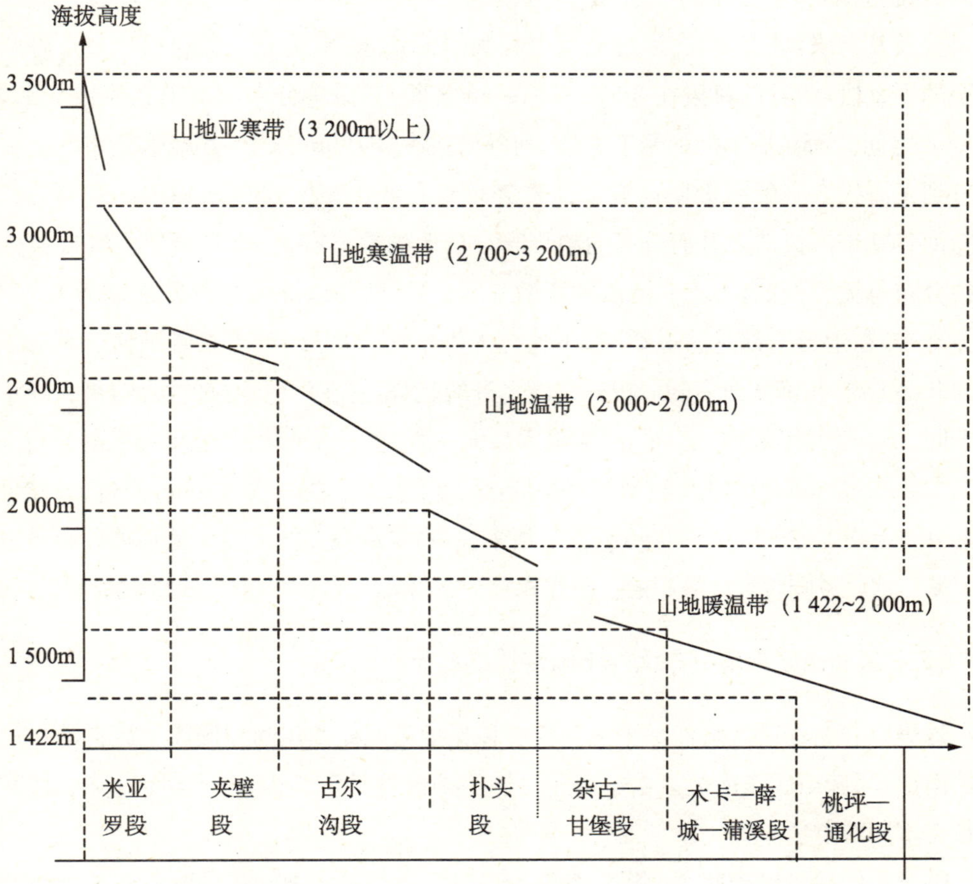

图 2.2　杂谷脑河各河段河谷剖面海拔高度及其所处的垂直气候带

(三) 随着河谷海拔的升高，聚落在垂直高度分布的范围愈来愈窄

岷江上游及其支流，沿河谷向河流源头延伸，随河谷基带海拔的升高，山地垂直气候带谱减少。在杂谷脑下游的桃坪和通化段，从河谷到山顶，相对高度较大。山地垂直气候带从下到上呈现出山地暖温带、山地带、山地寒温带、山地亚寒带和山地永冻带五个气候带，而适合人类居住的条件带也至少有前面四个。山地气候的多样性给聚落垂直分布较宽创造了条件。在杂谷脑河上游的夹壁段和米亚罗段，山地垂直气候带只有2～3个。从人类生态学的角度看，人类的生态位随着河谷基带海拔的升高而逐渐缩小。因此，聚落分布的垂直高度范围从河流下游到河流上游大体呈愈来愈窄的趋势。

(四) 在河流的不同地段,河谷的海拔愈高,其聚落分布的上限也相对较高

在四川省理县杂谷脑河下游的干旱河谷地段,河谷的海拔高度大约在 1 400～1 500m的范围,聚落分布的上限大体在海拔 2 700～2 800m。此地带在地貌上属于古冰川壁及其上缘,坡度大,在外观上呈现悬崖峭壁状态,不适合人类定居。在杂谷脑河上游的平壁段,河谷的海拔在 2 500～2 700m 之间,其聚落分布的上限在海拔 2 900～3 000m之间。而在更上游的米亚罗段,河谷海拔在 2 700m 以上,其聚落分布的上限也上升到了海拔 3 100～3 200m,有个别聚落甚至达到了海拔 3 300m 以上。聚落分布上限随河谷基带海拔的上升而升高的趋势既与当地的地形有关,也和当地小气候条件和植被分布有关。例如,在不同河段的所谓"高山区"(即在地形相对平缓的"高半山区"后上方地带)在地形上都是悬崖峭壁,不适合人类定居。此外,沿着杂谷脑河从东部下游到西北部上游,虽降水量有随海拔升高而上升的趋势,但在不同地段的山体,最大降水高度不同。在下游薛城、通化一带,最大降水高度在海拔 3 000m 附近,也即在聚落分布上限的上方 200～300m 处。在上游米亚罗一带,最大降水高度在海拔 3 400m 附近,同样也在聚落分布上限上方的 200～300m 处。一般来说,降水量最多的地带也是森林分布最密集的区域。这就意味着聚落分布的上限在森林分布密集区的下方 200～300m 的地带。

(五) 湿润山区聚落分布大体上随海拔增高而减少

这里以著名的卧龙自然保护区为例。该保护区地处四川阿坝藏族羌族自治州汶川县西南部,邛崃山脉东南坡。由于卧龙自然保护区地处湿润区,与干旱河相比,其聚落分布有不同特点。

卧龙自然保护区聚落主要沿皮条河、耿达河、正河等主要河流的河谷和附近山坡分布。在空间格局上,聚落有集中分布于小区域的特点,但居民多不成聚集状态,没有聚居村寨而呈各户分散分布,房屋随耕地散布呈星点状。与岷江上游干旱河谷聚落分布相比,聚落发展的历史相对较短。聚落因戍边定居而产生,最初的聚落只有 3 个,主要分布在河谷地带。从聚落分布的相对高度看,河谷聚落数量最多,大约占全部聚落的 50%,分布于距河谷 50～300m 的半山的聚落次之,大约占全部聚落的 32%,而位于距河谷 300m 以上的聚落较少,大约占全部聚落的 15%(表 2.2)[3]。

表 2.2　卧龙特区聚落垂直分布　　单位:个

		卧龙镇			耿达乡				
相对高度	位置	卧龙关	足木山	转经楼	幸福村	耿达村	龙潭村	合计	比例(%)
300m 以上	高半山	9	10	19	7	24	38	107	15
50～300m	半山	23	32	35	54	28	45	217	32
50m 以下	河谷	87	74	7	97	48	44	357	53

(六) 不同民族聚落的垂直分布

这里以西南山区为例。汉族主要居住在海拔 400～700m 的平原和丘陵；土家、苗族等在 400～1 000m；傣族、布依族在 700～1 500m；彝族、羌族、纳西族、傈僳族在 1 500～2 500m，藏族分布在 3 000～4 500m。再以地处横断山米易县新山傈僳族乡为例[4]。从图 2.3 可见，彝族分布于山体上部，傈僳族在山体中部，而汉、回族聚落布局于山下，在西南地区是较普遍的现象。少数民族定居山上，据分析主要原因有：一是因为受到当地统治阶级的压迫和剥削，被迫迁移到更为偏远的地方；二是因为避免战祸和外民族欺压，少数民族多喜好狩猎，山上森林茂密、野兽较多；三是山上气候凉爽气温较低，不利疾病传播，在缺医少药的年代有利健康。

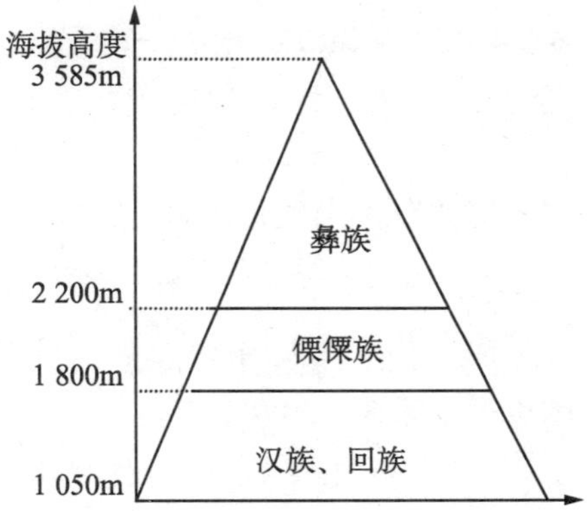

图 2.3　龙帚山西侧不同民族垂直分布

三、中国山区聚落分布的微观格局

这里的微观格局泛指山区聚落具体选择的区位，即某个聚落、居民点或庭院如何选择它们的落脚点。根据多年的考察调查，我们总结出以下若干微观布局的规律。

(一) 山区聚落空间模型：点—轴体系

我们认为，在一个小区域内，聚落的布局存在点—轴空间特征。下面以三个类型为例加以说明。

黄土高原类型：山西临县的李家山村，位于湫水河南岸、黄河东岸的山梁上。北距“九曲黄河第一镇”碛口古镇 3km，村中居民 300 人左右。李家山村是黄土高原古村落，村落窑洞分布在 M 型的沟坡上。整个李家山村，大都是民国以前的老窑洞，极少新修的建筑。我国著名画家吴冠中来李家山采风(1989 年)，高度称赞此地诗情画意之美(图 2.4)。

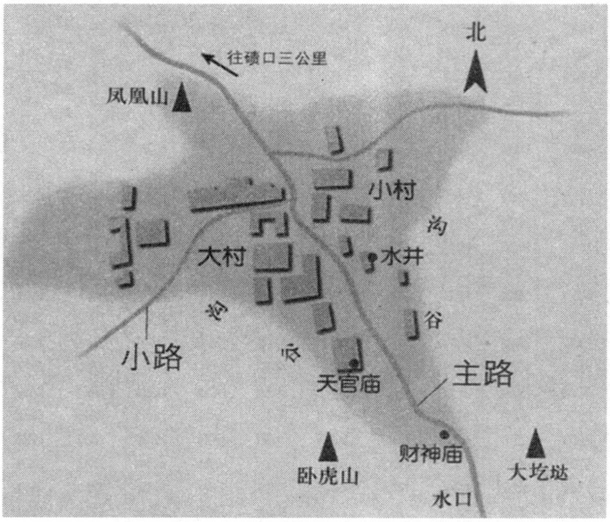

图 2.4 黄土高原山区聚落点—轴系统[5]

李家山村,引自《中国国家地理》2006.1

李家山村可以看做是黄土高原众多山区聚落的一个缩影。像李家山村一样,众多的山区村落民居点以小路为子线,以大路为轴线,将自然村落与外界大的集镇联系起来,形成物质和能量通道——“流”,并获得负熵流。

李家山村是一个典型的点—轴系统。这里:

点:小村、大村;

轴:小路、主路。

主路位于两山之间,呈东南—西北走向贯通李家山村,两条小路分别穿过大村和小村,并与主路相连,通往碛口古镇。图中形似凤凰的阴影部分,可以看做轴的吸引范围。

青藏高原类型:彩图 2.1 中的青藏高原山区聚落属于一个典型的农牧复合型。从拉萨飞往成都的飞机上高空俯瞰,可以清楚地看到:山区聚落位于两条河流交叉河谷高地上,图左边的河流,有相伴的道路穿过聚落,成为聚落与外界物质、能量、信息流的通道,维系着山区聚落的生存和发展;右侧的河流主要以水流为主,能够提供人口和牲畜的饮水,坡上有耕地,可以提供粮食。

再以吕梁山离石市王家沟小流域为例(彩图 2.2):王家沟流域位于山西省离石市城北 4km 处,总面积 9.1km^2。流域内涉及 7 个自然村,行政上划归为五个村。即:王家沟、长大局(包括长局、大局两个自然村)、娘娘庙、王家山、陈赵家焉(包括陈家焉、赵家焉两个自然村)。图中为长局(上)、大局(下)两个自然村。整个小流域以河流水系、道路为轴、聚落为点。通过河流、道路将各个聚落联系起来,成为小流域内的山区聚落点—轴体系。

（二）山区聚落选址受到能源和水源供应的制约

凡是水源充足、能源供应充分的地方，聚落数量多，规模大。而水源缺乏、能源供应困难的地方，聚落数量少，规模小。在横断山区，大部分聚落之所以分布在海拔2 000～2 800m的高半山，一个重要原因就是这一带距海拔更高的森林较近。聚落内居民可以方便地前往森林和草地进行采集、狩猎或放牧活动，而在农业时代，他们又可以依靠森林获得生产和生活所需要的薪柴。对于地处下半山区的居民来说，薪柴也是聚落的能源。因此，离森林和草地较远的聚落，一般规模小，布局分散。对聚落选址起重要作用的另一因素就是水源。特别是干旱少雨地带，水源的重要性尤为突出。因此，在横断山区相当一部分聚落选择在河谷地带离河水较近的河流一、二级阶地上或处于主河与支流（支沟）交汇的沟口地段，地势稍高，较平坦，易于取水但又不受山洪影响[6]。

（三）耕地数量和质量对聚落规模有重要的制约作用

除了水源和能源对聚落的生存和发展有重要影响之外，耕地的质量和数量对聚落规模有重要的制约作用。地处高山峡谷或偏远山区的聚落，比较封闭，经济上大多为自给自足的自然经济，农业发展尚处于生存农业阶段（subsistence agriculture）。自然经济和生存农业决定了聚落内的人口和生活资料主要来源于聚落周围的土地，特别是耕地。在杂谷脑河流域，除了河谷地带的耕地较为平整、作物产量较高外，位于半山和高半山的耕地一般都位于陡坡或缓坡上，土壤有机质含量低，农业生产的限制性因素多，农业产量低且不稳定，这无疑会影响到聚落的发展。在山区，一个聚落及其周围有限土地可以组成一个相对封闭而完整的聚落生态系统。聚落内人口依靠聚落生态系统的土地而生存。如果土地面积小、土壤质量差，在生产技术和作物没有得到改善的条件下，土地的人口承载力一般不会很高，聚落生态系统的稳定性也就得不到保障。在河谷的局部地带，特别是一些支沟沟口的冲积地带，耕地数量多，土壤质量好，灌溉方便，加之交通便捷，聚落规模相对较大。在理县，几乎所有的乡政府都位于河谷地带。

（四）聚落建筑形态和结构与当地的自然条件具有趋势同一性

虽然文化背景、宗教习俗、民族构成不同，处于相同自然环境的聚落形态和结构仍可能呈现较大的相似性。同样，即使文化背景、宗教习俗和民族构成相同，一旦自然环境和条件发生改变，聚落形态和结构也可能会发生变化。在岷江上游支流杂谷脑河杂谷脑镇以下的干旱河谷区，既有羌族人居住，也有藏族人居住。虽是两个民族文化不同，习俗不同，但聚落建筑形态和结构都表现出平顶、石墙、木梁、窗户外小内大、楼高一般为二到三层的相同模式。平顶是因为该地焚风效应显著，斜顶飞檐建筑无法抵御大风侵袭。加之，该地区降水量少，土壤发育缓慢，植被稀疏，既没有盖斜顶之用的大量茅草，也缺乏烧瓦用的泥土。另外，该地建筑大都位于地势陡峻处，下临深谷，上依绝壁，平地稀少而珍贵。而平台屋顶，既可遮风雨，也可以兼作晒场。石墙是因为该地出露有大量的板岩、片岩和片麻岩，而且当地的褐土黏性较强，适合砌墙之用，用当地岩石和褐土建造出坚固能抵御外族入侵的堡垒式石墙建筑，是典型的因地制宜的产物。

(五) 山区聚落布局对微地貌的选择

山区聚落的分布不仅表现在海拔高度上，对坡度、坡向也有选择。一般情况下，迎风坡较背风坡湿润，阳坡较阴坡温暖，对农业生产有直接影响，如陕西秦岭山区居民有“宁种阳坡一张皮，不种阴坡一锄泥”的说法。由于阳坡和阴坡在自然条件下的明显差异，山区居民布列村庄、修建住屋一般选择向阳、背风、干爽的阳坡。

同样，许多山区聚落的选址十分讲究，往往选择背靠山，面向较开阔的地貌类型。不少聚落的背面或周围有山冈环抱或森林围护，聚落正面往往有较开阔的农田、耕地或河流、水体。

第二节　中国山区传统民居建筑气候区划

上节我们主要从山区聚落分布的空间特点上进行了较详细的分析。从本节起，将按山区聚落的类型及其区域分异进行系统分析。首先从山区聚落建筑类型与气候的关系及其区域类型分异进行论述。

一、中国传统民居建筑气候区划的等级划分

早在 20 世纪 60 年代就已有学者从地理学、气象学等角度对民居建筑进行过研究，主要利用气候分区方法、特别是温度这一因素进行大的区域划分；另一方法就是依据行政区划的区域性民居研究。但这种基于温度因素和行政区划的区域性民居研究，在研究并确立传统民居聚落的形成规律、变化趋势与自然环境之间的相互关系时就显得过于宏观与脉络不清。为有效研究、分析和解释自然因素与中国传统聚落环境空间结构之间的规律，在中国建筑气候区划的基础上，房志勇对中国传统民居聚落分区进行了综合性的分级分区研究[7]。根据房志勇的研究思路，采用三级分析方法，对中国民居建筑气候进行区划(表 2.3、图 2.5)，一级区划主要以地区的季节变化和温度为依据，二级区划主要以地区的干湿状态为依据，三级区划则主要以地区的风量以及风的影响力为依据。以此为根据，采用三级编码方式，在一级区划中，以“X”代表夏长无冬的地区，以“C”代表四季如春的地区，以“D”代表全年冬季的地区，以“W”代表气候温和的地区，以“L”代表冬天长无夏天的地区。在二级区划中，以“G”代表气候干燥，以“S”代表气候潮湿，以“B”代表该地区的干湿度处于一般状态。在三级区划中，以“1”代表无风地区，以

“2”代表一般地区，以“3”代表大风地区。各气候分区的编码及气候特征见表2.3。

表2.3　中国传统民居建筑气候区划编码及特征[7]

编码		主要气候特征		
序号	编码	季节变化	干湿度	年平均风速
1	LS2	冬天长，春秋相连，基本无夏	湿度较大	2～3m/s
2	LB2	冬天长，春秋相连，基本无夏	干湿度适宜	2～3m/s
3	WS2	冬冷夏热，四季分明	湿度较大	2～3m/s
4	WB2	冬冷夏热，四季分明	干湿度适宜	2～3m/s
5	WG3	冬冷夏热，四季分明	气候干燥	>4～5m/s
6	XS1	夏天长，春秋相连，基本无冬天	湿度较大	<1m/s
7	LG2	冬天长，春秋相连，基本无夏	气候干燥	2～3m/s
8	LG3	冬天长，春秋相连，基本无夏	气候干燥	>4～5m/s
9	DB3	全年皆为冬	干湿度适宜	>4～5m/s
10	XS3	夏天长，春秋相连，基本无冬天	湿度较大	>4～5m/s
11	XS2	夏天长，春秋相连，基本无冬天	湿度较大	>2～3m/s
12	CS2	气候温和，四季如春	湿度较大	>2～3m/s
13	WG2	冬冷夏热，四季分明	气候干燥	>2～3m/s

二、中国山区传统民居建筑气候区划的基本类型

中国的民居是一座十分丰富的建筑宝库，可以说中国的传统民居聚落在建筑形式、建筑形制、构筑形态、构造做法、材料运用、装饰风格等方面均呈现出无比多样的变化。这种变化不仅受到不同区域自然因素的影响，而且还因不同区域文化背景、生活习俗、宗教信仰、社会组织等方面的差异而迥然不同。同时在相同的自然区域内，受山区垂直地带性的影响，不同海拔地区，具有不同的地理气候学特征，所形成的山地民居又呈现明显的复杂性与多样性。由于以前对于民居的研究，多数都是建立在我国的行政区划和地理气候区划的基础之上的，为了将传统民居气候区划、行政区划与山地区域联系起来，努力在它们之间形成一定的相关性，显然是十分必要的。这里将中国传统民居建筑气候分区图与全国主要山脉进行叠加（图2.6），并与行政区划进行有效结合。尽管“山脉”是线的概念，而“山区”是区域的概念，将主要山脉与全国气候建筑分区的叠加并不能完全涵盖山区传统民居建筑气候的所有特点，但是，从这一叠加图中可以大致窥探出中国主要山区传统民居建筑的气候分异规律以及它们的基本特征（表2.4）。

从图中可以看出，小兴安岭、大兴安岭以1类、2类建筑气候特征为主；长白山区以

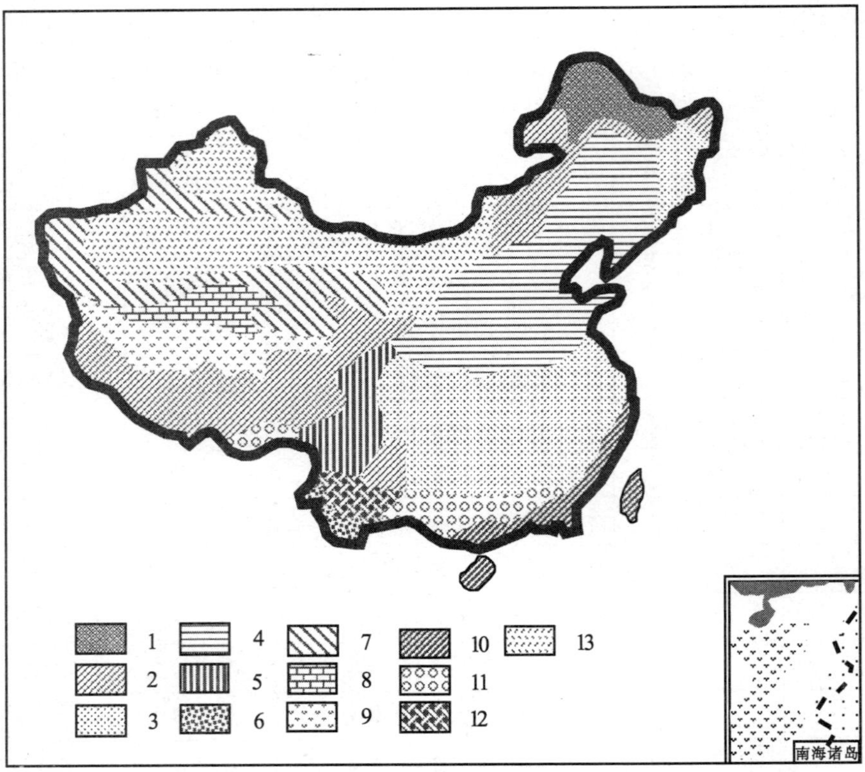

图 2.5　中国传统民居建筑气候区划示意图[7]

3 类、4 类气候特征为主；吕梁、太行山区则以冬冷夏热、四季分明、干湿度适宜的气候特征为主；秦岭和长白山区建筑气候分布相类似；天山、祁连山区域气候特征基本类似，以气候干燥、冬天长、春秋相连、基本无夏天为主要特点；青藏高原区拥有 2 类、7 类、8 类、9 类等多类建筑气候区域特征，但基本上是冬天长、春秋相连、基本无夏、气候干燥的区域；冬冷夏热、四季分明、气候干燥以及气候温和、四季如春、湿度较大形成了横断山区民居建筑气候的基本特征；云贵高原同时拥有 2,3,6,11,12 类等多种气候区划类型；南岭和武夷山区则皆是冬冷夏热、四季分明、湿度大的民居建筑气候特点。

表 2.4　中国山区传统民居建筑气候区划编码及特征[7]

主要山区	主要类型和编码		主要气候特征		
	类型	编码	季节变化	干湿度	年平均风速
小兴安岭	1	LS2	冬天长，春秋相连，基本无夏	湿度较大	2～3m/s
大兴安岭	1	LS2	冬天长，春秋相连，基本无夏	湿度较大	2～3m/s
	2	LB2	冬天长，春秋相连，基本无夏	干湿度适宜	2～3m/s
长白山	3	WS2	冬冷夏热，四季分明	湿度较大	2～3m/s
	4	WB2	冬冷夏热，四季分明	干湿度适宜	2～3m/s

续表

主要山区	主要类型和编码		主要气候特征		
	类型	编码	季节变化	干湿度	年平均风速
阴 山	2	LB2	冬天长,春秋相连,基本无夏	干湿度适宜	2～3m/s
	13	WG2	冬冷夏热,四季分明	气候干燥	>2～3m/s
吕梁山	4	WB2	冬冷夏热,四季分明	干湿度适宜	2～3m/s
太行山	4	WB2	冬冷夏热,四季分明	干湿度适宜	2～3m/s
秦 岭	3	WS2	冬冷夏热,四季分明	湿度较大	2～3m/s
	4	WB2	冬冷夏热,四季分明	干湿度适宜	2～3m/s
祁连山	7	LG2	冬天长,春秋相连,基本无夏	气候干燥	2～3m/s
	13	WG2	冬冷夏热,四季分明	气候干燥	>2～3m/s
天 山	7	LG2	冬天长,春秋相连,基本无夏	气候干燥	2～3m/s
青藏高原	2	LB2	冬天长,春秋相连,基本无夏	干湿度适宜	2～3m/s
	7	LG2	冬天长,春秋相连,基本无夏	气候干燥	2～3m/s
	8	LG3	冬天长,春秋相连,基本无夏	气候干燥	>4～5m/s
	9	DB3	全年皆为冬	干湿度适宜	>4～5m/s
横断山	5	WG3	冬冷夏热,四季分明	气候干燥	>4～5m/s
	12	CS2	气候温和,四季如春	湿度较大	>2～3m/s
云贵高原	2	LB2	冬天长,春秋相连,基本无夏	干湿度适宜	2～3m/s
	3	WS2	冬冷夏热,四季分明	湿度较大	2～3m/s
	6	XS1	夏天长,春秋相连,基本无冬天	湿度较大	<1m/s
	11	XS2	夏天长,春秋相连,基本无冬天	湿度较大	>2～3m/s
	12	CS2	气候温和,四季如春	湿度较大	>2～3m/s
南 岭	3	WS2	冬冷夏热,四季分明	湿度较大	2～3m/s
武夷山	3	WS2	冬冷夏热,四季分明	湿度较大	2～3m/s
五指山	10	XS3	夏天长,春秋相连,基本无冬天	湿度较大	>4～5m/s
台湾山脉	10	XS3	夏天长,春秋相连,基本无冬天	湿度较大	>4～5m/s

三、中国主要山区典型传统民居与特色

中国传统民居是在中国特有地理环境中产生的。作为传统建筑,民居建筑的聚落选址、格局、外观和风格无不体现出对自然的认识和态度。我国古代社会是以农业为主体的农业社会,所以由于农耕生活的影响,人们期盼风调雨顺,五谷丰登,希望与自然建立一种亲和关系。"天人合一"便是人们最终的生活理想和目标追求。"天人合一"思想

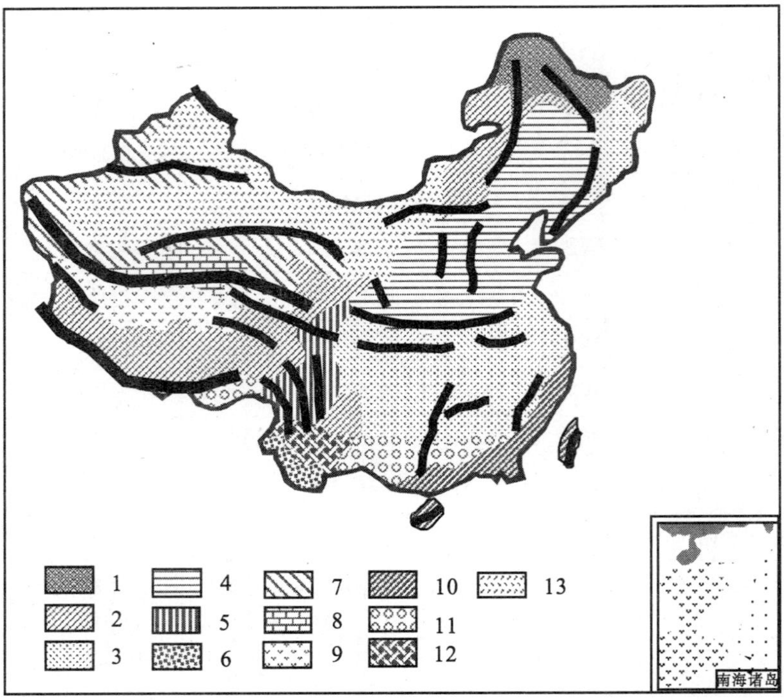

图 2.6 中国山区传统民居建筑气候区划示意图

是人与自然之间的和谐统一，"天人合一"思想不仅表达了古人对自然的态度，且从根本上成就了中国古代的文化精神[9]。这种精神主要体现在因地制宜方面，即主要建筑物以自身的形式变化，使自然条件发挥较大作用，更好地实现民居建筑的功能。我国大部分地区的民居建筑多以围合的院落式为基础，为了适应各地不同的气候状况，民居建筑格局和形式都有相应的变化[8]。东北地区太阳入射角很小，一年中半年以上是漫长而严寒的冬季，抗寒是民居首要解决的问题，为了争取更多的太阳辐射，避免建筑物相互阻挡，单体建筑之间保持较大间距，形成了建筑物间距较大的"东北大院"[9]。华北地区以北京四合院为代表，四合院中的建筑格局适应了华北地区的纬度位置要求，能充分利用太阳光热条件。华中、华东地区，由于亚热带气候的影响，夏季受副热带高压控制，空气湿度大，热量不容易蒸发，民居建筑最重要的任务是避暑。为了遮阳，院落中建筑缩小了间距，以期获得较大遮阳空间，同时建筑物间距缩小形成聚落中的窄巷，有利于通风，加大风速与流动。热带华南地区长夏无冬，建筑物间距进一步缩小，院落变成了天井，防潮、防湿也是亚热带、热带地区民居建筑的主要内容[9]。西北地区主要是干旱、风沙大、气温低的自然环境特点，防风、防寒是该地区民居建筑的核心与重点。西北地区传统民居主要以西北地区的窑洞为特色，窑洞不仅可以预防强大的风沙天气，而且冬暖夏凉，是典型的人居与自然和谐的产物。在山区，民居建筑顺应地势，利用坡、坎、台等微地貌构成灵活多变的外观形式，勾画出层次丰富、参差变化的轮廓线。不同山区由于海拔高度的差异，加之不同民族、不同文化背景、不同的宗教与习俗的沉淀与影响，勾勒出了我国山区民居建筑的丰富、多样、特色鲜明的特点(表 2.5)。

从总体上看，我国山区传统民居类型的空间分布特点与不同民族的分布密切相关。

一般地说，东北山区传统民居形式主要以游牧民族传统民居“撮罗子”、“蒙古包”以及朝鲜族、汉族的土(砖)木平房为主[10]。

华北山区主要以游牧民族传统民居“蒙古包”形式以及北方“合院式”、“窑洞”民居为主。北方山区基本上是合院式布局，合院是气候与文化特征的双重产物[11]，合院式民居以北京门头沟深山峡谷之中的爨底下古村落为典型[12]。整个村落建筑以自然山体为中心，整体上坐北朝南，呈外凸弯曲的布局形式，建筑依山而建，层层升高，这样使得整个村落自然具备了良好的通风和采光条件，这种特定的山地自然环境与中国传统的合院居住理念结合，形成了爨底下独特的山地合院民居形式。整个村落按地形高差分为上下两个部分，相对高差约 20 余 m，每部分又分别利用自然地形的高低错落关系，形成了多组不同高差的合院式建筑，创造了参差错落、丰富多变的建筑环境景观[12]。

表 2.5　中国主要山区典型传统民居空间分布及特色[10,18~19]

类型	主要分布山区	主要特色
撮罗子	小兴安岭 大兴安岭	东北鄂伦春、鄂温克、达斡尔、赫哲等几个游牧、狩猎、捕鱼民族独特的临时住宅。主要由 2 根树桠子、6 根木棍和 20 多根细树干搭成仙人柱架，遮盖物冬天用狍皮和芦苇节，夏天用桦树皮。其特点是易建易拆，便于马匹和驯鹿驮运，适宜在原始森林中长年累月流动、迁徙的狩猎生活。
蒙古包	大兴安岭 阴　山 祁连山	居住在内蒙古和东北境内大草原蒙古族的一种特殊风格住宅，又称“穹庐”、“毡帐”、“毡包”，高七八尺，直径丈余，由圆形“哈那”和伞形“窝尼”组成。结构由木条扎成圆壁和穹隆顶，然后盖上毛毡、苇子、柳条、桦树皮等。蒙古包便于搬迁、易拆卸、能抵抗风力，宜于草原牧民的游牧生活。
毛毡房	阿尔泰山 天　山 昆仑山 青藏高原	俗称“帐篷”，是居于新疆、青海、西藏、四川、云南等省区高山草甸的牧民住宅，包括裕固、哈萨克、锡伯、维吾尔、塔吉克、塔塔尔、柯尔克孜、乌孜别克、藏等民族在游牧期间临时搭盖的住所。藏族毡房，是用牦牛毛编织成一种近似麻袋布式的毛毡布，然后编织成大毛毡，覆盖屋顶和四周，也有用草皮和牛粪混合砌成半定居性的房屋。哈萨克族毡房大体可分为大、小毡房两种，新中国成立前牧主居住的大毡房叫“阿克宇”，牧工住的小毡房叫“柯苏”，大毡房建筑方法大致与蒙古包相同，小毡房是由围成圆形的木栅构成，顶上只盖一层薄毡；毡房共分围栅和顶两部分，内设外房、客厅和安置炊具、工具之处，毡房顶正中置火塘以对准天窗，美观大方。塔吉克族、柯尔克孜族毡房四周围以栅栏，外围是以芨芨草编织的草帘，帘外再围一层毛毡，毛毡顶部开一直径约 1 公尺的天窗，装一块方形活动毡盖，毡房门多向东南开，以避北风，屋内安有木门，外挂毡帘，毡房进门右边置木柜，屋内设卧室、客厅。

续表

类型	主要分布山区	主要特色
碉楼	青藏高原 横断山区 南岭山区 两广丘陵	碉楼在部分藏族和羌族地区盛行，原为防御外人偷袭、抢劫而建，后来逐渐形成住宅建筑形式。藏族碉楼是用不规则的石头砌成，门窗上端有斗拱作檐，窗户较小，屋内光线差，碉房墙厚、房间小，多数盖二层楼房，少数一层或三层。底层关牲畜，楼上住人，楼顶平台可晒粮食、衣物。大碉楼院落设计雅致，周围是房间，中间天井，边楼有走廊，屋内置转经筒，屋顶饰经幡。室内供有佛龛，客厅宽敞，两边设壁橱、木柜，正中置灶坑，神龛下设火塘，火塘边正面墙壁开有窗孔，窗下放小方桌和铺垫，以接待宾客。羌族的碉楼以石木混构为主，在形态上与藏族碉楼比较相似，实际上，藏族碉楼源于古老的羌族。羌族碉房呈平顶四方形，用乱石碎片砌成，结构严密，棱角分明，不仅坚固耐用，外观亦很美观。碉楼多二层，少数三层或一层，用独木做成锯形楼梯，中层住人，除卧室、贮藏室外，设有火塘，称“锅庄”；屋顶贮物，下层关牲畜、堆柴草、沤粪；屋顶搭木架，屋顶还作脱粒、晒粮之用，顶台设神龛，全家炊食、聚会、节日歌舞及祭祖都在锅庄周围。 五邑地区由于几百年不断受到沿海海盗、土匪袭击、台风洪水影响，在汉文化和西方文化的合力下出现“碉楼”这种特异的民居，尤以开平碉楼民居为代表。开平地区的聚落特性，不仅按传统的风水选址布局，聚落结构上并不特别严谨，但重视个体间的联系，能散能聚。在功能上，有用做家族住所的居楼、村民共同集资兴建的众楼、主要用于大更放哨的更楼等三类；从建筑结构与材料上分，有石楼、三合土楼、砖楼、钢筋混凝土楼等四种。五邑开平地区的碉楼由于建筑技术水平的进步，大跨度、坚固的单体碉楼本身兼具了对防御和居住的功能要求，与羌藏碉楼不同的是，开平碉楼建筑主动接受了西方建筑符号，成功地将之嫁接到本土建筑中，既有古希腊、罗马的风格，又有哥特、伊斯兰、巴洛克的建筑要素。尽管风格各异，但都有一个共同特点：门窗狭小，铁门钢窗，墙身厚实，墙体上设有枪眼。
平顶土房	阿尔泰山 天　山 昆仑山 云贵高原	新疆、青海、甘肃、宁夏、贵州、云南等地民族，大都有居平顶土房之俗，但各地平顶房结构稍有差异。如哈萨克族有一种平土房建筑，称“沙托拉”，外形与毡房相似，用土木筑成，或以石头堆砌。锡伯族村屯周围筑有围墙，墙高二丈，上有垛口，以备兵燹，每家围矮墙为庭院，屋多坐北朝南，每层隔3～5间，两侧盖有库房，称“哈什笆”和厢房。塔吉克人房屋多为土木结构正方形平顶屋，屋顶充作凉台，中稍高，四边稍低，以便雨雪下流，大门多朝东南，开在近墙角处，无窗。柯尔克孜、维吾尔族的房舍结构均为四边形平顶土屋，四周各筑一道土墙，以防霜雪侵袭，屋内陈设装饰与毡房同。塔塔尔族也有平顶土屋，筑厚墙，室内粉刷白石灰，墙内设有铁皮壁炉，便于冬季取暖，房舍外为园圃，栽种花卉果木，显得幽雅恬静。乌孜别克族住宅用土墙砌成厚壁，屋顶呈平面，稍有倾斜。一些富裕人家墙壁上挖有壁龛，四边用雕花石膏镶砌，绚丽多姿，别具风格。撒拉族住宅多为土木结构，屋为平顶土房，房架以水泥为主，庭院一般充作菜圃。贵州及云南东南部的彝族、水族、布依族、哈尼族、拉祜族、苗族等多居平房、楼房或半边楼房，统称土掌房，土掌房多建筑在斜坡地上，墙壁用泥土夯成，墙上抬梁，梁上铺以树枝、竹木或茅草，上面覆以稀泥，再加一层细黏土，捶实抿平，这种建筑多为平房或二、三层楼房，屋顶可晒谷物、衣服，或作休息之所，这种土掌房具有就地取材、用料简单、容易修补等特点，且屋内冬暖夏凉。

续表

类型	主要 分布山区	主要特色
四合院	燕　山	北方山区传统民居的主要类型是合院式民居，以北京门头沟深山峡谷之中的爨底下古村落为典型。整个村落建筑以自然山体为中心，整体上坐北朝南，呈外凸弯曲的布局形式，建筑依山而建，层层升高，这种特定的山地自然环境与中国传统的合院居住理念结合，形成了爨底下独特的山地合院民居形式。山地合院民居是以间为单位进行平面组合的，一套独立的合院一般由正房、倒座、左、右厢房围合而成，一般正房、倒座均为三间，左右厢房为两间，全部建筑均为单层，形成了以四合院为主、三合院为辅、特殊合院镶嵌其中的基本平面类型。四合院有房屋环墙围绕，对外不开敞，面向内院，院内栽花植木，形成安静闲适的居住环境，防风沙、防噪音、防干扰。
	吕梁山区 太行山区	在中国民居中，山西民居和皖南民居齐名，一向有“北山西，南皖南”的说法。山西商人留下的大宅，除了建筑精美、华丽舒适之外，突出特点就是高墙深院，讲究防御性，如同一座座坚固的城堡，诉说着当年晋商发达昌盛的历史。山西民居中，最具代表性的数晋中地区的祁县乔家大院和平遥古城。晋中民居以四合院为主，多由大门倒座、过厅、垂花门、正房及各院厢房组成。
	武陵山、大娄山、巫山	湖南西部和贵州松桃一带的苗族，居住多为三合院或四合院。前者的布局，三面为屋，前面为墙，中间为院子；后者的布局，则四面均为屋子，中间为院落；有的院子还砌有墙和碉楼围护，以防外来袭击。
土木平房	长白山	朝鲜族住宅为土木结构平房，用木柱搭成屋架，墙壁用泥沙混合而成，屋顶呈四斜面，用稻草、茅草或瓦片铺盖，每座房正面，开 3～4 扇门，门亦作窗，屋内分宿舍、客厅、厨房、仓房等。屋内用土砖与石块铺成平炕，进屋要脱鞋上炕，席地而坐。
土木楼房	横断山区	居住在横断山区彝族、白族、纳西族等民族住房多为土木结构的楼房。彝族住宅以竹架结构，竹编墙壁，顶铺茅草，地铺竹板，上铺茅草，全家食卧于席，地板下关牲畜，庭院空地可晒谷坊或作园圈，家具多用竹藤编织。凉山彝族为二层楼房，顶铺双层木板，用石块压盖，四周筑围墙，墙角筑一、二个碉楼，每幢房屋隔为三间，中间开大门，一间客厅，一间厨房，火塘(锅庄)多设于进门右方，是家庭和亲友聚集的中心。白族住宅多建于平坝或依山傍水的山脚，为二层楼房，并以三开间较为普遍，建筑以土木构架为中心，布局采用“三坊一照壁”、“四合五天井”，庭院宽敞，阳光充足，地面多以石板或卵石拼花铺成，院子砌有花台，主房与畜厩、厨房分开。住宅用木作梁架，用石砖或土坯砌墙，或以卵石代替。屋顶铺板瓦，屋脊两头翘起，屋檐借助斗拱向外伸出。白族民居以坐西朝东为正面，大门盖有门楼，用石头和石灰砌成斗拱，以木料作瓦檐的裙板和门楣的花饰，上有简朴矫健的浮雕。纳西族的盖瓦房与白族相似，建筑墙壁下半截用砖石或土坯，上半截三分之一用木板，略成梯形，主要保护木质部分不受雨淋，住宅多为二层楼，楼上贮粮，楼下住人。

续表

类型	主要分布山区	主要特色
千脚落地房	横断山区	主要是居住在怒江两岸的傈僳族、怒族等民族的传统民居，多建在高山峡谷陡坡中，按山势地形建盖，靠山坡一边为地基，一边由数十根木柱支撑而成。选择数十根木柱为基柱，用几棵高大木柱作支柱，上铺横梁，再铺地板，屋顶斜面，铺茅草或木片，编篱笆作墙壁。楼上住人，用篱笆隔成两间，各间设火塘，置铁三角。楼下作畜厩，屋外为菜圃。这种“千脚落地”房简单、实用，可防湿、防兽，便于搬迁和兴建。
木楞房	横断山区	木楞房全为木头结构，是滇藏边境的傈僳、独龙、普米、纳西、怒、白及部分藏族普遍居住之屋。傈僳族建筑为井架式，用圆木交叉搭成四方块，屋顶铺木板，房门低矮，正屋中央设火塘。普米族多居山腰缓坡地带，墙壁用圆木重垒垛成，顶铺木片，四角立大木柱，中央立一方柱，门右边设“锅庄”，四周设卧铺，男左女右，互不逾越。火塘后方安神龛，是宗教活动与接待宾客之地。室内简陋，不开窗户，光线暗淡，右边是灶房，房后隔成若干小间，作贮藏室，建筑牢固，室外挂牛羊头骨，以示财富。独龙族住宅亦用百根圆木自上而下垒积固定成墙，顶覆茅草或木片，木楼只开一道向东小门，仅能屈身出入。白族住宅主要是单间或两间相连的木楞房，四壁用圆木相扣堆垒而成，室内设火塘，供炊事和取暖。永宁摩梭人的住宅也是一种“井干式”的木结构建筑，俗称“木罗子”或“木楞房”，以相互交错的圆木叠置成墙体，具有围护和承重双重功能，典型的摩梭民居是由四栋“木楞房”围合而成的四合院。正房是坐北朝南的单层，摩梭语称其为“一梅”，其余三栋为两层结构的楼房，西边一栋称为“喀拉意”，东边一栋和倒座称为“尼扎意”，院落中间形成宽阔的天井。
傣式竹楼	无量山 哀牢山区	干阑竹楼建筑中的典型代表。滇西南的佤、布朗、德昂、哈尼、拉祜、基诺、克木人等均建盖竹楼。传统建盖方法是用 5 根同高及数十根长桩柱凿成互相衔接的楼房骨架。竹楼分上、下两层，下层无墙壁，隔为两间，一间关牲畜，一间安置杂物。竹楼距地约 4～8 尺，用粗竹剖两半压平作竹楼板或竹壁，屋内用竹篱笆隔成三四间，主人住内屋，全家同堂席楼而卧，外室为客厅，置火塘。竹楼正面另建骑楼作走廊，搭木梯，另一头伸出屋外，用木竹搭一凉台，是晒谷物、纺织、乘凉、聚谈之所。屋顶用木竹架成双斜面脊檐，盖以瓦片或茅草。
壮族麻栏式楼	南岭山区 中西段	壮族除少数效仿汉族建立篷斗房外，绝大多数仍建成楼房结构，但已改变为挖地基，用石砌基，土砖砌墙壁，脊檐檩梁直搭在墙壁上，屋顶铺瓦片。楼为二层，楼上住人，用木板铺楼面，分三开间，中间前半部为堂屋，后半部为家长卧室。甬道两边隔成若干小间，作儿媳及未婚子女居所，有的厢房楼上再搭一层楼，贮存粮食和堆放杂物，楼下关牲畜和堆柴草。搭石板梯或木板梯，梯之一侧搭凉台，以晒谷物、晾衣服等。
布依族干阑楼	武陵山 大娄山 乌蒙山区	鄂、湘、滇、黔布依族干阑楼房是随人口增加或依地形而建。在地形倾斜度大的山坡，将住宅盖成“吊脚楼”式，其屋脊分为前后两段，前低后高，靠山后半部是平房，前半部是楼房，上铺地板，与平房齐，形成半边楼。前半部楼上和后半部平房住人，楼下养牲畜。此建筑形式既有传统的干阑特点，又有汉族平房的特点，为干阑式半汉化的过渡形式。

续表

类型	主要分布山区	主要特色
侗族干阑楼	苗岭山区	侗族地区的居民地处苗岭南麓，溪流遍地，沟壑纵横，由于深受山区地形和潮湿气候影响，当地侗族居民，依山傍水，修建房屋，几乎都建干阑式吊角楼。楼下作猪圈，楼上作起居室。贵州侗族分为“北侗”、“南侗”两部分，北侗地区的居民与当地汉族的居民极为相似，一般都是一楼一底、四榀三间的木结构楼房，屋面覆盖小青瓦，四周安置木板壁，或砌土墙坯。南侗地区居民建筑一大特点是层层出挑，上大下小，占天不占地，每层楼上都有挑廊，廊上安装栏杆或拦板，住宅多为外廓式两层楼房，正楼两端另搭偏房，构成四面斜坡的流水状态。鼓楼与风雨桥是侗族乡寨特有的标志，有侗寨就有鼓楼，一般一个族姓建一座鼓楼，鼓楼是杉木结构的塔形建筑，底为四方形，上面为多角形，有四檐四角、六檐六角、八檐八角等不同类型鼓楼与风雨桥是侗族乡寨特有的标志。层数均为单数，鼓楼突兀高耸，最上面是造型别致的楼顶，有尖顶、歇山顶、悬山顶等式样，顶上还有象征吉祥的雕饰物。鼓楼的梁柱瓦檐均饰以彩绘，精致华美，是侗家集会、议事的场所，也是人们休息、娱乐和青年们谈情说爱的地方。风雨桥也叫花桥，分为亭阁式和鼓楼式两种。亭阁式风雨桥，桥面上亭阁秀立，雅致玲珑。鼓楼式风雨桥建在较宽的河面上，大桥长廊之上，加盖几座鼓楼式建筑，十分美丽壮观。侗寨风雨桥，桥身全用杉木横穿直套，孔眼相接，结构精密，别具一格。桥廊里设有长凳，供人歇息、凭眺。风雨桥不仅便利行旅，还是侗家人欢唱歌舞、吹笙弹琴、娱宾迎客的游乐场所。
土家族吊脚楼	武陵山区	由清江、酉水、澧水源头汇聚的武陵山区，河溪纵横，峰峦叠嶂，是土家族集中聚居区域，土家族的主要建筑是吊脚楼，建在山坡上的村寨，房屋沿等高线前后纵深配置，由于处于不同的高程，呈现层次之美、轮廓之美。一般村寨的后面有山或种植郁郁葱葱的高大树群、竹林合抱，吊脚楼的基本平面类型主要有“L”型和“门”字型，“L”型是在正屋一侧的厢房设吊脚楼，为不对称形式；“门”字型是在正屋两侧厢房设吊脚楼，因为吊脚楼的大小、高低与正屋连接方式的不同，又可分为完全对称和不完全对称两种。吊脚楼对于崎岖不平的山地环境、阴雾潮湿的气候和山中野兽虫蛇的侵扰具有很好的适应性。
西藏干阑楼	喜马拉雅山东段、横断山区西段	西藏的珞巴、门巴、僜人和部分藏族住房是全用木质结构的干阑楼房，楼四壁和地板用木板铺垫，以木头为柱梁，屋顶铺木板片，搭木梯，分厢成三五间，外室作客厅，设火塘，内室为卧室，靠楼侧搭一间晒台，仓库和畜厩另建于侧庭院。
客家土楼	武夷山区	作为我国独特的乡村民居和建筑奇观，土楼是客家人从黄河流域迁徙到南方，在闽粤赣三省边区形成客家民系，保留下来的一种远古的建筑艺术。尤其以闽西南土楼为典型，其中福建永定县境内土楼最具代表性，土楼有方形、圆形、八角形和椭圆形等形状。土楼属于集体性建筑，其体积之大，堪称民居之最。土楼建筑，就地取材，用当地的黏土混合构筑，从外部环境看，注重选择向阳避风、临水近路的地方作为楼址，以利于生产生活。楼址大多坐北朝南，左有流水，右有道路，前有池塘，后有丘陵，土楼建筑充分利用地形条件，发展为参差错落、层次分明、蔚为大观、颇具山区特色的土楼群，大型圆楼直径可达七八十米，高五六层，内有四五百间住房，可住七八百人，体现了客家人聚族而居的民俗风情。

续表

类型	主要分布山区	主要特色
徽派民居	皖南丘陵 江南丘陵	徽州位于安徽南陲，山川毓秀，民物丰饶，有着悠久的历史和深厚的文化。古徽州民间建筑艺术相当发达，建房有别具一格的传统旧俗。徽州民居四周均用高墙围起，谓之“封火墙”，远远望去像是古城堡。徽州最大的民居往往是“三十六个天井，七十二个槛窗，一百多个门庭”。徽州民居的典型代表是黟县西递、宏村、歙县、徽州区及江西婺源、浙江兰溪等。江西婺源古属徽州，它的徽派民居保存完好，有中国最美农村的美誉。婺源有深厚的文化内涵，自古享有“书乡”之美誉；还有难以胜数的徽州商人，构成了独特的人文景观。
窑洞	黄土高原	窑洞主要分布于黄河中游的黄土高原，如陇东、陕西、晋中、豫西、宁夏和冀北等地，其中又以陕北延安和河南巩县最为典型。窑洞有靠山窑、地坑窑和锢窑三种类型。靠山窑依山势开洞，层层叠叠，气势磅礴；地坑窑在地面挖掘深坑制造人工崖面，形成庭院，别有风味；锢窑是用砖或石加固的窑洞，往往成四合院式布局。窑洞住宅，壁厚顶高，冬暖夏凉，建筑材料简单经济，施工便利，成为因地制宜、因材致用的典范，极富有人与自然的亲和感。

西北山区由于特殊的生存环境，除阿尔泰、天山、昆仑山区等以游牧民族传统建筑的“毛毡房”、以哈萨克族、柯尔克孜、维吾尔族等民族传统民居的平顶土房外[10]，以“窑洞”为主要特色，特别是黄土高原地区，这类传统民居尤其明显。以窑洞式民居为主的聚落，需要充分的阳光照射，以弥补窑洞内光线的不足，同时减轻窑内的潮湿，故多建在向阳之地。黄土高原丘陵区由于干旱缺水，为了人畜饮水方便，聚落多建在沟边、沟谷坡脚等距离水源较近处，同时靠近乡镇公路或乡间大道，便于与外界联系，这也是影响聚落分布的重要因素。黄土高原丘陵区乡村聚落分布在条件较好的河谷平原、川台地地段，行政村聚落密度相对较大，一般接近或超过 1 个/ km^2；在条件较差的梁峁坡地段，行政村聚落密度非常小，很少超过 0.13 个/km^2，其分布的基本规律由大河谷到次级河谷，再到支毛沟、梁峁坡面，沿树枝状水系呈现逐渐递减的趋势[13]。

西南山区由于少数民族分布的多样性和复杂性，使该地区成为我国少数民族传统民居的“博物馆”[14]，如云贵高原的傣式竹楼、壮族麻栏式楼、侗族干阑楼等；青藏高原是藏族的集聚地，其居民住宅以碉楼为主，多半分布在海拔 3 400 m 以下的河谷地带。横断山区不仅仅是藏羌“雕楼”的主要集中地区，同时也是土木楼房、千脚落地房、木楞房和藏族干阑楼的空间集中分布区域，川西地区多山而贫瘠，石多而树少，因地制宜、就地取材成为羌族居民的一大特色，较大的寨子往往有碉楼高耸于山坡上，形成整组建筑群的垂直构图中心。羌寨民居以石墙承重，辅以密肋木梁柱，建筑整体呈现石构筑外观，具有代表性的就地取材、因石致用的石木混合构筑形态[15]。羌寨外部空间的底界面的表现形式主要为道路和场地，羌寨建于山坡上，道路以墙为边界，以山坡为路面，在建筑房屋时，完全出自原始的本能，出于对建筑遮风避雨、生产生活、防御敌人这些基本的需要来建造他们的家园。中国民间传统中因地制宜的环境意识、因材施用的构筑方式、因物施巧地创造有机建筑形象和因势利导的设计意境，在羌寨建筑群体中充分得以彰显[15]。四川理县桃坪羌寨是碉楼建筑的杰出代表(图 2.7)，桃坪羌寨始建于公元768～770 年，距今已有 1 000 余年的历史，寨中住宅遗存大多为日后历代不断整修和重建之作，两座碉楼却是至今保存完好的最古老的建筑物，这两个碉楼是整个聚落的标志，既是防御的产物，也是羌人族源、族系的代表。干阑建筑也可称为主柱建筑，即在离开地面一定距离的空中以柱为支撑的建筑，干阑建筑可以说是一种"泛南方现象"。在西南的各地理单元中，沟谷区大多潮湿，西南山区居民与高原地区的传统聚落建筑形态不同，采用干阑形式构筑聚落空间，云南的干阑建筑分布与其温热山地环境相对应，主要分布在横断山区中云岭以西的怒江流域与独龙江流域[14]。在自然的气候、生态及其相应的经济文化类型作用下，适应性地产生了该地区的一种特殊的干阑形式——"千脚落地"房。"千脚落地"式干阑建筑适应了多雨潮湿的气候特点，避免了虫兽危害，适应了山地地形的特征，因坡就形，顺等高线修建，与地面的点接触维持了原始地形地貌的整体稳定性[14]。怒江峡谷和独龙峡谷居住的居民主要是傈僳族和独龙族，均属氐羌族系(图 2.8)。

云南、贵州、广西喀斯特地貌区，面积达 12 万 km^2，该类地区聚落的分布格局与规模和土地生产能力的空间分布基本一致，聚落分布呈现规模小、分散和变化小的特征[16]。聚落主要分布于喀斯特峰丛洼地系统，洼地深度一般不超过 200m，极少超过300m，沿峰丛向洼地，其过渡是渐变的，界线是模糊的[16]。由于洼地水土条件相对较好，土地利用较为方便，历史较为悠久，是重要的生产基地和聚落分布区。每个洼地系统中一般只有 1～2 户人家，人口 5～10 人，有的甚至几个峰丛洼地才有一户人家，聚落

图 2.7　四川省汶川县桃坪羌寨碉楼

空间聚集规模较小；聚落集中分布于洼地边缘，很少分布在峰丛部分，从而在空间上留下了大片的无聚落区，形成极为分散的岛状聚落空间分布格局；由于生产力和地形制约，人口空间流动和聚集的可能性很小，聚落空间分布格局不会出现明显变化，形成相对稳定的聚落分布格局。聚落分布的分散性与小规模，既是喀斯特地貌区的景观特征，也是导致这一地区社会经济发展缓慢、长期落后的直接原因[16]。

东部丘陵区主要是客家土楼、徽派民居的集聚区域，包括武夷山区和江南丘陵等地区的安徽、江西等省（图 2.9）。徽州地区山水发达，黄山山脉和新安水系使徽州地区形

图 2.8　重庆市石柱土家族自治县黄水镇土家吊脚楼

图 2.9　江西省吉安县永和曾家村（徽派民居）

成一个相对独立的地区,也是由于这里山水秀丽、气候宜人,永嘉南溪一带成为迁居耕读之地,清代诗人曹文植对黟县西递村落田园诗画般的意境作了生动的描述,体现了该区聚落建筑对田园文化与耕读文化意境的追求[11]。徽州民居适应当地的地理气候和物质条件,具有鲜明的地域特色,在建筑技术上,充分利用日照采光和自然通风等可再生能源,体现建筑节能设计;建筑防火、防腐、防潮、防虫等工艺技术,保证木结构的耐久性[17]。通过天井合理组织室内自然通风和汇集雨水,院内设水池盆景绿化调节室内湿度。黟县宏村、南湖等村落给水体系与排水体系分流设计形成网络,尤其对生活污水采用生物净化处理,排入村外水圳或农田,减少对环境的污染,体现了现代可持续发展的生态建筑观[17]。

第三节 中国山区少数民族空间分布及其经济类型

一、中国少数民族分布的概况

中国自古以来就是一个统一的多民族的国家,尤其是55个少数民族的聚居分布更有特点,全国2.1万多km的陆地边境线地区,基本上都居住着少数民族,少数民族聚居地区占到整个国土面积的64%。

从总体上分布看,各民族相对聚居而又相互杂居,其地理分布特点主要表现在:个别民族分布面积广阔,全国多数地区均有出现,具有“大分散,小集中”的特点[20]。如回族,分布在全国各省区及大多数市县,其中以宁夏、甘肃、河南、新疆、青海、云南、山东、安徽、辽宁等省区较多,然而却有1/6集中在宁夏回族自治区;又如满族,分布在全国千余个县市区,但以东北地区相对集中,辽宁省满族人口占全国满族人口的50%以上,黑龙江省、吉林省的满族人口分别为103万和99万,河北省的满族人口也超过了211万。部分民族分布面积较广,人口主要集中在某些省或成片毗邻地带,如壮族有1 617万余人,主要分布在广西壮族自治区、云南省、贵州省成片毗邻地带,但广西壮族自治区人口却占全国壮族人口的87%以上;侗族主要集中分布在湖南省、贵州省、广西壮族自治区三省区,并基本连成一片;苗族主要集中分布在贵州及其周围地区,包括云南、广西、湖北、湖南、重庆、四川等省区,但890余万苗族人口当中却有一半分布在贵州;彝族主要分布在云南、贵州、四川三省,但云南、四川两省分布最多[20]。众多少数民族虽然在许多区县均有零星分布,但主要均以县、乡行政区域单元为集中分布的特色,如保安族,90%以上的人口聚居在甘肃省积石山保安族东乡族撒拉族自治县,其余的散居在甘肃的临夏、青海的同仁等市县;阿昌族主要分布在云南的陇川、梁河、潞西、盈江、腾冲等县,不过80%都居住在陇川县的户撒乡和梁河县的遮岛镇、大厂乡[20]。由于历史迁徙原因,某些民族在相距较远的不同地方集中分布,如锡伯族、柯尔克孜族都是一部分分布在新疆，另一部分则分布在东北地区。个别民族仅仅分布在某几个乡村，如京族主要分布在广西壮族自治区防城港市江平镇的巫头、三万尾、山心等三个岛上；另有少数民族散居在北部湾陆地上；基诺族主要聚居在云南省西双版纳傣族自治州景洪市基诺山基诺族乡，还有一小部分居住在景洪市的勐旺乡[20]。主要少数民族的区域分布见图2.10。

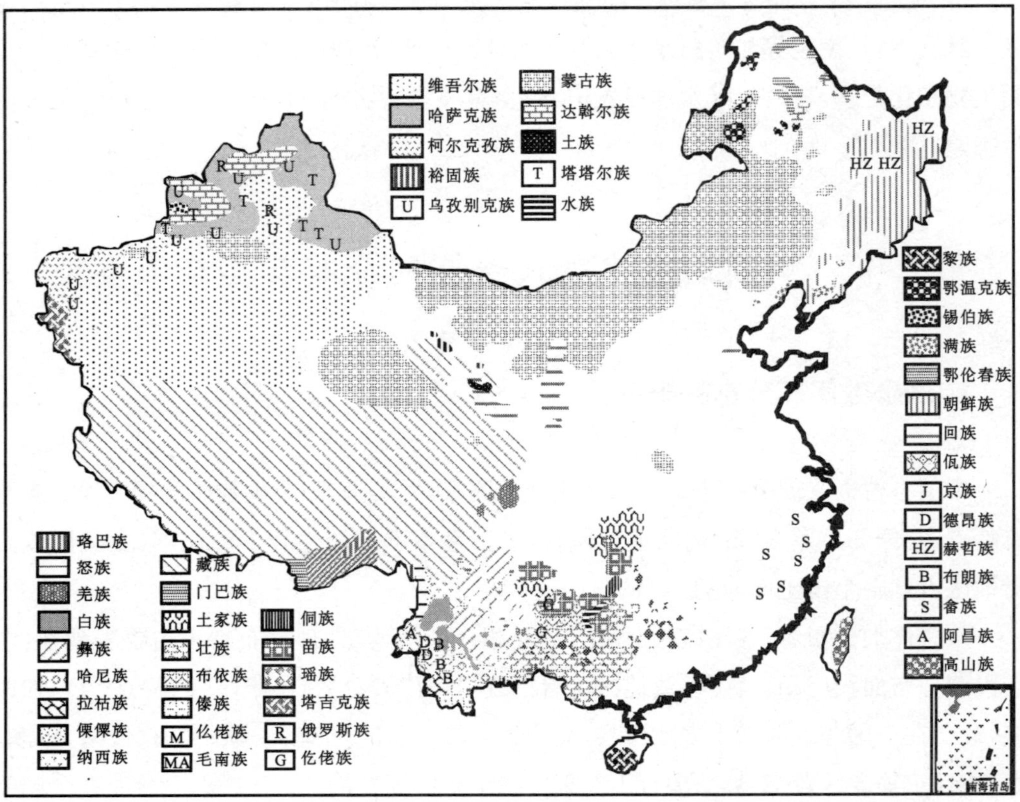

图 2.10 中国少数民族分布[22~23]

二、少数民族分布与主要山区的关系

将少数民族分布图与全国的主要山系进行叠加，可以明显地发现，山区是少数民族人口聚居的主要地区（表 2.6、图 2.11）。在我国，除满族、回族等少数民族习惯于居住在平原和城市外，大部分少数民族有着世居高原山地和偏远山区的传统。根据 2000 年第五次人口普查，我国共有少数民族人口 1.064 3 亿，占全国总人口的 8.41%，其中 50%以上的人口居住在西南和西北地区。

在西南和西北地区，除青藏高原外，还分布着横断山、岷山、乌蒙山、大娄山、苗岭、天山、阿尔泰山和六盘山等山系和山脉，这些山系和山脉是我国西南和西北地区 30 余个少数民族集中居住的地区。

在东北的长白山和大、小兴安岭，中南地区的武陵山、大瑶山、南岭、十万大山、五指山都分布有大量的少数民族人口。

表 2.6　主要山区少数民族的分布

主要山区	主要分布的民族
长白山区	朝鲜族、满族
小兴安岭	鄂伦春族、达斡尔族
大兴安岭	鄂温克族、蒙古族
阴山山脉	蒙古族
祁连山区	蒙古族、藏族、回族、土族
贺兰山区	回族、蒙古族
阿尔泰山	哈萨克族、乌孜别克族、塔塔尔族
天山山区	哈萨克族、维吾尔族、锡伯族、达斡尔族、乌孜别克族、塔塔尔族、俄罗斯族
昆仑山区	柯尔克孜族、维吾尔族、乌孜别克族、塔吉克族、藏族
喜马拉雅山东段 横断山区西段	藏族、珞巴族、羌族、门巴族
横断山区	藏族、彝族、傈僳族、纳西族、羌族、普米族、怒族、白族等
南岭山区	瑶族、苗族、侗族
云贵高原	彝族、傣族、哈尼族、佤族、苗族、布依族、白族、水族、土家族、侗族、拉祜族、景颇族、阿昌族、独龙族、基偌族、德昂族、布朗族等
武陵山、大娄山、巫山 （鄂西、湘西、渝东、黔北区）	土家族、苗族
武夷山区	畲族
五指山区	黎族
台湾山脉	高山族

武陵山区主体包括湖南省湘西土家族苗族自治州、张家界市、怀化地区、湖北省恩施土家族苗族自治州、重庆市黔江区和贵州铜仁地区等 6 个地州市，46 个县市中有 32 个少数民族自治县，也是典型的少数民族聚居区。

横断山区是以川、滇西部及西藏东南部一系列南北走向山脉的总称，因其高山深谷平行相间、横隔东西交通而得名。横断山区以怒江、澜沧江和金沙江“三江”流域为主体，西起伯舒拉岭和高黎贡山，东迄岷江和邛崃山脉，北界类乌齐—色达—玛曲—南坪（九寨沟）一线，南界龙陵—南涧—大理—丽江—盐源连线[21]。该区也是少数民族的主要集聚区，主要包括藏族、彝族、傈僳族、纳西族、羌族、普米族、怒族、白族等少数民族。藏东高山峡谷以南，青藏高原南沿部分，是横断山脉腹地，共集聚了 26 个民族，其中千

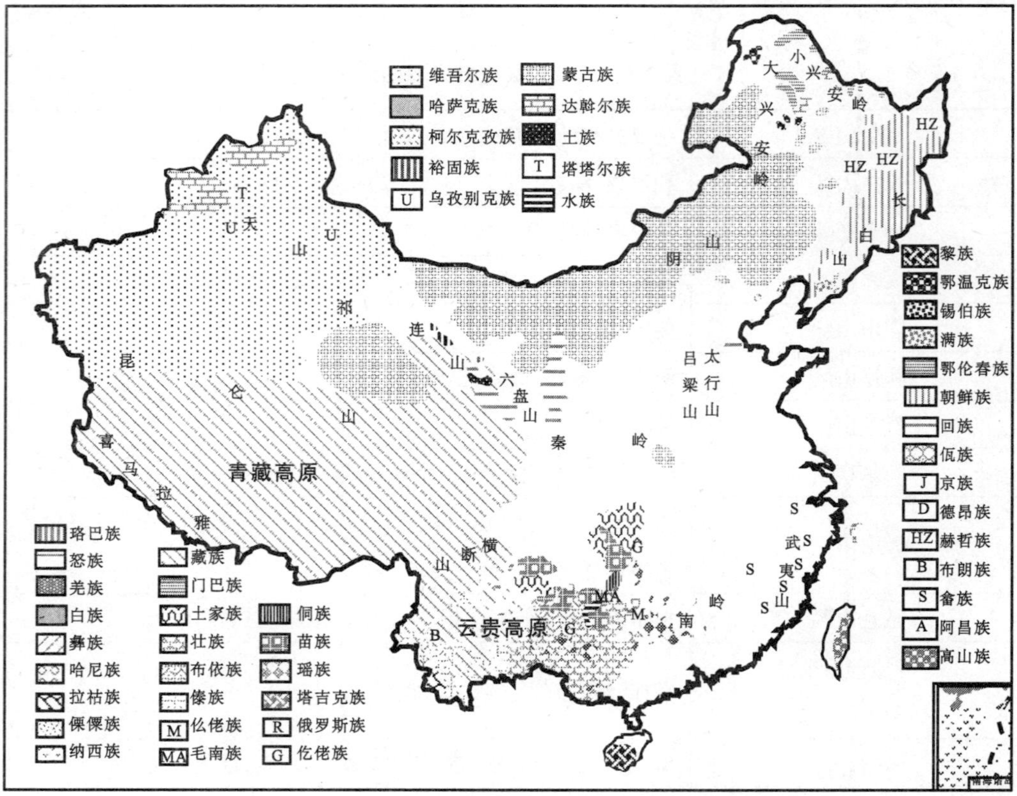

图 2.11　中国山区少数民族分布

人以上的族群有藏、傈僳、纳西、汉、白、苗等 9 个民族。丽江地区占据了横断山系的南段和部分中段，全区最高峰玉龙雪山海拔 5 596m，丽江坝 2 400m，金沙江河谷地区最低处 1 300m，相对高差 4 200 m。丽江坝是纳西族最大的聚居地，早在唐宋前后就创造了本土独特灿烂的东巴文化，在丽江地区聚居了纳西、彝、汉、摩梭、普米、傈僳、壮、白、藏、苗、回等十多个民族。沿横断山系南下到各西南高海拔山区的金沙江、澜沧江、怒江等江河流域形成古彝族族系，以后因地域生境不同而分划出各支，而后形成彝族、傈僳族、纳西族、哈尼族、拉祜族、白族、基诺族等等。从宏观的地理格局上说，横断山系山区聚落分布呈现如下特点：大理洱海地区海拔 1 800m，以白族为主；往北的丽江坝海拔 2 400m，以纳西族为主；再往北的中甸地坝海拔 3 300m，则以藏族、彝族为主。

长白山区是由吉林省的 22 个市县和黑龙江省七台河等 14 个市县以及辽宁省抚顺等 11 个市县组成的区域，面积约为 20km^2。长白山区是朝鲜族和满族等少数民族的主要聚居地。天山横亘于新疆中部，东西长 2 500km，南北宽 250～300km，山系结构复杂，山间多断块陷落盆地，它是由从北到南的几条平行山脉所组成，北为北路天山与准噶尔盆地相连，中为中路天山，南为南路天山，与塔里木盆地相连。

天山是中国一个多民族聚居区，哈萨克族、维吾尔族、锡伯族、达斡尔族、乌孜别克族、塔塔尔族、俄罗斯族等少数民族集中分布于此，主要少数民族的空间分布列于表

2.6。

南岭山区是以大庾、骑田、萌渚、越城五岭组成的南岭山脉为主体，并由若干突起的花岗岩穹隆山簇和与其相连的广阔山地丘陵与各种不同规模等级山间盆地组成的山地丘陵区[24]。东起武夷山南端，西抵雪峰山以南的八十里大南山，东西绵延640km，南北宽310km，境跨赣南、湘南、粤北和桂东北等地区。春秋战国时期强大的楚国便将先进的荆楚文化播扬到了南岭山区；秦汉时期与越杂处的汉民又将先进的铁农具用于开垦南岭山区的土地，由于战乱或灾荒等原因，自晋代至宋元之际先后出现了“永嘉之乱”、“安史之乱”、“靖康之乱”等中原动乱，引发了我国历史上中原汉人3次大规模的举族南迁浪潮，并逐步深入到了南岭山区，后又经元、明、清3个历史时期外地移民的继续进入和融合、繁衍，使南岭山区最终形成了“湘赣”、“客家”等汉族民系及畲、瑶、苗、侗等少数民族的稳定聚居区和闽海系、粤海系等汉族民系的渗透交融区域，其内部又出现了相互迁移融合或外迁又回流等移民活动[24]。先民们一方面要与山区险恶的自然环境抗争，另一方面又面临当地土著、山匪、流寇等地方势力的侵扰，为求生存与发展，先民们便不得不利用家族内聚力聚落而居，于是能适应这种聚族而居社会结构、集居住功能与防护功能于一体的各式大型建筑便应运而生。由于这种血缘群体聚落适应了先民的家族理想与世俗生活的统一，也适应了当地的复杂地理环境；同时，由于先民们长期处于深山区相对隔绝的农耕经济环境中，使得南岭山区不少地方至今仍然保留着大量原生性的传统聚落景观及其生活习俗，成为历史时期北方移民在南岭山区持续聚集和繁衍的印记[24]。

从集聚类型看，西南地区的云贵高原是少数民族种类分布最多、最广的地区；从分布范围看，藏族、维吾尔族、蒙古族、壮族、朝鲜族、哈萨克族等少数民族分布最为集中。青藏高原地区是藏族、羌族、珞巴族、门巴族等少数民族的集中区域，其中以藏族人口为主体。在西藏自治区，藏族人口占总人口96%，青海省占20.87%。从少数民族分布的区域地势看，我国的少数民族主要集中于一级、二级阶梯的区域范围内。

三、山区聚落经济类型及其空间分布

山区聚落的经济类型与中国传统文化具有十分密切的关联性。总体上，中国文化，特别是古代中国文化是一种比较典型的农耕文化或农业文化。但就自然环境而言，不论在历史上还是在今天，中国西部和北部地区主要是草原分布地带，因此，这些地区也就成为以草原畜牧业经济为主的区域。一般认为，自我国东北大兴安岭东麓—辽河上游—阴山山脉—鄂尔多斯高原东缘及青藏高原以西的广大地区，都属于历史上传统的游牧经济分布地区（图2.12）[24]。而在此界线以南和以东则属于传统的农耕经济分布地区。从一定程度上讲，我国的内蒙古高原、黄土高原、青藏高原以及历史上的整个西域地区，都属于历史上游牧民族的主要活动区域，因此，宏观地说，分布的聚落经济形态也属于传统的以游牧经济为主要特色的区域。但是,历史上游牧文化与农耕文化之间的界线并不是固定不变的[25]。从远古至今,这种文化界线在不同历史时期都产生了许多变化。大约在旧石器时代以前,在黄河、长江、珠江三大水系逐步形成了古汉藏族,在随后的扩散中,因适应不同地区的环境,而逐步分化出古华夏族、古百越族、古氐羌族和古苗族。古华夏族源于黄土高原,距今大约1.5万年左右,并完成了狩猎—采集经济向农耕经济的跃迁。距今1万～1.5万年左右,珠江下游的一支古汉藏族与由南向北扩散的古南亚民族和古南岛民族相遇,逐步融合形成古百越民族,为适应亚热带环境,在距今7 000～8 000年完成了原始狩猎—采集经济向农耕经济的跃迁。距今1万年左右,分布于黄土高原、青藏高原与蒙古高原交接地带的古汉藏族的一支,在生境的诱导下,为适应发展而形成古氐羌族,逐步完成从干旱半干旱草原狩猎—采集经济向畜牧业经济的跃迁,继而又发展转变为一种畜牧业与干旱半干旱农耕相结合的地域经济文化。由此差异而形成的经济烙印也发生了明显的变化,总的趋势是山区农耕经济的聚落分布面积越来越大,而游牧经济聚落分布区则日益缩小[25]。

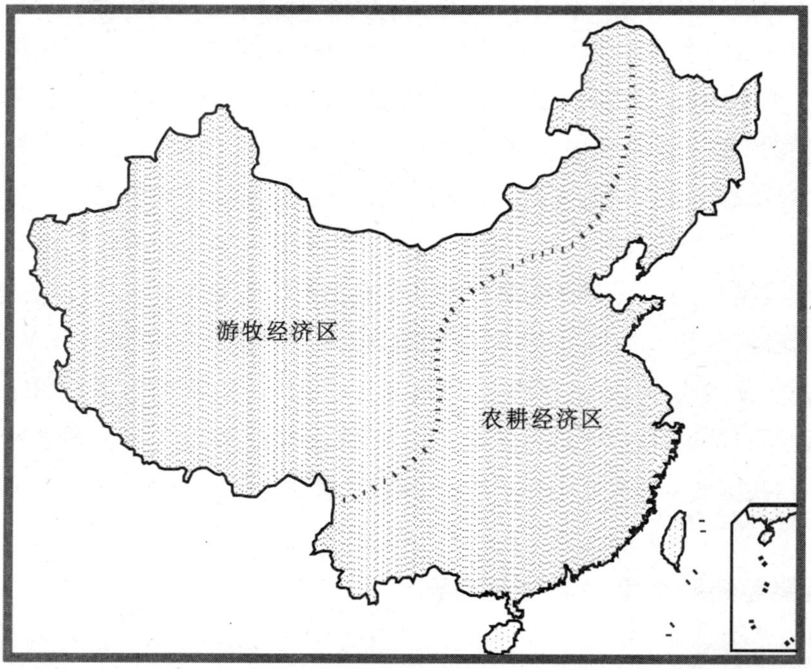

图2.12　历史时期游牧与农耕经济的一般性分区界线

聚落的发展是一个多因素渗透互动的历史过程,其中的原动力是经济驱动。经济类型的转变和进化,促进聚落从乡村走向城市。按一般聚落经济类型的进化顺序分别是:从狩猎—采集经济、游牧经济、农耕经济、工业经济再到休闲服务经济。从历史的角度来观察,中国山区聚落的经济转型经历了一个漫长的历史过程。在漫长的历史进程中,中国山区聚落的经济转型表现出以自然适应为基调的主流特征,从而呈现出在不同社会文化背景下以渔猎经济、游牧经济、农耕经济、工业经济、休闲服务经济5大经济类型为主的基本结构状态。陈庆德、潘盛之、覃雪梅等人[26]针对中国民族村寨经济转型的研究将新中国成立后中国山区民族聚落的经济转型划分为两个历史性阶段：

第一阶段是20世纪50～80年代。在这一阶段中，中国山区聚落的经济转型过程主要是在生产关系变革的引导下展开的。这一阶段的经济转型是以重构自由小生产的个体私有制为起点的。各山区聚落虽在此转型起点的构筑上呈现出一定的时间差异性，但都分别通过在内地普遍展开的土地改革和在云南、西藏、新疆、内蒙古等边疆少数民族聚居区以及甘肃、青海等少数民族牧区进行的、以和平协商为基调的不同形式的改革，相继完成了这一实质性的建构[26]。在广大农区，通过没收地主土地重新分配的土地改革，以聚落为基点，为自耕农确立了大致平均的生产资料个体私有制框架。与此生产关系的根本性变革相伴随，一些少数民族的生产生活方式先后发生了变化。如新疆伊犁阿勒泰地区吉木乃县托斯特乡巴扎尔湖勒村，就是由哈萨克族在20世纪30年代末从游牧转向定居开荒耕地而建立的；西藏米林县琼林村的珞巴族从1959年开始，由原来的游猎采集经济类型逐步转向农耕经济比重日趋增长的新的经济类型；黑龙江省黑河市爱辉区新生村的鄂伦春族，则是在1953年生产关系变革的同时，开始了从游猎经济向定居农业的转变，当年粮食收入占总收入的9.4%；到1982年，农业在全年总收入中占75.7%；现居沈阳市新城子区兴隆台镇新民村的锡伯族，其先人长期以渔猎经济为主，在16世纪编入"蒙古八旗"并奉旨南迁盛京后，以"跑马圈地"的方式圈占了大量土地，逐渐转向农业生产。这充分表明，经济转型是一个蕴涵多重内容的复合过程[26]。

第二阶段是自20世纪80年代以来的时期。第一阶段经济转型的实质性结果——聚落土地公有制成为中国山区聚落第二阶段经济转型的共同起点。第二阶段经济转型的根本性变化，是从确保共同利益的基点转移到确认个体利益重要性的基点上；从生产关系变革主旋律转变到以利益诱导而牵引的经营方式和技术组合的变化以及市场参与的主流上；经济转型的主体行为，也从整体性的转型转变为个体行为的选择。中国山区聚落的经济转型在第二阶段所获得的最显著的成果是：在社会层面上，使经济转型获得了更大的稳定性；在经济层面上，实现了多元化和多样性的发展；在运行机制上，赋予整个经济体系更多的活性因素；在最直接的现实意义上，它有效地提升了中国农村、农民和农业的社会供给能力，使中国农产品的供求格局在20世纪的最后年代历史性地结束了长期的短缺状态，这一契机终于为中国农业生产结构的调整乃至全面的社会改革提供了可能性，使中国农村、农民和农业成为中国在20多年改革开放进程中贡献最大的支撑点[26]。

在共和国半个世纪历程中所发生的经济转型，使中国山区聚落以渔猎采集经济、畜牧经济、农耕经济为主的状态得到了具有重要意义的改变。进入这一历史阶段时，一些聚落共同体（如鄂伦春族、赫哲族、京族、珞巴族等）中有所保留的渔猎采集经济类型，如今已不复存在；畜牧经济和农耕经济成为当前主要的两大经济类型，并出现了聚落尚存而告别农业的个别现象。如1990年在黑龙江省同江市街津口村赫哲族的生产结构中，渔业占68.6%，种植业占3.6%，其他占27.8%。但由于整个松花江、黑龙江其他江段外来捕鱼人口急剧增加，致使两个江段整体出现超量捕捞的局面，资源消耗速度极快。1994年，渔业资源的制约性使街津口赫哲族渔业村从渔业转向农业，1999年转型率达到100%，赫哲人从打鱼捕猎为生，转向耕种土地，再到从2000年起的旅游开发，发展服务业成为新的经济增长点。街津口赫哲人如今已顺利完成经济转型，产业结构的调整已实现了多元化。中国山区聚落经济转型的结构状况所展现的一个重要事实是，尽管在聚落层面上，畜牧经济和农耕经济仍为主体类型，但就其内部而言，产业结构的调整和新的生产组织形式的进入，已使这些聚落的经济类型呈现为一种复合型的结构。从外部来看，山区聚落相连于市场体系的依附性也日渐增强。据2000年统计，广西东兴市江平镇京族聚居的山心村，从业结构是农业30%，边贸40%，渔业30%；收入结构是渔业60%，商贸30%，农业10%，边境贸易和渔业是最重要的收入来源，农业的功能只是提供口粮。在西藏错那县贡日门巴族乡所辖的贡日、色目两村2002年的收入结构中，农业占9.3%，牧业占33.0%，林业占15.2%，运输业占31.3%，商业占7.2%，采集业占3.7%，手工业占0.3%。牧产品商品率在色目村和贡日村分别为48.9%和49.5%，全乡为48.9%[26]。

在此背景作用下，通过几个阶段的进化与变迁，区域空间与经济文化的时间作用空前复杂化，山区聚落的经济类型也变得更加多样和复杂，如从青藏高原东南山区沿横断山系依次跌落至南边云贵高原，一直以来执行着农牧兼备的多元经济类型，愈往南下农业耕作文化就愈发达，这一条基本呈现南北走向的自然地带，既是精彩激荡的文化走廊，又是一系列沿山脉走向展开的民族走廊，特别是宗教文化的传播、冲突和衍化以及现代旅游经济与文化的渗透使该地区以横断山脉为纽带形成了一个特定的人文地理带和高海拔民族聚落集区[26]。

随着聚落经济形态的不断转型与发展变化，传统与现代经济文化的不断交融、渗透，山区聚落的经济类型不仅具有游牧类型、农耕类型，还不断出现了现代特色与区域意义的工业聚落类型、商贸聚落类型、旅游聚落类型以及各种不同类型的复合形态。使过去传统意义上较为分明的游牧聚落类型、农耕聚落类型的界线更加模糊，西部山区游牧、农耕类型叠加商贸、旅游及其组合等经济形态的趋势不断加强，东部山区纯农耕聚落类型不断被农业、工业、贸易以及旅游等特色经济类型所覆盖、所替代。

四、中国山区主要民族村经济类型

将中国主要山区和主要民族村寨的经济类型进行列表叠加，并构造中国山区民族村寨经济类型表2.7，尽管样本数量有限，但在一定程度上可以窥探出中国山区聚落经

表 2.7　中国山区民族村寨经济类型简表[26]

主要山区	民族	聚落	经济类型特征
小兴安岭	鄂伦春族	黑龙江黑河市爱辉区新生村	农业为主兼营养殖工商
长白山区	赫哲族	黑龙江同江市街津口乡街津口渔业村	农、牧、旅游服务三足鼎立
	朝鲜族	吉林磐石市吉昌镇烧锅村	第三产业，劳务输出
	锡伯族	辽宁沈阳市新城子区兴隆台镇新民村	以农为主，兼营工商
	满族	辽宁抚顺市新宾县上夹河镇腰站村	以农为主，兼营工商
	汉族	吉林省通化市清河林场	林业、人参种植
	汉族	吉林省通化市集安三道沟	农业、葡萄种植
	汉族	黑龙江省绥芬河	边境贸易、旅游
大兴安岭	鄂温克族	内蒙古呼伦贝尔市辉苏木乌兰宝力格嘎查	畜牧经济，外地企业介入
	蒙古族	内蒙古锡林郭勒盟贺日斯台苏木巴彦胡舒嘎查	畜牧经济，外地公司介入
	达斡尔族	内蒙古呼伦贝尔市莫力达瓦旗哈力村	农业为主兼营牧业
阿尔泰山	哈萨克族	新疆吉木乃县托斯特乡巴扎尔湖勒村	牧业为主兼营农业
昆仑山	柯尔克孜族	新疆乌恰县黑孜苇乡库拉日克村吾依自然村	农牧兼营
	塔吉克族	新疆塔什库尔干县提孜那甫乡提孜那甫村	牧业为主兼营农业
	维吾尔族	新疆疏附县吾库萨克乡木苏玛村	棉、粮、林果为主兼营工商
天山	塔塔尔族	新疆奇台县大泉塔塔尔族乡黑沟村	农牧结合，以农辅牧
	乌孜别克族	新疆木垒县大南沟乡阿克喀巴克村	农牧兼营
祁连山	裕固族	甘肃肃南裕固族自治县红石窝乡大草滩村	畜牧经济，副业辅助
	东乡族	甘肃东乡族自治县坪庄乡韩则岭村委会老庄村	农业为主兼营养殖、工商
	保安族	甘肃积石山县大河家镇大墩村	农牧兼营，打工经商
	撒拉族	青海循化县积石镇石头坡村	农、牧、工商兼营
	土族	青海互助县东沟乡大庄村	以农为主，打工经商
太行山区	汉族	山西省昔阳县大寨村	农业、工业、旅游并举
吕梁山区	汉族	山西省柳林县三交	传统经济作物（红枣）
喜马拉雅山区	珞巴族	西藏米林县琼林村	林、农、牧兼营采集、运输
	门巴族	西藏错那县贡日乡色目村	牧业、运输、林业兼营农业
雪峰山	仫佬族	广西罗城县四把镇石门村田心屯	以农为主，打工经商
	毛南族	广西环江县下南乡南昌屯	以农为主，打工经商
	京族	广西东兴市江平镇山心村	农、渔、边贸三业并举

续表

主要山区	民 族	聚 落	经济类型特征
云贵高原	仡佬族	贵州大方县普底乡红丰村	以农为主，打工经商
	侗 族	贵州黎平县永从乡九龙村九龙寨	林粮兼营，打工经商
	彝 族	云南省楚雄州丘北县普者黑彝族村寨	传统农牧业、手工业
		贵州省毕节市大屯彝族乡三官彝族村寨	农业、旅游业
	布依族	贵州省贵阳市花溪镇山村	农业为主，兼营商贸与旅游
		贵州省贵阳市四方河布依族村	农、工、商并举
		贵州省安顺市布依族石头寨	农业、乡村旅游
		贵州省丹寨县龙泉镇卡拉村	传统农业、旅游、民族工艺
		贵州省雷山县朗德上寨	传统农业、乡村旅游业
	哈尼族	云南省红河州元阳县麻栗寨	传统农业，兼有旅游
		云南省绿春县大兴镇牛洪办事处广马村	劳务输出，农业
湘西山区	土家族	湖南永顺县和平乡双风村	以农为主，打工经商
横断山区	藏 族	四川省阿坝州壤塘县南木达乡牧民新村	畜牧业为主
		四川省甘孜州丹巴县甲居藏寨	传统农牧业
	羌 族	四川汶川县龙溪乡阿尔村巴夺寨	以菜为主的农业兼营
		四川理县桃坪羌寨	农业、旅游业并举
	摩梭人	云南省泞蒗县泸沽湖落水村	旅游、农业
桂北山区	苗 族	广西融水县安太乡洞安寨	传统农业
	壮 族	广西壮族自治区桂林市龙胜各族自治县和平乡金江村金竹壮寨	农业、旅游
东南丘陵	畲 族	福建罗源县八井村	以农为主，打工经商
五指山区	黎 族	海南五指山市冲山镇福关村	农胶兼营，打工经商
江南丘陵	汉族	安徽省黟县西递村	旅游、农业、商业
		江西婺源县秋口镇李坑	农业、旅游
赣东南山区	汉族	江西省乐安县流坑村	农业、旅游服务
赣西南山区	汉族	江西省吉安井冈山茨坪镇	红色旅游

济的一般性特征，从表中可以看出，单一经济类型的聚落并不多见，最为突出的是服务、商业和旅游等产业要素的渗入趋势非常之明显，第一、第三产业为主的经济类型仍然是山区聚落经济的主旋律。从区域空间分异格局看，小兴安岭、长白山区聚落以农业、特色种植养殖为主要经济特色；大兴安岭、阿尔泰山区、昆仑山、天山、祁连山区、喜马拉雅山区等畜牧经济比较突出，但综合农业以及服务业的融合现象也十分明显；横断山区、云贵高原、江南丘陵、东南丘陵、赣南山区、赣西南山区等除传统的农业经济外，旅游经

济已经成为这些山区聚落经济发展的重要组成部分，部分地区旅游经济的地位和经济贡献已经远远超过了传统农业的份额，这是山区聚落经济类型在新的历史时期呈现出的新趋势，是生态服务和价值由城市转向农村、特别是山区农村的内涵体现；从表中还可以发现，山区农村劳动力由农村向城市转移，外出打工经商同样是山区聚落经济类型的普遍反映，由于传统农业经济的弱竞争力和劣势，经济效益和经济成本都挫伤了当地农民从事传统农业的积极性，转向外出打工，由农民向工人的身份转移，很多山区聚落的打工经济支撑着当地建房、生产、生活消费的正常运转，这类聚落的劳动力基本呈现空心化趋势，尤其是西南、南方山区比较突出，而西北地区、东北地区这类现象则不太明显（图 2.13～18）。

图 2.13　吉林省延边白河人参种植基地

图 2.14　吉林省延边白河长势良好的人参景观

图 2.15　吉林省集安市三道河葡萄基地

图 2.16　黑龙江省漠河县北极村鹿养殖场

图 2.17　黑龙江省漠河北极村特色旅游聚落

图 2.18　江西省井冈山茨坪特色旅游(历史文化红色旅游)

第四节　中国山区聚落类型及其空间分布

一、山区聚落类型概述

自地球上有生命以来，任何物种均有其相对固定的生存地域。作为具有社会意义的、特殊的人类居住形态——聚落在形成之时，也将共同地域作为其基本构成条件之一。这个地域就是各族人民借以发展其经济文化的历史舞台。各民族聚落的发展既然必须以一定的地域为根基，就不免受到该地域各种特征的影响。这种影响不会始终如一，但它却是始终存在的[27]。由此可以认为：地理环境对各民族聚落经济文化的形成和发展不仅是有作用的，而且这种作用表现出明显的对应性特征[27]。在聚落分类过程中，如果将空间性的“自然地理条件”与时间性的“社会经济发展水平”两种不同的前提概念混为一体，则必将产生理解上的混乱。即某一地域有不同的历史发展阶段，而某一历史发展阶段也存在于不同的地域。因此，必须将其中的一个前提条件确定下来，才能探讨另一因素与聚落类型及空间特征的因果关系。必须择取其中某一发展阶段作为可比的基点，探讨地域自然因素对聚落类型分异的作用。否则，因发展阶段不同，自然对社会经济的作用也无可比性，聚落类型也无可比性[27]。根据人与自然的关系一般的发展原则来看，人对自然具有被动的适应性和主动的再造性。随着人类社会的进步，再造性将逐渐增强，意味着自然对人类社会发展的制约性的影响将逐渐减弱。从地理环境的性质、功能和人类社会的发展状况看，应选择人地关系最为密切、地理环境对人类社会发展作用最明显的人类现代发展阶段作为可比基点。在这一特殊的时段内，分析研究不同地理环境对聚落发展的作用，确定不同的聚落类型，进而揭示人—地耦合关系中一个方面的规律。

在这种历史阶段框定下，其聚落类型可依据聚落所处的不同地理环境特征进行分类：①根据地貌形态分类：山地聚落、丘陵聚落、高原聚落、平原聚落、盆地聚落；②根据与海洋的关系分类：内陆聚落、临海聚落、岛屿聚落；③根据热量带分类：热带聚落、亚热带聚落、温带聚落、寒带聚落（极地聚落）；④根据植被类型分类：山林聚落、丛林聚落、草原聚落、绿洲聚落[14]。与此相对应，山区聚落的类型同样可以进行类推：①根据地貌形态分类：山地聚落、丘陵聚落、高原聚落；②根据与海洋的关系分类：内陆山区聚落、沿海山区聚落；③根据热量带分类：热带山区聚落、亚热带山区聚落、温带山区聚落、寒带山区聚落；④根据山区植被类型分类：山林聚落、丛林聚落、草原聚落、绿洲聚落等。这里应用山区聚落所处的生态环境作为参照系来进行划分，按其生境差异可以分为：山原聚落、湖盆聚落、山寨聚落、河谷聚落、坝子聚落、临湖聚落、坡麓聚落、梁峁聚落等。

二、主要山区聚落类型分述

山原聚落。主要分布于高原面上、山地夷平面上的聚落类型，青藏高原、黄土高原、大凉山山原是该类聚落的主要集中区域，在海拔 3 600～5 000m 的雪域高原中，这些区域具备适应农牧的地理条件和气候环境，西藏贡布江达、江孜、四川米易、宁南山区等均属这一聚落类型；位于黄土高原核心区的陕西、山西两省，同样也是山原聚落的集聚区域(图 2.19)。

图 2.19　山西省昔阳县大寨村(山原聚落)

湖盆聚落。湖盆是湖泊发育的首要条件，湖盆根据形成的原因可分为构造湖盆、火山湖盆、河成湖盆、冰川湖盆、风成湖盆、海成湖盆等。因此依湖盆而居所形成的聚落在山区也极为普遍。如大理洱海近区下关的构造湖盆聚落、邛海西昌近郊冰川湖盆聚落、吐鲁番盆地罗布诺尔风成湖盆聚落等。羌塘高原湖盆是湖盆聚落最为典型的代表，羌塘高原位于青藏高原腹地，南起冈底斯山—念青唐古拉山，北至喀喇昆仑山—可可西里山，东自内外流水系的分水岭，西以公珠错—革吉—多玛一线与阿里西山地为界，北部海拔 4 900m，南部海拔约 4 500m 以上，该区是藏族聚落最为集中的分布区域。

山寨聚落。山寨是山区最原始的一种聚落形态，其最大的特点是分散变异，聚落规模相对较小，早期人类择山而居，有利于防止洪涝灾害，有利于提高外来侵入的防御能力，加之生活习俗，很多少数民族沿袭着历史痕迹，定居山寨，如贵州的丘陵和中山地带苗族、川西地区藏族等是最典型的山寨定居民族(图 2.20～22)。

河谷聚落。河谷聚落是最为常见的聚落形态，丰富河流水源是这类聚落布局与持续繁衍的重要基石，河谷冲积往往形成肥沃丰饶的冲积平原，土地利用率相对较高，聚

图 2.20　四川省小金县藏族山寨聚落

图 2.21　四川省汶川县羌族山寨聚落

落布局成片，由于河谷地带距离水源近，农业生产的劳动力成本相对低，产量高，地势平坦，河谷聚落成为山区聚落分布极为普遍的形式，如四川卧龙皮条河谷农村聚落、四川古蔺县太平古镇(图 2.23～25)。

坝子聚落。在连绵不断的山系之间星罗棋布地点缀着很多的坝子，这些坝子空间大小不一，海拔高度不等，坝子与坝子之间彼此为崇山峻岭所阻隔，坝子是相对封闭的自然地理类型，具有天然屏障。由于坝子地势平坦，适应农业耕作和发展畜牧业，空间开阔，人口容量较大，具有使周围各分散的小型村落相互连接凝聚的功能，是山区聚落最主要、最普遍的聚落形式，如江西井冈山茨坪镇、吉林省图们月晴镇水口村等(图 2.26～28)。

临湖聚落。在山区的崇山峻岭中，通常分布着大量的山地湖泊，湖泊及附近地区往

图 2.22 四川省汶川县藏羌混居山寨聚落

图 2.23 四川省卧龙皮条河谷农村聚落

往形成较大面积的平原区域，有着理想的人类居住生态，临湖而居，亦农亦牧亦渔亦游的多种经济方式构成了山区最具诗情画意的聚落图景，泸沽湖摩梭人聚落是最典型的代表（彩图 2.3，图 2.29）。

坡麓聚落。在黄土高原分布非常普遍，如延安、榆林地区的无定河、延河等大河的一级支流的川台后缘及坡麓，多利用坡麓厚层黄土修建砖石接口黄土窑洞，虽然位置因坡势高低错落，但总体顺河谷方向断续分布，一般无大型自然村落，超过 50 户相对集中的自然村较少，聚落密度大约 0.85～1.2 个/km^2，一般有县乡公路相通，距离水源较近[13]（图 2.30）。

图 2.24　四川省古蔺县太平古镇河谷聚落

图 2.25　河北省承德隆化郭家屯招素沟村河谷聚落

梁峁聚落。主要分布于黄土高原梁峁地貌类型区域，多为黄土窑洞，部分为砖石接口黄土窑洞。多为散居农户，自然村很少超过 30 户，聚落密度一般小于 0.1 个/ km^2，由于位置较高，交通及人畜饮水不便，但距离坡耕地较近，耕作相对方便(图 2.31)。

三、山区聚落级团类型

根据张振[28]对传统聚落的类型学研究，山区聚落的类型可以根据聚落环境基地条件和聚落规模构建及其布局形态以及空间原型进行分类，常见的聚落形态类型包括以

图 2.26　江西省井冈山茨坪镇(坝子聚落)

图 2.27　吉林省图们月晴镇水口村(坝子聚落)

下六种。

集中型——以一个或多个核心体为中心,集中布局的内向性群体空间。如福建省田螺坑村以土楼形式构成核心体的布局方式。

组团型——由多个宅区随地形变化或道路、水系相联系的群体组合空间形态。例如陕西安堡村,分几个组团型相连而成整体。

带状型——多随着地势或流水方向顺势延伸或环绕成线形布局的带型空间,例如

图 2.28　河北省承德围场燕山村（坝子聚落）

图 2.29　四川省西昌市邛海新村（临湖聚落）

湘西拔茅村沿流水方向的布局方式。

放射型——以一点为中心，沿地形变化呈放射状外向延伸布局，形成视野开阔的空间形态，例如北京爨底下古山村沿山势呈放射状布局。

灵活型——随地形变化自由布局的灵活空间，如桂北金竹苗寨顺应山势自由布局，形成山、田、宅相交融的聚落环境特色。

象征型——模拟自然物或其他物形布局形成具有隐喻意义的空间形态，如四川罗城以船形布局象征“一帆风顺”等。

根据传统聚落的空间原型，又可将山区聚落分为具有中心、方向和领域等元素的空

图 2.30　山西省吕梁柳林窑洞(坡麓聚落)

图 2.31　山西省吕梁柳林窑洞(梁峁聚落)

间模式[29]。

中心——以“点”形态构建空间核心的结构形式，常以生长点为中心向外以同心圆或放射状呈均衡或非均衡的方式向外拓展，构建空间体系。这类聚落多以一山、一池、一房、一树为中心的向心布局模式，来组合环境空间和建筑。

方向——以“线”形态组织空间结构脉络和空间走向的结构方式，这类聚落多以自然山水屈曲环绕的线性布局构建灵活多变的空间结构，以道路延伸控制聚落空间的生长方向，以大小街巷网络构建聚落内部空间的生长骨架，典型的例子如江西千年古村——流坑村。

领域——以“面”形态构建具有边界的封闭性空间。其边界界面大至山川河流树林，小至竹篱围墙均按不同的功能需求构建封闭格局，如福建客家土楼。

群组——以“群”形态构建具有围合关系的内向群体空间。在聚落环境空间塑造中常以风水树、塔庙等标志物作为起点成为划分外界空间的标志，以路桥树或纪念建筑延伸空间，以祠堂、庙宇、戏台等公共建筑和广场形成村内的开放空间，典型案例为贵州雷山郎德山寨。

参考文献

[1] 徐樵利、谭传凤等：《山地地理系统综论》，华中师范大学出版社，1994，14～37。

[2] 陈勇、陈国阶、杨定国：“岷江上游聚落分布规律与生态特征研究”，《长江流域资源与环境》，2004(1)。

[3] 周世强：“大熊猫栖息地农村聚落的生态经济特征”，《中国生物圈保护区》，1998(1)。

[4] 陈勇、陈国阶、刘邵权、王青：“川西南山地民族聚落生态研究——以米易县麦地村为例”，《山地学报》，2005(1)。

[5]《中国国家地理——李家山村》，2006(1)。

[6] 季富致：《中国羌族建筑》，西南交通大学出版社，2000，73～75。

[7] 房志勇：“传统民居聚落的自然生态适应研究及启示”，《北京建筑工程学院学报》，2000 (1)。

[8] 沙润：“中国传统民居建筑文化的自然观及其渊源”，《人文地理》，1997(3)。

[9] 李连璞、刘连兴、赵荣等：“‘天人合一’思想与中国传统民居可持续发展”，《西北大学学报》(自然科学版)，2004(1)。

[10] 白兴发：“我国少数民族的民居建筑”，《青海民族学院学报》(社会科学版)，2000(4)。

[11] 刘原平：“试析中国传统聚落中的生态观”，《山西建筑》，2002(7)。

[12] 欧阳文：“北方山地合院式民居空间特征研究——以北京爨底下古村落为例”，《建筑》，2002(3)。

[13] 甘枝茂、甘锐等：“延安、榆林黄土丘陵区沟壑区乡村聚落土地利用研究”，《干旱区资源与环境》，2004(4)。

[14] 毛刚：《生态视野——西南高海拔山区聚落与建筑》，东南大学出版社，2003。

[15] 李香敏等：“羌寨碉楼原始与现代理念的共鸣”，《四川工业学院学报》，2001(2)。

[16] 周国富：“喀斯特峰丛洼地系统土地利用与人口聚落分布——以贵州为例”，《中国岩溶》，1995(2)。

[17] 陈伟：“徽州传统聚落与人居的可持续发展”，《工业建筑》，2000(1)。

[18] 翟辉：“从传统民居中找寻地区主义建筑的‘根’——以迪庆藏族民居为例”，《建筑学报》，2000(11)。

[19] 王艮：“甘孜州藏族民居”，《城市住宅》，2001(12)。

[20] 祁彩梅：“55 个少数民族 55 朵花——中国少数民族分布图集的设计与编制”，《地图》，2003(5)。

[21] 李炳元：“横断山区地貌区划”，《山地研究》，1989(1)。

[22] 旅行家天堂网站:"中国少数民族分布图",http://www.blogtt.com/mapztidx1.asp。

[23] 西北师范大学地理系:《中国自然地理图集》,地图出版社出版,1984。

[24] 杨载田等:"南岭山区传统聚落景观资源及其旅游开发研究",《长江流域资源与环境》,2004(1)。

[25] 贺卫光:"农耕与游牧:古代中国的两大经济文化类型",《西北民族学院学报》(哲学社会科学版),2002(1)。

[26] 陈庆德、潘盛之等:"中国民族村寨经济转型的特征与动力",《民族研究》,2004(4)。

[27] 李伟、杜生一:"对经济文化类型理论的再认识",《兰州大学学报》(社会科学版),2002(5)。

[28] 张振:"传统聚落的类型学分析",《南方建筑》,2005(1)。

[29] 业祖润:"中国传统聚落环境空间结构研究",《北京建筑工程学院学报》,2001(1)。

第三章 中国山区聚落生态循环与生态演替

第一节 中国山区聚落的形成机理与运行机制

目前在我国对一般乡村聚落的研究较多，对山区聚落的研究较少；从社会学、经济学、民族学、建筑学、历史文化学、地理学等角度的研究较多，从生态学、物理学、系统科学等的研究较少。本节及下列各节拟从现代生态学、物理学、系统科学等视野，对其进行新的探讨，即希望应用现代的科学理论，对山区聚落的形成、区位、运行机制、物质与能量循环、山区聚落的演化等作出新的科学诠释，以期对中国山区聚落有更深刻的认识。

一、山区聚落形成机理

(一) 山区聚落形成的动力机制：坡地过程与"流"

聚落作为人类生存与生活的重要空间方式，是人类与地理环境发生联系最直接、最密切的时空单元和系统。聚落内及其周边生态条件，成为聚落人群生存基础、生活质量和发展条件的重要内容。聚落通过不停地与周围的地质、地貌、大气、水体、土壤、植被等环境要素之间的"交流"，从中获得聚落存在的物质和能量，从而维持聚落的生存和人口的繁衍。聚落与外界生态环境的"交流量"(包括数量和质量两个方面)，直接影响着聚落内居民的生活保障和发展空间。因此，聚落的出现，要有适宜的生态空间和环境条件；而山区聚落的形成和场所选择，与山地的坡地过程是分不开的。

一般而言，一个完整的山体，其山坡可以划分出既相互联系又相互区别的 4 个坡段，即分水岭山脊段、山坡上部直形坡崩塌段、山坡下部直形坡搬运段、山坡坡麓洪积堆积段，其下紧接河谷或沟谷冲积堆积平原(河漫滩及阶地)[1]。坡地过程从总体来说，受制于山体隆起强度、范围及岩体等内营力构造体系，同时又受到气候、重力、植被以及人类活动等外营力作用的影响。坡地过程主要表现为侵蚀和堆积关系(图 3.1)。两者是山体物质和能量流动、聚集的重要方面，也是山地地貌塑造的重要过程，与山区聚落的形成密切相关，并为山区聚落的建立创造了条件。

山区聚落作为一个复合生态系统，其生存和发展需要有物质和能量的支撑，而坡地过程通过"流"和"截流"两个过程为其创造了条件。这里应用动力学原理，对山地坡地过程的物质循环、能量流动及其对山区聚落形成、生存和发展的影响作一分析。

首先，“流”是聚落存在和发展的首要条件。这里，我们将“物质循环、能量流动、信息传递”简化为“流”。没有“流”，就没有水、柴、土壤等物质来源，山区聚落就难以得到维持其内部人口生存的基本条件。

其次是“截流”。可以将“截流”理解为对物质、能量和信息的摄取。从坡地过程来看，聚落处于对“流”的“截流”部位(图 3.2、彩图 3.1、彩图 3.2)。因为只有将“流”截住(哪怕只是其中的一部分)且沉淀，才能为人口的生存提供基本的生产和生存条件，即物质基础。

一般地，山区聚落的形成可以看做是“流”与“截流”两个过程的统一，且聚落的大小与截流的规模成正比。

换句话说，如果“流”消失和减少，则会出现聚落的消失和衰落。

举例来说，在我国天山南北的丝绸之路上文明古国的消失，从表面上看是由于自然环境的变迁，但如果从“流”的角度分析，可能更为合理。

从人文社会经济背景分析，汉朝到唐朝、宋朝对外和西域的贸易通道主要是陆地交通，伴随着这种“贸易流”出现驿站式的绿洲聚落和绿洲文明；元朝疆土的向西扩展，使这种国与国之间的贸易转为国内或境内物质流，也就是说，原来需要物—物双向交换的格局转变为“朝贡”式的单项流，加上明朝航海技术的发展，“海上丝绸之路”成为主要的对外“贸易流”，对外贸易由陆路逐步转为海路。

从自然生态环境背景分析，由于气候的变化，河流水量、地下水供应量减少，即“自然流”减少或处于枯竭状态。在人文贸易流和自然流减少的双重胁迫下，绿洲聚落可以截流的“流”越来越少，聚落的衰退和消失在所难免。因为任何聚落不可能是完全自给自足的封闭系统，对于沙漠中的绿洲聚落更是如此。

上面从坡地过程入手，引入“流”、“截流”的概念，探讨了山区聚落形成的动力机制；提出了山地的截流部位是形成山区聚落的自然地理基础。下面，从生态学的角度，进一步解释“流”、“源”和“库(汇)”与山地系统的物质循环、能量流动的关系；其次从物理学的视野，依据耗散结构理论、热力学定律，运用“流”、“熵”、“负熵流”三个基本概念来揭示山区聚落形成和发展的本质；最后，提出山区聚落的生存模型、物质流模型，作为山区聚落生态系统分析的理论基础。

(二) 山区聚落生态位机制：源与“流”

山区聚落的生态位应该处在山地林带下线至河流的一级阶地或河漫滩之间。对于聚落下线一般容易理解，而对于山区聚落生态位上线可能较难确定。就山地上部而言，这里需要指出有三条线：雪线、多年冻土线和林线。这三条自然地带标志线的空间分布与气候参数存在相关关系[2]，其中，与山区聚落生态位最为密切的是林线。林线，一般以暗针叶林的上限代表森林线。我们划分的山区聚落的最高分布区位，即山区聚落生态位的上限，理论上不超过林线，而且，是在林线以下的森林带下端。相应的，山区聚落的“源”的上线就应该是山地森林带的下线。

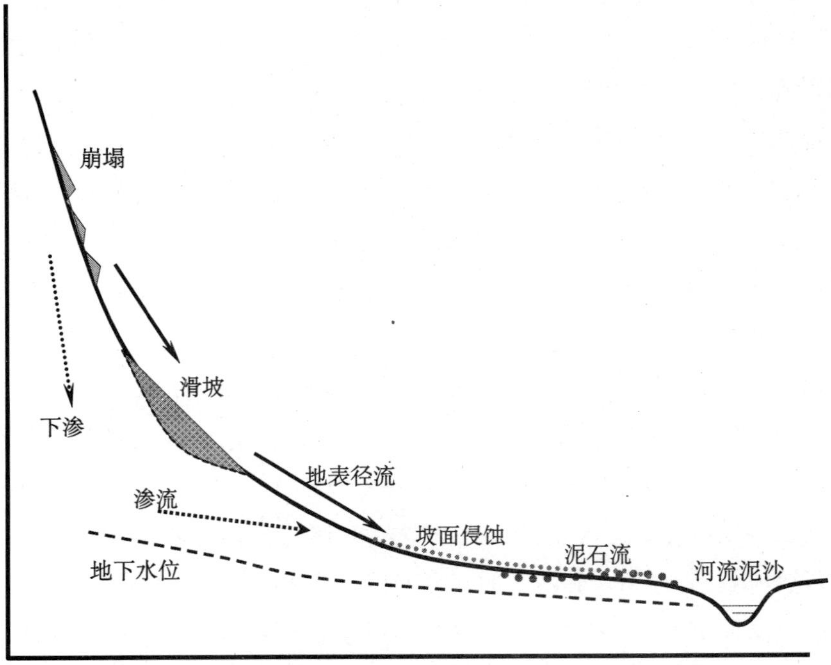

图 3.1　山地表层过程与“流”程示意图

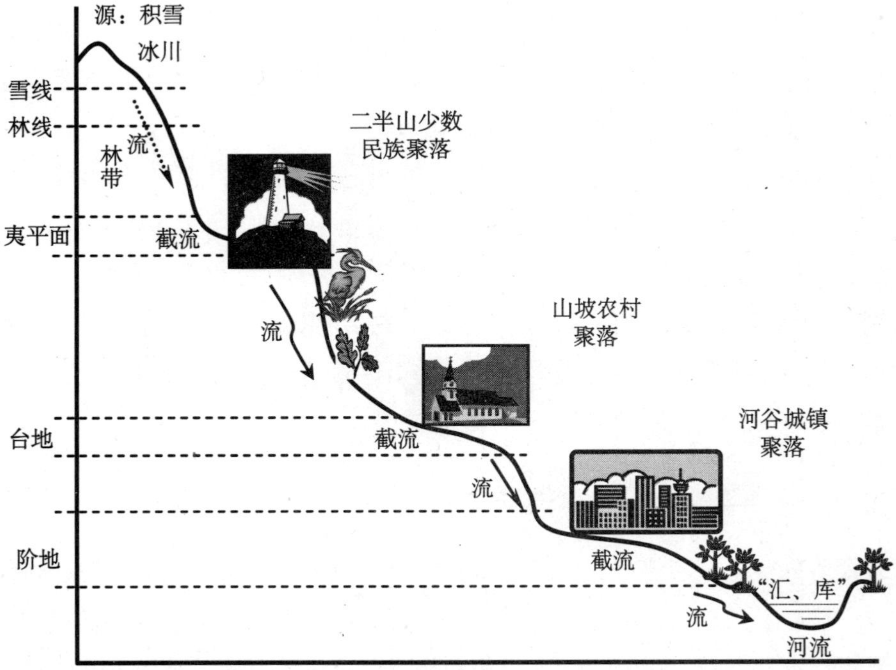

图 3.2　“截流”与山区聚落分布示意图

我们认为，山区聚落所处的地理环境不可能是“源”(山顶部位)，因为“源”是物质的流失区，包括水、土流失，这种流失会使聚落赖以生存的物质条件日益丧失，聚落是不可持续的；而“汇或库”是物质的富集区，是截流的终点，其演化有两种可能：一是成为盐碱化、内涝、洪水等泛滥区域或河湖水体，显然不能成为聚落理想之地；二是多年堆积、淤积、汇集山上流下物质，形成大的冲积扇或平原，作为截流的综合产物，是聚落宜居地，但其性质大都是平原聚落、非典型山区聚落。

综上所述，“流”且只有“截流”，才是山区聚落适宜存在和发展的外部条件。就是说，山区聚落必定处于有“流”的部位，而且是“流”中的有“截流”地理环境。

《中国国家地理》2006 年第 1 期出版了《风水专辑》(总第 543 期)，题为“古村落：风水理念下的神奇天地”(124～137 页)，文作者运用传统风水学说对其进行解读，所列的古村落有：安徽省黟县的西递村、湖南省岳阳县的张谷英村、浙江永嘉县的苍坡村、江西省乐安县的流坑村、山西省临县的李家山村。对上述古村落进行分析，不难看出，这些古村落都应该属于山区聚落，而且，所有的风水宝地(其中也包括彩图 3.3)皆出于“截流”的地理环境中。这就充分验证了我们基于地理学和生态学基础提出的山区聚落假设理论。在截流的地理环境里，从“源”(source)输送来的物质(水、成土颗粒、木材燃料等)，在这里截留、沉淀形成良田，山上森林涵养水源，溪水为聚落提供优质生活用水以及充足的农田灌溉水流(自流灌溉)，而且，由于地势处于夷平面上，聚落免遭洪涝灾害。在人类的早期，聚落多位于山区洞穴、盆地周边区域，应该是基于上述原因。从另一个角度分析，地处“截流”部位的山区聚落，可以轻易地顺“流”而下，与平原地区的聚落进行物质、能量和信息的交流，获得山区聚落所需物资并出售山区物产。

民居是构成聚落的基本单位，即细胞。民居的形态和结构可反映出聚落所处的生态地理环境。传统的风水学对民居的选址曾产生相当大的影响，直至当今社会，风水学在山区居民的建房、择日等日常生活中也有一定的影响。风水学说在一定程度上反映了中国传统文化对聚落及其构成单位——民居在空间布局(选址)上的心理感应，实际上也是人们对山区聚落理想模式的构想，这正如 19 世纪末英国社会活动家霍华德提出的“田园城市”概念一样。

风水学说是科学也罢，迷信也罢，我们认为这只是一种解释人居环境与地理环境表象的说法，不能从深层次解释聚落空间布局、聚落存在的机理。

(三) 山区聚落物理机制：流、熵、负熵流

上面讲到了“流”，并且指出：山地的截流部位是形成山区聚落的自然地理基础。下面从物理学的角度，主要是从耗散结构理论、热力学定律出发，从理论上探讨山区聚落形成和发展的本质。

山区聚落，与平原聚落一样，是一个系统。既然是一个系统，就需要有能量来维持。概念“流”、“截流”，从地理学、生态学层面上说明了山区聚落场所或区位所应具备的地

理环境，当然其中也初步论证了山区聚落自然地理机制。为了说明山区聚落形成和发展的内在机制，引入另一个概念：熵。

在引用“熵”之前，有必要对其进行界定和非物理专业的概念化处理，以便运用到山区聚落理论分析层面上。

熵是克劳修斯在研究热机时引入的一个概念，用来表征系统的状态和稳定性。通俗地讲，熵的大小反映系统所处状态的稳定情况：系统越无序、越混沌，熵就越大；系统结构越规则，功能越完善，熵就越小。

其次，还有一个与熵有关的定律，即热力学第二定律：能的品质在不可逆过程中一定会降低。较有用的、较高品质的能会变为较没用的、较低品质的能（熵增加原理）。

最后，一个很重要的概念：负熵流，这是热力学第二定律的一个推论。

山区聚落，假如仅是一个孤立的系统，那么由于受到熵增加原理的支配，演化的结果是熵达到最大值，最终走向“热寂”而毁灭。事实上，宇宙的演化就是熵增的过程，山区聚落也是一个熵增的系统。因此，要维持聚落的生命活动，聚落就必须摄入利用价值高的物质流，而排出利用价值低的废物流，即摄入低熵物质，排出高熵物质。因此，任何聚落（其中包括人类社会）其实是靠“负熵”而生存的。物理学家施罗丁格是发现量子力学基础方程式的诺贝尔奖得主，在其所著的《生命为何》一书中，就写到这样一句话：“每一个物体的生存都必须不停地依靠它所在环境的负熵……一个有机体赖以生存的是负熵。”

人类要生存，就要能量、要食物、要以动植物的死亡（熵增）为代价。万物生长靠太阳，动植物的有序，又是以太阳核反应的衰竭（熵增），或其他的熵增形式为代价的。也就是说，地球上任何区域的局部有序是可能的，但必须以其他地方更大无序为代价[3]。

综上所述，山区聚落是由人类社会经济活动与地理环境相互作用形成的复合系统，它应该是一个远离平衡态的开放系统，通过不断地与外界交换物质、能量和信息，逐渐由原来的无序状态演化为有序的稳定状态。

二、山区聚落运行机制

哈肯（H. Haken）的协同论原理表明：任何一个系统，其控制变量只能来自环境，系统与外界的物质流、能量流和信息流决定着控制变量的大小。对整个人类社会而言，其环境就是地理环境，当系统从环境获取的负熵大于系统内部因素在不可逆过程中产生的熵变时，才能避免系统陷入无序状态而死亡。山区聚落系统正是靠系统的开放而不断地向其内部输入负熵能量、物质和信息产生负熵流而得以维持[4]。

普里高津（I. Prigogine）指出，系统熵的改变（ds）由两部分组成：

$$ds=dis+des$$

式中 dis 为系统内部不可逆过程产生的熵变；des 为系统与外界环境交换物质、能量和信息引起的熵流，其值可正、可负、可为零；ds 表示人地系统的熵变。根据熵变状态可以将山区聚落划分四种类型：

$ds<0$ 为协调共生型；$ds=0$ 为临界协调性；$ds>0$ 为人地冲突型；ds 不确定为混沌型。

山地生态环境是山区聚落存在和人类社会发展的基础，负熵流的大小控制着山区聚落的演化。山区聚落从环境吸取的负熵流总量肯定有一定限度，如果人类的索取超过其阈值，就会导致环境支持系统的崩溃。

为此，我们利用熵的概念，可以从理论上建立山区聚落生存模型：

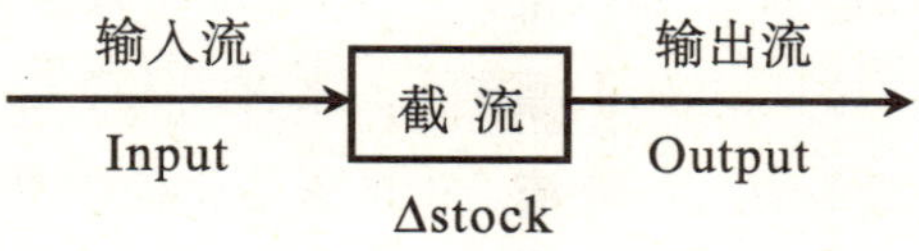

模型中：Input 为输入流，stock 为截流，Output 为输出流。Δstock 为山区聚落存量的净变化（截流中的负熵流）。

为了进一步说明，山区聚落生存模型作以下详述。

（一）山区聚落的“流”符合质量与能量守恒定律，但演化过程是一个熵增的过程

从理论上讲，质量守恒定律适用于一切层次上的物质流分析。任何物质流无论其形态如何变化，但其总质量守恒，即：

物质的流入量（Input）＝物质的流出量（Output）＋物质存量的净变化（Δstock）

值得注意的是，山区聚落“流”的演化是熵增的过程。在这一过程中，山区聚落的维持是依赖摄入利用价值高的物质流，而排出利用价值低的废物流，即摄入低熵物质，排出高熵物质。与此同时，能量流寓于物质流形态之中，物质流中能的品质在不可逆过程中也一定会降低。较有用的、较高品质的能会变为较没用的、较低品质的能。以干木柴为例，木材输入到聚落用做燃料，一部分转化为能量，一部分转化成二氧化碳，最后留下炭灰。从木材到炭灰，是一个不可逆过程。在这一不可逆过程中，输入的是低熵物质（有一定结构和功能的木材），排出的是高熵物质（灰）。山区聚落这个熵增加的过程与人体的新陈代谢一样，人类吸进的是氧气，呼出的是二氧化碳；吃进的是粮食和蔬菜，排出的是粪便；物质存量的净变化（Δstock）表现为人体重的增加（即碳水化合物、脂肪、蛋白质等在人体储积）和人口总数的增加。

这里，需要特别指出的是：虽然山区聚落通过与外界交流，可获得负熵流而维持其结构的有序化，但是与平原聚落和城市聚落相比较，山区聚落的负熵流有以下 4 个特点：

①负熵流的品质较低；

②负熵流的流量小、流速缓慢；

③负熵流具有原生态性；

④负熵流具有不稳定特征，即脆弱性。

（二）山区聚落的输入流有顺流和逆流之分

山区聚落依赖于流而存在。就进入聚落的流而言，按照状态、流动方向和能量的转化特点，我们将流划分为顺流和逆流两个类型。

顺流：是在地球引力作用下，沿着山体向下流动的物质流、能量流。物质在流动过程中，是势能转化为动能的过程，具有自然的特征。例如，从山上流到聚落的自流水，是真正意义上的自来水；从山上下来的风化物颗粒，在山体截流部位沉淀，形成的农田是大自然给人类的宝贵物质财富；从山上漂留下的木材或人工由上部采伐下的林木，人类可以省力地获得聚落的燃料。因此，顺流是山区聚落生存的原动力，体现了山区聚落人与自然和谐的价值取向。消耗人类的劳动（人工能量）较少。

逆流：与地球引力方向相反，沿着山体向上流动的物质流、能量流和信息流。因为物质、能量和信息的传递或流动是势能增加的过程，因此，维持逆流的流动消耗人类的劳动量较大。例如，人类由山下的河里往山上运水、有平原城镇向山区聚落运输粮食、煤炭等。

需要指出的是，山区聚落的顺流与逆流在内涵上是不对称的。山区输入到平原的主要是原生态物质（如：水、土壤颗粒、木材、矿石等）；平原输入到山区聚落的是高附加值物质（包括工业产品、技术信息等），而这种高价值的逆流是维持山区聚落存在、发展所必需的，同时也是山区聚落走向工业文明、走向现代化的必要物质基础。为此，山区聚落建设，特别是现阶段山区新农村建设，应该提高和扩大物质流、能量流、信息流流入和交换的通量和效益。

我们认为，顺流是山区聚落可持续的生存模式；逆流是一种不经济的生存模式，但是一种维持聚落生存所必需的社会过程。山区聚落建立在顺流的基础上，有利于形成自我发展、自我完善的原动力，从而便于形成一个自组织结构。但这种自组织结构仅仅是一种低水平、低层次的耗散结构，具体表现为山区聚落的生存脆弱性、信息半封闭性和人口的文化水平低。

（三）山区聚落物质存量的净变化反映生存状态

山地坡面过程中的物质流、能量流是山区聚落赖以存在的自然生态基础，而山区聚落与山下低地的城镇、村庄的物质、能量、信息的传递，是山区聚落发展和社会进步的人文基础。如果以 Δstock 作为山区聚落存量的净变化，那么，山区聚落生存状况就可划分为 3 个类型：Δstock >0 为可持续型山区聚落；Δstock $=0$ 为可维持型山区聚落；Δstock <0 为衰退型山区聚落。

从顺流的角度看，Δstock 积累是聚落截流的结果，是山地自然生态系统输入到人工生态系统(聚落)的负熵流。

从逆流的角度看,Δstock 的增加,是低地(平原城镇、盆地城镇、河谷聚落)向高处的输入流,也是山区聚落参与外界物质和能量交换的重要表现。

由于山区聚落对顺流的利用率较低,许多顺流被白白地浪费,如水流、土壤中的营养物等的流失;而逆流的维持需要大的投入和运行成本,是一个增熵过程。因此,尽管顺流和逆流在理论上应该是大致相等,但由于山区聚落区位的特点,使得总体上负熵流获取少,而增熵过程较快,使聚落发展受到限制。我们平常所说的山区封闭性、经济落后等,根本原因就在于此。

值得一提的是,山区聚落逆流的维持是必要的。因为山区聚落对山地生态系统的截流程度、对山地生态系统的保育程度,直接影响到低地人类的发展。平原对山区聚落的输入可以叫做"支援流"或"反哺流",该过程对于山区而言是负熵流,但对于输出的平原区域来说,是一个熵增加的过程。因为这种流是在水平长度的基础上,叠加了垂直高度,在距离相等的条件下,需要消耗更多的动能转化为势能。

(四)山区聚落的发展依赖于开源与增流

在农业社会为主的阶段,山区聚落的产生、存在与发展,主要是山地坡面顺流起主导作用,聚落规模主要依赖于截流的面积和截留的数量与质量。进入工业社会以来,山区的矿产资源、能源资源成为工业发展的物质基础,许多新兴的山区聚落由于山区资源的开发而诞生并发展起来。如果我们把农业社会的山区聚落称为截流型,那么,现代工业社会新兴的工矿聚落应当划归为开源型(图 3.3)。

为此,山区聚落的存在与发展,一方面要开源,另一方面要增流。

就开源而言,山区是被作为现代工业生产物质—能量流的输出源。按照性质和用途,"源"可分为工业生产物质和城市居民日常生活用品。生产物质(矿物、建材等)历来是山区支持现代工业发展的主要物质流。煤炭、铁矿石、建材石料、水资源等现代化、工业化建设中必不可缺。生活用品主要是指山区生产的特色农产品和木制品。在现实中,我们常常会发现因为山区的某种工业矿藏被发现,伴随着市场需求,便有人口由四面八方汇聚到此,通过开发矿产资源、修通资源流向加工厂或市场的道路,在矿区周围逐步形成新的山区工业城市或工业村庄(如四川的攀枝花、山西大同煤矿等)。

简言之,由于开源,在不毛之地会出现新型的山区聚落。事实上,这些新兴的工矿聚落有一些共同的特点:一是生产区(矿区)带动生活区(工人及其家属居住区);山区聚落皆处于"源"的周围的山体之截流部位,聚落人口规模与资源开发规模成正比;二是这些聚落赖以生存的流表现为:输出流为工业产品,输入流为生活用品。相应的,可能由于资源随着时间而耗尽,大部分此类山区工业聚落会衰落。

图 3.3　岷江山区聚落——理县羌寨物质流、能量流

（2005 年 10 月 20 日　王青摄）

所谓的增流，主要是针对山区聚落与平原、盆地等山外的交流而言的。

从顺流的角度看，主要是增加输出流的流速与流量，并提高对顺流的利用效率。就物资—能量流而言，通过开源（发现山区的优势资源）与导流（道路、河流航运等设施的建设），加快促进山区资源的开发，将潜在的资源优势转化为经济优势；就人流而言，主要是加快山区聚落人口与外界的交流。其重要意义在于：一是减轻了山区人口对环境的压力；二是通过劳务输出，可以增加山区居民在非农产业领域的就业机会，提高农民收入；三是山区居民走进城镇，或多或少地都要受到现代工业大生产的文明熏陶，提高工业文明在山区聚落的影响，为山区聚落的现代化播种工业化的种子。

从逆流的角度看，就是要减少从平原、城市向山区聚落能量、物质、信息输入过程的耗损，进而提高物质、能量、信息流的输入量和利用效率。当前，如果落实到山区新农村建设层面上，就应该优先考虑信息流的输入，如农民的文化水平提高，科技信息的输入，广播电视的村村通工程；其次是通电工程建设，改变以柴为薪的传统能源结构。

三、山区聚落流组成

（一）物质流

山区聚落的物质流分为：空气、水和固体物质三大部分。人类从自然界中摄取水、空气、生物性及非生物性资源，经过山区聚落截流后，通过代谢作用把废弃的固体、污水、废气等又排放回自然中。借鉴陶在朴教授2003年在《物质流核算方法》一文中关于物质流的若干理念，我们建立山区聚落物质流示意图（图3.4）。

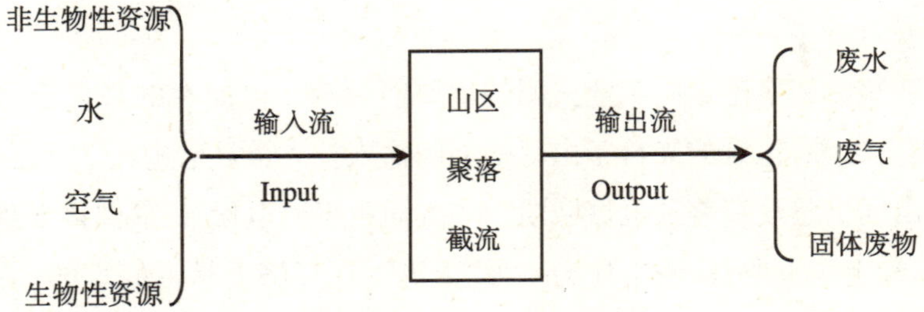

图3.4　山区聚落生活物质流

对于物质流的供给而言，由于地球表层是一个准封闭系统，它与宇宙环境只有能量交流，而太阳输给地球的能量接近一个常数 I_0，从而形成以下的约束条件：

$$\int des \leqslant g(I_0)$$

对于山区聚落的物质流供给而言，物质流的供给数量应是聚落所处的纬度（热量）、海拔高度（热量和水分的山地垂直变化）、截流的面积及其坡度的函数：

$$供给量 = 热量 \times 多年平均降水量 \times 截流面积 / 海拔高度 / 坡度$$

$$S = g(I_0) \times P \times A_0 \div S_i \div A_{lt}$$

上式中：

I_0：太阳辐射常数；

g：太阳辐射常数转换成热量的修正系数；

$P=kP_a$，k 为参数，P_a 为多年平均降水量；

A_0：山区聚落截流的面积；

S_i：山区聚落的截流面坡度，$i=0\sim29$；

A_{lt}：山区聚落的海拔高度，lt=河谷阶地一二半山夷平面。

（二）能量流

从山区聚落能量流组成来看，主要包括太阳能、矿物能、生物能、电能、水能、风能。

太阳能是山区聚落的最基本能量流。万物生长靠太阳，植物光合作用、人类的日常生活和生产都离不开太阳能。随着科学技术的发展，从传统的晒干粮食、衣物到太阳灶、太阳能电池、太阳能照明、太阳能热水器等，人类利用太阳能的深度和广度在增加。

矿物能（主要煤炭、石油和天然气）实际上也是太阳能的转化能。

生物能也可以看做是太阳能的转化能量流，是太阳能的储存。生物能包括两个方面：动物能和植物能。动物能主要是山区居民依靠马、驴、骡子等进行日常的农业生产和运输物质。动物能是山区聚落最便捷、最常用、最经济的能源。此外，动物的粪便还可以转化清洁能（如沼气）。植物能主要是指为山区聚落提供日常做饭、取暖的木材、干柴（草）等。

电能是山区聚落走向工业文明的重要能量流。电能有的来自于山区本身，如水电站、风力发电等，也有的来自于山区外部的输入。人类社会进入21世纪的信息时代，很多偏远山区仍然没有普及电灯照明。一方面由于输电设备、线路需要地方投资，地方财政困难，加上山高路远，输电作为一种“逆流”，在经济上是不划算的；另一方面，即使在有电的山区聚落，由于贫困的原因，很多居民也无钱去享受现代工业文明的成果。建国初期提出的“点灯不用油、耕地不用牛”的理想，在山区聚落的普及可能还需要更长的时间。

水能和风能在山区有着一定的特殊性。水能是势能的一种表现形式，山区聚落相对于平原聚落而言，有着天然的优势。很多山区聚落都充分利用水往低处流的特点，利用水能修建磨房磨面和水车提水灌溉。山谷风是山区一种特有的现象。白天风从山谷吹向山坡（谷风），夜间风从山顶吹向山谷（山风）。山谷风是山区聚落一种特殊的能量流，有着“天然空调”的作用，同时也为很多山区聚落利用风能发电提供方便。

（三）信息流

山区聚落的信息流可分为两个层次：一是聚落内部信息的传递，如生产方式、生活方式、文化习俗等的代代传承；二是山区外面世界的文化知识、文明对山区聚落的输入。前者信息流的传递使得山区聚落的特色或本土性文明得以继承和发展；后者对山区聚落的文明程度的提升和现代化进程起着越来越重要的作用。

在某种意义上，山区的封闭、贫困、愚昧、落后等，根本的原因在于山区信息流的不畅通(图 3.5)。现代不少山区还处在“通信靠吼、交通靠走、治安靠狗、生产靠手”的状态，治穷先治愚，治愚先治“聋”，山区聚落在“十一五”期间的社会主义新农村建设中，最重要的一点是先进行信息流建设，诸如广播、电视、电话村村通工程等。因为信息流的建设相对于对山区物质流、能量流的输入而言，耗能最少、速度最快、效果最明显。

第二节　中国山区聚落的生态结构与功能分析

一、中国山区聚落结构与功能的基本评价

在第一章中，我们已对乡村聚落的结构和功能作了较详细的论述，山区聚落的结构和功能除了拥有乡村聚落同样的结构和功能外，还有若干特点。这些特点在第一章中也都有所阐述。本节拟不再重复，只想从现代系统生态学的角度，再强调几点。

（一）中国山区聚落具有社会—经济—自然复合系统的特征

所谓复合系统，一是指其构成系统的因子纷繁众多，关系复杂，即马世骏在上世纪 80 年代初提出的社会—经济—自然系统，是一个复杂系统的整体。二是指系统具有多层次性，从大系统上看，社会是经济的上层建筑，经济是社会的基础，又是社会联系自然的中介；自然是整个社会、经济的基础，也是整个复合生态系统的基础。因此，社会—经济—自然是分层次、有序的，而各个子系统更形成多层次的结构金字塔。三是系统过程的非线性、不确定性。中国山区聚落虽然一般规模不大，并且多为封闭或半封闭的状态，但实际上仍具有开放性的、复合系统的基本特征，即表现为：大系统—子系统—生态因子的层次性，也具有空间尺度上乡镇—聚落—庭院的层次性和时间上的动态性。

聚落复合生态系统有别于其他自然生态系统的一个最根本点在于人的作用，自然生态系统的结构主要由生产者、消费者、分解者组成。而聚落复合生态系统中除了以上这三个部分外，还有一个调控者，人在这一系统中既是一个消费者，也是一个调控者，并在整个系统中起主导作用[5]。

如若将山区聚落与城市聚落作比较，则其结构和功能有巨大差异：从能量利用类型

A：箐门村；

B：村中的该男子上午7点去捡柴，走15里山路，11点左右回村，每次背100斤左右；

C：2005年10月31日，王青在箐门村作社会调研。

图 3.5　山区聚落的生存现状(云南昭通市朝阳区北闸镇箐门村)

分析，城市主要以石化能量消耗为主，山区聚落主要利用太阳能；在系统控制方面，城市和山区聚落皆以人类信息和活动为主导，但生物信息与控制作用在山区聚落比其在城市的作用更为强烈；在食物链方面，城市的营养级呈倒金字塔形，而山区聚落与自然生态系统更为类似；从产业结构分析，城市以第二、第三产业为主，绝大部分山区聚落以农、林、牧等第一产业为主；山区聚落受自然与社会文化环境影响较强，与土地的关系密切，其形态结构具有较强的地域性，而城市的地域性相对较弱，与土地关系相对不密切；城市人口密度大，规模大，但只在局部和特定的位置分布，对环境的作用呈点状，并十分强烈，山区聚落人口密度、人口规模相对较小，但分布广泛，对环境作用呈面状。虽然单个山区聚落对环境的影响范围较小，但整个山区聚落对环境的综合作用范围与强度较城市更大，并且山区聚落的生态与环境问题及其影响因素较城市更为复杂多样，对其矫正的难度也远较城市大。

（二）山区聚落生态系统的结构特征

对于山区聚落而言，除了具有农村聚落生态系统的一般结构特征之外，社会生态子系统的人口密度及生活消费强度较平原农村聚落低，生态金字塔较平原农村聚落更类似于自然生态系统，处于结构顶层消费者的生物量宽度较窄，结构底部低位营养级的生产者宽度较宽。山区聚落经济生态子系统的产业子系统结构相对单一，农业占绝对主导地位，第二、第三产业相对平原农村聚落发育较差，产业发展严重依赖于聚落内部资源、能源，对外部资源、能源的利用能力较差。山区聚落自然生态子系统以生物结构为主体，人工设施、人文景观等物理结构相对不发育。尽管山区聚落生态系统的结构覆盖了自然生产、经济生产、生活消费和废弃物还原处理等全过程，但相对于平原农村聚落而言，其完成经济生产和生活消费的结构发育相对简单。

（三）山区聚落生态系统的功能

功能是生态系统最为重要的特征之一，并具有普遍性。每个生态系统都具有生物生产（初级生产力、次级生产力）、能量转换（太阳能利用及其在食物链和生态系统中的传递）、物质循环（水循环、碳循环、氮循环、磷循环等）、信息流动（营养信息、化学信息、物理信息、行为信息等）等功能，只不过不同的生态系统所提供每种功能的能力大小有所不同而已。山区聚落生态系统功能包含生产、生活和生态三个方面。由于山区聚落地域性较强，不同农村聚落提供生产、生活和生态功能的能力大小差异较大。对于山区农村聚落而言，其人口规模相对较小且布局分散，经济社会发展相对滞后，使得其在提供生产和消费市场方面能力相对不足；但是山区农村聚落多为少数民族聚居区，自然环境丰富多样，并处于河流源区和重力势能高位区，在生物多样性和文化多样性保护、水土保持和水源涵养方面具有十分重要的价值[6]。

如果说，平原和城市生态系统的功能是以生产为主、生态为辅，人工生态功能为主、自然生态功能为辅的话，则山区生态系统是以生态功能为主、生产功能为辅，自然生态功能为主、人工生态过程为辅。从人造物质财富上，山区远比不上平原和城市，但山区的自然物质财富却远多于平原和城市。山区聚落对平原和城市聚落（社区）的生态屏障和保护功能大于平原和城市聚落对山区聚落的保护功能。

二、聚落生态位和生态适宜度

聚落作为一个生态系统，有产生、发展和消亡的过程。作为聚落重要组成部分的人类和其他生物种群一样也有生态位。聚落内人群的生存和发展决定了聚落的兴衰。聚落内人群的生态位自然就成了聚落的生态位。

生态位（niche）的概念最早由 J. 格里内尔（J. Grinell）于 1917 年提出[7~8]，其基本含义为："恰好被一个种或一个亚种占据的最后分布单位。"1927 年，C. 埃尔顿（C. Elton）将生态位定义为有机体在生物群落中的功能作用和地位。1957 年，哈奇森（Hutchinson）将生态位定义为 n 维资源中的超体积。1959 年，E. P. 奥德姆（E. P. Odum）提出生态位就是："一个生物在群落和生态系统中的位置和状况。"1983 年，E. R. 皮亚卡（E. R. Pianka）将生态位的主体从生物种群扩展到了包括个体、物种和种群在内的所有生物单位。他认为，一个生物单位的生态位就是该生物单位适应性的总和。我国学者在总结国外生态位研究成果的基础上也提出了一些新的见解。王刚等提出，生态位是"表征环境属性特征的向量到表征种的属性特征的集合上的映射"[9]。刘建国在研究生态位时引入了生态元的概念，将皮亚卡的生物单位进一步拓展[10]。生态元就是在社会—经济—自然复合生态系统中进行生态过程（如物质的转化、能量的转换、信息的处理等）的功能单位，它既可以是各个生物组织层次（如生物群落、种群、个体、器官、细胞等），也可以是一些其他功能单元（如食品加工厂、缫丝厂和农户等）。生态位就是生态因子变化范围内能够被生态元占据、利用或适应的部分。为了避免和减少对相同生态位的竞争，大多数生态元都会发生空间和时间上的分化。综合上述各种定义，目前生态学界普遍认为生态位就是：在生态系统或生物群落中，一个种和其他种相关联的特定时间位置、空间位置和功能单位。

哈德斯蒂（Hardesty）[11~12]在将生态位概念应用到人类生态学时，将人类的生态位定义为：人类生活所利用的资源空间。哈德斯蒂通过生态位宽度较早将人类的生态位进行了量化。人类生态位宽度的计算公式为：

$$生态位宽度 = \frac{1}{\sum_{i}^{n}(p_i)^2}$$

p_i 表示 i 种资源提供的生计（subsistence）数量占总生计数量的比例，n 表示用于生计的资源总数。

除了用资源所提供的生计数量外，生态位宽度还可以用开发生计的小环境以及对小环境的依赖程度来衡量。这里所说的小环境就是具有特殊环境特征的小生境或最小自然区域（或空间），与生态学上生境类似。如果小环境数目多，而且对其依赖性相同，这样的生态位宽度较宽；如果小环境数目少，且利用程度不同，这样的生态位宽度较窄。哈德斯蒂运用上述生态位宽度公式计算了世界各地不同土著人社会的生态位宽度（表3.1）。

表 3.1　几种土著人社会的生态位宽度[12]

生产方式	土著社会	生态位宽度
采集社会	科斯坦基 IV—2 普莱斯托内狩猎民族	1.569
	加拿大米斯塔西尼—克里人	3.436
	加利福尼亚巴哈中部沙漠印第安人	7.874
农业社会	新几内亚奇姆布人	1.685
	新几内亚凯波库—帕普安斯人	1.698
	新几内亚布萨马人	2.206
	新几内亚凯瓦塔里亚人	2.892
	非洲马拉戈里北部凯维龙杜—班图人	4.651
	尼加拉瓜塔斯巴波尼—米斯基托人	5.283

哈德斯蒂对生态位的宽度作了如下的解释：生态位宽度是生物分享可利用资源的相对标准。在不同生态系统中，生物的生态位宽度并不具有可比较性。因此，不同生态系统的人类种群的生态位宽度是不能进行比较的。不过，人类生态位对于解释人类种群与自然环境（或与其他人类种群）之间的功能关系具有一定意义。他还指出：人类群体的生态位是不稳定的，社会和文化方式的改变——包括技术革新、新政治联盟的建立和新的劳动联合体的设立，都有可能带来生态位的改变。

在国内，有人在生态位适宜度理论的基础上对人类的生态位进行了定量研究[13]。所谓生态位适宜度，就是一个种居住地的现实生境条件与最适生境条件之间的贴近程度，它表征拥有一定资源谱系生物种对其生境条件的适宜性，即生境资源条件对种特定需求的满足程度[14]。与其他生物种群生态位类似，人类的生态位可以看做人类对环境适应性的程度。这里的环境包括人类居住地物理、化学、生物以及社会等各方面的因子。人类生态位可用下列函数表示：

$$y = f_H(\xi_1, \xi_1, \cdots, \xi_n)$$

式中：$\xi_1, \xi_1, \cdots, \xi_n$ 表示一定区域与人类种群有关的 n 个生态因子。从一定意义上讲，这些生态因子都可以称为广义的“资源”。若将每一种资源数量化，并表示在数轴上，则构成一个 n 维资源空间。人类的某一居住地可表示为该空间中的一个点或很小的区域。这一点(或小区域),又称之为该地的“资源位”。若在 n 维资源空间中存在一点 $X_A=(\xi_{1a},\xi_{1a},\cdots,\xi_{na})$,使得人类生态位:

$$y=f_H(\xi_{1a},\xi_{1a},\cdots,\xi_{na})=\max f_H(\xi_1,\xi_1,\cdots,\xi_n)$$

则称 X_A 为人类的“最适资源位”。

人类种群居住地的生境可用 n 维资源空间中的一个点,即 $X_k=(\xi_{1k},\xi_{1k},\cdots,\xi_{nk})$来表示,它是一个现实的资源位。将人类生态位的适宜度定义为表征人类种群的最适资源位 X_A 与表征居住地生境的现实资源位 X_k 之间的贴近程度 F_A:

$$F_A=\Phi(X_A,\ X_k)$$

人类生态位的计测公式很多,在具体运用时,可根据生态因子的特征不同、研究目标的不同而采用不同的公式。

三、自然环境对山区聚落及人口发展的制约

根据上述山区聚落的生态系统特点和生态位特征,我们认为,山区聚落特别是山区人群与山区自然环境的相互关系有几个明显的特点[15]。

(一)人类对自然环境的适应与改造

人类是自然环境长期发展和演变的产物。人类的发展过程就是其不断适应自然环境的过程。所谓适应就是人类为了谋求在自然中生存发展而采取的一定的行为方式,包括对自然的开发、利用和改造,以及对自然环境变化的响应。在地理学、人类学和人类生态学中,人们常用适应论来解释人类与环境的关系以及人类如何适应自然环境。在环境恶劣的山区,人类为了生存和发展,不得不适应自然环境并主动地改造环境,使之为人类服务。

1. 季节性迁移是山区人类适应性生存的需要

在高山牧区,牧民和牧群的季节性迁移(transhumance)就是为了利用山区不同的生态区和生态位,充分利用山地在不同空间和不同时间的热量资源和生物资源,达到最大限度地利用山地有限的自然资源的目的。同时,季节性迁移可以有效地避免低温和干旱等不利因素给畜牧业带来的影响。因此,在许多山区,人们总是根据季节的变化在不同海拔高度来回迁移,并从事着与生态环境相适应的农牧业生产活动。

2. 生理上的适应性反应是人类适应山区环境的需要

人类生活在异质的和不可预测的山区环境中,具有极强的适应能力。这种适应能力是人体基于表现型可塑性(phenotypic plasticity)的适应系统对极端的时空差异性作出的反应[16]。根据生态学理论,生物长期生活在一定的环境中都会产生对环境的可塑

性强的适应性反应，这种表现型适应性反应比基因型改变更具有适应剧烈变化的能力。人类长期生活在山区，特别是高寒地区，培养了适应山地环境变化的能力。人们不仅在观念上学会了与自然和谐相处，而且在生理上和行为方式上主动适应自然。例如，长期生活在高山上的人与外来人口相比，其体内的氧消耗值(oxygen consumption value)总是较高。一般来说，山区人口对环境的“交叉适应”(cross-adaptation，即适应不同的外界环境条件)能力较强。当然，遗传因素会影响人类对高山环境变化的适应能力，但高山人群对环境的适应更多的是一种表现型，而非生态型。

3. 人类改良作物品种和性状是人类主动适应环境的表现

人体对高山环境的反应与其他生物相比，有着巨大的差异。人口具有能动性，可以通过技术、信息和彼此的合作，适应环境，预测环境的变化，并避免环境对人口的不利影响。同时，人类可以通过改良作物品种，使其适应不同生态区(ecozone)的环境条件，生产更多的食物为人类服务。例如，在南美的安第斯山区，当地人已经培育出了400余种土豆品种。不过，人类对环境的改变不能超出环境的恢复力(resilience)。否则，山区环境就会退化，甚至出现不可逆过程并最终影响人类的生存。

4. 对食物和其他生活资料的储存是人类适应环境、谋求生存的需要

在高山地带，气候会在不同季节或不同的年份有巨大差异。人们对食物的收获也因此会出现巨大的波动。因此，在丰年储存一定的食物和其他生活资料是十分必要的。山区独特的气候条件为食物的储藏提供了条件。山区气候夜间寒冷、白天暖和，适合蔬菜和肉类脱水储存。脱水后的食物不仅延长了保存期限，而且便于运输。如在南美洲的安第斯山区，脱水后的土豆重量可减少3/4，而且几乎可以无限期保存。喜马拉雅山区的稻草和粮食不经过特殊处理的情况下就可以储存。储存粮食不仅可以防止因气候原因而出现的粮食短缺，而且还可以用粮食去交换其他所需要的物品。

(二) 环境对山区聚落的制约

人口是地球生态系统重要的组成部分。虽然人类在地球生态系统中充当着关键种(keystone species)的角色[17]，但人类的活动也常常受到环境条件的限制和制约。在自然环境比较恶劣的山区，环境对人口的限制作用尤为明显。在广大山区，特别是高寒山区，空气稀薄，昼夜温差大，太阳辐射强烈，这既不利于人口本身的成长和发育，也不利于山区农业的发展。一方面，山区较高的死亡率和发病率与山区恶劣的自然环境有着直接和间接的关系。高寒山区气压低、气候严寒、氧气不足是导致婴儿较高死亡率的直接原因[18]，而贫困、营养不足、缺医少药则是山区高死亡率和高发病率的间接原因。由于生物化学元素的富集或缺乏，山区的地方病相对比较突出。另一方面，山区气候严寒，土地贫瘠，劳动生产率低下，农产品产量波动大，农业和畜牧业给人们提供的食物有限，食品安全得不到保障。许多地方的经济完全处在生存农业或原始自给自足农业(subsistence agriculture)阶段。此外，山区居民的居住条件受到自然环境的极大限制。山区山高坡陡，地形复杂，交通不便，人们的生活空间狭小，人口的通婚范围狭窄，直接影响了人口素质的提高。

四、山区聚落与环境动态关系的两种情况及作用过程

人类自诞生之日起就无时无刻不在与自然环境发生作用。从某种意义上讲，人类社会发展的历史就是人与环境相互作用的历史。人类的生存和发展离不开一定的环境，环境质量对人口的数量、质量和分布以及人们生活的好坏产生重要影响；同时，人口数量、质量和结构的变动也可能会对环境造成影响。在山区，由于环境的脆弱性和敏感性特点，人与环境的关系比平原/低地表现得更为突出和直接。在历史上，曾经出现过人与环境间两种截然不同的关系：相互恶化与良性互动。

(一) 相互恶化

首先，山区人与环境相互恶化表现在人口生活质量降低，人口的寿命缩短，在经济上走向贫困化，在文化和社会方面逐步走向衰落。其次，表现在环境质量下降，生态环境退化，自然资源渐趋枯竭。山区人与环境相互恶化是由于山区环境的脆弱性、不稳定性和山区聚落的易损性等属性决定的，而在人与环境相互恶化的诱因中，有自然环境本身的因素，如气候转暖变干以及火山和地震等自然灾害的爆发。但更多的是人为因素，其中重要一点就是人类对自然资源的不合理利用。在历史上，曾经有大量关于人和环境相互恶化的报道。莱斯特·布朗在《建设一个持续发展的社会》一书中对玛雅文明的衰落这样描写道："人口压力不断增加，土壤侵蚀日趋加速。表土被冲入该地区的河泊，因而，耕地生产能力耗损无遗，世界最早文明之一遂告崩溃。"在现代山区，人与环境相互恶化的例子仍大量存在。其结果正如布伦特兰委员会在《我们共同的未来》中所提醒的："为了维持生计，穷人不得不过度开发环境资源，促使环境贫困化；而这种结果又转而使他们自己更加贫困，使他们的生计日益艰难，朝不保夕。"

(二) 良性互动

在山区，如果人们能够充分认识山区环境的特点，并严格按照自然规律和生态规律办事，山区环境不仅不会恶化，反而有可能会朝良性的方向发展[19]，聚落环境和生活质量也会因此得到改善。在关于山区人与环境的关系问题上，人们普遍存在一个误解，认为人口迁出山区，自然环境就能够自然恢复。当然，自然条件较好的地方，退化的环境是能够通过自然演替得到逐步恢复，但在某些生态环境十分脆弱的地区，如果没有人类的干预，自然环境可能会难以恢复。这是因为人类在山区长期定居生活，已经成为了山

区环境和生态系统不可分割的一部分。如果人口迁出，生态系统可能会失去其原有的稳态，或者在短期内失去平衡。在非洲撒哈拉以南地区也曾出现类似的情况。人们生活在山区，可以调动宝贵的人力资源，修复梯田，清理排水系统，加固危险性边坡，防止环境退化。在人类活动有悠久历史的某些山区，人类文化已经成为了山地遗产的重要组成部分，是活的景观(living landscape)。

（三）相互作用

人与环境相互作用是通过人类对土地利用的不同方式或不同的生产活动而得以实现的(图 3.6)[20~21]。这里的人指广义的人类系统，不仅包括人口，还包括经济、政治、文化和社会等方面的内容，而环境是指广义的自然系统，包括气候、土壤、水文、地质、地貌和动植物等要素。土地利用方式主要是通过种植业、畜牧业、林业、聚落、道路、采矿等不同行业的活动而实现的。这些行业的活动决定着土地利用的类型和强度。如果这些活动与自然环境相适应，人与环境就能和谐相处、良性循环。如果这些活动与自然环境不相适应，环境就会退化，人与环境的关系就会恶化，人类系统也因此会受到损害。

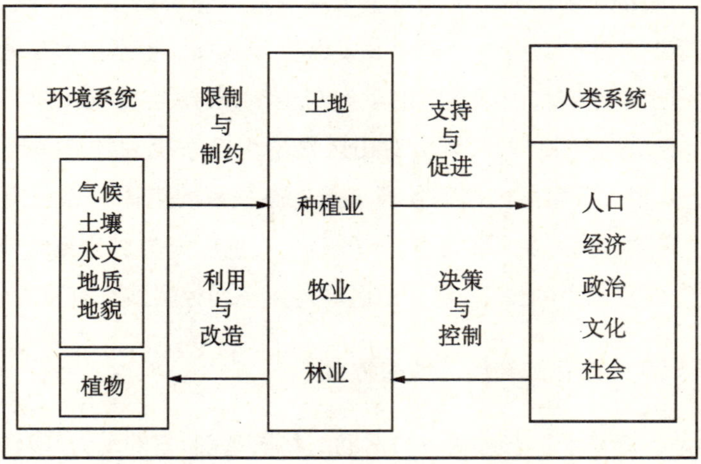

图 3.6　山区人与环境互动过程[20]

（四）基本评述

与平原/低地相比，山区的聚落与环境具有明显的异质性、多样性和复杂性特点。它们的关系也多处于不稳定状态。要实现山区人与环境的良性互动和山区的可持续发展，必须从政策、制度和技术等各个层面上对现有山区人地系统中不协调的方面进行改革和创新。然而，需要指出的是，山区人地系统并不是一个孤立的系统。山区人地系统和平原/低地人地系统从来就是相互联系，彼此不断地在发生作用[22~23]。在远古时期，人类对自然的影响较小，山区和平原/低地的相互作用主要表现在山区环境系统和低地环境系统的相互影响。随着人口的增加和技术的进步，山区人地系统和低地人地系统的相互作用加强，特别是低地聚落与社会对山区人地系统的影响加深，并由此造成山区人地关系的恶化。在世界上许多山区，人类系统与环境系统原本是处于一种相互协调、互促共进的良性循环状态。但是，由于低地人口及其思想、观念、技术的介入，改变了山区人口的观念和生活方式，加强了对山区资源的开采和对环境的破坏，并从此打破了山区原有的人地系统协调的状态，山区人与环境不再是“人山共生”，因此，山区环境的退化和人口的边缘化/贫困化在很大程度是由平原/低地人口的直接或间接作用引起的。山区人与环境关系的改善不仅需要具有能动作用的山区居民自身的努力，而且需要平原/低地聚落和社会的支持和帮助。

第三节　中国山区聚落物质循环与能量转换

一、山区聚落物质与能量循环概述

物质循环与能量流动作为山区聚落生态系统最为重要的生态过程之一，对于维持整个复合生态系统和各子系统的结构以及确保生产、生活、生态三大功能的正常发挥起着至关重要的作用。它们将山区聚落的生产与生活、资源与环境、时间与空间、结构与功能，以人为中心串连起来[24]。因此，对山区聚落生态系统的物质循环和能量转换进行研究，有助于认识山区聚落内部的各种复杂生态关系的规律和深化山区聚落生态研究的理论；通过对这些生态关系的认识和了解，也有助于人类对自身所处的这个复合生态系统的调控能力及水平的提高，对于山区聚落生态调控实践具有重要作用。

(一) 山区聚落生态系统物质流动的特点

物质循环是维持整个生态系统生命活动的物质基础，它的动力来自能量，而生态系统中流动的物质又是能量的载体，保证能量从一种形式转变为另一种形式。因此，研究物质在复合生态系统中不同子系统的循环途径、特点，在系统中的转化和影响因素，有助于人类更好地处理当前所面临的各种生态环境问题。

山区聚落的物质流动虽然不像城市和平原农村聚落那样高度密集，但也是物质流动的一个密集区。山区聚落的物质流在大的类型方面，包括自然物质流（氧气、水、土、矿石、木材等）、农产品流（粮食、蔬菜、水果、副食等）、工业产品流（原材料、半成品、成品）及废物流（废水、废气、废渣等）[25]。通过这些物质的输入、转移、变化和输出，山区聚落不断地进行新陈代谢，以维持整个生态系统的生命活动。

总体来说，山区聚落向外输出的物质主要为各种农产品（部分乡村工业发达的聚落也对外输出各种工业制成品或半成品）、新鲜空气和水；而从外部输入聚落的主要为各种生产资料（化肥、农药、生产工具）、建筑材料、日常生活用品等，也还包含需要通过山区聚落来进一步还原的其他系统输出的废弃物。这些输入的物质有一部分主要蓄积于山区聚落,有些物质在使用过程中要改变其形态并发生物理化学变化,有些不发生形态变化。

山区聚落的物质循环相对于纯自然生态系统而言,是一个更为复杂的过程。其介质多样,物质在自然生态系统的循环与在人类生态系统特别是其中的社会、经济生态子系统的循环存在很大的差异,即使是在自然生态系统内部,陆地生态系统与水域生态系统也存在明显的差异。在自然生态系统中的物质循环的介质主要为水和气体,水循环是物质循环的核心;而在人类生态系统中,尽管水循环也是物质循环的核心,物质循环的介质最终还是依靠水和气体,但物质的流动是复杂多样的,大量物质的输入或输出是依靠现代交通工具、人力或畜力来完成,水循环除河水、地下水、雨水等自然的输入输出之外,还通过水渠、管道等人为输入;并且物质在自然生态系统中的流动速率远不及在人类生态系统中流动的速率快,涉及的元素种类和化学作用过程类型远不及在人类生态系统多。尽管山区聚落的物质循环具有以上特点,但物质还原主要还是依靠自然生态子系统的还原作用,这就决定了山区聚落的社会、经济生态子系统的物质流动应与其自然生态子系统的还原能力相协调;否则,就会导致各种生态与环境问题。

(二) 山区聚落生态系统能量转换的特点

根据博伊登(Boyden)对人类生态系统的能量类型的划分[26~27],进入人类生态系统的能量包含体外能(非生物能)和体内能(生物能)。山区聚落生态系统的能量流动包含太阳能、风能、水能、地球能、生物能、辐射能等自然能以及煤、气、油、电等体外能的流动。总体而言,山区聚落对于太阳能及其所转化的各种生物能的能量利用相对较大,尽管在生产或生活上对电、煤、气、油等体外能有一定的需求,但体外能的流通量相对较小。其能量流动主要通过辐射传送,最主要的就是来自太阳的辐射能,对太阳能的获取是山区聚落生产和生态用能的主要方式;作为物质移动也是山区聚落能量流动的重要方式,通过山区聚落的农产品、农业生产资料等生物或化学能源物质的输出输入,所附含的能量随之发生流动;随线路传输的能量流动,主要为电能传输,主要作为山区聚落的生活消费用能;对于振动传播的能量,由于是一时性的而非连续的,如地震、海边的波浪等,作为能量利用而言,该类能量流动方式对山区聚落的意义不大,但一时性的能量集中传播,流通强度往往十分巨大,对山区聚落能造成巨大的破坏。

从农业和农村聚落的发展历史来看,人类社会的能量投入与利用大致经历了以下几个阶段:第一生态阶段为原始的狩猎和采集阶段,投入的辅助能量全部为人力(生物能),辅助能量的产投比相对较大,约为 1∶15。第二阶段为种植和家养草食动物阶段,投入的辅助能量除了人力之外,还包含以火烧清除林地及以畜力提供耕作和运输,投入的仍然主要是生物能,极少投入非生物的体外能。在第三生态阶段,农业的初级生产过程中仍然以生物能的投入为主,但也增加了制造金属农具和利用风、水等体外能量的投入。到第四生态阶段，农机逐渐取代人力和畜力，又增加了化学肥料和农药等体外能量投入，在单位初级生产的辅助能量投入构成中，生物能所占的比重逐渐下降。从能量学的角度看第四生态阶段的社会具有几个重要特征：主要利用化石能源来驱动机器；利用体外能的速率持续增长；通过社会的体外能流量与体内能流量的比率增大；人的生存与发展对体外能的需求量增大。

根据博伊登的这种阶段划分，中国山区聚落除少数地区进入到第四生态阶段之外，绝大部分仍处于从第三生态阶段向第四生态阶段过渡的阶段，表现为系统的辅助能量投入中人力、畜力仍然占据重要地位，但也有一定的农机投入，农业初级生产对于化学肥料、农药等体外能量投入依赖性加大。

（三）山区聚落生态系统的能值流动特点

由于能量在生态系统中的流动呈现量逐级减少而质量不断提高的特征，在系统中不同等级的能量其质量完全不同。为解决不同质量的能量在系统中进行综合分析的困难，奥德姆（Odum）创立了“能值”这样一个科学新名词和能值分析方法[28~29]。以能值为基准，可以衡量和比较不同类别、不同等级能量的真实价值，把不同种类、不可比较的能量转换成可进行比较的同一量纲——能值。特别是在复合生态系统的能量分析中，应用能值分析方法，可以克服以往生态系统能量分析中在数量研究上的困难和矛盾，能将系统中的能流、物流、货币流、人口流和信息流等流量综合起来，并相互换算，把复合生态系统中的社会、经济、自然生态子系统有机联系和统一起来，从而对复合生态系统的结构和功能特征能有一个更深入的认识，有助于人类调整其所处的生态环境与社会、经济发展的关系。

山区聚落的人均能值使用量、能值投资率、单位面积的能值密度都相对较低。在消耗的能值构成中，以环境资源为基础的可更新资源能值消耗的比重相对较大，而对于不可更新资源的能值消耗的比重相对较小；并且山区聚落的能值自给率相对较高，所消耗的可更新资源能值基本上是无偿地使用本聚落的自然资源，很少从聚落外购买原始生产资料或资源产品；加之山区聚落的总体经济发展水平相对较低，这就使山区聚落具有更高的能值/货币比率。山区聚落基本上都是使用本聚落的自然资源，其用于换取货币的能值也基本来自于本聚落，其输出的多为农产品、矿产品等自然资源原始产品，所换取的货币仅仅是一些人力开采或加工生产的劳务费，所得货币折合成的能值远低于其本身所含的能值量，这类产品的商品买卖能值受益率相对较低；而其输入的多为生产资料、日常生活用品，这些输入的产品相对于其输出的产品来说，具有相对较高的商品买卖能值受益率。这就导致山区聚落的能值输入与输出处于不平衡的状态，输出的能值一般远大于输入的能值；也使山区聚落的能值流动处于相对弱势地位，造成山区聚落储存能值日益减少，最终在以资源换取金钱过程中，能值得不偿失，对于整个系统的生存、发展和生态服务提供都将产生不利影响。

二、山区聚落能值分析*

所谓能值(energy)，就是一种流动或储存的能量所包含另一种类别能量的数量[30]。由于太阳能是最原始的能源形式，在实际运用时，一般以太阳能值为统一标准来衡量不同类别的能量。任何形式的能量所包含太阳能的能量，也就是在生产这种能量过程中所消耗的太阳能就是该能量的太阳能值。在实际的能值分析中，还涉及一个重要的概念——太阳能值转换率。太阳能值转换率(solar transformity)就是单位能量(或物质)所含的太阳能值的数量，单位为太阳能焦耳/焦耳或太阳能焦耳/克，即 sej/J 或 sej/g。

能值分析方法，其基本步骤分三步。

①资料收集和整理：本报告的原始数据来源系我们根据山区聚落能量、物质交换的基本内容，选择若干有代表性的典型聚落。研究人员进行农户调查并收集相关区域的自然地理和环境数据。能量折算系数(表 3.3)来源于韩纯儒[31]、闻大中[32]和刘巽浩[33]等所著文章。除了表 3.2 中的系数外，人力、畜力和电力的折能标准为 12.54MJ/d、62.70MJ/d 和 12.54MJ/(kW·h)。太阳能值转化率(表 3.4)和各种计算公式取自蓝盛芳等[34]、张耀辉等[35]和严茂超[36]等所著文献。

表 3.2　山区聚落生态系统生物体呼吸系数

	CO_2(kg/d)	CO_2(t/y)	水蒸气(t/y)	O_2(t/y)
人	0.822	0.3	0.35	0.25
牛	8	2.920	3.376	2.449
羊	0.65	0.237	0.274	0.199
马	6	2.190	2.532	1.836
猪	0.825	0.301	0.348	0.253
鸡	0.035	0.013	0.015	0.011
鸭	0.035	0.013	0.015	0.011
鹅	0.035	0.013	0.015	0.011

②能值投入产出表的编制：首先根据原始数据计算各种能值流，然后对各种不同的投入产出进行合计。

③能值指标的计算、分析和比较：本报告所涉及的能值指标包括净能值产出率、能值投入率、环境负荷率、能值自给率、能值密度、人均能值用量和能值劳动生产率等。通

* 为了本报告的完整和案例的丰富，本节引入了作者在《岷江上游生态建设的理论与实践》中的部分内容，特此说明。

过这些指标的分析说明这两个聚落农业生态系统所出现的问题，并提出对策建议。

表 3.3　聚落生态系统投入和产出物质折能系数表　单位：MJ/kg

品名	折能系数	品名	折能系数
植物产品：		肉类：	
小麦	16.845	猪肉	25.895
稻谷	15.926	牛肉	8.400
玉米	16.595	羊肉	14.600
大豆	20.482	鸡、鸭肉	5.400
豌豆	16.678	鸡蛋	8.306
杂豆	16.700	鸭蛋	7.691
洋芋	3.846	鹅蛋	9.953
甘蔗	14.718	燃料：	
油菜子	26.334	木材	16.72
水果	2.341	原煤	22.99
干果	16.624		
蔬菜	1.258		
种子	16.000		
有机肥	13.500		

表 3.4　聚落生态系统主要物质和能量的太阳能值转换率　单位：sei/J，sej/g

名称	转换率	名称	转换率
太阳能	1	玉米	2.70×10^4
雨水势能	1.00×10^4	大豆	2.70×10^4
雨水化学能	1.80×10^4	豌豆	2.70×10^4
表土消耗	6.25×10^4	洋芋	2.70×10^4
氮肥（g）	3.80×10^9	蔬菜	2.70×10^4
磷肥（g）	3.90×10^9	甘蔗	8.50×10^4
钾肥（g）	2.95×10^9	猪肉	1.71×10^6
复合肥(g)	2.80×10^9	牛肉	1.71×10^6
农药（g）	1.60×10^9	羊肉	1.71×10^6
地膜（g）	3.80×10^8	蛋类	1.71×10^6
劳力	3.80×10^5	水果	5.30×10^4
畜力	1.46×10^5	干果	6.60×10^4
人畜粪便	2.70×10^6	电力	1.59×10^5
种子	2.00×10^5	燃煤	3.98×10^4
小麦	6.80×10^4	薪柴	3.49×10^4
稻谷	3.95×10^4		

三、典型聚落能值分析

（一）干旱河谷区聚落

我们选择岷江上游干旱河谷的四川省理县的桃坪寨和色尔寨两个聚落作为案例，研究其物质能量的利用和循环状况。两聚落均位于岷江上游重要支流杂古脑河下游，都属于羌族聚居村寨，有着共同的文化传统和风俗习惯。由于所处的海拔高度和交通条件不同，这两个村寨在自然条件、经济发展水平上表现出巨大的差异（表 3.5）。桃坪寨地处杂古脑河及其支流增头沟冲积扇形台地上，属冲击堆积，与杂古脑河河床的垂直高度在 15～40m 之间，在行政区划上隶属理县的桃坪乡桃坪村（图 3.7）。桃坪寨农业以家庭养殖业、种植业和林果业为主，种植业以蔬菜为主。近年来，桃坪寨以其独特的雕房、雕楼等石雕建筑和羌族文化等旅游资源为依托，开始了旅游业的发展（图 3.8）。

图 3.7　高山峡谷区河谷地带典型聚落——四川省理县桃坪寨(陈勇摄)

图 3.8　传统羌族建筑和文化——四川省理县桃坪寨旅游业的支撑点(陈勇摄)

目前,旅游业已成为了村民们重要的收入来源和桃坪寨的重要产业。2000 年,桃坪寨农民人均纯收入为 1 098 元,是理县经济条件较好的村寨。色尔寨位于杂古脑河支流蒲溪沟下游的高半山地带，距蒲溪沟谷大约 300～400m，在行政区划上属于理县蒲溪乡的色尔村（图 3.9）。色尔寨农业以家庭养殖业和种植业为主，种植业以玉米、洋芋和蔬菜为主。2000 年，农民人均纯收入为 432 元，是阿坝州重点扶贫的村寨。

图 3.9　高山峡谷区高半山典型聚落——四川省理县色尔寨（陈勇摄）

图3.10　色尔寨的主要能源——薪柴（陈勇摄）

图 3.11　灌木树根——色尔寨居民能源的补充（陈勇摄）

（二）聚落生态系统能值分析

聚落生态系统能值分析包括这两个聚落内的农业生态系统的能值分析和对聚落生态有重要影响的居民能源消费能值分析[37]。

表 3.5　岷江上游桃坪寨与色尔寨自然生态与社会经济条件(2000 年)

指标类型	指标	单位	桃坪寨	色尔寨
自然生态特征	海拔高度	m	1 510	2 200
	聚落坡度	度	5	33
	年平均气温	℃	13	11
	大于 0℃积温	℃	4 615	4 100
	年降雨量	mm	386	710
	土壤类型		山地冲积土	山地褐土
	类型植被		干旱河谷灌丛植被	上方为常绿与落叶阔叶林,下方为干旱灌丛植被
社会经济特征	村民户数	户	105	65
	人口	人	405	343
	劳动力	人	220	176
	耕地面积	hm^2	18.8	37.1
	耕地坡度	度	0～5	20～35
	主要产业		养殖业、种植业、林果业、旅游业	养殖业、种植业
	人均纯收入	元	1 098	432

1. 农业生态系统能值比较分析

(1) 能值投入产出比较

根据桃坪寨和色尔寨农业生态系统的各种农业资源的投入和农产品产出计算出能值投入和产出(表 3.6)。2000 年,桃坪寨农业生态系统投入的能值总量为 3.62×10^{17} sej,其中可更新环境资源、不可更新环境资源、工业辅助能、可更新有机能的能值分别占系统能值输入总量的 3.29%、3.21%、18.62%和 75.14%。色尔寨农业生态系统投入的能值总量为 3.44×10^{17} sej,其中可更新环境资源、不可更新环境资源、工业辅助能、可更新有机能的能值分别占系统能值输入总量的 7.56%、7.35%、5.58%和 79.65%。对这两个聚落农业生态系统的投入能值来看,色尔寨投入的环境资源能值比重比桃坪寨多。一方面,色尔寨的海拔较高,太阳辐射强度比桃坪寨大,这就使得色尔寨获得的可更新的环境资源较多;另一方面由于色尔寨位于高半山地带,耕地的坡度较大,水土流失强度比位于河谷而地势较平坦的桃坪寨大,导致不可更新的环境资源消耗较大。与环境资源相比,两个聚落的购买能值的比例较大,即两个聚落的能值大部分来源于购买能值。在购买能值中,桃坪寨的工业辅助能值比例较色尔寨高,这是因为桃坪寨的蔬菜业和林果业在农业中占有十分重要的地位,而村民们每年都要使用大量农药和化肥防治作物和果树病虫害,提高土壤肥力。而色尔寨农业以种植玉米、土豆和蔬菜为主，所使用的农药和化肥相对较少。

表 3.6　色尔寨与桃坪寨聚落农业生态系统能值投入产出(2000 年)

项目	表达式	桃坪寨太阳能值/sej	色尔寨太阳能值/sej
能值投入			
可更新环境资源	Em_R	1.19×10^{16}	2.60×10^{16}
不可更新环境资源	Em_N	1.13×10^{16}	2.53×10^{16}
工业辅助能	Em_F	6.74×10^{16}	1.92×10^{16}
可更新有机能	Em_T	2.72×10^{17}	2.74×10^{17}
环境资源总投入	Em_R+Em_N	2.32×10^{16}	5.13×10^{16}
购买能值投入	Em_F+Em_T	3.39×10^{17}	2.93×10^{17}
总能值投入(Em_U)	$Em_R+Em_N+Em_F+Em_T$	3.62×10^{17}	3.44×10^{17}
能值产出			
种植业产品	Em_{Y1}	4.56×10^{16}	6.92×10^{16}
畜牧业产品	Em_{Y2}	1.62×10^{18}	7.04×10^{17}
林业产品	Em_{Y3}	9.71×10^{15}	1.58×10^{15}
总能值产出(Em_Y)	$Em_{Y1}+Em_{Y2}+Em_{Y3}$	1.68×10^{18}	7.75×10^{17}

在能值产出中，桃坪寨畜牧业和林果业能值产出均大于色尔寨相对应的能值产出，而对于种植业的能值产出，则是色尔寨大于桃坪寨，这与两个村寨各自的优势产业一致。从农业内部种植业、畜牧业和林果业的能值产出看，两个村寨的畜牧业能值产出均占优势地位，其能值产出均比种植业和林果业的能值产出大。

(2) 主要能值指标

根据两个聚落的农业生态系统的能值投入产出表，可以计算出各种能值指标(表 3.7)。

表 3.7　色尔寨与桃坪寨聚落农业生态系统能值指标(2000 年)

能值指标	表达式	桃坪寨能值指标	色尔寨能值指标
购买能值/总能值	$(Em_F+Em_T)/Em_U$	93.65%	85.91%
工业辅助能/总能值	Em_F/Em_U	18.62%	5.58%
有机能值/总能值	Em_T/Em_U	75.14%	79.65%
工业辅助能值/总辅助能值	$Em_F/(Em_F+Em_T)$	19.88%	6.55%
有机能能值/总辅助能值	$Em_T/(Em_F+Em_T)$	80.12%	93.45%
环境负荷力(ELR)	$(Em_N+Em_F+Em_T)/Em_R$	4.34	11.51
净能值产出率(EYR)	$Em_Y/(Em_F+Em_T)$	4.96	2.65
能值投入率	$(Em_F+Em_T)/(Em_R+Em_N)$	14.61	5.71
能值自给率	$(Em_R+Em_N)/Em_U$	6.41%	14.91%
能值密度(sej/m^2)	Em_U/A	7.24×10^{10}	5.50×10^{10}
能值劳动生产率(sej/h)	Em_Y/t	4.20×10^{12}	2.33×10^{12}
能值可持续性指标	EYR/ELR	1.14	0.23

①净能值产出率

对比桃坪寨和色尔寨的净能值产出率，桃坪寨的净能值产出率为 4.96，高于色尔寨的净能值产出率 2.65 的水平。这说明桃坪寨农业生态系统的整体功能比色尔寨强，运转效率高，投入的能值转化率，能值的回报率高。

②能值投入率

对比桃坪寨和色尔寨的能值投入率，桃坪寨的能值投入率为 14.61，高于色尔寨的能值投入率 5.71 的水平。说明桃坪寨农业生态系统发展总体水平高于色尔寨。

③环境负荷力

桃坪寨的环境负荷力为 4.34，低于色尔寨的环境负荷力 11.51。说明桃坪寨农业生态系统所承受的环境压力小于色尔寨。色尔寨地处高半山地带，耕地的坡度大约 20°到 35°之间，水土流失比较严重，尽管其能值投入率与桃坪寨相比较低，但农业生产对环境造成的压力大。

④能值自给率

桃坪寨的能值自给率为 6.41%，低于色尔寨能值自给率 14.91%的水平。说明桃坪寨农业的发展对自然环境的依赖程度低，无偿环境自然资源对农业的贡献低。色尔寨地处高半山地带，交通不便，对外界输入能值的依赖程度小。

⑤能值密度

桃坪寨的能值密度为 7.24×10^{10} sej/m^2，高于色尔寨能值密度 5.50×10^{10} sej/m^2 的水平。说明桃坪寨农业生产对能值利用的强度大于色尔寨，这与桃坪寨在农业生产中投入较多的工业辅助能值有关。加大对工业辅助能的投入可以大大提高农业生态系统的能值密度。

⑥能值劳动生产率

桃坪寨的能值劳动生产率为 4.20×10^{12} sej/h，高于色尔寨能值劳动生产率 2.33×10^{12} sej/h 的水平。能值劳动生产率与传统的劳动生产率相比更能反映劳动者的生产效率，因为太阳能值更能真实反映劳动者的劳动成果。

⑦能值可持续性指标

桃坪寨的农业生态系统的能值可持续性指标为 1.14，高于色尔寨农业生态系统的能值可持续性指标 0.23 的水平，说明桃坪寨农业可持续发展水平高于色尔寨。事实上，与桃坪寨相比，色尔寨农业生态系统发展不稳定，农业生产对环境的影响更大，农业发展面临更多的问题。

2. 能源消费能值分析

能源利用结构和利用水平是评价一个聚落可持续发展程度的一个重要指标。在山区，由于人们的生活用能大部分来源于生物能源，能源消费对环境的影响极大。下面对桃坪寨和色尔寨的生活能源状况作一比较分析。

桃坪寨位于 213 国道，交通方便，距离最近的中心城镇汶川县城仅 9km。这就给桃坪寨利用商业能源提供了方便。根据实地调查的数据，桃坪寨一年能源消费：电能 121 500 kW · h，燃煤（蜂窝煤）72 900kg，薪柴（果树枝丫）202 500kg，折算成太阳能值，电能、燃煤和薪柴的能值分别为 2.42×10^{17} sej、6.67×10^{16} sej 和 1.18×10^{17} sej，合计为 4.27×10^{17} sej，其中可购买能值占总消耗能源能值的 72.35%。人均生活能源能值用量 1.05×10^{15} sej。

由于地理位置偏僻，交通不便，色尔寨村民的生活能源消耗几乎全部来源于薪柴（图 3.10、图 3.11）。由于电价昂贵（0.80 元/(kW · h)，电力基本上全部用于照明。色尔寨一年的能源消耗：薪柴（灌木和森林枝丫）：1 779 375kg，折算成太阳能值为 1.04×10^{18} sej，人均生活能源能值用量 3.03×10^{15} sej，大大高于桃坪寨的人均能源能值用量。

3. 存在的问题

从上面的分析，可以得出如下的结论：桃坪寨农业生态系统的净能值产出率、能值投入率、能值密度、能值劳动生产率和能值可持续性指标高于色尔寨，而环境负荷力、能值自给率低于色尔寨，这说明，尽管桃坪寨的能值自给率低，所使用的工业辅助能比例高，但由于农业对自然资源的消耗小，对环境压力小，农业生态系统的结构和功能比色尔寨更强。在生活能源消耗上，桃坪寨能源结构多样化，商业能源比例较高，能源消耗基本上没有造成对自然植被的破坏。相比之下，色尔寨的能源结构单一，没有商业能源，能源消耗全来自薪柴，构成对植被的巨大压力。今后，为了减少高半山区聚落对环境的胁迫，一方面，应在高半山区加强退耕还林工作，加大对薪炭林的培育；另一方面国家应设立专项基金，切实降低高、半山区电价，真正实现“以电代柴”，为整个山区生态的恢复和重建创造条件。

（三）自然保护区（湿润区）聚落

为了全面了解不同山区聚落的物质能量来源、流动、交换、消费的情况，我们又在岷江上游气候湿润区内，选择卧龙自然保护区内的聚落进行分析。

1. 卧龙自然保护区概况

卧龙自然保护区是以保护大熊猫等珍稀野生动植物和高山生态系统为主的国家级综合性自然保护区，东西长 53km，南北宽 62km。该保护区地处四川阿坝藏族羌族自治州汶川县西南部，邛崃山脉东南坡，始建于 1963 年，面积 2 万 hm^2，1975 年增至 20 万 hm^2。1980 年成为唯一加入联合国教科文组织“人与生物圈保护区网”的大熊猫保护区。随着保护区的建立、原有森工企业的搬迁和职能角色的改变，保护区内生态环境恶化的状况有所缓和。但是，与过去相比或与保护区外的某些区域相比，保护区内生态总的下降趋势仍然没有改变和线状的影响外，大量星罗棋布的聚落及其居民活动也必然对保护区生态和大熊猫的生境造成长期的和面状的影响。研究保护区的聚落生态对于改善居民生活状况和保护区总体生态环境质量有重要意义[38]。此外，由于卧龙自然保护区地处湿润区，研究该区聚落生态对于指导川西山地湿润区聚落生态建设有重要的参考价值。

2. 转经楼村落概况

转经楼村位于卧龙自然保护区卧龙镇境内的牛头山与皮条河间的转经楼沟内，海拔大约在 1 900～2 300 米，降雨量大约在 850 毫米(沙湾)，是卧龙自然保护区中位置最为偏僻的行政村(图 3.12)，地处卧龙自然保护区大熊猫保护的核心区。全村有 76 户村民，人口 358 人，劳动力为 203 人，其中从事农业的劳动力为 183 人。大约 10 户居民居住在转经楼沟内的沟谷地带，其他 50 余户居住在半山坡上。另外有 12 户搬迁到了卧龙镇政府驻地——沙湾。2000 年末，转经楼村有耕地 300 亩，人均耕地 0.84 亩。村内的主要经济活动为农业。农业以种植业和畜牧业为主，种植业以种植洋芋、玉米和蔬菜为主，畜牧业以高山牧业和家庭养殖业为主。农民人均纯收入为 1 344 元。

卧龙自然保护区在什么时候开始有人定居，已无从考证。根据《汶川县志》(中华民国三十三年)记载："卧龙关侧，山势如龙蛇颓卧，故曰卧龙。……或曰：清乾隆中，两金荡平(清 1776 年乾隆皇帝两次征讨大小金川，平息叛乱)，始设关以防瓦寺界地(属瓦地土司的辖地)。然证之当地土人，则谓自明万历年间，即有卧龙关之名。……清时，凡分三寨，曰，花红树寨，曰，洞口，曰足牟(或觉么)寨。"也就是说，至少在 200 余年前，卧龙自然保护区就开始了人类活动。根据我们的实地调查，转经楼村仍有洞口组，当时的洞口寨可能就是现在的洞口组。根据该书对牛头山和转经楼沟的记载，转经楼村在历史上是内地通往卧龙关和小金县的主要必经之地。据当地村民介绍，新中国成立前，全村人口仅有 20 余户，大约 100 人左右。在全村所有人口中，藏族人口占 90%以上(在"五普"统计的 303 人中，汉族只占 8 人)，其中世居藏族人口占 1/3，而纯藏族人口仅占 1/5。当地藏族在风俗习惯上与汉族完全一致。新中国成立前，当地藏族由小金、丹巴迁移而来，而汉族多由川中地区避难而来。

3. 聚落生态系统的构成

转经楼村聚落生态系统主要由人口生态系统、农业生态系统(包括农田生态系统和畜牧生态系统)和森林生态系统等构成。人口生态系统是聚落生态系统的核心，由聚落内所有人口组成，它体现了聚落内人口的社会关系，反映了聚落内的文化传统、风俗习惯和宗教信仰等。农田生态系统为村民们提供必要的粮食和蔬菜，同时将多余的粮食和蔬菜销售出去，然后购买家庭所需要的其他粮食品种或其他生活必需品。除了直接给村民们提供产品外，农田生态系统出产大量的青饲料，为畜牧生态系统的发展提供支持。畜牧生态系统由家庭养殖系统和草地放牧系统组成。前者主要依靠农田生态系统提供的青饲料而得到发展，而后者既需要高山草地生态系统的支撑(夏秋季节)，又需要农田生态系统提供必要的饲料补充(冬春季节)。村民们所划定的"天然林保护"林区构成聚落生态系统的重要组成部分，除了为聚落提供天然的保护屏障和为野生动植物提供必要的栖息地外，还为村民们能源的消费提供必要的补充。

① 人口生态系统：转经楼村共有村民 76 户，人口 358 人，其中乡村劳动力 203 人。在乡村劳动力中，从事农业的劳动力为 183 人，工业劳动力 8 人，从事运输业 1 人，从事餐、饮服务业 5 人，从事其他非农行业 6 人。根据第五次全国人口普查的统计，居住在转经楼村的村民有 64 户，人口为 303 人，其中 2 人是外来人口(即居住在本村半年以上，但户口不在卧龙镇)，也就是说，有 12 户村民，57 人并不居住在本村，其中 6 人既不居住本村，也不居住在本镇。从家庭规模来看，人均每户人口 4.73 人，高于全国 3.44 人和卧龙特区 3.64 人的水平。从年龄结构来看，0～5 岁人口 30 人，6～14 岁人口 70 人，15～64 岁人口 194 人，65 岁以上人口 9 人。少儿人口比重为 33%，远高于全国(22.89%)和卧龙特区(28.50%)的平均水平。老年人口比重为 3%，低于全国 6.96% 和卧龙特区 5.26%的平均水平。其人口属于典型的年轻型人口。从性别结构来看，男性人口为 156 人，女性人口为 147 人，性别比为 106，与全国和卧龙特区的水平大体一致。从人口的文化构成来看，全村 6 周岁以上人口中，小学以下的人口为 217 人，占 6 岁以上人口的 79.48%，而初中及以上人口为 56 人，占总人口的 20.52%，也就是说，全村绝大部分受教育年限不到 6 年。从全村的文盲人口来看，全村 15 岁以上文盲人口为 33 人，占 15 岁以上总人口的 16.26%，低于卧龙特区的平均水平(15.13%)，大大高于全国的平均水平(6.72%)。从人口的民族划分看，藏族人口为 295 人，汉族人口为 8 人，藏族人口占总人口的比重为 97%。从转经楼村的人口构成看，转经楼村人口生态系统的主要特点和问题是人口结构年轻，文化素质低下，人口的平均预期寿命短。

② 农业生态系统：转经楼村农业农田生态系统主要由农田生态系统和畜牧生态系统组成。农田生态系统是转经楼村聚落生态系统的重要支撑系统。它既是人口生态系统的重要食物来源，也是家庭畜牧业发展的基础。转经楼村农田沿山坡分布，主要作物品种为玉米、洋芋、蔬菜和青饲料(圆根萝卜)，其他为少量豆类植物。2000 年，转经楼村玉米、洋芋、蔬菜和青饲料的播种面积分别为 300 亩、300 亩、55 亩和 300 亩，其产量分别为 86.68t、67.5t、220t 和 495t。转经楼村畜牧生态系统的种群结构主要由马、黄牛、牦牛、山羊、绵羊和猪组成。2000 年，畜牧生态系统的种群数量和结构变化(表 3.8)，畜产品产量分别为：出栏猪 212 头、猪肉 19.1t(其中出售 1.17t)；出栏牛 39 头，牛肉 3.5t(出售 3.5t)；出栏羊 98 只，产量 1.5t(出售 98 只，1.5t)；家禽 130 只，产量 260 kg(出售 100 只，肉产量 200 kg)；牦牛毛产量 112 kg，全部出售；蜂蜜产量 800kg，出售 500kg；禽蛋 350 kg，出售 180kg。

表 3.8　转经楼村畜牧生态系统的种群数量和结构　　单位:匹、头、只

名称	年初数量	年内增加数量	年内减少数量	年末数量	其中母畜	其中仔畜	其中劳役畜
马	17	5	0	22		5	7
黄牛	279	18	22	275	58	18	37
牦牛	500	150	158	492	180	80	
山羊	355	70	95	330	70	45	
绵羊	61	13	22	52	19	13	
猪	250	216	217	249	18		

图 3.12　卧龙自然保护区核心区聚落——转经楼村(陈勇摄)

4. 聚落农业生态系统能值分析

根据转经楼村农业生态系统的各种农业资源的投入和农产品产出计算出聚落农业生态系统的能值投入和产出（表 3.9）。2000 年,转经楼村聚落农业生态系统能值总投入为 4.17×10^{17}sej,其中可更新环境资源、不可更新环境资源、工业辅助能和可更新有机能占总能值的 8.46%、1.34%、14.48%、75.72%。转经楼村农业生态系统的能值总产出为 1.02×10^{18}sej,其中种植业产出能值为 7.15×10^{16}sej,占能值总产出的 7.02%;畜牧业产出能值为 9.47×10^{17}sej,占能值总产出的 92.98%。说明畜牧业在农业生态系统中占有十分重要的地位。

从表 3.10 可以看出,转经楼村的环境负荷力为 10.78,与其他山区聚落农业生态

系统相比处于较高水平，说明转经楼村农业生态系统对环境压力相对较大。转经楼村的净能值产出率为2.72，处于相对比较高的水平。就农田生态系统而言，其工业辅助能的能值产出率(即为种植业产品总能值/工业辅助能值)为1.18，处于中等水平。转经楼村农业生态系统的能值投入率8.97，高于山区许多较为封闭的聚落农业生态系统的能值投入水平，而低于一些相对开放的聚落农业生态系统的能值投入水平。转经楼村农业生态系统的能值自给率为10.02%，与桃坪寨、色尔寨和麦地村等相比处于中等水平；能值密度为2.09×10^{10} sej，处于中等水平；人均能值用量为1.16×10^{15} sej，处于中下水平；能值劳动生产率为2.79×10^{12} sej，处于中等水平。

表3.9 转经楼村聚落农业生态系统能值投入产出(2000年)

项目	表达式	太阳能值/sej
能值投入		
可更新环境资源	Em_R	3.53×10^{16}
不可更新环境资源	Em_N	5.65×10^{15}
工业辅助能	Em_F	6.04×10^{16}
可更新有机能	Em_T	3.15×10^{17}
环境资源总投入	Em_R+Em_N	4.18×10^{16}
购买能值投入	Em_F+Em_T	3.75×10^{17}
总能值投入(Em_U)	$Em_R+Em_N+Em_F+Em_T$	4.17×10^{17}
能值产出		
种植业产品	Em_{Y1}	7.15×10^{16}
畜牧业产品	Em_{Y2}	9.47×10^{17}
总能值产出(Em_Y)	$Em_{Y1}+Em_{Y2}$	1.02×10^{18}

表3.10 转经楼村聚落农业生态系统能值指标(2000年)

能值指标	表达式	数值
购买能值/总能值	$(Em_F+Em_T)/Em_U$	89.93%
工业辅助能/总能值	Em_F/Em_U	14.48%
有机能值/总能值	Em_T/Em_U	75.54%
工业辅助能值/总辅助能值	$Em_F/(Em_F+Em_T)$	16.11%
有机能能值/总辅助能值	$Em_T/(Em_F+Em_T)$	84.00%
环境负荷力	$(Em_N+Em_F+Em_T)/Em_R$	10.78
净能值产出率	$Em_Y/(Em_F+Em_T)$	2.72
能值投入率	$(Em_F+Em_T)/(Em_R+Em_N)$	8.97
能值自给率	$(Em_R+Em_N)/Em_U$	10.02%
能值密度(sej/m^2)	Em_U/A	2.09×10^{10}
人均辅助能值用量(sej/人)	$(Em_F+Em_T)/P$	1.05×10^{15}
人均能值用量(sej/人)	Em_U/P	1.16×10^{15}
能值劳动生产率(sej/h)	Em_Y/t	2.79×10^{12}

5. **聚落能源消费能值分析**

目前，转经楼村的能源消费以电力为主。2000年以前，乡政府有自己的电站，村民用电相对比较便宜，电价为0.1元/(kW·h)。但由于电网落后，电力供应不稳定，断电现象时有发生。2000年当地农网改造后，电力供应质量提高，村民用电的电价也作了调整。现在，转经楼村的电价为0.18元/(kW·h)。根据实地调查，村民们每年每户所消耗的电能大约在1 400kW·h，全村每年共消耗电能89 600kW·h。电能主要用于做饭、照明以及家用电器。村民冬天取暖除了使用电能外，还使用薪柴，但数量与过去无电时期相比，已大大下降。根据对村民的调查，转经楼村平均每年每户村民所使用薪柴数量大约在1 000kg左右，全村使用薪柴数量在64 000kg左右。将所消耗的电能和薪柴数量折算成太阳能值，电能为1.79×10^{17}sej，薪柴为1.70×10^{17}sej，合计为3.49×10^{17}sej，人均能源消耗为1.15×10^{15}sej。由于电力的太阳能值转换率大大高于薪柴，如果转经楼村的能源消耗完全依赖电力，其人均能值消耗水平将会进一步下降。

第四节　中国山区聚落生态演替

生态系统利用它可以获得的能量得以发展结构和过程的自组织过程称为演替。生态系统演替研究一直是生态学的一个重要内容，对于山区聚落生态系统的演替研究也不例外。山区聚落是一个以人类活动为主导的复合生态系统，尽管其构成中也包含人类活动所及的自然生态系统，但自然生态系统的演替（属于传统生态学的研究范畴）应该不是复合生态系统演替研究的重心。作为人类生态学分支的山区聚落生态学，对山区聚落生态系统生态演替的研究重点应该在于整个系统的生产力、结构和功能的变化，特别是系统中人类活动利用的关键性资源（如水、土资源）以及对生态环境的影响程度的动态变化。对于山区聚落进行生态演替研究，目的在于寻求山区聚落生态演替过程的一般规律，以助于山区聚落生态研究的理论深化和发展；同时，通过对生态演替机制以及不同机制、不同环境条件的演替过程分析，有助于在山区聚落生态调控实践活动中，积极利用和发挥山区聚落自身的正向演替机制，并通过定向干扰措施，减轻或消除系统可能出现的不利演替过程。因此，山区聚落生态系统的生态演替研究具有重要的理论和实践意义。

一、山区聚落生态系统演替分析

山区聚落作为复合生态系统的一种生态样式，其生态演替的动力也遵从复合生态系统的一般演替动力，即自然和社会两种作用力[24]。自然作用力的源泉是各种形式的太阳能，它们流经系统的结果是导致系统的自然变迁和各种生态过程的发生。社会作用力的源泉为资金、权利和精神，资金刺激竞争，权利诱导共生，而精神孕育自生，三者共同构成山区聚落生态系统的社会原动力。能量、资金、权利、精神的流动或作用是由不同山区聚落之间以及其内部各生态元之间的生态位势所决定的，由于人类生产和生活对山区聚落生态位的趋适、开拓、竞争和平衡效应，推动了山区聚落的生态演替，导致了不同山区聚落各自不同的性质、结构、功能以及各自昌盛、衰亡或再生的命运。因此，山区聚落及其内部各生态元对其生态位的合理利用以及能量、资金、权利、精神的合理耦合和系统搭配是山区聚落生态系统进展演替和持续发展的关键，偏废任何一方面都有可能导致系统发生逆向演替或者出现灾难性后果[24]。当然，依据奥德姆的理论，这种逆向演替或灾难是山区聚落复合生态系统负反馈调节的一种，是更长时间或更大系统的正常演替的一部分。

山区聚落生态演替受两种主导过程支配，一种是聚落内部的内禀增长能力，当环境容量很大时，这种发展近乎指数型增长；另一种是聚落外部环境、资源承载能力，当人类对环境的作用力很小时，聚落的发展过程主要取决于其资源可获得的程度，这种可获得程度随时间呈双曲线型递减。山区聚落在其发展的环境容量恒定时，其演替增长过程曲线一般为经典的 Verhulst 逻辑斯蒂方程（S 型曲线），但农村聚落作为一个复合生态系统，特别是系统中的人作为整个系统的调控者，他有能力通过改变系统的组分，调整（扩充或压缩）系统各个生态元的生态位或改造环境以扩大环境容量和资源承载能力（系统总体生态位的扩充）。随着系统总体和各生态元的生态位的扩充[39]，系统将按一个新的 S 型曲线增长。伴随着系统及其内部各生态元的生态位一次又一次地扩充，整个山区聚落的演替过程为复合 S 型曲线（也可理解为螺旋式上升过程）。

山区聚落生态系统的演替方向总体来说是向城镇化方向发展，在演替进程中有可能发生逆向演替重新退回到某一演替阶段；即使是演替成为城镇（市），也不是聚落演替的终点，有可能由于各种因素导致城市中心的空心化和人口大规模向郊区流动，部分甚至重新回到农村聚落。因此，山区聚落的生态演替是一个循环往复的过程，每一次循环往复都伴随着更高层次的演替和生产力的提高，对环境的作用力越来越强，整个演替过程是一个呈螺旋式上升的过程。但是，这应该是山区聚落的一种较为理想的演替方向和过程，由于受各种条件的制约，并不是每一个山区聚落都能成功地演替成为城市或城镇，部分山区聚落和城镇在演替进程中由于内在机制或强烈的外部干扰有可能发生衰亡（如三峡库区淹没线以下的山区聚落和城镇或者西北、青藏高原由于生态环境恶化而消失的聚落，以及山区聚落发生灾变，如地震、洪灾、火灾、战争、流行性瘟疫等造成山区聚落的突然消失或灭落，成为废墟），彻底退出演替进程；有相当部分山区聚落由于干扰或者自身机制等方面的因素制约，在很长时期内（或者说是永远）都不能演替成为城镇。因此，山区聚落的生态演替存在着类似于自然生态系统演替的促进、抑制或忍耐模型，共同作用于山区聚落生态演替的整个进程，但不同的演替阶段或环境条件下起主导作用的演替模型有所不同。

由于山区自然环境、人口素质和交通等原因，山区聚落内部主要由低能质的环境能量驱动，高能质能量在系统能量构成中所占比重和单位面积的能值利用强度低下，使得山区聚落的内禀增长力不足，也导致其对聚落外部环境和资源的获取能力不足。因此，山区聚落对其生态位的开发、拓展、竞争能力相对低下，加之其外界干扰频繁而对外界干扰的抵抗能力相对低下，使得其生态演替的促进机制相对缺乏，生态演替进程十分漫长，在相当长时段内主要由忍耐模型所主导，能够耐受这种不利生境的聚落得以生存。

二、山区聚落演替的影响因素

聚落分布是在特定生产力水平下，人类认识自然和利用自然的活动及其分布地区的反映，是乡村经济、社会、文化过程综合作用的结果，充分体现了人类生产、生活与环境的统一性。聚落结构的演变是指乡村居民间的组织结构和变化中的特点，以及村落分布、农业土地利用和网络组织构成的空间形态及其构成要素的数量关系。聚落构成要素包括村落地域结构、社会结构、产业结构、土地利用结构、文化结构等，影响聚落构成要素组合特征的驱动因子有聚落功能与规模、空间区位、分布形态、生产力水平、自然环境、产业导向、乡村历史、民族文化等[40]。图 3.13 是乡村聚落演变的驱动因子示意图。

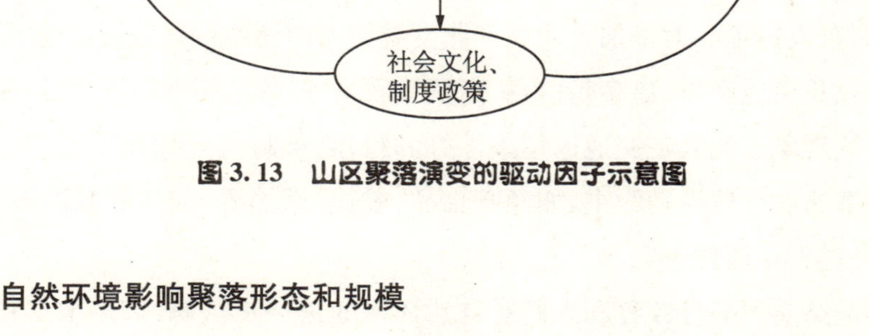

图 3.13　山区聚落演变的驱动因子示意图

（一）自然环境影响聚落形态和规模

自然环境条件是聚落形成的基础。自然环境条件包括地势起伏、坡度、气候、水源等，人类早期聚落大多形成于立地条件较好的山麓、丘陵。在山区，适合耕种的土地数量少、分散，土层瘠薄，土壤肥力低，单产水平低，单位人口所占用的耕地面积大，因而村落分散、规模小、密度低。

我们仅以岷江上游高山峡谷为例说明，该区土地利用结构受山地垂直地带性影响而复杂多样，农耕地、园地等适合农业生产的土地面积少，而林地和草地比重大，难利用地多，因而区内总体上是村落数量少、密度低，但局部区域特别是河谷阶地人口多、分布密度大、人地压力特别大。我们以岷江上游汶川县、都江堰市和岷江中游（温江区）平原区人口、聚落分布差异为例说明，岷江上游村落分布密度非常低，每百平方公里为 2.5 个行政村，每村只有 486 人、耕地面积达 47.2hm²。此外，每村还有用材林地和薪炭林，人均 3～5 亩，以及草山、草坡。同为岷江流域的平原区（温江区）每百平方公里有 64.3 个村，每个村人口规模达 1 280 人、耕地仅为 83.2 hm²。由此可见，由于地貌差异、聚落密度、人口规模、资源（耕地、林地、草地资源等）占有量存在巨大差异。这从另一方面反映，山区土地单位面积的承载能力远远低于平原地区，要养活同样多的人口所占有的资源要数倍于平原地区。我们在后面的章节中还有更详细的论述，这里只强调，自然环境较好的山区区位不仅是山区聚落原来发展的基地，而且是现代山区聚落生态移民选择的重要空间。

(二) 生产力水平提高是聚落演变的基本动力

村落是乡村居民的日常生活场所和生产活动基地，处于地域活动客观组织者的地位。其活动的直接辐射范围取决生产力水平，并由此决定地域空间中村落的密度、规模和群体结构。正如前述，自然条件差的山区、丘陵等，农耕地分散、规模小，单位产出少，村落规模就不可能过大，只能选择适度的人口规模。为便于耕作和田间管理以及收获，农户的耕作半径不可能太大，驻地与耕地相隔较近。但是，随着生产力水平的提高，村落规模随之扩大。岷江上游松潘境内解放村，农民从解放初期不足 50 户发展到 2003 年 186 户 880 人，除自然人口增长外，大部分农户是从村域范围内的高山、高半山等地搬迁下来，并集中在村内河谷冲积扇台地上。尽管河谷土地面积并没有增加，但耕作技术却发生很大改变，单位土地面积产值大大提高。

其次，村落非农产业发展和经济结构多元化，使村落人口容量增加，村落结构和功能复杂化，聚落人口承载力增加。非农产业发展使人们摆脱耕地数量和地域限制，村落之间联系不仅是交通联系，更多是信息、商贸等联系，村落之间人口流动变得频繁，出现跨村落居住的现象。尤其在交通区位条件好的村落，外村人开始安家落户。这些外村人往往以从事非农产业活动为主，如经营食品、餐饮、运输等，如前提及的解放村，目前已有 20 户外村人在该村安家。

第三是道路交通条件改善和人们对自然环境的进一步认识，许多被忽视的河谷地区逐渐形成具有相当带动功能的村落，并向集镇演化。在传统农业社会，农业生产技术和手段都非常落后，农业靠天吃饭，聚落大多远离河谷而趋向森林资源丰富的区域，一是河谷区经常遭受洪灾影响，生存风险大；二则河谷区森林资源和可耕地数量少，不具备传统农业发展的支撑条件；三则河谷易受外敌干扰和入侵，因而河谷区是聚落分布较少的区域。但是现代工业化和城镇化进程打破山区聚落自给自足的农耕体系，发展市场经济，对外开放和交流成为发展的前提，“要致富先修路”就是这个道理。因此山区内部经济结构出现非农化和产业多元化，山区聚落向交通沿线靠拢聚集是一种不可抗拒的趋势，形成“马路聚落”及“马路经济”文化景观。

第四是聚落演变总是向集中和分散两个方向发展。一方面，在村落结构空间的演变中，中心村落、集镇、建制镇的服务和劳动功能在不断加强，散居农户逐渐向中心村靠拢，中心村人口规模不断增加，村落基础设施愈加完善，非农产业不断发展，许多区位条件较好的中心村逐渐演变为非农产业为主的村落，并有可能向集镇转变。另一方面，村落也在向分散的方向扩展，特别在交通沿线。先前并不存在的居民点，或为道路条件改善，或为旅游开发，或为水电开发，又形成许多新的村落景观，其规模由小变大，并发展成为“以商贸为主、农业为辅”的中心村。岷江上游主要交通干线两侧，许多聚落都是新近发展起来的。

（三）社会制度及政策导向是聚落结构演变的重要因素

村落空间结构演变与社会制度及政策导向有密切关系。正如前述，村落首先处于地域活动组织者的地位。村落空间结构变化是社会制度及政策调控在村落层面的反映。尽管乡村聚落的空间变化无不以原有形态为基础，但政策调控和产业导向对聚落形态结构和功能变化也产生非常关键的影响。

例如，新中国成立后，为适应农村行政管理需要，先后进行了多次农村管理体制的变革。在20世纪80年代农村经济体制改革后，撤销了人民公社建制，分别更名为乡、村、组，而区与公社的关系也随之转变为区乡关系。由于区乡驻地的变化，聚落组织结构、服务功能也随之调整，有些聚落村落在调整中得到加强并向建制镇发展，有些聚落功能衰竭并演化为中心村落。目前，随着后农业税时代的到来，以及新农村建设工程的实施，聚落深化发展速度将不断加快，中心村、集镇聚落大量发展，散居村将逐渐减少。另一方面，由于国家天然林资源保护工程的实施，原有森工聚落大量缩减，有的转产成为工业聚落。

中心村落和自然村落的演化同样也反映政策导向。为加强村落基础设施建设，改善居民的生存环境和提高生活质量，实现各村落通电、通机耕道（乡村公路）、通电话、通自来水等，许多生存环境恶劣、规模小的聚落成为搬迁对象，按照小村并大村的办法，扩大村落农户规模，为农村“三通”创造条件。

（四）民族文化是聚落空间结构演变的重要因素

在多民族聚居区，民族间形成“大杂居、小聚居”的居住状态。如在岷江上游，除一些典型的传统羌、藏聚落人口民族属性单一外，许多聚落实际上是多民族聚居。但尽管如此，各民族在居住区域上也存在明显的不同，在长期的历史发展过程中形成了自己特有的生产生活习惯，并影响聚落结构和分布区域。例如，草地藏族多为前部落演替而来，聚落空间结构紧凑，聚落民众凝聚力强。草地藏族以高海拔区域为居住区，经幡、寺庙、居民形成的聚落是草地藏族文化的标志，与之相对的土地利用系统为"农耕地＋草地牧业"或为草地牧业（如松潘县的草原乡）。青稞、酥油是草地藏族的传统食品。羌族以中海拔的干旱河谷为活动区域，形成特有的邛笼、石房、白石等地域文化景观，构成羌族社区特有的文化标志。玉米、老腊肉、刺绣、羌笛等构成聚落社区的基本元素。此外，羌族聚落还表现出土地利用最为节约的占地形态，"邛笼"建筑使聚落占地面积尽量减少，单位面积的居住人口大大提高。相反，以汉族人口为主的聚落，无论是低海拔的盆地湿润气候区，还是高海拔青藏高原气候区，在建筑材料、生产方式、聚落形态等方面，都较为相似，聚落结构多松散，住户之间院落独立，庭院在农户经济活动中占据十分重要的位置。受汉族农耕文化影响比较大的嘉绒藏族，聚落变得非常分散，很难发现住户相对集中规模较大的自然村落。

（五）现代产业和社会发展催生新的聚落群

近现代资源的开发和新产业的诞生、发展，不仅增加了山区聚落的数量，而且打破了山区聚落农林牧一统天下的局面，出现了与现代产业相适应的工业聚落、文化聚落、旅游聚落。现代矿业、水电、森工、旅游、军事、边防、商贸等新型聚落在山区广泛出现，赋予山区聚落新的生命力和时代特征。

三、山区聚落演替的案例研究

山区聚落演替是一个极其复杂的过程，并且不同地区、不同民族和不同生存环境的聚落其演替方向、过程和时间都不相同。总体而言，相对于平原聚落和城市，山区聚落的演替较缓慢，山区聚落具有较大的传统惰性，演替时间跨度大、速度慢。但无论如何，演替总是在进行着。本报告选择两个不同类型的村落进行具体分析。一个聚落由封闭向开放演替[41]，一个由聚落由游牧向定居演替。

（一）麦地村聚落演替

麦地村位于四川米易县境内，地处于安宁河下游东侧，螺髻山南部支脉的龙肘山西侧，海拔 1 780～2 450m，是中山与高山间的过渡地带。地理位置在东经 102°9′～102°11′和北纬 26°47′～26°49′之间。麦地村面积为 494.35hm²，其中耕地 84.64hm²（2000 年统计数据为 30.35hm²，1999 年承包耕地面积为 26.86hm²，其中田 16.05 hm²，地 10.18 hm²），占 17.11%，林地 206.27hm²，占 41.73%，未利用地 192.28hm²，占 38.90%。本村年平均气温在 6.6 ～15.5 ℃之间，≥10℃ 的积温在3 200～4 700 ℃之间，多年平均降雨量在 1 000mm 以上。该村在气候类型上属于中高山暖温带湿润气候区(图3.14)。在农业区划上属于农、林、牧交错区。麦地村的上方是凉山彝族自治州会理县彝族聚居区,下方是米易县坪山乡汉族聚居区和丙谷镇汉族和回族杂居区。

该村共有86户,人口404人,劳动力229人,人均耕地面积0.086 6hm²,种植业以水稻、玉米和小麦为主,养殖业以牛、羊为主,人均农民纯收入1 293元。

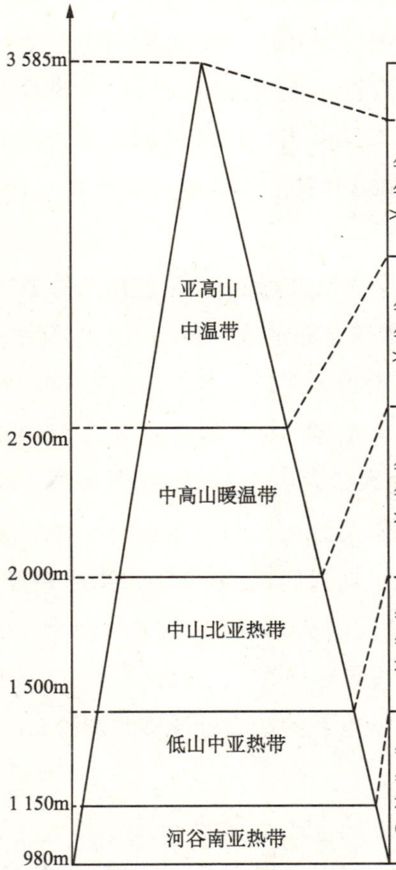

气候	土壤	植被	优势农作物
年均温：<10℃ 年降雨量：大约1 500 mm >10℃积温：1 368.6~2 746.4℃	山地灌丛草甸土、黄棕壤	山地灌丛草甸	洋芋、荞子，一年1熟
年均温：10～14℃ 年降雨量：1 400～1 500 mm >10℃积温：2 746.4~4 479.3℃	山地红壤 山地黄壤 山地黄棕壤	云南松林及混交林	玉米、小麦，一年1熟
年均温：14～17℃ 年降雨量：1 300～1 400 mm >10℃积温：4 479.3~5 921.3℃	山地红壤 山地黄壤	常绿阔叶林及混交林	水稻、小麦、玉米，一年1~2熟
年均温：17.5～19.5℃ 年降雨量：1 040～1 320 mm >10℃积温：5 921.3~6 622.5℃	赤红壤 山地红壤	稀疏灌丛草坡	水稻、甘蔗，一年2熟
年均温：19.5～20.5℃ 年降雨量：980～1 070 mm >10℃积温：6 622.5~6 933.0℃	冲积土 赤红壤	稀疏灌丛草坡	水稻、甘蔗，一年3熟

图3.14　米易县垂直自然地理分区

1. 新山乡的历史沿革与麦地村的变迁

新山乡成立于1980年,1984年改为新山傈僳族乡,90%以上人口为傈僳族。新山乡成立以前属坪山乡的一个大队。根据历史记载,早在8世纪,傈僳族就聚居于雅砻江和金沙江两岸广大地区,属羌族群后代的藏缅语族彝语支,是唐代"乌蛮"的一部分。12世纪后,傈僳族受丽江纳西族和白族土司统治,多充当庄奴、院奴和农奴。17世纪初,因部族战争,云南大姚一带的傈僳族经华坪、仁和等地逃到今米易县丙谷镇盘龙寺一带居住。在定居大约50年后,于清顺治十七年(1660年),又分别迁往马鹿塘(今新山乡)(彩图3.4)和德昌县的金沙乡。为何先前定居在丙谷镇河谷地带的傈僳族人要迁移到山上去?有两种说法:一则是因为受到当地统治阶级的压迫和剥削被迫迁移到更为偏远的地方；二则是因为傈僳族人喜好狩猎，而当时龙帚山森林茂密、野兽较多，傈僳人经常在此打猎，并发现能够种植水稻，于是逐渐从河谷地带的盘龙寺一带迁居现在的新山乡。根据典籍记载："力苏居山林，常带药箭、弓弩，猎取野兽，其妇人则区草木之根给日食"，"除务农外，尤工射。以打猎，采药为主要副业。能制药箭、毒弩，无论人兽，触之即死，虽倮夷亦畏之。以彼族人口之少，势力之微，而能免于倮倮侵灭者，即由于此。"说明上述两种说法均有道理，或者两种原因兼而有之。民国时期，除极少数人拥有少量土地外，大部分傈僳族人都以佃耕汉族地主土地为生，经营耕作粗放，以农业为主，兼营畜牧、狩猎和采集。根据记载，1956 年，新山乡傈僳族人口 700 人。1990 第四次全国人口普查时，新山乡傈僳族人口已增加到了 1 510 人，到 2000 年第五次全国人口普查时，傈僳族人口已增加到了 1 648 人。

麦地村是新山乡三个行政村之一，海拔较其他两个村都低，是新山乡经济条件最好的村(彩图 3.5)。麦地村作为一个行政村，除了少数零星分布的农户外，村民主要集中在两个自然村落，一个位于麦地垭口，海拔 1 956～2 020m，即新山乡政府所在地。另一个位于大桥湾子，海拔 1 930～1 970m。根据 1956 年航拍，1962 年调绘的1∶50 000 的地形图，麦地村村民绝大部分居住在麦地垭口，当时人口大约为 85 人，而大桥湾子的村民极少。又对照 1982 年调绘的 1∶10 000 的地形图，麦地村垭口和大桥湾子村民房屋数量都有较大增加，其中增加最多的是大桥湾子。根据我们在 2001 年的实地调查，麦地村垭口除了乡政府、乡卫生院和中心校外(共 10 户，41 人)，只有 1 个村民小组，共 30 户村民，人口 156 人。大桥湾子有两个村民小组(共同居住在一个自然村落中)，共 55 户村民，人口 254 人。大桥湾子村民一部分村民是从本乡的新山村迁移而来的。

2. 麦地村居住方式的变迁

史籍记载："力苏居山林"、"岩居穴处"、"屋皆覆茅，间以盖以板者，屋中置火塘，而炊则另有灶，用具多粗糙"。1953 年土改前，傈僳族村民都居住在木结构的房屋中。房屋结构主要有：①匣式木屋，其四周用长约一二丈的方木料垒成，上面覆盖木版，形状如匣；②搭木式房屋，即将原木一根一根地相叠而成，上盖茅草，搭成人字形屋顶；③"千脚落地"房屋，先在地基上打入数十根木桩作房屋基柱，用几根高大的木桩作房屋支柱，其余则在上面铺楼板，屋顶用茅草覆盖，以篱笆作墙壁。土改后，这些房屋大部分被土墙瓦房取代，少部分已作为圈养牲口和堆放木材和杂物之用。少数较贫困的村民仍然居住在土墙茅草屋顶房屋内(彩图 3.6)。

3. 麦地村聚落生态系统的特点

麦地村在经济上以自给自主的自然经济为主。整个聚落生态系统还十分封闭，与外界的物质交流甚少。在物质流通上，全村仅有两三个家庭式日用百货商店，不仅满足本村农户对日用生活品的需求，而且新山乡其他两个村也都在本村购物。由于傈僳族农户很少用农药和化肥，乡供销社的农药和化肥等农业生产资料几乎卖不出去。全村仅有一条简易公路与外界相连，一遇雨天，汽车无法通行。全村没有汽车，乡政府干部中的几辆摩托是本村和全乡与外界联系的主要交通工具。本村除了甘蔗外，其他农产品都是自给自足。由于人多地少，加上大风、冰雹、霜冻等自然灾害频繁，本村粮食生产尚不能完全满足全村人口的需求。

4. 麦地村聚落生态系统的结构和功能

麦地村聚落生态系统结构由庭院生态亚系统（人工生态系统）、农田生态亚系统（半人工生态系统）、森林生态亚系统（自然生态系统）、荒地生态亚系统（自然生态系统）等构成。就空间分布而言，庭院生态系统位于整个聚落生态系统的中心位置，聚落生态系统下方是农田生态系统，上方是旱地和荒地生态系统，在旱地和荒地生态系统之上是森林生态系统。

庭院生态系统是聚落生态系统的核心，由人口系统、家庭畜牧系统和沼气系统等部分构成。从景观生态的角度看，庭院生态系统表现为聚落建筑、道路及其建筑周围的果树。根据记载，20 世纪 50 年代之前，庭院生态系统中的房屋数量少，结构较为简单。50 年代之后，人口数量比以前有了较大的增加，房屋数量开始增多。20 世纪 80 年代后，房屋内开始安装引水设施，部分家庭修建了沼气系统。庭院生态系统的主要功能首先表现在居住功能上，它既是傈僳族人重要的生活场所，也是一部分生产场所。家庭圈养业主要在院落内进行，傈僳族人除了养羊、牛和蜜蜂外，每家每户还养猪，为人口系统提供动物蛋白和脂肪等营养物质。

农田生态系统包括位于庭院生态系统下方的灌溉梯田生态系统和位于庭院生态系统上方的旱地生态系统。根据我们的实地调查，麦地村灌溉梯田至少有 100 年的历史。历史上，傈僳族人习惯于居住山上，在种植方式上主要实行烧垦轮作（刀耕火种的一种形式），后发展为旱地经营，但生产效率上仍然赶不上梯田稻作。于是，傈僳族人将灌溉条件好的农地改造成了梯田。傈僳族人在聚落生态系统的下方建立梯田生态系统有着特殊的生态意义：一方面，可以方便从上游的溪沟里引水灌溉，满足农作物，特别是水稻对水资源的需求；另一方面，梯田生态系统既可以防治水土流失，又可以截流上面旱地生态系统流失的土壤和庭院生态系统产生的大量营养物质。农田生态系统除了生态意义外，其主要功能就是为聚落内的人口提供所需要的食物，为牲畜提供部分饲料，同时也为庭院系统提供部分燃料。

荒地生态系统主要由灌木和草本植物组成。它是傈僳族人大量砍伐森林的结果，但在过去几百年里对傈僳族人也有着特殊的意义。上面已经提到，麦地村聚落生态系统位于龙帚山的中高山区，在高山区居住着为数不多的其他民族。为防治外族人的偷袭和山上野兽的袭击，在聚落生态系统的上部留出一带荒地作为缓冲带是十分必要的。

森林生态系统位于聚落生态系统上方坡度较为陡峻的地带，主要为云南松林和云南松林与栎类混交林。在傈僳族人定居之前，森林茂密，但由于人类活动的作用，森林不断向上退却。森林生态系统不仅具有保持水土、涵养水源的作用，而且为聚落的发展提供了木材和薪柴。流经聚落周围的小沟终年流水不断，如果没有上游森林生态系统涵养水源的功效，聚落的发展必将受到限制。过去，傈僳族人所建造的房屋均为木质结构，房屋所需木材都来源于森林生态系统。由于森林资源的大量消耗和天然林的禁伐，村民们才开始改建土墙房屋，减少对木材的需求。目前，麦地村村民所需要的燃料很大一部分来源于森林生态系统。此外，傈僳族人在过去以打猎和采集野生植物为重要副业，森林生态系统还是村民们食物来源的重要源区。

聚落生态系统的功能除了由各子系统的功能所体现外，各个子系统的耦合作用还使系统表现出巨大整体功能。这些整体功能体现在聚落生态系统能够促使傈僳族人口得以长久地生存和繁衍，并创造出丰富的傈僳族文化。傈僳族文化既有民族传统聚落建筑等人文景观，也有梯田、梯地等半自然景观，还有音乐、服饰、传统工艺、生产生活用具、原始宗教、民风民俗等历史文化资源。

5. 聚落生态系统的能量流动及特点

通过农户和村社走访调查，获得了麦地村各种农产品、农用物资等的统计数据，并折算出各项能量值。能量折算方法采用韩纯儒[31]、闻大中[32]和刘巽浩[33]的标准和方法。能量流动过程如图 3.15。

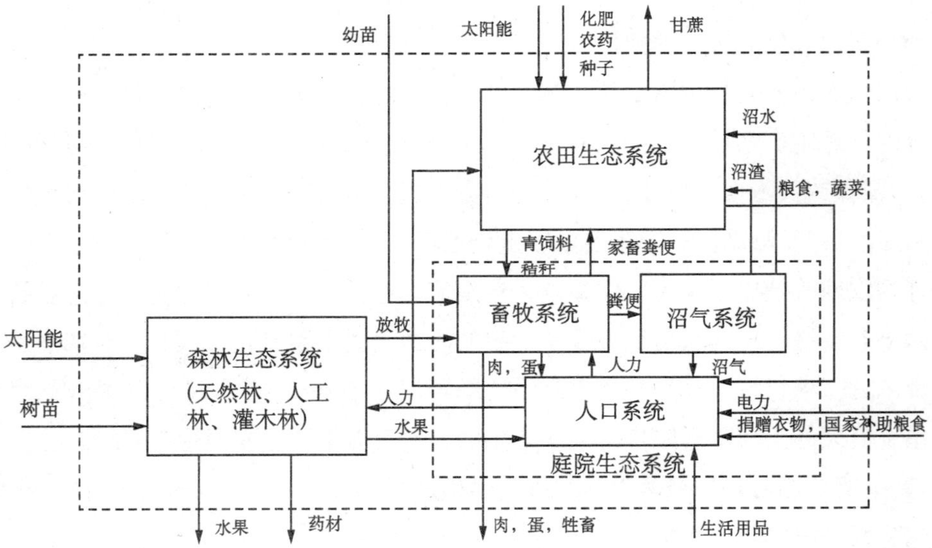

图 3.15　麦地村聚落生态系统物质能量流向图

(1)农田生态系统

麦地村农田生态系统的能量流动包括能量输入和输出(表 3.11)。

① 能量输入：包括太阳能和人工辅助能。人工辅助能有劳力、畜力、有机肥(人畜

粪便、沼水和沼渣)、种子等有机能和氮肥、磷肥、复合肥、农药等无机能。在能量输入中,有机能为 3 988.76GJ,占人工辅助能的 82.22%,无机能为 862.68GJ,占人工辅助能的 17.78%,说明麦地村的人工辅助能输入以有机能输入为主,外来能量输入较少。

② 能量输出:包括小麦、豌豆、稻谷、玉米、大豆、洋芋、蔬菜、甘蔗,各部分又包括经济部分和非经济部分。在能量产出中,经济部分为 13 936.97GJ,占能量总输出的 65.22%,非经济部分为 7 432.42GJ,占能量总输出的 34.78%。对比各种作物的产出,甘蔗产出的能量较大,这是因为,麦地村甘蔗种植面积大,甘蔗产量高达 737.85t,远远高出其他作物产量,此外,甘蔗是 C_4 植物,是南亚热带高光效作物,光能利用率高。

人工辅助能的产投比为 4.41,表明麦地村人工辅助能的产投比较高,这与地处于攀西地区南亚热带的气候特点一致。

表 3.11 麦地村农田生态系统人工辅助能投入产出表 单位:GJ

投入				产出			
有机能		工业辅助能		经济部分		非经济部分	
劳动力	715.63	氮肥	752.82	小麦	97.03	小麦	142.03
畜力	1 159.95	磷肥	13.64	豌豆	56.04	豌豆	46.49
种子	102.56	复合肥	95.20	稻谷	1 540.84	稻谷	1 421.15
人畜粪便	1 828.45	农药	1.02	玉米	1 125.14	玉米	1 458.58
沼水和沼渣	182.17			大豆	61.45	大豆	46.27
				洋芋	44.04	甘蔗	4 317.90
				蔬菜	152.76		
				甘蔗	10 859.68		
合计	3 988.76	合计	862.68	合计	13 936.97	合计	7 432.42

(2)畜牧系统

麦地村的畜牧系统包括家庭养殖系统和放牧系统两部分。猪、牛和禽的养殖主要在庭院内部进行,而山羊的养殖主要在野外放养。清晨,各家各户将山羊赶到附近的荒坡和山林放养;晚上,将山羊赶回家中。由于本村可供放养的牧草在不断减少,许多家庭只能将山羊赶到附近村子森林放养。

庭院畜牧系统的能量输入包括人力、饲料、幼畜禽等;能量输出包括肉、蛋、粪便、畜力等。根据计算,畜牧系统的能量输入为 5 515.37GJ,输入的主要物质是饲草,其次是粮食和作物秸秆和部分粮食。能量输出为 3 596.49GJ,能量输出以粪便等有机肥和畜力为主,肉蛋的输出少仅为 95.81GJ,说明麦地村畜牧系统的主要功能是为农田生态系统提供有机肥和畜力,而为人口系统提供的能量极少。

(3)沼气系统

麦地村的沼气系统是近几年才开始兴建的。目前，麦地村已有23户村民修建了沼气池。沼气系统输入的主要物质为猪粪。按麦地村的平均水平计，每个农户养有1.348 8头猪，1.686头牛，5.46只羊，若猪的粪便全部进入沼气池，而牛和羊的粪便的一半进入沼气池，全村输入沼气池的能量为153.33GJ。由于麦地村的海拔相对较高（和米易县的多数乡镇相比），一年中大约只有200余天时间可产生沼气（沼气产生的最低温度大约在10℃），若以每个沼气0.8m^3计算，麦地村每年输出的沼气能量为124.20GJ，产生的沼水和沼渣所含的能量分别为5.28GJ和176.88GJ，全村沼气系统的输出的总能量为306.36GJ，沼气系统的投入产出比为1.998。沼气的生产和使用可以大大提高有机肥的能量产出效益。

（4）森林生态系统的生产力及其消耗

由于没有村级林业用地的数据，现只能根据有关数据加以推测。根据《新山乡土地利用总体规划（1997～2010）》提供的数据，新山乡总面积为2 318.96hm^2，麦地村幅员总面积为494.35hm^2。又根据《米易县天然林资源保护工程实施方案》提供的数据，新山乡有林业用地面积1 332.87 hm^2，其中天然林为218.86 hm^2，人工林为310.00 hm^2，灌木林地72.00hm^2，疏林地139.20 hm^2，宜林荒山荒地592.80hm^2。如果新山乡林业用地在三个村的分布与各村的面积成正比，那么麦地村有林业用地面积284.17hm^2，其中天然林46.66hm^2，人工林面积66.09hm^2，灌木林面积15.35hm^2，疏林地面积29.68hm^2，宜林荒山荒地126.38hm^2。根据党承林对云南易门县云南松林的研究[42]，幼龄云南松林的生产力（净生物生产量）平均为9 305.67kg/(hm^2·a)。由于该研究区的气候条件与麦地村的气候条件大体一致，麦地村云南松林生态系统的净生物生产量也大体维持在这个水平上。麦地村云南松林生态系统的主要功能之一就是为村民们提供薪柴。如果以有林地的乔木树枝、针叶、果球和灌木层净生物生产量，以及灌木林的净生物生产量作为可持续供给村民的薪柴数量，那么，麦地村从森林生态系统可获得的最大薪柴数量为505.60t。根据我们实地的调查，麦地村村民平均每天每户烧干柴在20kg以上，按这样的标准计算，麦地村一年消耗的薪柴数量在627.80t，大大超过了麦地村森林生态系统所能持续提供的薪柴数量。

（5）聚落生态系统面临的主要问题和对策

麦地村作为一个聚落生态系统，缺乏与本民族以外的交流，包括物质、文化与人员方面的交流。麦地村是一个傈僳族村落，傈僳族人在过去的经济生活中盛行原始共产主义生产方式，傈僳族内部没有剥削和压迫，人们生产的产品实行平均分配。这种思想至今仍影响着傈僳族人的生活。目前，由于交通条件的限制，傈僳族人与外族之间仍缺乏商品交换、人员交流，经济上几乎是自给自足。为了推动经济的发展，今后应加大对交通发展的力度，大力发展商品经济，鼓励本民族剩余劳动力外出务工、经商。

麦地村的农业经济效益低下。在农业生产中，无机能的投入在总农业生产的总投入中的比例还比较低，今后应适当提高无机能在农业总投入中的比例，特别是应适当增加对钾肥的使用。在南亚热带的红壤条件下，钾肥的使用对农业生产有明显的增产作用。

尽管麦地村已经开始发展沼气，许多村民也修建了省柴灶，但燃料短缺问题仍然是制约聚落可持续发展的重要因素。目前，麦地村的沼气使用尚未普及，而且受海拔和气温条件的限制，沼气并不能保证村民全年使用。在电力供应方面，虽然新山乡已经修建了两个小型水电站，但由于电价昂贵（0.62 元/度，本村生产的电力以 0.12 元/度的价格上网出售给国家），村民们仍然不能用电能作燃料。为了减少薪柴消费对现有森林资源带来的负面影响，今后除了发展经济林和水土保持林外，应在荒山荒坡和裸地上大力发展薪炭林。按照上面的分析，麦地村尚有 $100hm^2$ 余的宜林荒山荒坡。如果将这些荒山荒坡进行造林绿化，村民对薪柴的需求是能够得到满足的。此外，国家应在发展沼气、推广省柴灶、使用电能方面给予补助。

综上可见，在一个封闭、半封闭的系统内，山区聚落呈现低水平的稳定结构，演替缓慢，实际上就是跟不上时代发展要求，贫困落后就是必然的结局。从一个较原始的类似原始共产主义的聚落和一个长期严重封闭的聚落向着半开放、开放的聚落演替，虽然与其他山区聚落比较，也还落后，但毕竟是一种进步，意味着新的发展起点，我们应该持欢迎、支持的态度。对于这类聚落在演替、进步过程中碰到的新问题、新矛盾，我们要积极对待，帮助他们解决，以便使这类山区特有的聚落在不远的将来跟上全国发展的步伐，过上小康、全面小康的生活，享受全国工业化、城镇化发展的成果。

（二）瓦切乡聚落演替

瓦切乡位于四川省红原县东北部边缘，北与若尔盖县接壤、西与阿坝县相连、南与本县瓦切牧场、东与麦洼乡相邻。乡域面积约为 $717.4km^2$，属高原地貌，主要为河谷冲积平原及陷落沉积平原，分布于黄河水系的白河中上游河谷地带，海拔高度在3 400～3 700m 之间，气候属大陆性高原寒温带季风气候，无明显四季界线，气候偏冷、春秋短促，长冬无夏，年平均气温仅 1.4℃，极端最低气温为－36℃；极端最高气温为 26℃。一般冻土厚度 60～70cm，太阳辐射强烈，年均日照时数为 2 158.7 小时，年均降水量 749.1mm，年均降雪日数 76 天。瓦切乡辖 4 个村，2001 年，乡总人口为 4 268 人，人口密度为 5.95 人/km^2。瓦切乡为纯畜牧乡，草场面积为 103.99 万亩，其中可利用草场面积为 101.95 万亩，占总面积的 95％，人均可利用草场面积为 241.30 亩。2001 年，全乡共有牲畜 43 645 头，其中牛 40 604 头。2001 年，牧民人均纯收入1 336元（统计资料为 1 717 元），2002 年，牧民人均纯收入为 1 779 元。2001 年全乡畜牧业产值为 709 万元（2000 年价），国内生产总值为 1 281 万元（2000 年价）。

1. 瓦切乡历史沿革与生产方式变迁

嘉庆十年（1812 年），居住在青海湖南部的董姓阿西氏族部落开始迁移到今瓦切乡及附近一带过着逐水草而居的游牧生活。1870年后，瓦切乡驻阿革部落。由于瘟疫流行，人畜大量死亡，幸存者逃亡他方，帐篷堆了两大堆，称大帐篷、小帐篷，这一地带故名瓦切(藏语意为“大帐篷”)。民国时期，瓦切一带成为毛尔盖、求吉的夏草场，很少有牧民常年居住。偷抢时常发生，商旅不敢通过。1929年，麦洼大部落下属的阿昆部落和桑里部落迁入瓦切乡境内。1959年，阿昆部落建立红旗乡，桑里部落建立瓦切乡。1960年，两乡合并成立瓦切乡。1973年成立瓦切人民公社，辖5个大队。1984年改为乡建制，所辖大队改为村。其生产方式的变迁，大体可分为4个时期。

(1) 1958年以前部落内家庭半游牧时期。草场以部落为单位，有较为明确的地域界限。部落内草场除部分为土官、寺院私有外，大部分为公有。全体部落成员在享有对其使用权的同时，承担保护草场义务。草场支配权由土官独占，属于私有的草场有专人看守，他人不得擅自占用，否则受罚。年初出牧前夕，土官对草场进行再分配，划分时不以牲畜多寡论定，而是以本部落与属下部落的隶属关系来确定，同时规定具体的出牧时间。一般4月下旬进入夏草场，10月后逐渐进入冬草场。夏草场内放牧一般轮换草场5～6次。畜牧依据草场情况，按照部落的规定自然放养，不完全是随意地逐水草而居。冬季进入冬草场后定居。牛羊分群，放牧一般按亲朋关系自由组合。各户不论牲畜多少，均轮次放牧一天。1959年以前，包括阿昆部落和桑里部落在内的麦洼大部落基本上未形成贮草习惯，冬春季节缺乏补饲。牲畜自然交配，幼畜成活率低，大约为50%左右。牲畜发展完全呈现出“夏饱、秋肥、冬瘦、春死”的恶性循环。

(2)1959～1983年集体经济时期。1958年，废除草场私有制，所有草场国家所有，牧民保护使用。牧民将自有牲畜入社，集中放养、集中管理，计股分红，牧民参加劳动，按劳取酬。畜产品由集体分配。1973年成立人民公社，实行公社、大队两级所有，大队为基础的经济所有制。1978年以后，推行专业承包、联产到户，任务到劳、考勤考绩责任制。

(3)1984～1998年家庭牲畜自主经营时期。1984年，牲畜折价到户。人民公社改为乡，生产单位由社、队直接转变为家庭。家庭劳动力紧张，许多家庭无法照顾新分来的牲畜，将羊淘汰，羊群比例下降。牧民在所属村组(社)牧场上放牧。草场仍分冬春草场和夏秋草场。随后，牲畜数量增加，畜群结构不合理，牛、马发展迅速，羊数量大减。牲畜私有和草场公有导致拥有牲畜数量越多的牧户，受益越大。牧民中显示富裕的攀比风愈演愈烈，重头数轻质量倾向突出。牲畜淘汰不合理，草场超载过牧严重。

(4) 1998年以后草场承包到户，强化家庭自主经营时期。草场承包到户(也有的地方是草场承包到组)是解决牲畜折价归户，私有私养后草场无偿共用，避免出现“公地悲剧”的一项重要措施[43]。目前，所有牧户能够在自己承包的草场上进行建设和安居乐业。牧民的游牧范围狭窄，牧户与牧户间组成的联户或由血亲关系组成的互助关系愈来愈重要。牧民草场可相互租用。交通工具主要为马匹，部分牧户已改用摩托车。从1999年开始，瓦切乡开展了以“人有住房、畜有棚圈、草有围栏”为主要内容的“人、草、畜”三配套建设。三配套建设标志着高原牧区生产方式由传统畜牧业向现代畜牧业，生活方式由游牧生活向定居生活方式的转变。

与此相应，聚落的模式，特别是居住方式也发生变化。1958 年之前，牧民过着逐水草而居的游牧生活。夏秋时居住在帐篷里，冬春时居住在背风向阳的简易冬房里。1958 年之后，牧区始建定居聚落，过着半游牧生活。老少定居，青壮年则在村里的集体牧场放牧。1984 年牲畜折价归户后，一部分家庭成员居住在简易固定的冬房(蓬屋)里，或随季节变化过着游牧生活。老少仍住在瓦切乡场固定的聚落内。1998 年草场承包后，牧民的游牧范围更为狭窄，为牧民由游牧生活到定居生活创造了条件。随着牧民新村的建立，越来越多的家庭成员(特别是老人和小孩)居住在位于瓦切乡的牧民新村里。在放牧点上，始终需要有人照顾牲畜。对于多数牧民，一般有两个居住地:一个是生产居住地，主要以生产为目的，房屋简陋，房屋外有棚圈，随着“人、草、畜”三配套的建设，有的放牧点上还建有贮草库(棚)。另一个是永久居住地，学龄儿童和老人一般都长期居住在位于瓦切乡的聚落内。

2. 聚落生态系统演替过程分析

瓦切乡聚落生态系统的分析可以分为两个层次。从整个乡域范围来看，瓦切乡聚落生态系统主要由牧民村落生态系统(包括若干定居点)和草场生态系统组成。村落生态系统是一个典型的人工生态系统，主要由建筑物、道路和人口组成，同时，它也是一个典型的社会生态系统。村落生态系统是乡域聚落生态系统的核心。草场放牧生态系统是一个叠加了人为影响的自然生态系统，它是村落生态系统物质和能量的重要来源地和支撑系统。在这个生态系统内，草地生态系统原本是一个自然生态系统，但由于受人类控制的牲畜的影响，草场放牧生态系统已变成了一个半人工生态系统。从典型牧民定居点及其承包的草场范围看，聚落生态系统由单个定居点(以单个牧户或联户为基础)和定居点上牧民承包的草场构成。下面将从不同层次对聚落生态系统进行分析。

(1)牧民新村生态系统分析

瓦切牧民新村位于瓦切乡的西部，213 国道辅线和瓦松(瓦切—松潘)路交会处的白河流域河谷地带，南距红原县城 40km，北距若尔盖县 95km，东距松潘县 120km。2001 年牧民新村建设以前，村落内仅有一条未硬化的街道，约 7m 宽(图 3.16)。当时乡场上仅有一部分村居民定居于此。包括附近其他村的定居村民，旧场镇聚居人口大约为 350 人。乡场内设有乡政府、乡粮站、乡邮电站，乡卫生所、信用社，乡兽防站和一所小学。2001 年开始建立牧民新村，目前，已有 118 户牧民搬进了新房，牧民的生活方式发生了巨大的变化，村委会的活动中心和一个活动广场已基本建成，村镇道路的基础工程已完工。一座 35kV 的变电站已建成，改变了过去村民白天无电可用的历史。按照《红原县瓦切乡规划》，瓦切乡牧民新村占地面积为 1.5km^2。下面就牧民新村生态系统的结构、功能、问题和可持续发展方向进行分析。

图3.16 四川省红原县瓦切乡牧民新村聚落生态系统(陈勇摄)

结构:牧民新村是一个典型的社会—经济—自然复合生态系统,是一个以人类活动为主体的生态系统,其组分可分为:自然环境、社会结构和经济结构。①自然环境:高平原地貌,附近为沼泽洼地,由于人为开沟排水和全球气候转暖,沼泽洼地已逐步变为沼泽草地。海拔高度在3 400m,气候寒冷,日照强烈。主要野生动物为高原鼢鼠和喜马拉雅旱獭,主要植物除草本植物外,乔木植物为沿公路沿线人工种植的红柳。②社会结构:从民族构成看,主要为世居藏族,有少数汉族和从事餐饮服务业的回族。由于瓦切乡大部分人口在牧场上的放牧点上,大约只有20%的人口居住在牧民新村里,也即大约只有800人左右长期居住在牧民新村及附近旧村落里,其中大部分为老人和小孩。③经济结构:牧民新村没有工业,也缺乏畜牧产品加工业。经济类型主要为商业(包括小餐饮业,小商品零售业)和服务业(摩托车修理,理发等),从业人员大约为70人。

功能:牧民新村是瓦切乡实现传统游牧生活向现代定居生活转变的试点村落。牧民新村作为一个人工生态系统,其主要功能有4个方面。①居住功能。按照规划,近期(2000～2005年)建设用地规模为0.91km²,人口规模为1 200人;远期建设用地规模为1.5km²,人口规模为2 800人。过去,瓦切乡场集聚的人口少。现在,包括牧民新村在内的整个乡场集聚的人口也不到全乡人口的1/3。随着牧民收入水平的提高和生产条件的改善,越来越多的牧民将在新村建房定居。由于瓦切乡是一个纯牧业乡,许多牧民的牧场又远离牧民新村,这就决定了牧民居住和工作地点的分离。牧民新村的居住功能也就更加突出。②社会服务功能。作为瓦切乡域范围内最大的政治、经济和文化中心,牧民新村承担着包括为牧民提供基本的教育、医疗卫生、牲畜配种、疾病防治、通信等基本社会服务。同时,由于瓦切塔林位于附近,牧民新村在一定程度上担负着宗教活动的职能。③商品集散和流通功能。由于地处 213 国道辅线和瓦松公路的交汇处，牧民新村交通便捷，瓦切乡许多物资的进出和分发都在牧民新村进行，这使得该村镇成为瓦切乡商品集散和流通中心。④信息传递功能。作为乡政府所在地，牧民新村有一所邮局，一所电信支局，承担着与外界之间的信息交流和传递功能。

问题：牧民新村经过一年多的建设，已取得了初步的成绩。但是，根据目前的情况，牧民新村建设还存在一些问题。①聚落建设的资金缺乏。目前，牧民的建房资金主要来源贷款。如果牧民的收入不能快速增加，牧民的建房贷款将无法按期偿还，更多的牧民也无法集中定居。②基础设施和配套设施建设滞后。目前，牧民的生活饮用水主要来自各家各户自己抽取的地下水。地下水对人畜是否安全卫生，需要进行长期监测。生活污水的排放问题需尽快解决。由于地势平坦，地面的自然排污能力低。地面污水和雨水下渗，可能会造成对地下水的污染。该村地处沼泽边缘，沼泽是病原菌和虫卵的重要寄生场所。加之，草原是烈性传染病鼠疫的易发区(100 年前，瓦切乡曾发生过瘟疫，人畜大量死亡，并使瓦切乡在几十年的时间内无人居住)，卫生工作极其重要。③畜牧业产业链条短，第二产业缺乏，非农产业发展水平低。目前，牧民新村的居住功能和服务功能已经显现，但作为集镇主要产业的非农产业发展水平低。集镇的生产功能没有体现出来，与畜牧业相联系的加工工业缺乏。

可持续发展对策：①加强牧民新村的基础设施建设。目前，许多牧民已搬进了新居，但由于配套设施不完善，牧民还不能完全享受新村建设带来的好处。许多牧民仍然不能使用自来水，房屋里的卫生间还不能正常使用。因此，要想办法尽快建立自来水厂和污水处理设施。②加强畜牧业产业化的发展。积极引进资金和技术，建设现代化畜产品加工工业。③加强以旅游业为主的第三产业的发展，引导剩余劳动力向第三产业转移。利用高原草地自然风光，“红军过草地”的历史文化资源、瓦切塔林宗教景点和高原藏族文化资源开展各种形式的旅游活动，推动第三产业的发展。

(2)草地放牧生态系统分析

草地放牧生态系统是一个以放牧家畜为主要动物种群的草地生态系统。在这个生态系统中，牧草是初级生产者，家畜既是初级消费者，也是次级生产者。人类是次级消费者，同时也是草地放牧生态系统的调控者[44]。人类通过投放牲畜在天然草地放牧来达到为人类生产所需要的畜产品。由于牧草的生长受环境因子的制约，人类放牧牲畜也必须符合草地生态系统的规律，否则，放牧生态系统就达不到为人类生产最大数量畜产品的目的。

①放牧生态系统的结构。瓦切乡放牧生态系统的结构主要反映在自然生态条件、牲畜种群结构和牧草资源上。第一，自然生态条件。瓦切乡放牧生态系统地处红原西北部，属丘原和高平原地貌，白河自南向北蜿蜒曲折。在白河和黑河支流格曲之间为瓦切盆地，属构造下陷盆地，地势坦阔低洼，泥炭沼泽发育，水流滞缓，蛇曲发育，并成为若尔盖湿地的重要组成部分。海拔为 3 350～3 700m。土壤以亚高山草甸土和沼泽草甸

土为主。西北部沿河谷和山丘有新月状、垄状和链状沙丘展布。气候属于大陆性高原寒温带季风气候,冷季从10月至次年4月,持续7个月;暖季从5月至9月,历时5个月,日温差大,无绝对无霜期,年平均气温-0.5℃,年极端最高气温为25.6℃,最低气温-33.3℃,年平均降雨量750mm,全年日照时数为2 417.9小时,日照率为55%。主要灾害性天气为暴雨、洪涝、寒潮连阴雪、冰雹、大雪。第二,牲畜种群结构。瓦切乡的牲畜主要有牦牛、少量犏牛、马和绵羊。牦牛主要为麦洼牦牛,品种原始,但极适应高原气候,具有体大、暖季生长快的特点。犏牛主要是冻精改良牛。与一般牦牛相比,改良牛具有初生重大,增重快,育成率高,成熟早,抗病力强,成畜死亡率低等特点。由于改良牛的经济和社会效益高于牦牛,改良牛普遍受到牧民青睐。马属我国的特有地方品种麦洼马及其杂种,具有耐寒、耐粗饲、持久力强的特点。羊属草地型藏系绵羊。羊毛粗长,为优质地毯毛原料。据统计,2001年,瓦切乡共有牛40 604头,马1 294匹,羊1 747只,分布于全乡的4个村和乡集体牧场上(表3.12)。第三,草场和牧草资源:瓦切乡有草场103.99万亩,其中可利用草场面积101.95万亩,占总面积的95%,人均可利用草场面积为241.30亩。草场类型主要有高山草甸草场、亚高山草甸草场、沼泽草甸草场、沼泽草场和灌丛草甸草场5类。草场植被以禾本科、莎草科和杂类草为主。

表3.12 2001年瓦切乡牲畜结构

	牛(头)	马(匹)	羊(只)	合计羊单位
一村	8 850	169	0	45 264
二村	11 340	491	0	59 646
三村	10 438	398	839	55 417
四村	7 238	191	864	38 200
乡集体牧场	2 738	45	44	14 004
合计	40 604	1 294	1 747	212 531

②放牧生态系统的特点。牧草生长的季节性和牲畜生长的连续性的矛盾决定了放牧生态系统的脆弱性。牧草生长的季节性是由高原特殊的气候条件所决定,是牧民无法改变的既定事实,高寒牧场牧草现存量和粗蛋白的季节变化规律。牧草的现存量以每年的8、9月份最高,4月份最低;而牧草粗蛋白以6月份最高,而10月到次年4月最低。

牲畜的生长和对营养物质的需求却不能因为牧草停止生长而停止。在传统放牧条件下,牲畜生长出现的"夏饱、秋肥、冬瘦、春死"现象是牧草生长的季节性和牲畜生长的连续性所决定的。牲畜在自然放养条件下,恶劣的气候条件随时都有可能使畜牧业生产出现崩溃。

③放牧生态系统的功能。作为一个受人为控制的生态系统，草地放牧生态系统的主要功能是维持放牧条件下草地生态系统的平衡，并持续不断地为人类提供所需要的产品。草地生态系统本身是一个自然生态系统，其物质循环、能量流动和信息传递受自然环境条件和规律的制约，基本上处于一个自然动态平衡状态中。当环境条件改变时，系统可以通过反馈调节机制，自动恢复到平衡状态。当草地生态系统被加入了受人类控制的牲畜之后，草地生态系统的结构和功能就发生了巨大的改变。原来纯自然的草地生态系统就变为草地放牧生态系统。在放牧生态系统中，草地是主体，牲畜是条件。草地为牲畜提供了食物和活动空间，而牲畜则通过采食、践踏和排泄等生理活动影响牧草的生长。同时，牲畜通过物质的积累和能量的聚集，为人类提供肉、奶、皮、毛等人类所需要的东西，而人类可以通过对草地的改良以及对牲畜数量的控制和品种的调节维持草地生态系统功能的正常发挥和放牧生态系统的正常运转。在放牧生态系统中，牧草、牲畜和人类是物质循环、能量流动和信息传递的三个重要阶段。牧草通过光合作用固定太阳能，并从大气和土壤中吸收营养物质形成植物纤维和蛋白质。牲畜通过采食牧草，将植物蛋白转移成动物蛋白，并将植物中的能量储存在动物体内。最后，人类通过消费动物产品将物质和能量不断地向上转移和传递。当然，放牧生态系统中的物质循环、能量流动和信息传递不单是点上的对接也不是单一链上的连接，而是通过纵横交错的网络相互结合在一起。不过，衡量放牧生态系统的功能的重要标志是放牧条件下牧草的产草量、牲畜对牧草的利用率、畜产品的转化率以及人类对草场和牲畜的调控能力。

④放牧生态系统面临的主要问题。第一，草地退化。草地退化是我国草地资源普遍面临的重大问题，瓦切乡的草地生态系统也不例外。①草地植被种类发生变化。植被中原来的一些优势种和建群种逐渐在衰退，而大量的一年生或多年生杂草相继入侵。牧草株高和产量与 60～70 年代相比已出现大幅度下降。②优良牧草生长发育减缓，产草量下降。可食性牧草的产量降低，有毒有害植物增多。③部分草地的鼠害、虫害严重。鼠害主要是高原鼢鼠，虫害主要为草原毛虫。鼠害和虫害不仅与牲畜争草，同时害鼠挖洞掘土，破坏草地土壤结构和植物根系，为草地沙化创造了条件。④土地沙化严重。红原县沙化土地主要集中在瓦切乡境内。目前瓦切乡有退化草场 5 万亩，虽然已采取措施进行治理，但治理效果不佳，沙化面积每年仍在以较快的速度从东北向西南方向推进。第二，草场管理粗放。瓦切乡虽然已开始了“人、草、畜”三配套建设，但草场粗放经营的状况还没有从根本上得到改变，主要表现在：①牲畜超载现象严重。按照 20 世纪 80 年代有关部门的计算，瓦切乡牧场的理论载畜量是 125 789 个羊单位，而实际载畜量已经达到 212 531 个羊单位，超载 86 742 个羊单位，超载率为 68.95%。如果按高寒嵩草草地最佳载畜量 2.67 只绵羊/hm^2 计算，瓦切乡草场的理论载畜量为 18.15 万只绵羊，超载 3.11 万只绵羊，超载 17.13%。②牲畜结构不合理。从畜种结构看，大牲畜数量过多，而中、小牲畜严重不足，生长期短、育肥快的羊的数量太少。从畜群结构

看，适龄母畜的比例应大大提高，改良牛的数量也需要增加。

从游牧聚落到定居聚落，从全国和区域宏观上看，不是什么了不起的事，依然是农牧社会的阶段，但从聚落本身来说，却是一种历史转变，是聚落发展的转折，意味着聚落居民居住模式、生活方式、生产方式、社会行为等都将发生大的变化，也预示着未来产业结构、产业规模将要发生变化。尽管定居聚落也面临着不少问题，但这些问题的存在是在一个新的发展起点上的问题，与游牧聚落存在的问题有质的区别。因此从游牧到定居的聚落演替是现存牧区游牧部落(聚落)未来应选择的道路。

如前所述，全国山区聚落类型多，存在许多不同的演替模式，我们无法一一列举。但总体上，山区聚落演替较之平原和城镇缓慢是共同的特点。我们将在今后总结更多的山区聚落演替模式和经验。实际上越边远、越封闭的山区聚落受全国工业化、城镇化影响就越小，聚落演替的动力就越弱，变化的速度就越小，演替的过程就越长，而受到工业化城镇影响大的聚落就演替较快，产业的多元文化、生活方式、行为方式的变化就越大。而许多受到现代化建设直接影响的山区聚落有可能在较短的时间内发生天翻地覆的变化。有关其他类型的聚落演替在《农村聚落生态研究——理论与实践》和《山区聚落发展理论与实践研究》两本专著中，有较深入的介绍和分析。有兴趣的读者请参阅，并请提出宝贵批评意见。

参考文献

[1] 郑度、申元村："坡地过程及退化坡地恢复整治研究"，《地理学报》，1998(2)。

[2] 蒋复初、吴锡浩等："中国大陆森林线空间分布特征及其与多年冻土线、气候雪线的关系"，《地质力学学报》，2004(4)。

[3] 吴斌、王顺海、陆晓青等："熵与宇宙耗散"，www. chom. pku. edu. cn，2005，11～15。

[4] 刘继生、陈涛："人地非线性相关作用的探讨"，《地理科学》，1997(3)。

[5] 刘邵权：《农村聚落生态研究——理论与实践》，中国环境科学出版社，2006，1～2。

[6] 陈国阶："三峡库区发展态势与问题"，《长江流域资源与环境》，2003(2)。

[7] 尚玉昌、蔡小明：《普通生态学》(上册)，北京大学出版社，1992，282～301。

[8] Putman, R. J., S. D Wratten 1984. *Principles of Ecology*, University of California Press, Berkeley and Los Angeles, 105-126.

[9] 王刚等："关于生态位定义的探讨及生态位重叠计测公式改进的研究"，《生态学报》，1984(2)。

[10] 刘建国："生态位理论的发展及其在农村生态工程建设中的应用原则"，《农业现代化研究》，1987(6)。

[11] 哈德斯蒂 D. L. (Hardesty, D. L.)《生态人类学》，文物出版社，2002，93～99。

[12] Hardesty, D. L. 1975. The Niche Concept: Suggestions for its Use in Studies of Human Ecology, *Human Ecology*, 3(2): 71-85.

[13] 唐海萍、李自珍、王刚："生态位适宜度在绿洲人口问题上的应用"，《兰州大学学报》(社会科学版)，1994(3)。

[14] 李自珍、赵松岭、张鹏云："生态适宜度理论及其在作物生长系统中的应用"，《兰州大学学报》(自然科学版)，1993(4)。

[15] 陈勇、陈国阶、王益谦："对山区人口与环境互动关系的初步研究"，《地理科学》，2002(3)。

[16] Thomas.，R. B. 1979. Effect of Change on High Mountain Human Adaptive Pattern，Webber，P. J. *High Altitude Geoecology*，Colorado：Westview Press：139-188.

[17] O'Neill，R. V. and Kann，J. R. 2000. Homo Economus as a Keystone Species，*BioScience*，50(4)：333-337.

[18] Little，M. A. 1981. Human Populations in Andes：The Human Science Basis for Research Planning，*Mountain Research and Development*，1(2)：145-170.

[19] Moehch，M. and Bandyyopadhyay，J. 1986. People-Forest Interaction：A Neglected Parameter in Himalayan Forest Management，*Mountain Research and Development*，1：3-16.

[20]Messerli，B. 1988. African Mountains and Highlands：Introduction and Resolutions，*Mountain Research and Development*，2/3：93-100.

[21] 余大富："我国山区人地系统结构及其变化趋势"，《山地研究》，1996(2)。

[22] Jodha，N. S. Highland-Lowland Linkages in the Globalized World ，International Conference on Poverty Alleviation in Mountain Areas of China，Chengdu，China，November 11-15，2002.

[23] Chen Y，Wang Y，2003. Qionghai Lake，China：Environmental Degradation and the Need for Multidimensional Management，*Mountain Research and Development*，1：65-72.

[24] 王如松、高效：《和谐——城市生态调控原则与方法》，湖南教育出版社，1988。

[25] 刘邵权、陈国阶、陈治谏："三峡库区城镇化与移民对农村社会经济的影响"，《长江流域资源与环境》，2001(6)。

[26] Boyden S. et al. 1981. *The Ecology of a City and Its People：The Case of Hong Kong*. Canberra：Australian National University Press.

[27] 周纪纶、王如松编译：《城市生态经济研究方法及实例》，复旦大学出版社，1990。

[28] 蓝盛芳、钦佩、陆宏芳：《生态经济系统能值分析》，化学工业出版社，2002。

[29] 刘邵权、陈国阶："西藏昌都横断山区聚落生态环境与生态建设方案"，《山地学报》，2001(2)。

[30] 蓝盛芳、钦佩："生态系统的能值分析"，《应用生态学报》，2001(1)。

[31] 韩纯儒："农业生态系统的能量结构和效率"，《农村生态环境》，1985(3)。

[32] 闻大中："农业生态系统的能流研究方法"，《农村生态环境》，1985(4)。

[33] 刘巽浩：" 能量投入产出研究在农业上的应用"，《农业现代化研究》，1984(4)。

[34] 蓝盛芳、钦佩、陆宏芳：《生态经济系统能值分析》，化学工业出版社，2002。

[35] 张耀辉、蓝盛芳："海南省农业能值分析"，《农村生态环境》，1999(1)。

[36] 严茂超、H. T Odum："西藏生态经济系统的能值分析与可持续发展研究"，《自然资源学报》，1998(2)。

[37] 陈国阶等著：《岷江上游生态建设的理论与实践》，西南师范大学出版社，2006，217～225。

[38] 何乃维、尹晓青、梁崇歧："卧龙自然保护区社区持续发展的研究"，《生态经济》，1996 (3)。

[39] 朱春全："生态位态势理论与扩充假说"，《生态学报》，1997(3)。

[40] 沈茂英：《山区聚落发展理论与实践研究》，四川出版集团巴蜀书社，2006，164～169。

[41] 陈勇、陈国阶、刘邵权、王青："川西南山地民族聚落生态研究——以米易县麦地村为例"，《山地学报》，2005(1)。

[42] 党承林："云南松林的净第一生产量研究"，《云南植物研究》，1991(2)。

[43] Hardin J. 1968. The Tragedy of Commons, *Science*, 162:1243-1248.

[44] 陈勇、陈国阶："对高寒牧区定居聚落生态系统的初步探讨"，《四川环境》，2005(1)。

第四章　中国山区聚落与山区发展

第一节　中国山区发展态势与中国区域发展差异

在《2003中国山区发展报告》和本书前面的有关章节中，我们明确指出，中国山区发展滞后是全国区域发展不平衡的主要贡献者。归结起来，中国当前区域发展不平衡主要表现为：东部、中部、西部三大地带差异；城乡差异；平原、丘陵、山区差异；汉族地区、少数民族地区差异。这四种差异既有一定差别，又相互联系，其最终归结点为：山区聚落发展严重落后。东部、中部、西部三大地带差异除了区位（如沿海与内陆的优劣势差异）原因外，主要是东部多平原，中部、西部多山地；而城乡差异进一步加大了山区发展滞后的幅度，因为山区是农村聚落分布的主要区域。如果说，平原是城镇包围农村的话，则山区是农村包围城镇，山区几乎成为农村的代名词。同样，少数民族又主要聚集在山区。因此，上述四种区域发展差异中，其贡献的“差”端都是山区。正因如此，当前全国区域发展最极端差值出现在东部平原城市（主要是汉族居住区）与西部山区聚落之间。这种差距表现：在人均地区生产总值上相差几十倍；在发展阶段上，山区基本上处于农业社会或农业社会向工业社会过渡的初级阶段，而东部相当部分城市已开始进入工业化后期。因此，在中国出现了东部城市面貌像欧洲，而西部农村聚落面貌像非洲的强烈反差。这里不再去重复已有的结论，而是进一步指出三点。

一、全国山区发展滞后的趋势在扩大

（一）全国山区县、丘陵县、平原县人均经济差距比较

与2000年相比，2004年国家行政区域有所调整，山区县、丘陵县、平原县数量均略有减少（表4.1）。

表4.1　中国山区县、丘陵县、平原县基本经济情况比较

	2000年			2004年		
	山区县	丘陵县	平原县	山区县	丘陵县	平原县
统计县数（个）	901	532	646	895	529	645
面积（km^2）	4 363 513	2 055 077	2 681 820	4 231 795	2 220 204	2 636 491
总人口（万）	29 590	28 112	36 571	30 175	28 215	36 789

续表

	2000 年			2004 年		
	山区县	丘陵县	平原县	山区县	丘陵县	平原县
乡村人口(万人)	25 376	23 696	30 729	25 972	23 616	30 772
第一产业增加值(万元)	36 242 418	40 647 932	58 436 657	46 896 104	53 508 652	78 302 067
第二产业增加值(万元)	49 486 329	63 548 335	99 944 320	89 566 864	112 997 419	184 699 109
地方财政预算收入(万元)	5 180 583	5 512 611	8 107 863	7 682 853	8 327 047	13 541 825
城乡居民储蓄存款余额(万元)	64 769 648	75 738 827	131 799 119	112 699 300	135 320 932	224 321 002
基本建设投资完成额(万元)	12 388 588	10 753 078	16 586 787	39 553 097	39 548 993	50 699 547

资料来源:《中国县(市)社会经济统计年鉴》(2001,2005),中国统计出版社;香港、澳门、台湾资料暂缺,全书同。

从中国山区县、丘陵县、平原县人均经济差距比较(表 4.2)可以看出,2000、2004 年山区县、丘陵县、平原县间的差距不仅一直存在,而且绝对差距呈扩大趋势。

表 4.2　中国山区县、丘陵县、平原县人均经济差距比较

	2000 年			2004 年		
	丘陵县一山区县	平原县一丘陵县	平原县一山区县	丘陵县一山区县	平原县一丘陵县	平原县一山区县
人均第一产业增加值差(元)	221.11	151.97	373.08	342.32	231.95	574.27
人均第二产业增加值差(元)	588.14	472.34	1 060.48	1 036.62	1 015.63	2 052.25
人均地方财政预算收入差(元)	21.02	25.61	46.62	40.52	72.97	113.48
人均城乡居民储蓄存款余额差(元)	505.28	909.74	1 415.02	1 061.21	1 301.44	2 362.65
人均基本建设投资完成额差(元)	−36.17	71.04	34.88	90.91	−23.58	67.33
乡村人均第一产业增加值差(元)	287.18	186.29	473.46	460.14	278.81	738.95
乡村人均第二产业增加值差(元)	731.69	570.63	1 302.32	1 336.19	1 217.40	2 553.59
乡村人均地方财政预算收入差(元)	28.49	31.21	59.70	56.79	87.47	144.26
乡村人均城乡居民储蓄存款余额差(元)	643.87	1 092.81	1 736.68	1 390.79	1 559.72	2 950.51
乡村人均基本建设投资完成额(元)	−34.41	85.98	51.58	151.76	−27.08	124.67

资料来源:《中国县(市)社会经济统计年鉴》(2001,2005),中国统计出版社。

1. 山区县、丘陵县、平原县人均经济差距

人均第一产业增加值差额，丘陵县－山区县、平原县－丘陵县、平原县－山区县分别由2000年的221.11元、151.97元、373.08元扩大到2004年的342.32元、231.95元、574.27元；人均第二产业增加值差额，丘陵县－山区县、平原县－丘陵县、平原县－山区县分别由2000年的588.14元、472.34元、1 060.48元扩大到2004年的1 036.62元、1 015.63元、2 052.25元；人均地方财政预算收入差额，丘陵县－山区县、平原县－丘陵县、平原县－山区县分别由2000年的21.02元、25.61元、46.62元扩大到2004年的40.52元、72.97元、113.48元；人均城乡居民储蓄存款余额差额，丘陵县－山区县、平原县－丘陵县、平原县－山区县分别由2000年的505.28元、909.74元、1 415.02元扩大到2004年的1 061.21元、1 310.44元、2 362.65元。

乡村人均第一产业增加值差额，丘陵县－山区县、平原县－丘陵县、平原县－山区县分别由2000年的287.18元、186.29元、473.46元扩大到2004年的460.14元、278.81元、738.95元；乡村人均第二产业增加值差额，丘陵县－山区县、平原县－丘陵县、平原县－山区县分别由2000年的731.69元、570.63元、1 302.32元扩大到2004年的1 336.19元、1 217.40元、2 553.59元；乡村人均地方财政预算收入差额，丘陵县－山区县、平原县－丘陵县、平原县－山区县分别由2000年的28.49元、31.21元、59.70元扩大到2004年的56.79元、87.47元、144.26元；乡村人均城乡居民储蓄存款余额差额，丘陵县－山区县、平原县－丘陵县、平原县－山区县分别由2000年的643.87元、1 092.81元、1 736.68元扩大到2004年的1 390.79元、1 559.72元、2 950.51元。

2. 山区县、丘陵县、平原县人均基本建设投资差距

在人均基本建设投资完成额差额上，丘陵县－山区县、平原县－丘陵县、平原县－山区县表现出一定的差异。2000年山区县比丘陵县多36.17元，而2004年丘陵县比山区县多90.91元；平原县－丘陵县差额2000年为71.04元，而2004年丘陵县比平原县多23.58元；平原县－山区县由2000年的34.88元扩大到2004年的67.33元。

同样，乡村人均基本建设投资完成额差额上，2000年山区县比丘陵县多34.41元，而2004年丘陵县－山区县差额为151.76元；平原县－丘陵县差额2000年为85.98元，而2004年丘陵县比平原县多27.08元；平原县－山区县差额2000年的51.58元扩大到2004年的124.67元。

（二）全国山区县、丘陵县、平原县人均经济增长量及增长速度比较

由2000～2004年中国山区县、丘陵县、平原县的人均经济增长量及增长速度比较可以看出（表4.3、图4.1、图4.2）：

表 4.3 中国山区县、丘陵县、平原县人均经济增长量及增长速度比较(2000～2004 年)

		增长量(元)			年均增长率(%)		
		山区县	丘陵县	平原县	山区县	丘陵县	平原县
人均	第一产业增加值	329.32	450.53	530.51	6.13	7.02	7.43
	第二产业增加值	1 295.85	1 744.33	2 287.61	15.42	15.37	16.42
	地方财政预算收入	79.53	99.03	146.39	9.81	10.76	13.51
	城乡居民储蓄存款余额	1 545.95	2 101.88	2 493.58	14.29	15.51	14.05
	基本建设投资完成额	892.12	1 019.19	924.57	33.02	38.36	32.03
乡村人均	第一产业增加值	377.42	550.39	642.91	6.04	7.20	7.55
	第二产业增加值	1 498.47	2 102.97	2 749.74	15.32	15.57	16.55
	地方财政预算收入	91.66	119.96	176.22	9.71	10.96	13.64
	居民储蓄存款余额	1 786.86	2 533.78	3 000.70	14.19	15.71	14.18
	基本建设投资完成额	1 034.71	1 220.88	1 107.81	32.90	38.60	32.18

资料来源:《中国县(市)社会经济统计年鉴》(2001,2005),中国统计出版社;其中,增长量为各项指标 2004 年的人均值(乡村人均值)减去 2000 年的人均值(乡村人均值)。

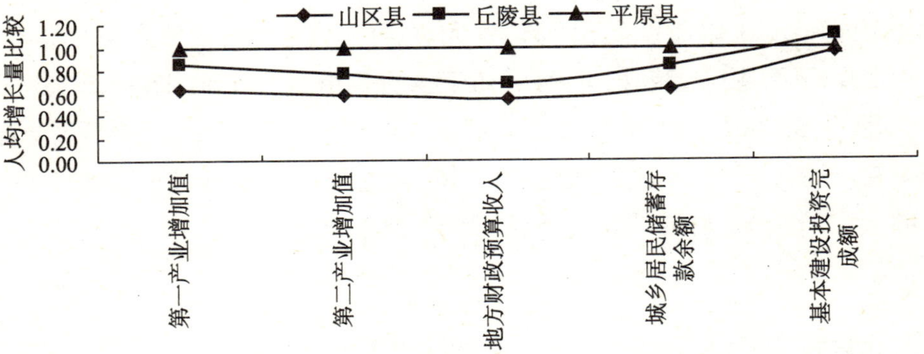

图 4.1 全国山区县、丘陵县、平原县人均经济增长量比较

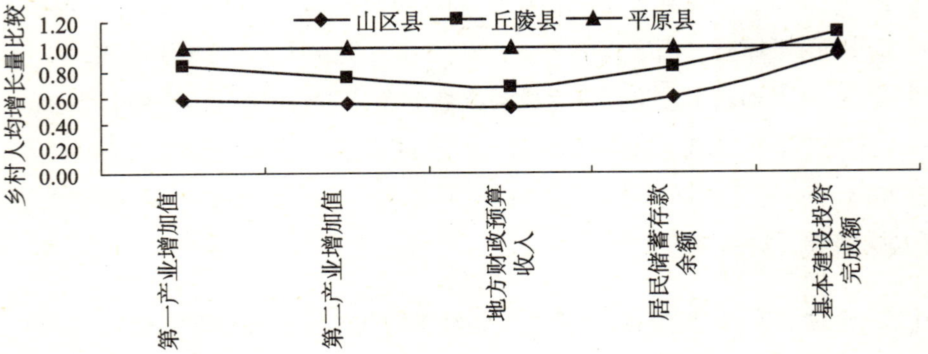

图 4.2 全国山区县、丘陵县、平原县乡村人均经济增长量比较

1. 人均经济增长量

在第一产业增加值、第二产业增加值、地方财政预算收入、城乡居民储蓄存款余额 4 个指标上，无论是人均增长量，还是乡村人均增长量，山区县、丘陵县均明显小于平原县。

从山区县、丘陵县到平原县，人均第一产业增加值增长量分别为 329.32 元、450.53 元、530.51 元，比值为 0.62 : 0.85 : 1；人均第二产业增加值增长量分别为 1 295.85 元、1 744.33 元、2 287.61 元，比值为 0.57 : 0.76 : 1；人均地方财政预算收入增长量分别为 79.53 元、99.03 元、149.39 元，比值为 0.54 : 0.68 : 1；人均城乡收入存款余额增长量分别为 1 545.95 元、2 101.88 元、2 493.58 元，比值为 0.62 : 0.84 : 1。

同样，从山区县、丘陵县到平原县，乡村人均第一产业增加值增长量分别为 377.42 元、550.39 元、642.91 元，比值为 0.59 : 0.86 : 1；乡村人均第二产业增加值增长量分别为 1 498.47 元、2 102.97 元、2 749.74 元，比值为 0.54 : 0.76 : 1；乡村人均地方财政预算收入增长量分别为 91.66 元、119.96 元、176.22 元，比值为 0.52 : 0.68 : 1；乡村人均城乡收入存款余额增长量分别为 1 786.96 元、2 533.78 元、3 000.70 元，比值为 0.60 : 0.84 : 1。

2. 人均基本建设投资完成额增长量

山区县、平原县、丘陵县人均基本建设投资完成额增长量分别为 892.12 元、924.57 元、1 019.19 元，山区县、平原县、丘陵县乡村人均基本建设投资完成额增长量分别为 1 034.71元、1 220.88 元、1 107.81 元，比值分别为 0.96 : 1 : 1.10、0.93 : 1 : 1.10；人均(乡村人均)基本建设投资完成额增长量丘陵县最大，平原县次之，而山区县最小。

3. 人均经济年均增长率

如图 4.3、图 4.4 所示，在人均(乡村人均)第一产业增加值、人均(乡村人均)第二产业增加值、人均(乡村人均)城乡财政预算收入 3 个指标上，从山区县、丘陵县到平原县年均增长率基本呈增大趋势，而在人均(乡村人均)城乡居民储蓄存款余额、人均(乡村人均)基本建设投资完成额两个指标上，丘陵县年均增长率高于山区县、平原县。

在人均第一产业增加值年均增长率上，山区县、丘陵县、平原县分别为 6.13%、7.02%、7.43%，从山区县、丘陵县到平原县略有升高；在人均第二产业增加值年均增长率上，山区县、丘陵县、平原县分别为 15.42%、15.37%、16.42%，山区县、丘陵县基本相当，但均略低于平原县；人均地方财政预算收入，山区县、丘陵县、平原县年均增长率分别为 9.81%、10.76%、13.51%，比值为 0.73 : 0.80 : 1，山区县、丘陵县年均增长率明显低于山区县。说明山区县也在发展，但其发展速度低于丘陵县，更低于平原县。

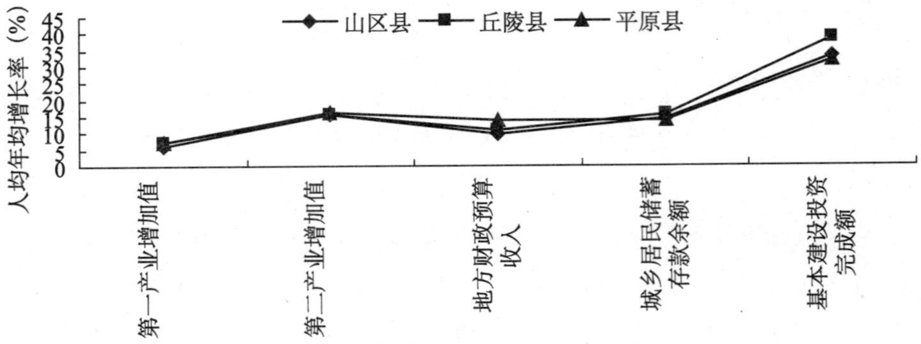

图 4.3　全国山区县、丘陵县、平原县人均经济年均增长率比较

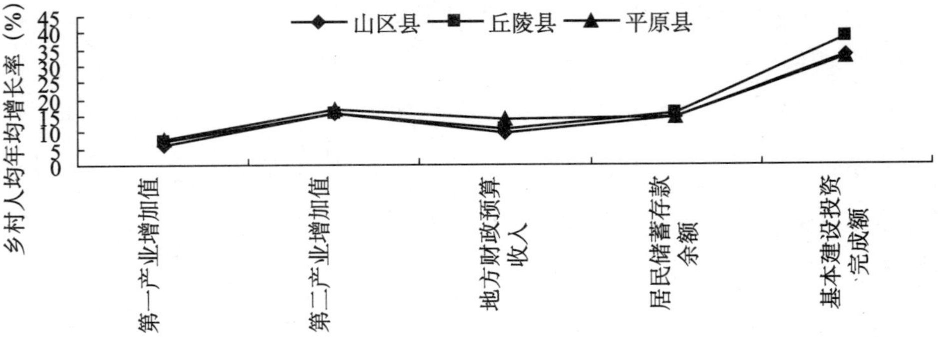

图 4.4　全国山区县、丘陵县、平原县乡村人均经济年均增长率比较

而就人均居民储蓄存款余额来说，山区县（14.29％）、平原县（14.05％）年均增长率基本相当，均略低于丘陵县（15.51％）；在人均基本建设投资完成额上，山区县（33.02％）、平原县（33.03％）人均年均增长率也基本相当，但均明显低于丘陵县（38.36％）；山区县、丘陵县、平原县两指标的比值分别为 1∶1.11∶1、1∶1.18∶1。各项指标的乡村人均年均增长率呈现规律与人均年均增长率一致。由此需要说明的是，在全国层面上，虽然 2000～2004 年山区县、丘陵县、平原县第一（第二）产业增加值人均年均增长率差别不大，但地方财政预算收入人均年均增长率从山区县、丘陵县到平原县却明显增加，在居民储蓄存款余额人均、基本建设投资完成额人均年均增长率上，山区县、平原县基本相当，均低于丘陵县。从而可知，山区县、丘陵县与平原县人均经济差距扩大，而在居民储蓄、基本建设发展增长态势上，山区县、平原县基本同步，而丘陵县表现出一定的优势。

综上，山区县人均经济量基数少，而人均年均增长率又小于或基本相当于平原县、丘陵县，意味着山区县与丘陵县、平原县的绝对差距在扩大。而人均基础设施投资建设完成额少、人均年均增长率低在一定程度上又加剧了山区县经济发展的滞后态势。

(三) 山区县是我国国家级贫困县的主体

山区一直是我国贫困人口集中区,至今绝大多数贫困人口(包括相对贫困人口、绝对贫困人口)仍集中分布于山区,山区是国家级贫困县集中区域的基本态势依然没有大的改观。

1. 全国层面上山区县是国家级贫困县的主体

如图 4.5、图 4.6 所示,2004 年全国共有国家级贫困县 582 个,其中,山区县 386 个,所占比重达 66.32%,丘陵县 104 个,平原县 92 个,所占比重分别为 17.87%、15.81%;在 582 个国家级贫困县中,东部占 44 个,中部占 172 个,西部占 366 个,所占比重分别为 7.56%、29.55%、62.89%。

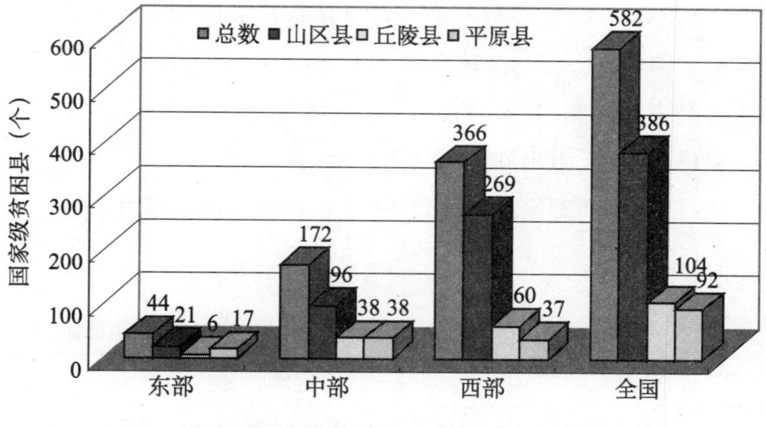

图 4.5　2004 年全国国家级贫困县类型及其地带分布

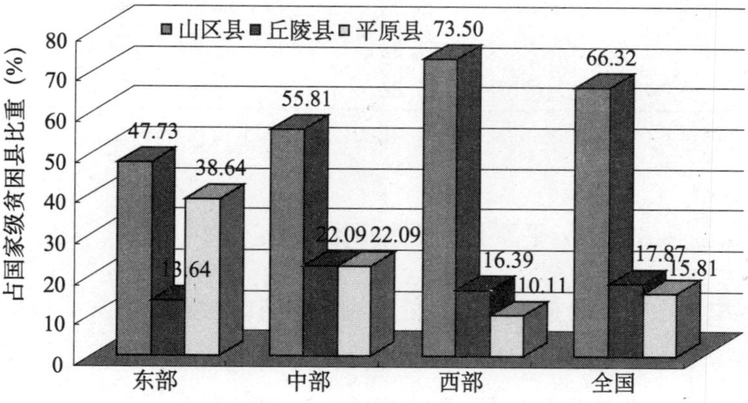

图 4.6　2004 年全国国家级贫困县类型所占比重及其地带分布

2. 东、中、西部三大地带内国家级贫困县也集中于山区

在三大地带内，就东部而言，在44个国家级贫困县中，山区县占21个，所占比重达47.73%，丘陵县6个，平原县17个，所占比重分别为13.64%、38.64%；在中部的172个国家级贫困县中，山区县占96个，所占比重达55.81%，丘陵县38个，平原县38个，所占比重分别为22.09%、22.09%；在西部的366个国家级贫困县中，山区县占269个，所占比重为73.50%，丘陵县60个，平原县37个，所占比重分别为16.39%、10.11%。

不论在全国层面上，还是在三大地带内，山区县均是国家级贫困县的集中分布区域，尤其是西部山区县，更是国家级贫困县的重中之重。

(四) 全国山区县、丘陵县、平原县社会发展差距比较

本报告选择了人口密度、乡村人口密度、乡村人口/总人口、乡村从业人员/乡村人口、农林牧渔业从业人员/乡村从业人员5项指标来比较山区县、丘陵县、平原县间农村就业存在的差距(表4.4)。在社会发展上，选择了人均粮食产量、人均工业总产值、万人基本建设投资完成额、基本建设投资完成额密度、固定电话入户率、农业劳动生产率、劳均农业机械总动力、中小学在校学生人数/总人口、万人病床拥有量、万人社会福利院拥有量、万人社会福利院床位拥有量11项指标来比较山区县、丘陵县、平原县间存在的差距。

表4.4　全国山区县、丘陵县、平原县农村就业情况比较

指　标	2000年			2004年		
	山区县	丘陵县	平原县	山区县	丘陵县	平原县
人口密度(人/km^2)	67.81	136.79	136.37	71.31	127.08	139.54
乡村人口密度(人/km^2)	58.15	115.30	114.58	61.37	106.37	116.72
乡村人口/总人口(%)	85.76	84.29	84.03	86.07	83.70	83.64
乡村从业人员/乡村人口(%)	51.83	50.89	51.84	52.89	52.23	52.81
农林牧渔业从业人员/乡村从业人员(%)	73.82	68.53	67.81	67.82	61.86	60.38

资料来源:《中国县(市)社会经济统计年鉴》(2001,2005),中国统计出版社。

1. 全国山区县、丘陵县、平原县主要指标比较

在《2003中国山区发展报告》中，我们已经就中国山区县社会发展与平原县存在的差距进行过分析[1]。这里在2000、2004年对比分析的基础上，对全国山区县、丘陵县、平原县农村就业状况作进一步分析：所统计的5项指标中，在人口密度、乡村人口密度2项指标上，山区县均明显低于丘陵县、平原县，2000、2004年山区县均分别只有丘陵县、平原县的50%，2000年丘陵县、平原县基本相当，但2004年丘陵县比平原县低约

10%；在乡村人口/总人口上，山区县均略高于丘陵县、平原县，而丘陵县、平原县基本相当，2000、2004 年山区县分别比平原县（丘陵县）高约 1.5%、2.3%；在乡村从业人员/乡村人口上，山区县与丘陵县、平原县均比较接近；在农林牧渔业从业人员/乡村从业人员上，山区县明显高于丘陵县、平原县，2000 年山区县均约比丘陵县、平原县高 5～6 个百分点，2004 年差距扩大到 6～7 个百分点，而丘陵县、平原县 2000、2004 年均接近。

从以上分析可以看出，山区县乡村人口比重虽然略高，乡村人口就业水平基本相当，但劳动力农业就业比重山区县却明显过高，而在乡村人口比重、乡村人口就业水平、劳动力农业就业比重 3 个指标上，丘陵县与平原县差距不大。由此说明，在全国范围内，山区县只在劳动力纯农业就业人口比重上存在明显劣势。从 2000 年到 2004 年，山区县、丘陵县、平原县除在农林牧渔业从业人员/乡村从业人员指标上均下降约 7 个百分点外，其余 4 项指标变动幅度均不大。

从所统计的反映社会经济情况上 11 项指标（表 4.5）可以看出，总体上，山区县与丘陵县、平原县比较，除万人病床拥有量、万人社会福利院拥有量 2 项指标接近外，万人基本建设投资完成额山区县略显优势外，其余 8 项指标山区县均处于劣势。从 2000 年到 2004 年山区县、丘陵县、平原县间的差距呈扩大趋势（表 4.6），有关人口文化素质（劳动力受教育年限和文盲率）情况在下面作详细分析。

表 4.5　全国山区县、丘陵县、平原县社会经济指标比较

	2000 年			2004 年		
	山区县	丘陵县	平原县	山区县	丘陵县	平原县
一、工农业及基本建设						
人均粮食产量(kg)	358.31	450.84	521.46	344.30	482.39	557.14
人均工业总产值(元)	2 018.39	2 896.18	4 524.87	4 610.30	6 810.05	10 786.25
万人基本建设投资完成额(万元)	418.67	382.51	453.55	1310.79	1 401.70	1 378.12
基本建设投资完成额密度（万元/km^2）	2.84	5.23	6.18	9.35	17.81	19.23
固定电话入户率(%)	24.78	28.28	33.39	50.16	54.34	67.59
农业劳动生产率(元/人)	3 732.78	4 918.94	5 409.96	5 033.72	7 013.55	7 981.14
劳均农业机械总动力(kW)	0.95	1.34	2.23	1.22	1.77	2.91
二、教育卫生及社会保障						
中小学在校学生人数/总人口(%)	16.52	16.52	17.34	15.95	15.21	16.28
万人病床拥有量(张)	16.51	16.44	16.42	16.95	16.58	17.19
万人社会福利院拥有量(个)	0.28	0.30	0.28	0.31	0.35	0.28
万人社会福利院床位拥有量(张)	5.70	6.85	7.23	8.40	9.80	9.60

资料来源：《中国县（市）社会经济统计年鉴》(2001,2005)，中国统计出版社；其中，基本建设投资完成额密度为基本建设投资完成额与行政面积的比值，固定电话入户率为年末固定电话用户与年末总户数的比值，农业劳动生产率为第一产业增加值与农林牧渔业从业人员的比值，劳均农业机械总动力为农业机械总动力与农林牧渔业从业人员的比值。

2. 山区县、丘陵县、平原县基本建设投资比较

这里仅就与工农业及基本建设相关的指标的差距进行分析。如表4.5所示，山区县、丘陵县、平原县2000年万人基本建设投资完成额分别为418.67万元、382.51万元、453.55万元，比值为0.92∶0.84∶1，而同期基本建设投资完成额密度分别为2.84万元/km^2、5.23万元/km^2、6.18万元/km^2，比值为0.46∶0.85∶1；同样，2004年山区县、丘陵县、平原县万人基本建设投资完成额之比为0.95∶1.02∶1，而同期基本建设投资完成额密度之比却为0.49∶0.93∶1。由此可见，山区县基本建设投资完成额相对比值比明显小于基本建设投资完成额密度相对比值。

3. 山区县、丘陵县农业劳动生产率明显低于平原县

如表4.5所示，2000年到2004年，山区县、丘陵县、平原县农业劳动生产率分别由3 732.78元/人、4 918.94元/人、5 409.96元/人上升到5 033.72元/人、7 013.55元/人、7 981.14元/人，但2000年、2004年比值却分别为0.69∶0.91∶1、0.63∶0.88∶1，虽然山区县、丘陵县农业劳动生产率绝对值在上升，但与平原县的相对比值却在下降。农业就业是我国县域经济农村劳动力的主要就业方式，尤其是对于中西部山区县、丘陵县更是如此。全国山区县、丘陵县的农业劳动生产率明显低于平原县，则说明农业劳动力的相对收益在下降，山区县、丘陵县的农业经济发展态势明显处于劣势。

4. 2000～2004年山区县与丘陵县、平原县差距呈扩大趋势

表4.6　全国山区县、丘陵县、平原县社会差距比较

	2000年			2004年		
	丘陵县一山区县	平原县一丘陵县	平原县一山区县	丘陵县一山区县	平原县一丘陵县	平原县一山区县
一、工农业及基本建设						
人均粮食产量差(kg)	92.53	70.62	163.15	138.09	74.75	212.84
人均工业总产值差(元)	877.79	1 628.69	2 506.48	2 199.75	3 976.20	6 175.95
万人基本建设投资完成额差(万元)	−36.16	71.04	34.88	90.91	−23.58	67.33
基本建设投资完成额密度差(万元/km^2)	2.39	0.95	3.34	8.46	1.42	9.88
固定电话入户率差(%)	3.50	5.11	8.61	4.18	13.25	17.43
农业劳动生产率差(元/人)	1 186.16	491.02	1 677.18	1 979.83	967.59	2 947.42
劳均农业机械总动力差(kW)	0.39	0.89	1.28	0.54	1.14	1.68

续表

	2000年			2004年		
	丘陵县一山区县	平原县一丘陵县	平原县一山区县	丘陵县一山区县	平原县一丘陵县	平原县一山区县
二、教育卫生及社会保障						
中小学在校学生人数/总人口差(%)	0.00	0.82	0.82	−0.74	1.07	0.33
万人病床拥有量差(张)	−0.07	−0.02	−0.09	−0.37	0.61	0.24
万人社会福利院拥有量差(个)	0.02	−0.02	0.00	0.04	−0.07	(0.03)
万人社会福利院床位拥有量差(张)	1.15	0.38	1.53	1.40	−0.20	1.20

资料来源:《中国县(市)社会经济统计年鉴》(2001,2005);各指标计算方法同前,各指标人均差额为2004年人均值减去2000年的人均值。

如表4.6所示,丘陵县一山区县差距、平原县一丘陵县差距、平原县一山区县差距,人均粮食产量差分别由92.53kg、70.62kg、163.15kg扩大到138.09kg、74.75kg、212.84kg;人均工业总产值差分别由877.79元、1 628.69元、2 506.48元扩大到2 199.75元、3 976.20元、6 175.95元;基本建设投资完成额密度差分别由2.39万元/km^2、0.95万元/km^2、3.34万元/km^2扩大到8.46万元/km^2、1.42万元/km^2、9.88万元/km^2;固定电话入户率差分别由3.50%、5.11%、8.61%扩大到4.18%、13.25%、17.43%;农业劳动生产率分别由1 186.16元/人、491.02元/人、1 677.18元/人扩大到1 979.83元/人、967.59元/人、2 947.42元/人;劳均农业机械总动力分别由0.39kW、0.89kW、0.39kW扩大到0.54kW、1.14kW、1.68kW。

二、全国东、中、西部平原县、丘陵县、山区县经济社会发展差异比较

(一)全国东、中、西部平原县、丘陵县、山区县经济发展水平比较

我们按东、中、西部三大地带划分(东部包括北京、天津、河北、辽宁、江苏、上海、浙江、福建、山东、广东、海南11个省市;中部包括山西、吉林、黑龙江、安徽、江西、河南、湖北、湖南8省;西部包括内蒙古、广西、四川、陕西、甘肃、宁夏、新疆、重庆、云南、西藏、贵州、青海12个省市区),对全国31个省(自治区、直辖市)平原县、丘陵县、山区县的人均第一产业增加值、人均第二产业增加值的差异状况(由于缺乏2004年第三产业数据,所以人均第三产业增加值未做统计)进行了分析比较,结果如表4.7、图4.7所示。

表 4.7 全国东、中、西部平原县、丘陵县、山区县人均经济发展水平比较

		2004 年						2000 年			
		平原县		丘陵县		山区县		丘陵县		山区县	
		平均值（元）	C＊V（%）	平均值（元）	C＊V（%）	平均值（元）	C＊V（%）	平均值（元）	C＊V（%）	平均值（元）	C＊V（%）
人均第一产业增加值	东部	2 689	116.27	2 703	95.97	2 311	42.07	2 011	68.68	1 773	41.71
	中部	2 062	51.20	1 931	94.56	1 515	49.87	1 279	46.36	1 110	39.29
	西部	2 356	66.76	2 022	56.28	1 427	46.60	1 419	63.74	1 111	50.31
人均第二产业增加值	东部	7 504	103.25	7 594	76.42	5 419	94.52	4 073	75.02	2 830	80.77
	中部	2 882	93.72	3 442	89.67	2 822	83.78	1 783	73.56	1 565	78.72
	西部	3 686	120.59	3 347	131.00	1 788	146.92	1 250	101.83	977	141.93

资料来源：《中国县（市）社会经济统计年鉴》（2001，2005），中国统计出版社；2000 年平原县数据未做统计。

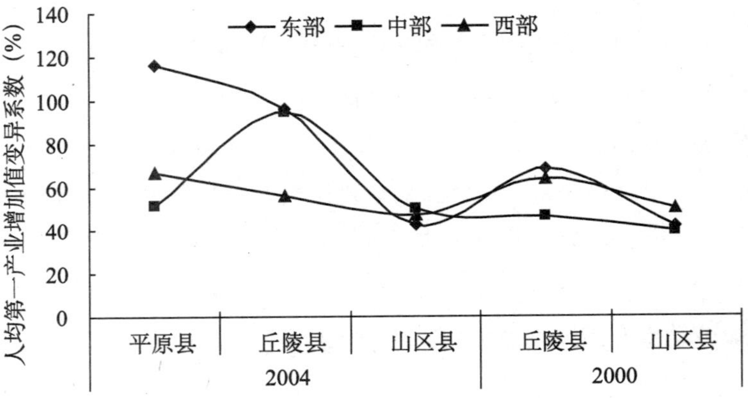

a

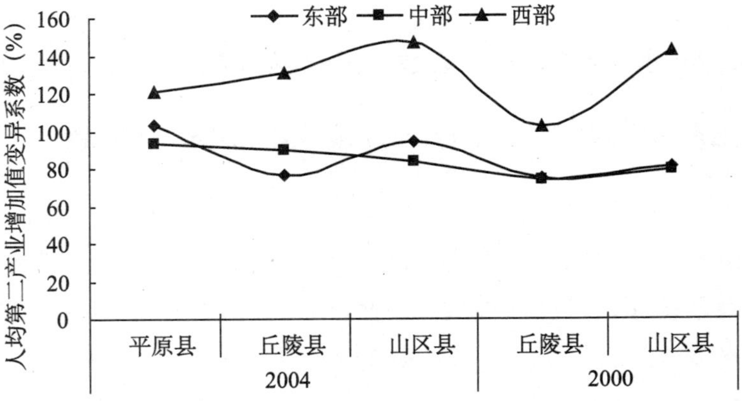

b

图 4.7 全国东、中、西部平原县、丘陵县、山区县人均第一、第二产业增加值变异水平比较

（a：人均第一产业增加值变异；b：人均第二产业增加值变异）

1. 三大地带间山区县、丘陵县、平原县比较

① 三大地带间平原县比较：东部、中部、西部 2004 年人均第一产业增加值分别为 2 689元、2 062 元、2 356 元，东部最大，西部居中，而中部最小；同样，在第一产业增加值变异水平上，东部(116.27%)最大，西部(66.76%)居中，中部(51.20%)最小。

东部、中部、西部 2004 年人均第二产业增加值分别为 7 504 元、2 882 元、3 686 元，东部分别比中部、西部多 4 622 元、3 818 元；而在人均第二产业增加值变异水平上，西部(120.59%)最大，东部(103.25%)居中，中部(93.72%)最小。

② 三大地带间丘陵县比较：东部、中部、西部 2000 年人均第一产业增加值分别为 2 011元、1 279 元、1 419 元，东部最大，西部居中，中部最小，在人均第一产业增加值变异水平上，中部(46.36%)最小，东部(68.68%)最大，西部(63.74%)居中；2004 年人均第一产业增加值分别为 2 703 元、1 931 元、2 022 元，同样东部最大，西部居中，中部最小；而在人均第一产业增加值变异水平上，西部(56.28%)最小，东部(95.97%)、中部(94.56%)基本相当；2000 年到 2004 年，第一产业增加值变异水平西部呈减小趋势，而东部、中部均呈增大趋势。

东部、中部、西部 2000 年人均第二产业增加值分别为 4 073 元、1 783 元、1 250 元，东部明显大于中部、西部，而人均第二产业增加值变异水平上西部(101.83%)明显大于东部(75.02%)、中部(73.56%)；同样，2004 年人均第二产业增加值分别为 7 594 元、3 442元、3 347 元，东部明显高于中部、西部，而人均第二产业增加值变异水平上西部(131.00%)依旧明显大于中部(89.67%)、东部(76.42%)；2000 年到 2004 年，人均第二产业增加值变异水平东部基本不变，而中部、西部均呈增大趋势。

③ 三大地带间山区县比较：东部、中部、西部人均第一产业增加值 2000 年分别为 1 773元、1 110 元、1 111 元，东部明显高于中部、西部，而人均第一产业增加值变异水平西部(50.31%)最大，中部(39.29%)最小，东部(41.71%)居中；2004 年人均第一产业增加值分别为 2 311 元、1 515 元、1 427 元，同样东部明显大于中部、西部，而人均第一产业变异水平中部(49.87%)大于西部(46.60%)、东部(42.07%)；2000 年到 2004 年，人均第一产业增加值变异水平西部呈减小趋势，而东、中部均呈扩大趋势。

东部、中部、西部 2000 年人均第二产业增加值分别为 2 830 元、1 565 元、977 元，东部明显大于中部、西部，而人均第二产业增加值变异水平西部(141.93%)明显大于东部(80.77%)、中部(78.72%)；同样，2004 年人均第二产业增加值分别为 5 419 元、2 822 元、1 788 元，东部明显大于中部、西部，而人均第二产业增加值变异水平西部(146.92%)明显大于东部(94.52%)、中部(83.78%)；2000 年到 2004 年，东部、中部、西部山区县人均第二产业增加值变异均呈增大趋势。

除 2004 年丘陵县东部、中部人均第一、二产业增加值变化规律有差异外，在三大地带山区县、丘陵县、平原县间，人均第一产业增加值变异水平较小，而人均第二产业增加

值变异水平较大。

2. 三大地带内山区县、丘陵县、平原县比较

在人均第一产业增加值变异水平上，2004 年，东部平原县(116.27%)最大，丘陵县(95.97%)次之，山区县(42.07%)最小；中部丘陵县(94.56%)最大，平原县(51.20%)次之，山区县(49.87%)最小；西部平原县(66.76%)最大，丘陵县次之(56.28%)，山区县最小(46.60%)；2004 年在东、中、西部地带内，山区县人均第一产业增加值变异水平均小于平原县、丘陵县。2000 年，东部丘陵县、山区县变异系数分别为 68.68%、41.71%，中部丘陵县、山区县变异系数分别为 46.36%、39.29%，西部丘陵县、山区县变异系数分别为 63.74%、50.31%趋势相同，即东、中、西部内部，山区县变异水平均小于丘陵县。

在人均第二产业增加值变异水平上，2004 年，东部平原县(103.25%)最大，丘陵县(76.42%)最小，而山区县(94.52%)居中；中部平原县(93.72%)最大，山区县(83.78%)最小，而丘陵县(89.67%)居中；西部山区县(146.92%)最大，平原县(120.59%)最小，而丘陵县(131.00%)居中，各地带内部山区县、丘陵县、平原县变异水平不一致。2000 年，东部丘陵县、山区县变异系数分别为 75.02%、80.77%，中部丘陵县、山区县变异系数分别为 73.56%、78.72%，西部丘陵县、山区县变异系数分别为 101.83%、141.93%，三大地带内山区县变异水平均大于丘陵县。

综上，在三大地带内，山区县第一产业增加值变异水平均小于丘陵县、平原县，而第二产业增加值变异水平山区县、丘陵县、平原县所呈现规律不一致。

(二) 全国东、中、西部平原县、丘陵县、山区县人口文化素质比较

我国是农民大国、农村大国，也是农业大国，无论对于平原县、丘陵县，还是对于山区县，人是区域社会经济发展的核心力量，人口的文化素质是区域发展的主要动力，也是社会发展现代化的主要标准之一。

由于受资料限制，我们用第五次人口普查资料，只选择反映人口文化素质的平均受教育年限和文盲率两个指标做比较。

中国三大地带平原县、丘陵县、山区县人口文化素质比较显示结果如下。

1. 6 岁以上人口平均受教育年限比较

① 三大地带间比较：平原县间，东、中、西部省份差别不大(表 4.8、图 4.8)，只有中部的安徽(6.59 年)略低，东部的北京(8.70 年)略高，其余都在 7～8 年；丘陵县间，只有安徽略低(6.78 年)，东、中部省份差别不大，都在 7～8 年，而西部除内蒙古(7.44 年)、广西(7.37 年)、新疆(7.25 年)三省份大于 7 年，其余省份均小于 7 年，其中西藏只有 4.15 年；山区县间，东、中部省份只有安徽(6.85 年)低于 7 年，其余均大于 7 年，而西部除新疆(7.27 年)外，其余均低于 7 年，其中西藏的平均受教育年限只有 2.81 年，只有

北京(8.15年)的1/3。但部分省份表现出一定的差异,如,海南、吉林、黑龙江和河南四省山区县的平均受教育年限反而略高于平原县、丘陵县,北京、山东山区县的平均受教育年限略高于丘陵县,等等。

表4.8　中国三大地带分省份平原县、丘陵县和山区县人口文化素质比较

地带	省份	平原县		丘陵县		山区县	
		平均受教育年限(年)	文盲率(%)	平均受教育年限(年)	文盲率(%)	平均受教育年限(年)	文盲率(%)
东部	北京	8.70	7.09	7.90	11.61	8.15	11.01
	天津	7.48	8.85	7.47	11.71		
	河北	7.42	9.17	7.22	9.04	7.41	9.87
	辽宁	7.68	5.99	7.41	8.47	7.45	8.07
	江苏	7.44	8.72	7.52	8.62		
	上海	7.61	11.89				
	浙江	7.14	8.42	7.21	10.26	7.21	9.12
	福建	7.50	8.64	7.16	9.52	7.05	11.81
	山东	7.02	12.81	7.49	10.21	7.34	11.21
	广东	7.38	5.72	7.36	6.95	7.22	8.61
	海南	7.29	11.92	7.27	11.05	7.45	9.59
中部	山西	7.76	5.92	7.63	6.10	7.48	6.77
	吉林	7.47	6.95	7.65	6.05	8.54	5.96
	黑龙江	7.57	7.22	7.75	7.05	8.00	6.75
	安徽	6.59	15.10	6.78	16.86	6.85	12.03
	江西	7.28	8.58	7.30	6.84	7.21	7.27
	河南	7.34	9.21	7.57	7.95	7.69	6.34
	湖北	7.38	9.66	7.39	10.19	7.21	11.04
	湖南	7.70	5.40	7.57	5.73	7.25	8.29
西部	内蒙古	7.46	13.46	7.44	12.22	6.58	22.22
	广西	7.62	5.30	7.37	4.80	6.84	8.52
	四川	7.41	6.15	6.87	9.39	6.11	17.17
	陕西	7.53	8.52	6.59	18.29	6.43	15.28
	甘肃	7.30	12.42	6.69	15.27	5.55	27.13
	宁夏	7.34	13.05			5.82	23.27
	新疆	7.45	8.22	7.25	8.45	7.27	7.66
	重庆			6.96	9.05	6.50	12.29
	云南			6.41	13.42	6.05	16.69
	西藏			4.15	35.24	2.81	53.61
	贵州					5.84	21.42
	青海					5.45	29.85

资料来源:《全国第五次人口普查资料》(2000年)、《2005中国县(市)社会经济统计年鉴》,中国统计出版社;空格表示该类型县空缺。

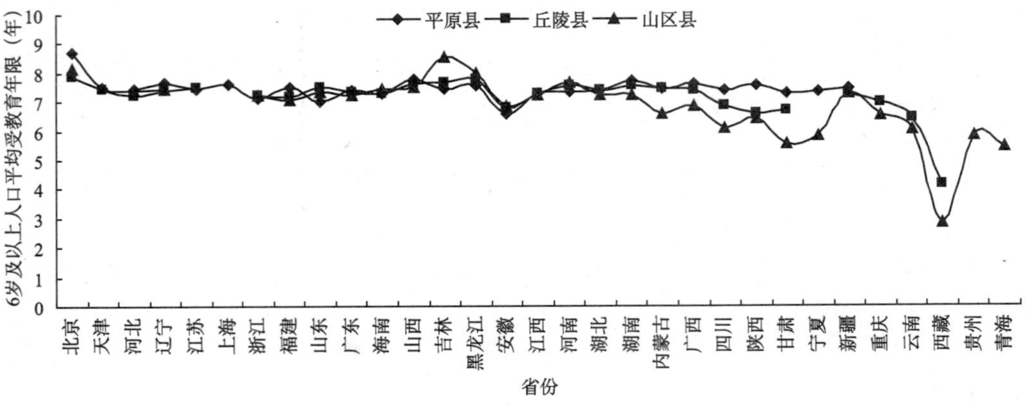

图 4.8　中国三大地带分省份平原县、丘陵县和山区县平均受教育年限比较

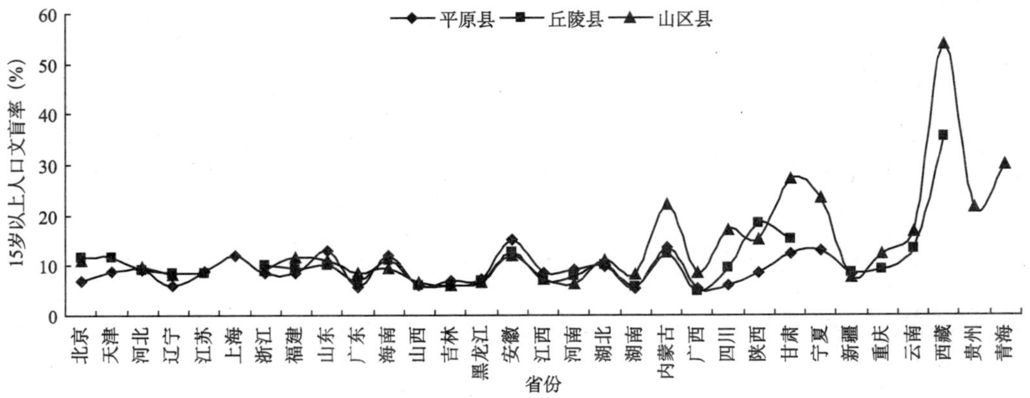

图 4.9　中国三大地带分省份平原县、丘陵县和山区县文盲率比较

② 三大地带内比较：东、中部省份，除了北京平原县（8.7 年）、北京山区县（8.15 年）、吉林山区县（8.54 年）、黑龙江山区县（8 年）大于等于 8 年，安徽平原县（6.59 年）、丘陵县（6.78 年）、山区县（6.85 年）低于 7 年，其余省份平原县、丘陵县、山区县之间差别不大，均在 7～8 年；而西部省份（除新疆外）从平原县、丘陵县到山区县，平均受教育年限均呈降低趋势，内蒙古、广西、四川、陕西、甘肃、宁夏六省区的山区县比平原县低约 1 年，内蒙古、广西、甘肃、西藏四省区山区县比丘陵县低约 1 年，四川、陕西、重庆、云南四省份山区县略低于丘陵县，尤其西部的甘肃、宁夏、西藏、贵州和青海五省区山区县平均受教育年限分别只有 5.55 年、5.82 年、2.81 年、5.84 年、5.45 年，均不足 6 年。

2. 15 岁及以上人口文盲率比较

① 三大地带间比较：平原县、丘陵县间，地带性规律不显著，东部、中部、西部均有文盲率高的省份（表 4.8、图 4.9）；山区县间，从东部、中部到西部，文盲率增大趋势明显，西部的内蒙古、甘肃、宁夏、贵州、青海五省区的文盲率超过 20%，为东部省份的 2～3 倍，西藏的文盲率达到 53.61%，为东部省份的 4～5 倍。

② 三大地带内比较：东部省份（山东、海南除外）山区县、丘陵县均高于平原县；中部各省份表现出一定的差异性，山西、湖北、湖南三省平原县文盲率低于丘陵县、山区县，但吉林、黑龙江、江西、河南四省平原县文盲率高于丘陵县、山区县，安徽平原县文盲率则低于丘陵县、高于山区县；西部地区大多数省份山区县、丘陵县文盲率明显高于平原县，只有内蒙古、广西、新疆表现出一定的差异。

3. 平原县、山区县、丘陵县文盲人数占区域文盲总数比重的比较

如表 4.9、图 4.10 所示，从中国三大地带分省份平原县、丘陵县、山区县文盲人数占区域文盲总数比重的比较可以看出：东部天津、河北、江苏、浙江、山东、海南六省份以平原县为主，辽宁以丘陵县为主，北京、福建、广东以山区县为主；中部山西、吉林、安徽、河南以平原县为主，黑龙江以丘陵县为主，江西、湖南、湖北以山区县为主；西部地区陕西、新疆以平原县为主，内蒙古、广西、四川、重庆以丘陵县为主，甘肃、宁夏、云南、西藏、贵州、青海以山区县为主。

从男性文盲数占区域男性文盲总数比重（图 4.11）及女性文盲数占区域女性文盲总数比重（图 4.12）上看，所呈现规律与文盲总数比重规律基本一致。

表 4.9　中国三大地带分省份平原县、丘陵县、山区县文盲数占区域文盲总数比重的比较

地带	省份	平原县			丘陵县			山区县		
		总比重（%）	男（%）	女（%）	总比重（%）	男（%）	女（%）	总比重（%）	男（%）	女（%）
东部	北京	6.75	7.31	6.60	6.20	7.21	5.93	15.34	23.04	13.25
	天津	19.82	21.03	19.48	13.20	14.78	12.76			
	河北	60.67	60.28	60.91	11.47	11.75	11.31	18.23	20.36	16.93
	辽宁	26.11	28.17	25.40	30.50	30.87	30.37	10.33	11.93	9.77
	江苏	67.76	68.18	67.64	11.04	12.34	10.68			
	上海	23.44	26.51	22.69						
	浙江	37.32	36.65	37.55	16.03	16.31	15.92	22.23	22.93	21.99
	福建	1.96	2.15	1.88	28.25	26.19	29.10	47.82	54.20	45.18
	山东	38.78	39.13	38.66	17.50	17.22	17.60	21.22	23.11	20.56
	广东	19.24	22.78	18.53	17.92	19.42	17.61	33.98	29.60	34.85
	海南	39.67	33.19	41.35	30.41	35.99	28.96	13.10	16.81	12.13
中部	山西	32.53	28.91	34.02	24.48	26.55	23.63	21.44	24.77	20.07
	吉林	40.26	41.84	39.56	23.30	24.16	22.91	14.43	14.04	14.61
	黑龙江	27.22	27.95	26.91	33.53	34.83	32.99	10.60	10.93	10.46
	安徽	48.81	49.24	48.63	17.49	18.75	16.99	8.78	7.91	9.12
	江西	27.06	27.75	26.86	21.82	23.83	21.23	36.78	34.52	37.44
	河南	62.61	61.85	62.89	18.08	18.35	17.99	8.13	9.17	7.74
	湖北	20.08	14.79	21.81	24.40	25.67	23.98	32.78	38.59	30.88
	湖南	15.88	15.91	15.87	33.55	32.57	33.86	39.09	41.24	38.42

续表

地带	省份	平原县 总比重(%)	平原县 男(%)	平原县 女(%)	丘陵县 总比重(%)	丘陵县 男(%)	丘陵县 女(%)	山区县 总比重(%)	山区县 男(%)	山区县 女(%)
西部	内蒙古	22.52	23.20	22.21	56.31	56.28	56.32	6.07	6.49	5.87
	广西	7.12	5.87	7.44	49.81	49.73	49.83	26.22	29.37	25.41
	四川	7.43	7.09	7.56	39.53	35.28	41.17	33.66	39.83	31.28
	陕西	38.70	32.96	41.12	21.75	23.76	20.90	22.19	27.72	19.87
	甘肃	9.98	8.68	10.58	11.53	10.88	11.83	70.03	73.17	68.59
	宁夏	21.41	21.99	21.16				53.20	53.46	53.08
	新疆	88.10	89.83	87.01	1.25	1.39	1.16	3.42	3.35	3.46
	重庆				41.11	40.04	41.49	35.54	37.68	34.77
	云南				5.51	5.42	5.55	88.32	88.85	88.08
	西藏				10.51	10.20	10.70	85.84	86.51	85.46
	贵州							93.31	93.56	93.22
	青海							94.01	95.17	93.47

资料来源:《2005 中国社会县(市)经济统计年鉴》,《全国第五次人口普查资料》,中国统计出版社,空格表示该类型空缺。

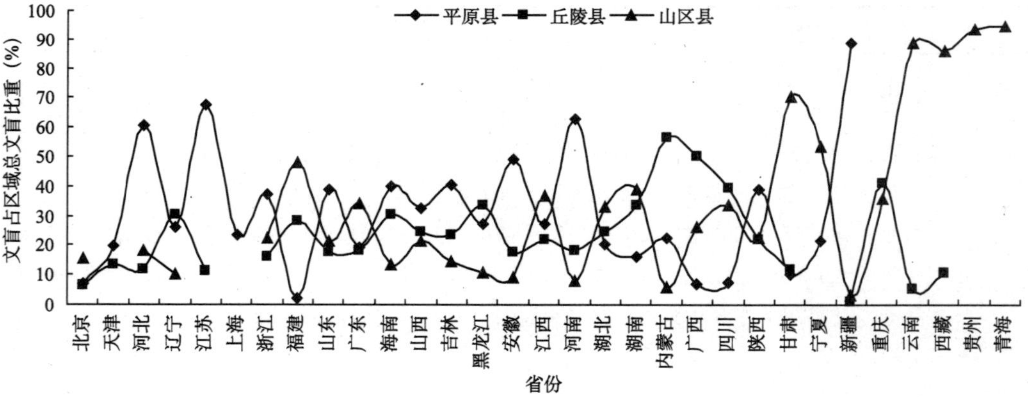

图 4.10 中国三大地带分省份平原县、丘陵县、山区县文盲数占区域文盲总数的比重

人口文化素质低,是中国平原县、丘陵县、山区县农村剩余劳动力向城市(城镇)第二、三产业转移的制约瓶颈,特别是对于那些经济水平差、社会发展落后、区位条件差的西部山区县,文盲人口比重大的问题显得尤为突出,人口相对较多、农村剩余劳动力资源丰富,与人力资本质量差形成很大矛盾。劳动力文化素质低,造成对新鲜事物、科技知识、市场信息等的认知能力、接受能力、反应能力差,缺乏参与现代经济生活的能力,使得山区聚落的产业结构调整进度与成效明显滞后于区域、国家,市场发育程度也明显滞后于区域、国家。因而大多数山区聚落不能分享国家改革与建设所带来的成果,不能分享国家经济发展、社会进步所带来的利益。

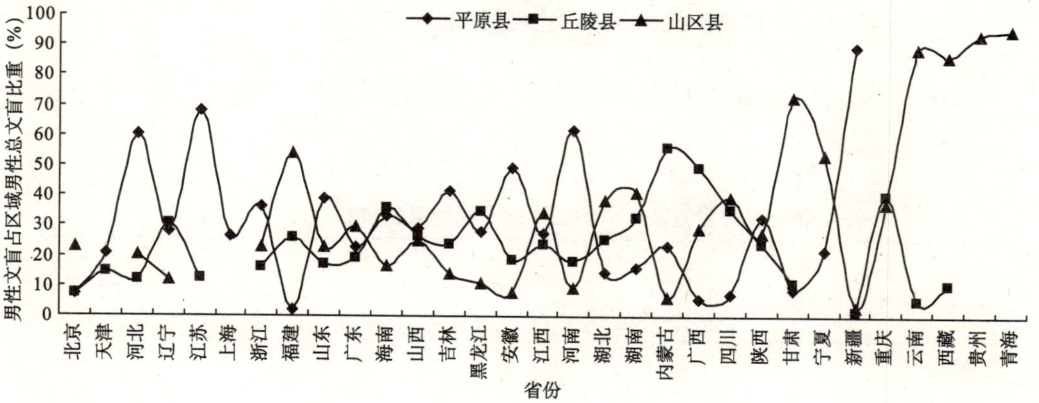

图 4.11　中国三大地带分省份平原县、丘陵县、山区县男性文盲数占区域男性文盲总数的比重

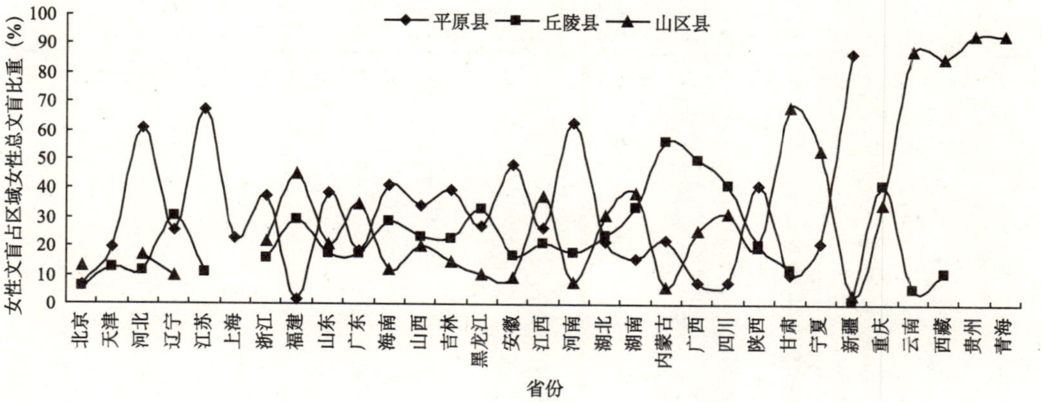

图 4.12　中国三大地带分省份平原县、丘陵县、山区县女性文盲数占区域女性文盲总数的比重

尤为突出的是，女性是下一代孕育者，也是下一代的启蒙者、教育者，是山区聚落（农户）经济发展的重要力量，而当前我国山区县、丘陵县女性的高文盲率对中国人口文化素质的提高是一种障碍，减少山区县、丘陵县女性文盲的数量，特别是减少西部山区县女性文盲人口的数量，提高西部山区县女性的文化素质，对中国山区人口、经济、社会的可持续发展有着至关重要的作用。

三、东、中、西部典型省份山区县、丘陵县、平原县经济社会发展差距

由于缺乏全国县级国内生产总值的统一统计资料，这里选择了具有代表性的省份，以浙江（浙）代表东部地区，以湖南（湘）代表中部地区，以甘肃（甘）代表西部地区，说明我国东部、中部、西部三大地带山区县、丘陵县、平原县（以下简称三大地形类型县）经济发展的现状，由此可以比较东、中、西部三大地带间以及各地带内部山区县、丘陵县、平原县之间存在的差距。

(一) 浙湘甘间及其内部三大地形类型县经济密度比较

总体上，从浙江、湖南到甘肃，从平原县、丘陵县到山区县，经济密度呈下降态势(表4.10、图4.13)。

表 4.10 浙湘甘间及其内部三大地形类型县经济状况比较(2004 年)

	浙江			湖南			甘肃		
	平原县	丘陵县	山区县	平原县	丘陵县	山区县	平原县	丘陵县	山区县
经济密度(万元 GDP/km²)	1 810	922	337	309	239	89	21	47	15
人均 GDP(元)	24 247	21 021	15 072	8 235	6 193	4 697	8 586	4 277	2 658
人均第一产业 GDP(元)	2 189	2 395	1 721	2 510	1 775	1 405	2 726	1 104	859
人均第二产业 GDP(元)	13 725	11 521	8 420	3 162	2 199	1 654	3 261	1 821	884
人均第三产业 GDP(元)	8 332	7 106	4 931	2 564	2 218	1 638	2 598	1 352	914

资料来源:《2005 中国县(市)社会经济统计年鉴》,《2005 浙江统计年鉴》,《2005 湖南统计年鉴》,《2005 甘肃统计年鉴》,中国统计出版社。

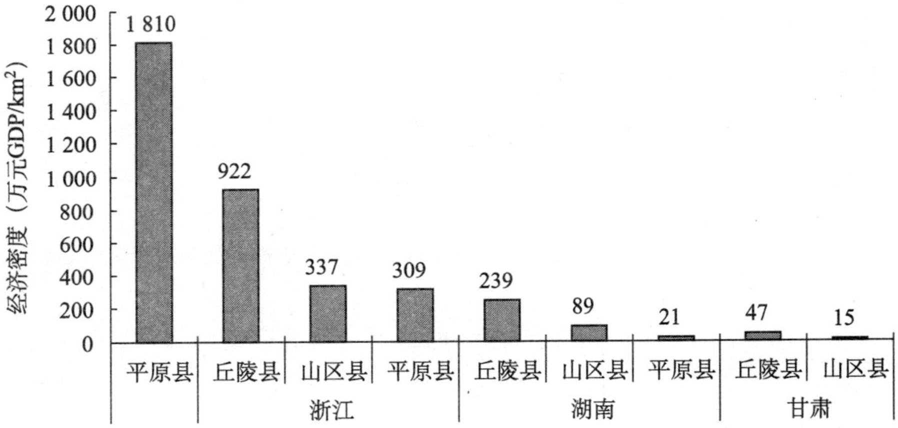

图 4.13 浙湘甘间及其内部三大地形类型县经济密度比较

1. 甘肃、湖南两省内三大地形类型县经济密度均明显低于浙江

从浙江、湖南到甘肃，平原县经济密度由 1 810 万元 GDP/km²、309 万元 GDP/km² 下降到 21 万元 GDP/km²；丘陵县经济密度由 922 万元 GDP/km²、239 万元 GDP/km² 下降到 47 万元 GDP/km²；山区县经济密度也由 337 万元 GDP/km²、89 万元 GDP/km² 下降到 15 万元 GDP/km²；东部、中部、西部地带间平原县、丘陵县、山区县经济密度比分别为 1∶0.17∶0.01、1∶0.26∶0.05、1∶0.26∶0.04。

2. 浙湘甘三省内山区县经济密度均显著低于丘陵县、平原县

从平原县、丘陵县到山区县，浙江经济密度由 1 810 万元 GDP/km^2、922 万元 GDP/km^2 下降到 337 万元 GDP/km^2；湖南由 309 万元 GDP/km^2、239 万元 GDP/km^2 下降到 89 万元 GDP/km^2；甘肃内部略有差异，丘陵县（47 万元 GDP/km^2）最高，其次为平原县（21 万元 GDP/km^2），山区县（15 万元 GDP/km^2）最低；浙湘甘内平原县、丘陵县、山区县经济密度比分别为 1∶0.51∶0.19、1∶0.77∶0.29、1∶2.24∶0.71。

地带性差异是我国经济发展的一大特征，无论是在浙湘甘三省之间，还是浙湘甘内，山区县经济密度均处于弱势地位，最大的浙江平原县（1 810 万元 GDP/km^2）竟然是最小的甘肃山区县（15 万元 GDP/km^2）的 121 倍。

（二）浙湘甘间及其内部三大地形类型县人均 GDP 比较

浙湘甘间及其内部三大地形类型县人均 GDP 及其构成比较（图 4.14）显示：无论是浙湘甘之间，还是浙湘甘各省内部，从平原县、丘陵县到山区县，人均 GDP 均呈下降趋势。

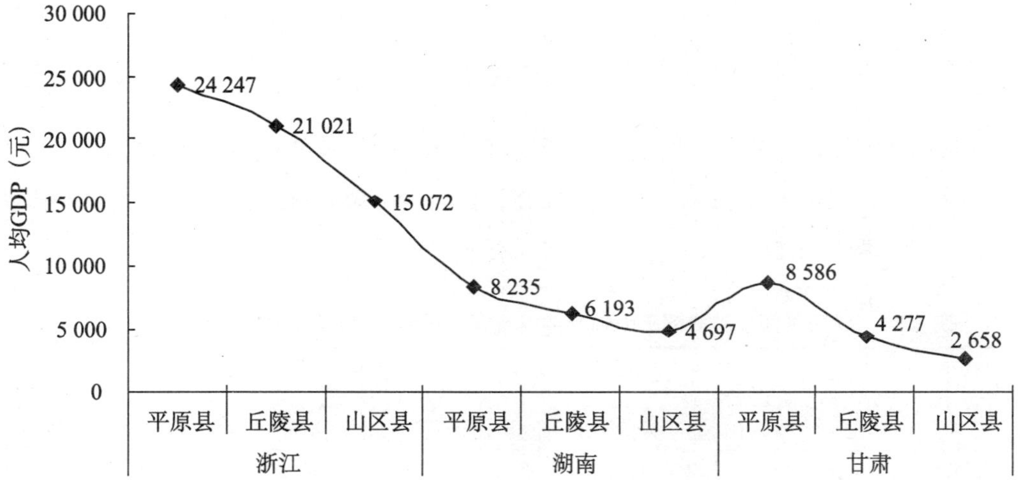

图 4.14 浙湘甘间及其内部三大地形类型县人均 GDP 比较

1. 浙湘甘间三大地形类型县人均 GDP 差距比较

从浙江到湖南、甘肃，平原县人均 GDP 由 24 247 元下降到 8 235 元、8 586 元，甘肃人均 GDP 略高于湖南；丘陵县人均 GDP 由 21 021 元、6 193 元下降到 4 277 元；同样，山区县人均 GDP 也由 15 072 元、4 697 元下降到 2 658 元；三省份间平原县、丘陵县、山区县人均 GDP 比分别为 1∶0.34∶0.35、1∶0.29∶0.20、1∶0.31∶0.18，甘肃、湖南三大地形类型县人均 GDP 均明显低于浙江。

2. 浙湘甘内三大地形类型县人均GDP差距比较

从平原县、丘陵县到山区县，浙江人均GDP由24 247元、21 021元下降到15 072元；湖南人均GDP由8 235元、6 193元下降到4 697元；甘肃人均GDP由8 586元、4 277元下降到2 658元；三省份内平原县、丘陵县、山区县间人均GDP比分别为1∶0.87∶0.62、1∶0.75∶0.57、1∶0.50∶0.31，山区县均明显低于丘陵县、平原县，且从浙江、湖南到甘肃，平原县、丘陵县、山区县之间人均GDP差距有扩大趋势。

3. 浙湘甘间及其内部三大地形类型县人均GDP构成差异比较

浙湘甘间及其内部三大地形类型县人均GDP差距的主要原因在非农产业差距[2]，首先是人均第二产业GDP差距，其次为人均第三产业GDP差距，而人均第一产业GDP差距不明显。人均第二产业GDP最大的浙江平原县(13 725元)比最小的甘肃山区县(884元)多12 841元，相差14.53倍；人均第三产业GDP最大的浙江平原县(8 332元)比最小的甘肃山区县(914元)多7 418元，相差8.12倍；而人均第三产业GDP最大的浙江平原县(2 189元)比最小的甘肃山区县(859元)仅多1 330元，相差1.55倍。

(三) 浙湘甘间及其内部三大地形类型县社会发展比较

从浙湘甘间及其内部三大地形类型县农村聚落、人口及就业情况比较(表4.11、图4.15、图4.16、图4.17)可以看出：从浙江、湖南到甘肃，聚落密度、乡镇密度降低趋势明显，但地带内部平原县、丘陵县、山区县之间有一定差异。

表4.11 浙湘甘间及其内部三大地形类型县农村聚落、人口及就业情况比较(2004年)

	浙江			湖南			甘肃		
	山区县	丘陵县	平原县	山区县	丘陵县	平原县	山区县	丘陵县	平原县
乡镇密度(个/100km²)	1.12	1.15	1.57	0.95	1.40	1.29	0.35	0.52	0.13
聚落密度(个/100km²)	24.94	42.97	47.87	16.69	34.71	21.01	4.58	5.43	1.37
农户密度(户/km²)	74.64	154.92	233.27	53.81	131.73	120.16	13.09	27.89	6.69
乡村农户密度(户/km²)	60.77	129.03	211.53	50.70	111.15	92.43	11.12	22.31	4.52
人口密度(人/km²)	224.32	459.21	746.50	190.49	457.51	374.83	57.19	114.46	24.51
乡村人口密度(人/km²)	189.65	387.30	643.60	172.35	409.50	330.98	51.47	99.92	18.28
乡村人口/总人口(%)	84.55	84.34	86.22	90.48	89.51	88.30	89.99	87.30	74.56
乡村从业人员/乡村人口(%)	60.79	64.81	61.33	54.72	54.36	53.00	51.13	50.37	53.28
农林牧渔业从业人员/乡村从业人员(%)	47.10	39.84	29.92	74.32	65.02	66.79	73.82	68.70	72.04

资料来源：《2005中国县(市)社会经济统计年鉴》，中国统计出版社。

1. 聚落密度与乡镇密度比较

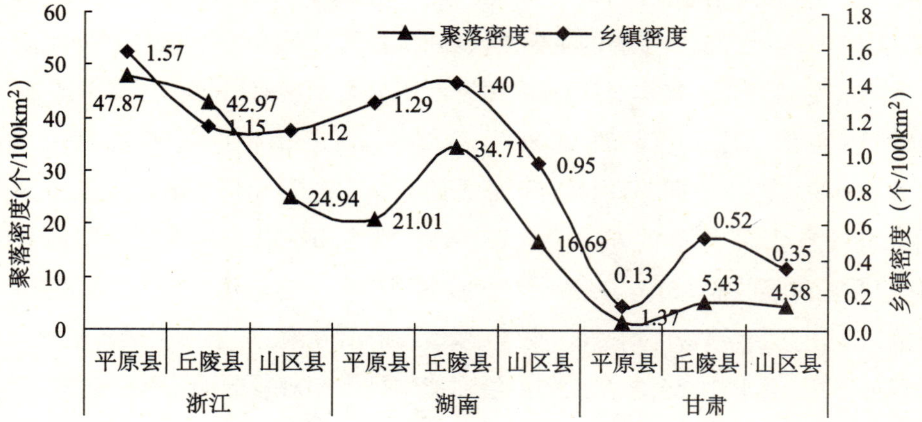

图 4.15 浙湘甘间及其内部三大地形类型县聚落密度、乡镇密度比较

① 浙湘甘间三大地形类型县聚落密度、乡镇密度比较

在聚落密度上，从浙江、湖南到甘肃，平原县由 47.87 个/km²、21.01 个/km² 降低到 1.37 个/km²；丘陵县由 42.97 个/km²、34.71 个/km² 降低到 5.43 个/km²；山区县也由 24.94 个/km²、16.69 个/km² 降低到 4.58 个/km²；三省份间平原县、丘陵县、山区县聚落密度比分别为 1∶0.44∶0.03、1∶0.81∶0.13、1∶0.66∶0.18。在乡镇密度上，从浙江、湖南到甘肃，平原县由 1.57 个/km²、1.29 个/km² 下降到 0.13 个/km²；丘陵县由 1.15 个/km²、1.40 个/km² 下降到 0.52 个/km²；山区县由 1.12 个/km²、0.95 个/km² 下降到 0.35 个/km²；三省份间平原县、丘陵县、山区县乡镇密度比分别为 1∶0.82∶0.08、1∶1.22∶0.45、1∶0.85∶0.31。由此可知，湖南、甘肃三大地形类型县聚落密度、乡镇密度均处于弱势地位。

② 浙湘甘内部三大地形类型县聚落密度、乡镇密度分布规律有一定差异

从平原县到丘陵县、山区县，在聚落密度上，浙江从 47.87 个/km² 下降到 42.27 个/km²、24.94 个/km²；而湖南丘陵县(34.71 个/km²)最高，其次为平原县(21.01 个/km²)、山区县(16.69 个/km²)；甘肃丘陵县(5.43 个/km²)最高，其次为山区县(4.58 个/km²)、平原县(1.37 个/km²)；浙湘甘三省内部平原县、丘陵县、山区县聚落密度之比分别为 1∶0.90∶0.52、1∶1.65∶0.79、1∶3.96∶3.34。同样，在乡镇密度上，浙江平原县(1.57 个/km²)最高，丘陵县(1.15 个/km²)次之，山区县(1.12 个/km²)最低；而湖南丘陵县(1.40 个/km²)最高，平原县(1.29 个/km²)次之，山区县(0.95 个/km²)最低；甘肃丘陵县(0.52 个/km²)最高，山区县(0.35 个/km²)次之，平原县(0.13 个/km²)最低，浙湘甘三内部平原县、丘陵县、山区县之比分别为 1∶0.73∶0.71、1∶1.08∶0.73、1∶4.00∶2.69。由此可以看出，浙江、湖南山区县聚落密度、乡镇密度均处于弱势地位，而

甘肃内部三大地形类型县间聚落密度、乡镇密度所呈现规律有一定差异。

对于广大山区聚落而言，在经济区域上，集镇（乡镇政府所在地）是聚落主要的产业聚集中心、经济辐射中心；在行政管理及社会服务上，集镇是农村教育、就业、医疗、交通、通信、娱乐等社会公共服务的主要提供场所，尤其对于城市数量少的西部山区而言，集镇的功能更加综合。整体上，浙江乡镇密度明显高于湖南、甘肃，甘肃山区县乡镇密度分别只有湖南、浙江山区县的36.84%、31.25%；而在浙湘甘三省内部，浙江山区县、丘陵县乡镇密度基本相同，分别只有平原县的73.25%、71.34%；湖南山区县乡镇密度分别只有丘陵县、平原县的67.85%、73.64%；甘肃山区县乡镇密度是平原县的2.7倍，但只有丘陵县的67.31%，乡镇密度所呈现规律有一定差异。总体上，在湖南、甘肃两省的广大山区，乡镇密度均过低，集镇（乡镇政府所在地）对于山区聚落的产业聚集、经济辐射作用，对于社会公共产品的供给功能均呈现相对较弱的态势。这些不利于山区聚落的非农产业发展和农村剩余劳动力向第二、三产业的转移。

2. 农户（乡村农户）密度和人口密度（乡村人口）密度比较

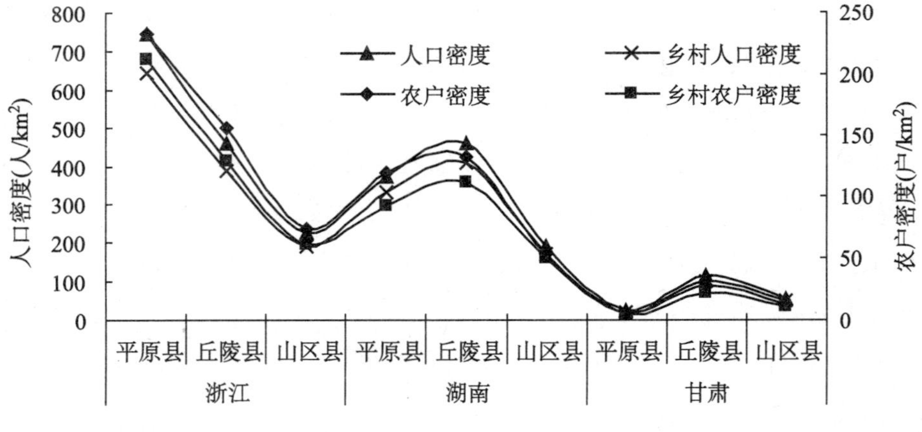

图4.16　浙湘甘间及其内部三大地形类型县农户（乡村农户）密度及人口（乡村人口）密度比较

注：甘肃（西部）不少平原县属于荒漠地貌类型，故面积广大而人口稀少。

在农户（乡村农户）密度、人口（乡村人口）密度上，浙湘甘间及其内部三大地形类型县所呈现规律与聚落密度、乡镇密度类似，即总体趋势降低，但三省份内部有一定差异。

① 浙湘甘间三大地形类型县比较

浙江、湖南、甘肃三省份间平原县农户密度、乡村农户密度、人口密度、乡村人口密度之比分别为1∶0.52∶0.03、1∶0.44∶0.02、1∶0.50∶0.03、1∶0.51∶0.03；丘陵县农户密度、乡村农户密度、人口密度、乡村人口密度之比分别为1∶0.85∶0.18、1∶0.86∶0.17、1∶1∶0.25、1∶1.06∶0.26；山区县农户密度、乡村农户密度、人口密度、乡村人口密度之比分别为1∶0.72∶0.18、1∶0.83∶0.18、1∶0.85∶0.25、1∶0.91∶0.27。甘肃在4项指标上均与湖南、浙江差距显著。

② 浙湘甘内三大地形类型县比较

平原县、丘陵县、山区县间农户密度、乡村农户密度、人口密度、乡村人口密度之比浙江分别为1∶0.66∶0.32、1∶0.61∶0.29、1∶0.62∶0.30、1∶0.60∶0.29；湖南分别为1∶1.10∶0.41、1∶1.20∶0.55、1∶1.22∶0.51、1∶1.24∶0.52；甘肃分别为1∶4.17∶1.96、1∶4.94∶2.46、1∶4.67∶2.33、1∶5.47∶2.82。由此可知，在三省份内部，东部丘陵县、山区县人口规模较平原县弱势明显，而中部丘陵县大于平原县，山区县人口规模最小，西部丘陵县、山区县人口规模大于平原县。

山区农村聚落的小(规模)、散(布局)特征，与农牧业发展所需要的规模化、集约化、产业化不相适应，与文化教育、科技普及、医疗保健等现代社会活动所需要的人口集中居住模式不相适应，与现代社会发展的工业化、城市化、信息化趋势不相适应，而且山区聚落基础设施的建设存在高投入、高维护、低效益的特征，与建设资源节约型社会的要求也不相适应。

(四) 浙湘甘间及其内部三大地形类型县乡村人口及乡村就业情况比较

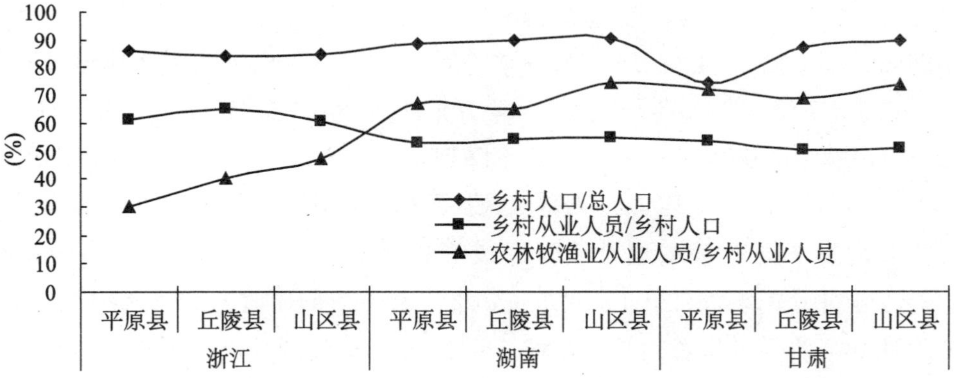

图 4.17 浙湘甘间及其内部三大地形类型县乡村人口及乡村就业情况比较

在乡村人口占总人口比重上，除甘肃平原县(74.56%)低外，浙江、湖南、甘肃三省份间平原县、丘陵县、山区县基本持平；总体而言，在乡村从业人员占乡村人口比重上，湖南、甘肃低于浙江6～10个百分点，浙江、湖南、甘肃间山区县比为1∶0.90∶0.84；在农林牧渔业从业人员占乡村从业人员比重上，从浙江到湖南、甘肃，增大趋势明显，最大值出现在湖南山区县(74.32%)，而最小值出现在浙江平原县(29.92%)，前者比后者多44.40个百分点，而浙江、湖南、甘肃山区县之比为1∶1.58∶1.57。由此说明，与浙江相比，湖南、甘肃平原县、丘陵县、山区县乡村聚居人口比重基本相当，但在乡村人口就业率上，湖南、甘肃平原县、丘陵县、山区县明显小于浙江，乡村人口就业不充分，而且湖南、甘肃平原县、丘陵县、山区县农业就业人口比重明显高于浙江，特别是对于西部山区县而言，情况更是如此，农业比较收益下降是众所周知的事实。所以，山区县农村聚落在整体经济发展进程中处于很明显的弱势地位。

(五) 浙湘甘间及其内部三大地形类型县社会经济发展差距比较

在全国山区县、丘陵县、平原县社会经济发展情况比较的基础上，又增加了人均消费品零售总额、乡村人口人均用电量、经济作物播种面积比重、农民人均纯收入、万人医疗机构拥有量、万人医护人员拥有人数、万人学校拥有量、万人教师拥有人数等 11 项指标，比较当前我国东、中、西部三大地带山区县、丘陵县、平原县在社会经济发展上存在的差距(表 4.12)。在所选的 22 项指标中，山区县只在万人医疗机构拥有量、万人医护人员拥有人数、万人学校拥有量、万人社会福利院拥有量 4 项指标与丘陵县、平原县接近，而在其余 17 项指标上，丘陵县、平原县均具有优势或显著优势。

这里仅就与山区县有关的关键指标差距进行分析。

1. 湖南、甘肃山区县各项指标与浙江差距显著

就山区县而言，从浙江到湖南、甘肃，人均地方财政收入从 693.13 元下降到 171.48 元、104.03 元，比值为 1∶0.25∶0.15；人均居民储蓄存款余额从 7 760.29 元下降到 2 894.20 元、1 822.83 元，比值为 1∶0.37∶0.23；人均工业总产值从 16 508.24 元下降到 1 865.52 元、1 068.33 元，比值为 1∶0.11∶0.06；万人基本建设投资额从 4 177.68万元下降到 720.27 万元、569.04 万元，比值为 1∶0.17∶0.14，而同期基本建设投资完成额密度从 93.71 万元/km^2 下降到 13.72 万元/km^2、3.25 万元/km^2，比值达到 1∶0.15∶0.03。究其原因，西部山区县面积广大，导致万人基本建设投资完成额相对比值远小于同期基本建设投资完成额相对比值；固定电话入户率甘肃只有 26.40%，分别比湖南、浙江低 11.52%、65.22%，浙湘甘间比值为 1∶0.41∶0.29；山区县人均社会消费品零售总额从湖南的 1 604.96 元下降到甘肃的 838.31 元，减少了 766.65 元，山区县居民生活水平甘肃也明显低于湖南。

从浙江到湖南、甘肃，山区县乡村人均用电量从 592.46kW·h 下降到 91.05kW·h、86.42kW·h，每 hm^2 有效灌溉耕地化肥使用量也由 710.52kg 下降到 215.14kg、136.07kg，比值分别为 1∶0.15∶0.15、1∶0.30∶0.19，山区县经济作物种植面积比重从湖南到甘肃也由 39.03%下降为 25.55%，下降了近 14%，说明湖南、甘肃山区县在农业生产投入上明显不如浙江，土地利用方式粗放，而且传统农作物种植比重过大；山区县农民人均纯收入从 4 871 元下降到 1 977.94 元、1 446.33 元，农业劳动生产率也由 7 092.64 元/人下降到 4 157.21 元/人、2 849.43 元/人，劳均农业机械总动力从 1.37kW 下降到 1.06kW、0.91kW，三项指标比值分别为 1∶0.41∶0.30、1∶0.59∶0.40、1∶0.77∶0.66。总体上，湖南、甘肃山区县农业经济效益及农业机械化水平明显落后于浙江。

2. 浙江、湖南、甘肃内部三大地形类型县比较

如表4.12、图4.18所示，在人均地方财政收入、人均居民储蓄存款余额、人均工业

表 4.12　浙湘甘间及其内部三大地形类型县主要社会经济指标比较

	浙江			湖南			甘肃		
指　标	山区县	丘陵县	平原县	山区县	丘陵县	平原县	山区县	丘陵县	平原县
一、社会经济、工农业及基本建设									
人均地方财政收入(元)	693.13	1 002.10	1 053.78	171.48	224.14	278.07	104.03	123.58	200.03
人均居民储蓄存款余额(元)	7 760.29	10 875.83	12 033.03	2 894.20	3 402.22	3 383.54	1 822.83	2 859.37	6 812.19
人均粮食拥有量(kg)	210.13	212.22	214.40	392.33	497.89	606.10	296.29	345.91	531.66
人均工业总产值(元)	16 508.24	23 581.21	37 413.55	1 865.52	2 471.58	4 994.45	1 068.33	1 848.60	3 475.05
万人基本建设投资完成额(万元)	4 177.68	3 433.12	2 496.44	720.27	465.52	1 020.32	569.04	1 308.33	2 039.93
基本建设投资完成额密度(万元/km^2)	93.71	157.65	186.36	13.72	21.30	38.25	3.25	14.97	5.00
固定电话入户率(%)	91.62	115.04	126.33	37.92	34.17	53.15	26.40	50.27	80.19
人均消费品零售总额(元)				1 604.96	1 887.81	2 356.78	838.31	1 179.91	2 049.81
乡村人口人均用电量(kW·h)	592.46	753.56	1 679.53	91.05	97.85	195.59	86.42	160.81	340.98
每 hm^2 有效灌溉耕地化肥使用量(kg)	710.52	693.29	602.04	215.14	256.45	265.23	136.07	162.44	463.72
经济作物种植面积比重(%)				39.03	32.45	41.35	25.55	31.97	47.60
农民人均纯收入(元)	4 871.00	5 906.80	7 023.00	1 977.94	1 466.53	3 438.89	1 446.33	1 872.55	3 311.66
农业劳动生产率(元)	7 092.64	10 704.01	13 841.74	4 157.21	5 602.03	8 029.22	2 489.43	3 949.73	8 449.97
劳均农业机械总动力(kW)	1.37	2.91	2.97	1.06	1.31	2.17	0.91	1.57	4.63

续表

指　标	浙江			湖南			甘肃		
	山区县	丘陵县	平原县	山区县	丘陵县	平原县	山区县	丘陵县	平原县
二、教育、医疗及社会保障									
万人医疗机构拥有量(所)	0.96	0.66	0.78	0.72	0.48	0.50			
万人医护人员拥有人数(人)	13.80	15.06	14.34	22.30	22.51	22.19			
万人学校拥有量(所)				4.56	3.67	3.30	7.59	6.46	6.12
万人教师拥有人数(人)				73.93	76.29	75.55	79.84	90.36	93.49
中小学在校学生占总人口比重(%)	12.32	12.77	17.48	13.65	13.88	12.49	19.81	20.36	18.28
万人医院卫生院床位拥有量(张)	19.39	22.29	20.44	16.75	14.47	16.39	15.35	17.87	27.42
万人社会福利院拥有量(个)	0.41	0.31	0.35	0.20	0.20	0.17	1.36	0.26	0.25
万人社会福利院床拥有量(张)	17.42	23.23	22.15	0.20	4.12	5.76	1.55	3.53	4.08

资料来源:《2005中国县(市)社会经济统计年鉴》,《2005浙江统计年鉴》,《2005湖南统计年鉴》,《2005甘肃统计年鉴》,中国统计出版社;其中,医疗机构是包括诊所、疾病防治中心、医院等各类医疗机构的总和,医护人员是包括各类医疗机构的医生、护士等治疗人员在内的总和,学校是中学和小学数量的总和,教师人数包括小学专任教师和中学专任教师的总和,浙江教师人数、学校数量数据缺失,甘肃医疗机构、医护人员数据缺失。

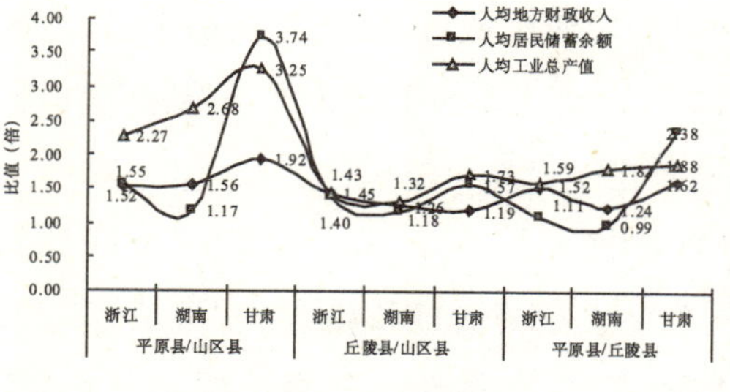

a 人均地方财政收入、居民储蓄存款余额、工业总产值

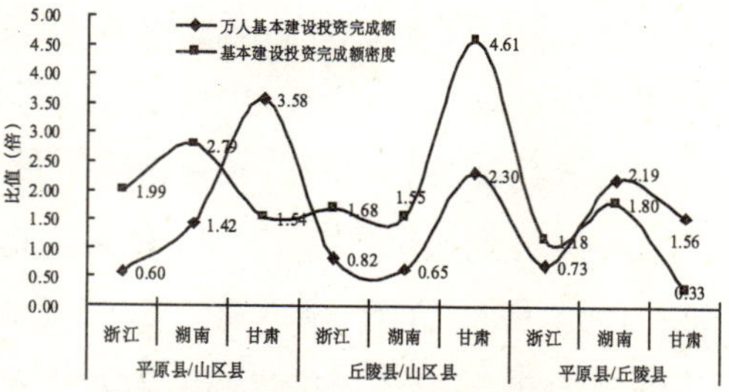

b 万人基本建设投资完成额、基本建设投资完成额密度

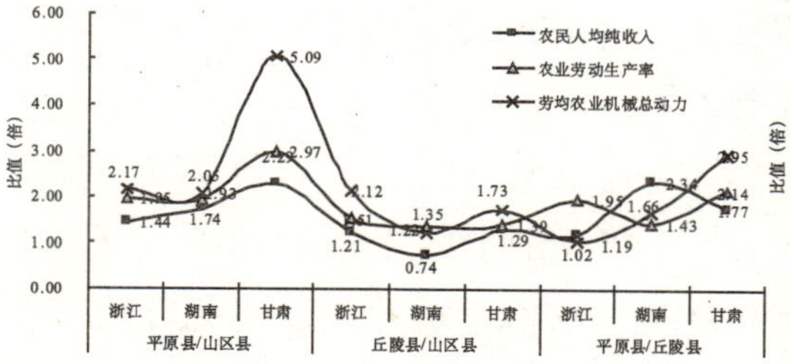

c 农民人均纯收入、农业劳动生产率、劳均农业机械总动力

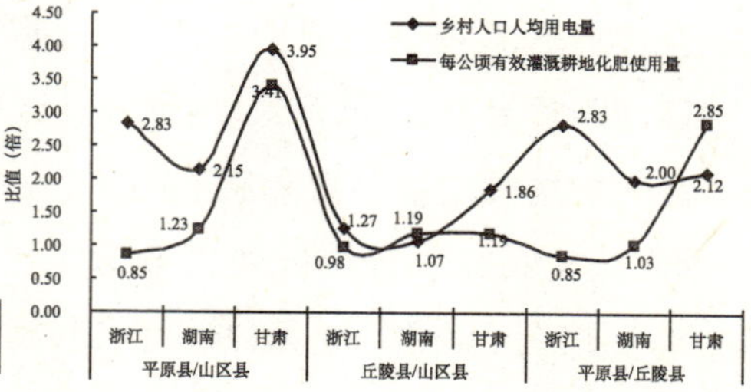

d 乡村人口人均用电量、每公顷有效灌溉化肥投入量

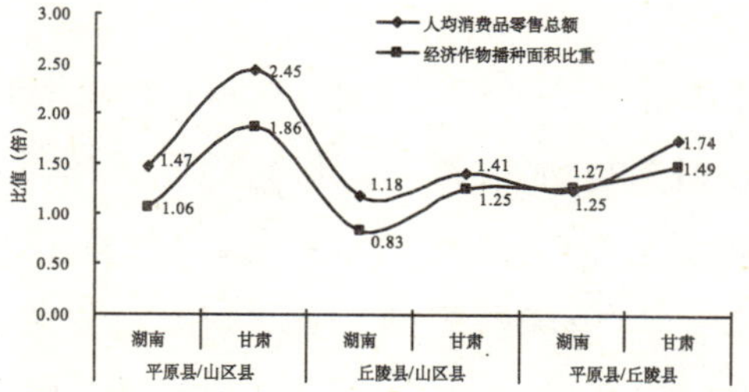

e 人均社会消费品零售总额、经济作物种植面积比重

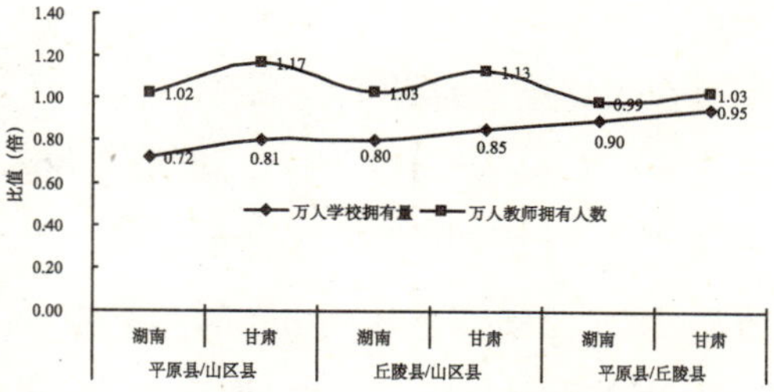

f 万人医疗机构拥有量、万人医护人员拥有人数

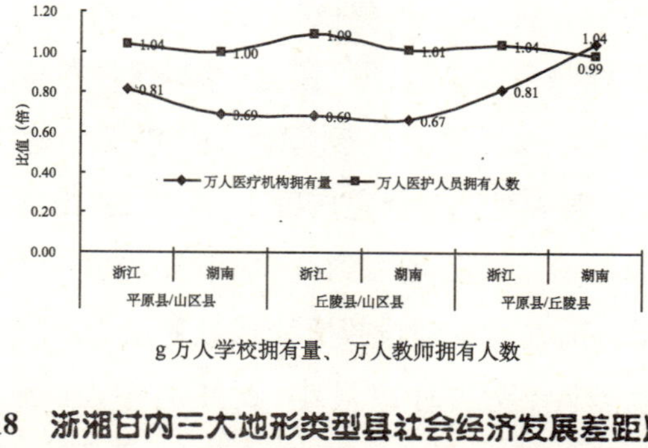

g 万人学校拥有量、万人教师拥有人数

图 4.18　浙湘甘内三大地形类型县社会经济发展差距比较

（a：人均地方财政收入、居民储蓄存款余额、工业总产值；b：万人基本建设投资完成额、基本建设投资完成额密度；c：农民人均纯收入、农业劳动生产率、劳均农业机械总动力；d：乡村人口人均用电量、每公顷有效灌溉化肥投入量；e：人均社会消费品零售总额、经济作物种植面积比重；f：万人医疗机构拥有量、万人医护人员拥有人数；g：万人学校拥有量、万人教师拥有人数）

总产值、基本建设投资完成额密度、固定电话入户率、人均消费品零售总额、乡村人口人均用电量、农民人均纯收入、农业劳动生产率、劳均农业机械总动力10项指标上，山区县均落后于丘陵县、平原县；在万人医疗机构拥有量、万人学校拥有量2项指标上，山区县反而高于丘陵县、平原县；其余指标所呈现规律有一定差异。

从平原县到丘陵县、山区县：在人均地方财政收入上，浙江从1 053.78元降低到1 002.10元、693.13元；湖南从278.07元降低到224.14元、178.48元；甘肃从200.03元降低到123.58元、104.03元；从浙江到湖南、甘肃三大地形类型县相对差距（图4.18a）可以看出，平原县/山区县比值从1.52、1.56上升到1.92，差距增大，而丘陵县/山区县比值从1.45、1.26下降到1.19，差距减小，平原县/丘陵县比值则分别为1.52、1.24、1.62，甘肃最大，湖南最小，而浙江居中。

在人均居民储蓄存款余额上，浙江从12 033.03元降低到10 875.83元、7 760.29元；湖南从3 383.54元降低到3 402.22元、2 894.20元；同样，甘肃从6 812.19元降低到2 859.37元、1 822.83元；从浙江到湖南、甘肃三大地形类型县相对差距可知，平原县/山区县比值从1.55、1.17上升到3.74，差距扩大，而丘陵县/山区县比值从1.40、1.18上升到1.57，差距扩大，平原县/丘陵县比值也由1.11、0.99上升到2.38，差距也呈扩大趋势。

在人均工业总产值上，浙江从37 413.55元降低到23 581.21元、16 508.24元；湖南从4 494.45降低到2 471.58元、1 865.52元；甘肃也由3 475.05元降低到1 848.60元、1 068.33元；从浙江到湖南、甘肃三大地形类型县相对差距可知，平原县/山区县比值从2.27、2.68上升到3.25，差距扩大，而丘陵县/山区县比值分别为1.43、1.32、1.73，甘肃最大，浙江次之，湖南最小，平原县/丘陵县比值为1.59、1.82上升到1.88，差距扩大。

在万人基本建设投资完成额、基本建设投资完成额密度上，浙湘甘三省内山区县、丘陵县平原县所呈现规律与全国一致，即山区县基本建设投资完成额相对比值与基本建设投资完成额密度不对称。从浙江到湖南、甘肃三大地形类型县相对差距（图4.18b）可以看出，在万人基本建设投资完成额上，平原县/山区县从0.60、1.42增加到3.58，丘陵县/山区县从0.82、0.65增加到2.30，差距均呈扩大趋势，而平原县/丘陵县则分别为0.73、2.19、1.56；在基本建设投资完成额密度上，平原县/山区县比值分别为1.99、2.79、1.54，湖南差距最大，甘肃最小，浙江居中，丘陵县/山区县比值分别为1.68、1.55、4.61，甘肃最大，湖南最小，而浙江居中，平原县/丘陵县比值则由1.18、1.80降低到0.33，差距缩小。

在农民人均纯收入上，浙江从7 023元降低到5 906.80元、4 871元；而湖南分别从3 438.89元降低到1 466.53元、1 977.94元；甘肃则从3 311.66元降低到1 872.55元、1 446.33元；从浙江到湖南、甘肃三大地形类型县相对差距（图4.18c）可以看出，平原县/山区县比值从1.44、1.74下降到2.29，差距扩大，而丘陵县/山区县比值分别为

1.21、0.74、1.29，甘肃最大，湖南最小，而浙江居中，而平原县/丘陵县比值分别为1.19、2.34、1.77，湖南最大，甘肃次之，浙江最小。

在农业劳动生产率上，浙江从13 841.74元/人降低到10 704.01元/人、7 092.64元/人；湖南从8 029.22元/人降低到5 602.03元/人、4 157.21元/人；甘肃由8 449.97元/人降低到3 949.73元/人、2 849.43元/人；从浙江到湖南、甘肃三大地形类型县相对差距可知，平原县/山区县比值从1.95下降到1.93、3.39，差距扩大，而丘陵县/山区县比值分别为1.51、1.35、1.39，甘肃最大，浙江次之，而湖南最小，而平原县/丘陵县比值分别为1.95、1.4、2.14，甘肃最大，湖南最小，浙江居中。

在劳均农业机械总动力上，浙江从2.97kW降低到2.91kW、1.37kW；湖南从2.17kW降低到1.31kW、1.07kW；甘肃由4.63kW降低到1.57kW、0.91kW；从浙江到湖南、甘肃三大地形类型县相对差距可以看出，平原县/山区县比值从2.17、2.05增大到5.09，差距扩大，而丘陵县/山区县比值分别为2.12、1.22、1.73，湖南最小，浙江最大，而甘肃居中，平原县/丘陵县比值分别为2.17、1.66、2.95，甘肃最大，湖南次之，浙江最小。

在乡村人口用电量上，浙江从1 679.53kW·h减少到753.56kW·h、592.46kW·h；湖南从195.59kW·h减少到97.85kW·h、91.05kW·h；甘肃由340.98kW·h减少到160.81kW·h、86.42kW·h；从浙江到湖南、甘肃三大地形类型县相对差距（图4.18d）可以看出，平原县/山区县比值分别为2.83、2.15、3.95，甘肃最大，湖南最小，浙江居中，而丘陵县/山区县比值分别为1.27、1.07、1.86，湖南最小，甘肃最大，浙江居中，而平原县/丘陵县比值分别为2.83、2.00、2.12，浙江最大，甘肃次之，湖南最小。

在化肥投入上，浙江从602.64kg/hm^{2}增加到693.29kg/hm^2、710.52kg/hm^2；湖南从265.23kg/hm^{2}降低到256.45kg/hm^2、215.14kg/hm^2；甘肃从463.72kg/hm^{2}降低到162.44kg/hm^2、136.07kg/hm^2；从浙江到湖南、甘肃三地形类型县相对差距（图4.18d）可以看出，平原县/山区县比值分别由0.85增大到1.23、3.41，差距扩大，而丘陵县/山区县比值分别为0.98、1.19、1.19，湖南、甘肃相同，浙江最小，而平原县/丘陵县比值由0.85增大到1.03、2.85，差距扩大；在经济作物播种面积占比重上，湖南三大地形类型县分别为41.35%、32.45%、39.03%，山区县比平原县少2.32%，甘肃从平原县、丘陵县到山区县则由47.60%、31.97%减少到25.55%；从湖南到甘肃三大地形类型县相对差距（图4.18e）可知，平原县/山区县从1.06增加到1.86，丘陵县/山区县从0.83增加到1.25，平原县/丘陵县也由1.27增加到1.49，差距均呈扩大趋势。

在人均消费品零售总额上，由平原县、丘陵县到山区县，湖南从2 356.78元、1 887.81元减少到1 604.96元；甘肃也从2 049.81元、1 179.91元减少到838.31元；从湖南到甘肃三大地形类型县相对差距（图4.18e）可知，平原县/山区县从1.47增加到2.45，丘陵县/山区县从1.18增加到1.41，平原县/丘陵县也由1.25增加到1.74，差距均呈扩大趋势。

综上，多年来，由于自然条件、资源禀赋、宏观经济政策、社会历史背景等原因的影响，我国在经济、社会、技术发展上已经形成了固有的梯度格局。在经度地带上，经济、社会、技术发展梯度由东部、中部到西部依次递减[3]，东部、中部、西部三大地带是我国经济、技术、社会发展的主要梯度格局；在地形区域上，经济、社会、技术发展梯度由平原区、丘陵区向山区依次递减；在区域内部结构上，经济、社会、技术发展梯度由（大、中、小）城市、城关镇（县城所在地）、集镇（乡镇政府所在地）向农村依次递减，即使在全国范围的农村聚落内部，经济、社会、技术梯度也是由平原农村、丘陵农村向山区聚落依次递减。山区聚落是山区社会经济的重要载体，但山区聚落在经济、社会、技术发展上处于弱势区域，也就决定了山区聚落在经济社会发展中所处的弱势地位，进而决定了山区聚落农民在经济社会发展中必将成为弱势群体中的弱势群体。

第二节　中国山区聚落模式与山区发展的关系

一、聚落与区域发展关系的一般认识

国家发展战略是一个综合战略，包括各部门、各系统、各行业的发展和协调，同时也包括不同等级的区域发展战略。部门发展战略与区域发展战略的协调、统一、配合是实现国家发展战略的重要内容。就区域发展战略而言，过去我们十分重视国家层面的战略和省、市层面战略的研究，这当然是十分正确和必要的，但区域发展战略往往忽视了微观层面即聚落层次的研究。为此，将聚落发展纳入区域发展战略加以研究、规划，也是十分必要的。

（一）聚落是区域发展的基础

如果说家庭（户）是社会细胞的话，则聚落是社会的基本组织单元，是社会发展功能实现的“器官”。聚落是区域人口的聚集形成和活动单位，是人直接利用自然资源的空间载体，是人与自然的关系最密切的地理单元，聚落—村落—乡镇—县是一个不可分割的结构链条和区域整体，可以说，区域是聚落的集合体。聚落的性质、活力、产业、人口、质量、结构、分布决定着区域的性质、质量和未来发展方向。区域社会经济发展所需要的资源、人才、布局主要靠其内部聚落来支撑。区域的物质、能量、信息主要通过聚落（包括城镇社区聚落）来实现对外交换，实现区域负熵流动变化过程。只有健康的聚落才能有健康的区域，只有具备潜力、活力、动力的聚落才能构建有竞争力、有发展前景的区域。

（二）聚落是实现区域发展的实体

区域的发展在一定意义上是物质丰富的过程，也是文化繁荣、文明发展的过程。区域发展需要基础设施的支撑，基础设施的支撑主要为了区域内各社会组织、各人群、各聚落之间的联系、交流、协作；区域发展的目标则是支撑更高层次区域的发展；中心是提高区域内居民的生活水平，使大多数人分享到区域发展的成果。因此，区域内居民的生活质量与聚落的内外环境是密切联系的。居民的教育、文化、娱乐、卫生、通信、保健、交通、医疗等条件是受聚落基础条件控制的。例如，只有聚落内有计算机网络服务，聚落内的居民才可以共享网络信息平台；又如，只有聚落内有学校，居民孩子才可以就近入学，教育才有保障。凡此种种表明聚落是居民与整体区域联系的桥梁，是实现聚落内居民价值的基层平台。

（三）区域的发展水平和模式决定着聚落的规模和模式

聚落的存在是历史的产物，又是发展的产物，是发展的函数。在人类发展初期，城市尚未出现，人类主要的聚集形式以巢居、穴居、洞居为主，生产方式以采集为主；区域经济结构是松散的，但聚落内部的社会组织是较为严密的。到了农业社会发展阶段，生活方式以自给自足的小农户经济为基础，聚落是生产生活的最基本社会组织单位和社会活动的基本单元，是农业生产过程中物质、能量、信息流动的基本区域空间。分散、小规模、受当地自然条件影响大、过度依赖当地资源是聚落的基本特征。

当代工业化、城市化的进程，要求聚落的形式、布局、规模、产业和行为方式与之相适应，必须打破聚落内封闭的物质、能量、信息的流动循环模式，强化聚落与聚落间、聚落与区域之间的联系，需要实行产业集中、人口集中、教育集中、文化集中。

在当前的社会主义新农村建设中，改房、改灶、改厕应以户为主，而道路、通电、通邮则应以聚落为主，卫生、医疗、学校、商贸、金融等基础设施的改善应以大聚落、大村落和乡镇为主，而工业、交通、通信、能源等更大范围、更大尺度的基础设施建设等应以城市和区域为主。

工业化过程是人口从农村流向城市、趋于集中的过程；城市化过程是人口聚集，聚落重构、合并、重新规划建设的过程。因此，区域不同的发展阶段，在一定意义上决定着聚落的规模和分布模式。我国山区聚落正处于由农业社会向工业社会过渡的变化较大的阶段，也是聚落在产业模式、分布模式、发展模式等方面实施转型的阶段。

（四）聚落是实现山区脱贫的具体落脚点

区域的发展有利于聚落的发展，但不等同于聚落的发展。大量的事实说明，由于聚落分散、弱小、封闭等原因，使得区域的发展只带动了城市、乡镇和部分有优势的聚落，而不能带动所有聚落的发展。当前，在广大山区聚落中，存在大量的贫困乡、贫困村、贫困户，外界的发展对其波及甚少。因此，当代扶贫不能只停留在区域层次上，而应该落实到聚落层次，对于聚落直接进行支持、扶持，扶贫才能落到实处、落到关键处，效果才可以事半功倍。具体而言，我国脱贫的最后胜利是全国 2 400 万绝对贫困人口实现温饱和小康，这实际上是对贫困人口集中的山区聚落的救援。从某种程度上讲，山区聚落是相对贫困人口和绝对贫困人口的主要居住区，只有彻底解决作为贫困人口集中空间载体的山区聚落的生存、发展问题、出路问题，才能最终攻下脱贫的堡垒。

二、中国山区聚落的分散性及其成因

(一) 山区聚落分散性的含义

中国山区聚落的分散性包括几层意思：

一是聚落稀疏，大面积范围内人烟稀少。聚落零星分布，由于山区地形破碎，山脉、河谷之间相互阻隔，不可能像平原那样形成连片分布的聚落。山区聚落一般只能分布于盆地、河流阶地、山坡平缓坡地、山麓、沟谷、山脉夷平面等地区，而高大山脉、山体陡坡、高海拔草原、森林地带等一般人类生存条件极差的地方，只有少量聚落或无聚落分布。因此，山区聚落密度小，聚落与聚落之间、村落与村落之间空间距离大，而且相互阻隔，十里不同天。在山区，几十、几百平方公里范围内不见村落，汽车在公路上行驶几小时找不到居民点是常见之事。

二是聚落本身的分散性。这种分散性主要表现在户与户之间的无序分布。聚落实际上是许多分散独居户、几户在漫山遍野分布的集合体。在一个行政村内还有若干相互独立的自然村，往往由十几户、几十户组成；在西南山区，特别是川、渝两地的山区中，户与户很分散，几十户可以遍布几十平方公里的山坡，几户一小团或单独成院，见缝插针式地广布于沟谷、山坡、山脊、山间小盆地、河流阶地台地上，是其地域特色聚落景观。

三是山区聚落集镇数量少，缺少经济中心。从大的宏观格局上看，山区聚落与平原聚落相比，往往在聚落的附近或周围缺少能作为吸引聚落人口流、物流、能流的中心，从而缺乏信息流或者信息流不畅。平原农村聚落虽分散，但在较短的距离内或较小的活动半径内，总有大大小小的集镇（乡镇政府所在地）、城关镇（县城所在地）或城市作为经济辐射中心，聚落与经济中心之间联系较密切。而山区聚落往往缺乏或缺少这样的经济中心，一是现有的集镇（乡镇政府所在地）、城关镇（县城所在地）或城市的数量少，有的面积广大山区只有少量的集镇，而城关镇、城市数量过少，有些山区连个城市都还没有；二是现有集镇的覆盖面积大，而人口规模小、产业发展差、基础设施差、经济辐射能力差，聚落之间缺少经济联系和互动，聚落与集镇之间的联系也很薄弱。因此，山区聚落往往没有或缺少发展极和发展轴，聚落封闭，结构散乱。

（二）中国山区聚落分散性的具体分析

1. 全国分省份山区县聚落密度差异

全国山区聚落在分布上呈分散特征，而且地域特征明显。由全国山区县、丘陵县、平原县以及各省份山区县聚落特征比较（图 4.19、表 4.13、图 4.20）可以看出：

① 全国山区县农村聚落密度明显低于丘陵县、平原县

无论是 2000 年，还是 2004 年，在聚落密度上，山区县均明显低于丘陵县、平原县，而丘陵县、平原县差距不大，2000、2004 年山区县、丘陵县、平原县聚落密度之比分别为 0.62∶1.01∶1、0.61∶0.91∶1；在乡镇密度上，山区县均略低于平原县，但却明显低于丘陵县，2000 年、2004 年山区县、丘陵县、平原县乡镇密度之比分别为 0.90∶1.24∶1、0.97∶1.14∶1。

需要说明的是，在全国层面上，2000、2004 年山区县与丘陵县、平原县聚落密度、乡镇密度有一定差距，但丘陵县与平原县差距并不大，而且丘陵县反而高于平原县。

② 全国各省份之间山区聚落密度差异显著，聚落密度大、乡村农户密度大、乡村人口密度大的省份多分布在东部、中部

山区聚落密度大于 10 个/100km^2 的省份有 9 个，其中东部 4 个（山东、浙江、北京、河北）、中部 3 个（湖南、河南、安徽）、西部 1 个（贵州）；5～10 个/100km^2 之间的有 6 个，其中东部 2 个（广东、福建）、中部 2 个（湖北、江西）、西部 2 个（重庆、陕西）；1～5 个/100km^{2}之间的有 10 个，其中东部 2 个（海南、辽宁）、中部 2 个（吉林、黑龙江）、西部 6 个（甘肃、广西、四川、宁夏、云南、内蒙古）；小于 1 个/100km^2 的省份有 3 个，都分布在西部（青海、西藏和新疆），聚落密度最大的省份山东为聚落密度（51.42 个/100km^2）最小的新疆（0.27 个/100km^2）的 190 倍。

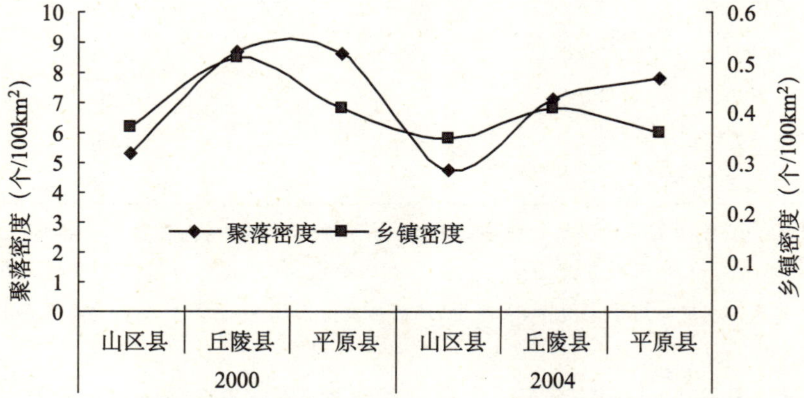

图 4.19　全国山区县、丘陵县、平原县农村聚落密度比较

资料来源：《2001 中国县（市）社会经济统计年鉴》（2001，2005），中国统计出版社。

表 4.13 全国分省份山区县聚落特征比较(2004 年)

省份	山区县面积(km^2)	山区县面积占全省面积比重(%)	山区县聚落密度(个/100km^2)	山区县乡村农户密度(户/km^2)	山区县乡村人口密度(人/km^2)	山区县乡镇密度(个/100km^2)
山东	39 459	25.18	51.42	123.43	396.61	0.93
浙江	52 096	51.17	24.33	58.43	183.12	1.09
湖南	101 422	47.89	16.69	50.70	172.35	0.95
北京	6 352	37.81	15.77	40.48	107.16	0.74
河南	39 771	23.81	15.43	57.16	215.74	0.72
山西	55 561	35.55	14.60	25.37	92.33	0.63
河北	81 955	44.09	12.43	34.34	121.41	0.67
贵州	170 964	97.14	11.12	42.45	180.21	0.81
安徽	33 915	24.29	10.26	43.56	158.93	1.08
广东	103 039	57.92	9.63	53.42	223.50	0.62
湖北	97 797	52.19	9.50	37.57	140.70	0.42
福建	93 095	76.68	9.46	32.95	135.24	0.67
重庆	43 145	52.36	9.12	51.85	184.49	1.07
江西	88 690	53.12	8.32	34.74	145.68	0.74
陕西	57 879	28.15	7.97	21.73	83.62	0.73
海南	9 858	29.08	4.73	14.90	73.04	0.49
甘肃	246 380	54.27	4.58	11.12	51.47	0.35
广西	81 071	34.35	4.48	20.78	91.03	0.47
四川	372 623	76.83	4.26	10.53	40.85	0.56
辽宁	36 254	24.85	4.07	19.91	71.72	0.42
宁夏	35 921	6.93	3.68	10.88	51.92	0.27
云南	356 812	90.56	3.24	20.76	85.82	0.38
内蒙古	18 553	1.57	3.00	8.46	32.34	0.33
吉林	66 695	35.59	2.71	6.87	22.94	0.23
黑龙江	132 733	29.20	1.13	3.75	14.54	0.10
青海	622 954	8.64	0.65	1.17	5.49	0.06
西藏	1 014 106	82.56	0.55	0.32	1.87	0.06
新疆	181 722	11.01	0.27	0.61	2.86	0.04

资料来源:《2005 中国县(市)统计年鉴》,中国统计出版社。其中,山区面积为各省(自治区、直辖市)山区县面积的总和,聚落数量为山区县村民委员会个数,农户数量为山区县乡村农户数量,农村人口为山区县乡村人口。由于上海市、天津市、江苏省没有山区县(区),故本表没有显示相关数据。

在乡村户密度方面,山东省最大,农户密度为 123.43 户/km^2,低于 10 户/km^2 有内蒙古、吉林、黑龙江、新疆、西藏和青海六个省(自治区),西藏最小,农户密度只有 0.32 户/km^2,与山东省相差 386 倍。

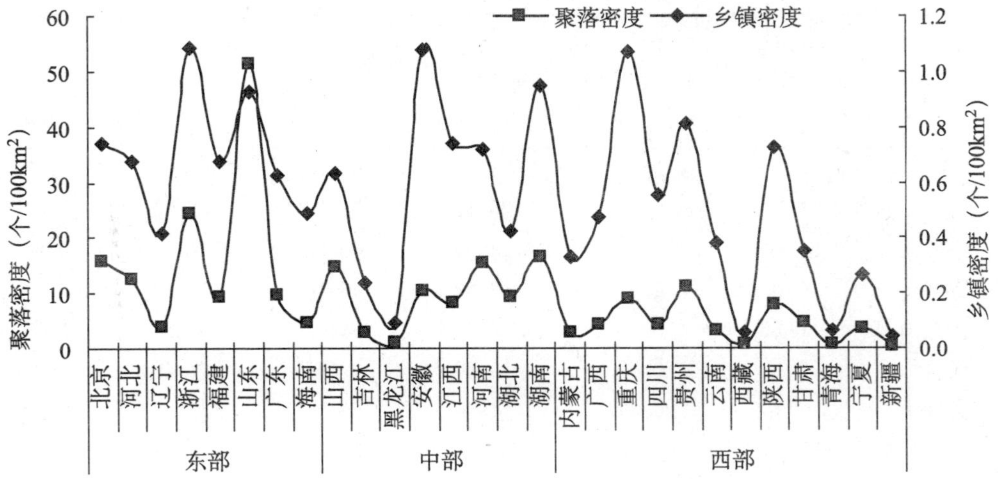

图 4.20　全国三大地带分省份山区县聚落密度、乡镇密度比较

在乡村人口密度方面，超过 150 人/km² 的有 8 个，其中东部 3 个（山东、浙江、广东）、中部 3 个（湖南、河南、安徽）、西部 2 个（贵州、重庆）；100～150 人/km² 之间的有 5 个，其中东部 3 个（北京、河北、福建）、中部 2 个（湖北、江西）；50～100 人/km² 之间的有 8 个，其中东部 2 个（海南、辽宁）、中部 1 个（山西）、西部 5 个（陕西、甘肃、广西、宁夏、云南）；低于 50 人/km² 有 7 个，其中中部 2 个（吉林、黑龙江）、西部 5 个（四川、内蒙古、新疆、青海和西藏）。乡村人口密度最大的山东（396.96 人/km²）为最小的西藏（1.87 人/km²）的 212 倍。

由此，全国各省（自治区、直辖市）山区聚落密度的总体趋势是，东部、中部省份山区聚落密度较大，西部省份山区聚落密度较小，而青藏高原区（青海、西藏和新疆）的聚落密度最小。

③ 全国分省份山区县乡镇密度差异显著，总体上东部、中部要高于西部

在乡镇密度低于 0.5 个/100km² 的省份中，东部有 2 个，即辽宁（0.42 个/100km²）和海南（0.49 个/100km²）；中部有 3 个，即吉林（0.23 个/100km²）、黑龙江（0.10 个/100km²）和湖北（0.42 个/100km²）；而西部只有重庆（1.07 个/100km²）、四川（0.56 个/100km²）、贵州（0.81 个/100km²）和陕西（0.73 个/100km²）4 省大于 0.5 个/100km²，其余 8 省（自治区）均小于 0.5 个/100km²。乡镇密度最大的浙江（1.09 个/100km²）为最小的新疆（0.04 个/100km²）的 27.25 倍。

2. 全国各大山系山区县聚落特征差异

我们将全国山区县以山系为单元划分为 43 条主要山系，将各大山系的山区县聚落特征进行了比较（表 4.14、图 4.21）：

表 4.14　全国各大山系山区县聚落特征比较(2004 年)

山系	山区县面积(km^2)	占全国山区县总面积比重(%)	山区县聚落密度(个/100km^2)	山区县乡村农户密度(户/km^2)	山区县乡村人口密度(人/km^2)	山区县乡镇密度(个/100km^2)
山东丘陵	39 459	0.90	51.42	123.43	396.61	0.93
浙东丘陵	36 682	0.84	26.12	61.70	191.92	1.21
雪峰山	36 333	0.83	18.92	65.25	191.01	0.86
太行山	70 408	1.61	18.69	43.40	154.95	0.77
太姥山	6 966	0.16	18.60	63.72	236.86	0.95
天目山	22 032	0.50	15.88	49.46	162.49	0.81
大别山	25 571	0.59	14.56	56.80	219.00	0.87
贵州高原	58 697	1.35	13.45	53.47	226.93	0.96
伏牛山	28 246	0.65	13.33	48.83	185.51	0.63
幕阜山	14 647	0.34	12.17	47.09	195.94	0.72
戴云山	19 403	0.44	12.13	52.70	204.09	0.90
武陵山	96 528	2.21	12.09	41.07	156.43	0.82
南岭	33 369	0.76	11.40	36.02	145.94	0.67
吕梁山	18 614	0.43	11.15	20.25	79.51	0.64
罗霄山	27 366	0.63	11.09	48.51	186.00	0.79
九华山	2 584	0.06	11.03	37.01	131.58	1.16
六盘山	47 650	1.09	10.45	27.45	129.28	0.68
苗岭	47 270	1.08	10.09	27.39	121.85	0.74
黄山	15 592	0.36	9.45	34.50	123.14	1.15
秦巴山区	180 288	4.13	9.41	28.21	108.33	0.82
燕山	60 787	1.39	9.32	26.50	89.66	0.56
博平岭	10 799	0.25	9.07	37.49	147.24	0.68
荆山	9 637	0.22	8.39	30.07	108.96	0.32
鹫峰山	10 929	0.25	8.34	13.71	121.69	0.54
赣南丘陵	55 612	1.27	8.32	34.30	143.13	0.75
四川盆周山地	25 456	0.58	7.88	23.08	80.92	0.97
乌蒙山区	62 079	1.42	7.62	44.88	180.74	0.67
大娄山区	36 128	0.83	7.55	53.02	205.93	0.84
武夷山	60 544	1.39	7.44	25.59	103.23	0.59
两广丘陵	170 534	3.91	7.36	39.56	167.42	0.56
滇东高原	52 814	1.21	6.29	33.85	137.08	0.52
五指山	9 858	0.23	4.73	14.90	73.04	0.49
哀牢山	74 684	1.71	3.55	20.64	86.50	0.43
阴山	18 553	0.43	3.00	8.46	32.34	0.33
长白山	154 282	3.54	2.85	10.34	37.27	0.25
横断山区	683 327	15.66	2.07	5.88	25.08	0.29
祁连山	315 536	7.23	1.80	4.23	19.87	0.16

续表

山系	山区县面积（km^2）	占全国山区县总面积比重（%）	山区县聚落密度（个/$100km^2$）	山区县乡村农户密度（户/km^2）	山区县乡村人口密度（人/km^2）	山区县乡镇密度（个/$100km^2$）
小兴安岭	34 846	0.80	0.91	2.03	7.46	0.10
青藏高原	915 676	20.98	0.52	0.39	2.13	0.06
天山	108 779	2.49	0.29	0.84	3.86	0.05
阿尔泰山	47 943	1.10	0.26	0.30	1.67	0.03
大兴安岭	46 554	1.07	0.15	0.25	1.07	0.03
昆仑山	431 687	9.89	0.15	0.21	1.00	0.03

资料来源：《2005 中国县(市)统计年鉴》，中国统计出版社。

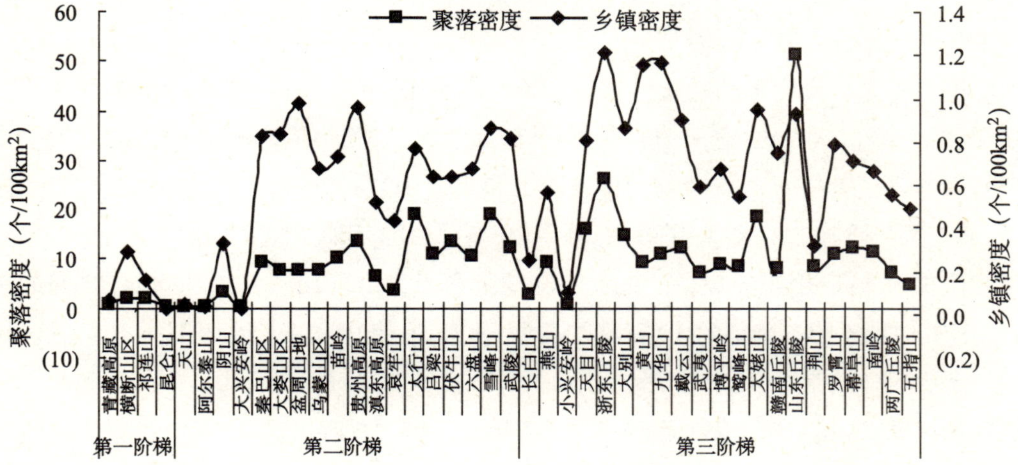

图 4.21 全国三大阶梯山系聚落密度、乡镇密度比较

① 各大山系间聚落密度、乡村农户密度、乡村人口密度差异显著，从地势上看，第三阶梯山系、第二阶梯山系明显大于第一阶梯山系。就聚落密度来说，超过 50 个/$100km^2$ 的只有山东丘陵(51.42 个/$100km^2$)，20～50 个/$100km^2$ 之间的也只有浙东丘陵(26.12 个/$100km^2$)，都属于第三阶梯；15～20 个/$100km^2$ 之间的有 4 条，其中，雪峰山、太行山属于第二阶梯，太姥山、天目山属于第三阶梯；10～15 个/$100km^2$ 之间的有 12 条，其中，贵州高原、武陵山、六盘山、戴云山、吕梁山、苗岭，伏牛山属于第二阶梯，大别山、幕阜山、南岭、罗霄山、九华山属于第三阶梯；5～10个/$100km^2$ 有 13 条，即荆山、秦巴山区、四川盆周山地、滇东高原、乌蒙山区、大娄山区、武夷山属于第二阶梯，黄山、博平岭、鹫峰山、赣南丘陵、燕山、两广丘陵属于第三阶梯；1～5 个/$100km^2$ 之间的有 6 条，其中，横断山、祁连山属于第一阶梯，阴山、哀牢山属于第二阶梯，五指山、长白山属于第三阶梯；小于 1 个/$100km^2$ 的有 6 条，即青藏高原、昆仑山属于第一阶梯，天山、阿尔泰山、大兴安岭属于第三阶梯，小兴安岭属于第三阶梯。聚落密度最大的山东丘陵(51.42 个/$100km^2$)是最小的昆仑山(0.15 个/$100km^2$)、大兴安岭(0.15 个/

100km²)的 342.8 倍。

就乡村农户密度来讲,超过 100 户/km² 只有山东丘陵(123.43 户/km²),属于第三阶梯;50~100 户/km² 之间的有 7 条,其中,属于第二阶梯的 3 条(雪峰山、贵州高原和大娄山区),属于第三阶梯的 4 条(太姥山、浙东丘陵、大别山和戴云山);10~50 之间的有 26 个,其中,属于第二阶梯的 12 条(六盘山、苗岭、乌蒙山区、滇东高原、秦巴山区、四川盆周山地、哀牢山、太行山、吕梁山、荆山、伏牛山和武陵山),属于第三阶梯的 24 条(天目山、罗霄山、幕阜山、两广丘陵、博平岭、九华山、南岭、黄山、赣南丘陵、燕山、武夷山、五指山、鹫峰山、长白山);1~10 户/km² 之间的有 4 条,即属于第一阶梯的 2 条(横断山、祁连山),属于第二阶梯的 1 条(阴山),属于第三阶梯的 1 条(小兴安岭);低于 1 户/km² 的有 5 条,即属于第一阶梯的 2 条(青藏高原、昆仑山),属于第二阶梯的 3 条(天山、阿尔泰山和大兴安岭),最大的山东丘陵(123.43 户/km²)为最小的昆仑山的(0.21 户/km²)的 601.41 倍。

就乡村人口密度来讲,超过 300 人/km² 只有山东丘陵(396.61 人/km²),属于第一阶梯;200~300 人/km² 之间的有 5 条,其中属于第二阶梯的 2 条(贵州高原和大娄山区),属于第三阶梯的 3 条(太姥山、大别山和戴云山);150~200 人/km² 之间的有 10 条,属于第二阶梯的 6 条(即雪峰山、幕阜山、乌蒙山区、武陵山、伏牛山和太行山),属于第三阶梯的 4 条(浙东丘陵、罗霄山、两广丘陵和天目山);100~150 人/km² 之间的有 12 条,其中属于第二阶梯的 4 条(滇东高原、六盘山、荆山和秦巴山区),属于第三阶梯的 8 条(博平岭、南岭、赣南丘陵、九华山、黄山、苗岭、鹫峰山、武夷山),50~100 人/km² 之间的有 5 条,其中属于第二阶梯的 4 条(燕山、哀牢山、四川盆周山地、吕梁山),属于第三阶梯的 1 条(五指山);10~50 人/km² 之间的有 4 条,其中,属于第一阶梯的 2 条(横断山和祁连山),属于第二阶梯的 1 条(阴山),属于第三阶梯的 1 条(长白山);低于 10 人/km² 有 6 条,其中属于第一阶梯的 2 条(青藏高原和昆仑山),属于第二阶梯的 3 条(天山、阿尔泰山和大兴安岭),而属于第三阶梯的只有 1 条(小兴安岭)。乡村人口密度最大的山东丘陵(396.61 人/km²)是最小的昆仑山(1.00 人/km²)的 397 倍。

② 在山区县乡镇密度上,全国各大山系差异显著,总体趋势如同山区聚落密度,第三阶梯山系、第二阶梯山系明显大于第一阶梯山系。乡镇密度大于 1 个/100km² 山系有 3 条,即浙东丘陵(1.21 个/100km²)、九华山(1.16 个/100km²)、黄山(1.15 个/100km²),全部属于第三阶梯;0.5~1 个/100km² 之间的有 27 条,其中,属于第二阶梯的 11 条(四川盆周山地、贵州高原、大娄山、秦巴山区、武陵山、太行山、苗岭、六盘山、乌蒙山区、吕梁山、滇东高原),属于第三阶梯的 16 条(太姥山、山东丘陵、戴云山、大别山、天目山、罗霄山、赣南丘陵、幕阜山、博平岭、南岭、武夷山、燕山、两广丘陵、鹫峰山);0.1~0.5 个/100km² 之间的有 8 条,其中属于第一阶梯的 2 条(横断山和祁连山),属于第二阶梯的 2 条(哀牢山和阴山),属于第三阶梯的 4 条(五指山、荆山、长白山和小兴安岭);低于 0.1 个/100km² 有 5 条,其中第一阶梯 2 条(青藏高原和昆仑山),第二阶梯

3条(天山、阿尔泰山、大兴安岭)。乡镇密度最大的浙东丘陵(1.21个/100km^2)是最小的昆仑山(0.03个/100km^2)的46倍。

综上,聚落规模小、密度稀疏,人口规模小、密度小,散(布局)、小(规模)、弱(经济)、偏(僻)、闭(塞)、边远(空间距离大)、边缘(远离经济中心)是我国山区聚落、人口空间分布的基本特征。

(三) 山区聚落分散性的成因

1. 山地地貌条件是聚落分散的自然基础

山区聚落的分散是与山区的自然环境特点相联系的。首先山地地形的破碎性、险峻性、封闭性、阻隔性给人类的生存条件和人居环境的选择造成很大的困难。山区县虽然面积广大,立体空间容量大,但真正气候比较适宜、环境比较安全、具有耕地资源,且耕地、林地、草地自然生产力(生物初级生产力)水平较高,水源条件良好等较宜居的地方并不多,更难有连片的广阔地域可供人类大规模生存、居住、发展。由于山地垂直地带性的影响,气候、土壤、植被等因子在较窄的空间范围内就会发生明显的变化,每种作物种植的海拔高度会受到严格的限制;加上山地坡度的影响,水资源缺乏,土地贫瘠,生产力低下,宜于耕种的土地数量有限,并且分布零散。因此,除某些特定的山地(如河谷、山间盆地、山前冲积扇、海拔较低的夷平面、山体缓坡、山坳谷地等)外,难有大面积、平坦、宜耕、宜住的土地条件。可以说,山区对于人类来说,是视野广而立足难,天地宽而生境窄。这种自然条件是很难改变的。

2. 聚落规模小是受土地环境容量制约的结果

对山区而言,人口分布、聚落选址、聚落规模等都受山地土地资源、特别是耕地条件(数量、质量)的严格制约。聚落存在的基础是支撑聚落人口生存的自然资源条件及其承载力,即环境容量。这是一个综合概念,主要包括居住条件、温饱条件、繁殖条件、安全条件等的基本满足。因此,一定的聚落人口需要有相应的耕地、水源、能源条件可供利用,以维持对食物、饮水、御寒、栖居等人体基本生理需求,同时还应具备环境安全、对外交通的起码条件。这些综合的条件一个都不能少,并且不能相互替代,其生存门槛存在"木桶效应",在众多的生存环境因子中,任何一个都不能低于一定的基础要求。

因此,山区面积虽然广大,但其人口承载力是很有限的:① 可耕地面积窄小,山区适宜开垦的耕地不多,坡度小、土层厚、灌溉条件好的耕地一般都十分有限;② 土壤条件差,旱地比重大,土层薄,土壤保水保肥能力差,单产低,支撑聚落发展的经济贡献力低;③ 气候条件差,除高海拔严寒地区不适宜农业发展外,各种自然灾害频繁,旱灾、冰雹、低温、冷害、风灾天气比重大;农业生产系统抗自然灾害能力差,作物产量低,年际波动大;④ 山地灾害多,山崩、滑坡、泥石流、地震、山洪等山地灾害不稳定因素,对聚落安全构成威胁，也压缩了山区的人居环境空间；⑤ 水资源保障率低，供应风险大，在远离河谷、河流的山区，饮水供应量是聚落人口规模的最低门槛，天然降水当然可以加以存储，但缺乏长流水、泉水的山区，生活用水保障率低，人口数量在发展上受到严重制约。

历史上，山区聚落以自给自足的农耕经济为主，单个聚落的粮食、蔬菜、能源（主要是薪柴）基本上靠自给，商品交换很少，为了实现并维持自给，土壤环境容量即粮食生产水平和人均粮食占有量是主要影响因素。虽然山区土地多，但单产低，每个聚落以其周边环境人类活动（日常生活）所能达到范围内的土地承载力为限，不可能超过土地承载力的极限而无限扩大聚落的规模。例如，青藏高原高寒地区的草场虽然面积很大，人口密度不会超过 10 人/km^2。但由于单位面积草场载畜量很低，牧民在固定的活动范围内靠当地草场维生，只好逐水草而居，过着游牧生活。而以农耕为主的聚落，规模以其日出而作、日落而归的生产模式所能达到土地范围的承载力为限。

3. 自给自足是山区聚落的本质

自给自足农业生产方式是山区聚落的主要经济模式，也是山区聚落的主要社会行为模式和聚落人群的思维方式。自给自足是山区聚落远离城市、城镇等经济中心，空间发展边远化、经济发展边缘化、环境破碎、空间距离远、信息不灵、市场发育程度低背景下的无奈选择，也是对几千年中国农村小农经济历史遗产的继承和延续。

这里，我们强调三点。

① 小农经济在农业社会是山区聚落适应山区自然环境的必然选择。在没有强大工业支撑的年代，农业生产机械化、土地利用集约化、农业发展产业化等都无从谈起。山区居民只能挑选可以靠天吃饭的地方安身立命，以温饱为主要目标，不可能有能力大面积改善居住条件、耕地条件、灌溉条件。因此，聚落分布受制于山区特殊的环境条件和生存条件，即宜居环境空间的分散性决定了聚落分布的分散性；同样，适宜条件区域的分割性决定了聚落分布的分割性，而且适宜区域面积的大小又决定着聚落环境容量的大小和规模的大小。一般而言，聚落中居民生产活动边界不会超过其住地 10～15km 的范围。因为居民不论到农地劳动，还是上山采集或砍柴，都得于当日徒步往返回家，以保证日出而作、日落而归的安全。

② 自给自足是山区几千年来对中国农业社会的适应。中国经历了很长的传统农业社会历史时期，在几千年的农业社会发展史中，除了部分时间和局部地区外，全国基本上都是自给自足小农经济；平原地区除城市外尚且如此，山区当然更不能例外。因此，自给自足有深厚的历史渊源，在山区有更适宜的土壤，在发展的长河中有很大的历史惯性，居民在思维上也有很大的历史惰性。

③ 中国山区聚落自给自足经济模式的存在，说明山区在工业化过程中被边缘化。中国就全国而言处于工业化中期，广大东、中部地区的农村、农业开始接受工业化的挑

战，农业产业化进程加速，农村逐步被城市扩张所覆盖，农民也向非农产业转移；在许多农业县域，工业向园区集中，农业土地利用向规模化经营集中，农民向小城镇集中；城乡一体化正在很多地区推进。但在广大山区，这种过程起点低、动作进程慢、范围覆盖小，大多数山区传统农业发展模式根深蒂固，自给自足思维盛行，农业社会向工业社会过渡、小农经济向市场经济过渡的阻力大，基础条件差，难以适应国家宏观经济社会发展的要求。因此，自给自足的小农经济与山区聚落的分散、封闭、贫穷还会同期并行，还要在一定范围内、一定时期内长期存在下去。

三、中国山区发展滞后与山区聚落模式关系密切

山区聚落是山区人口聚集的主要模式，除了山区城镇之外，广大山区都以分散的聚落为主要居住、生活、生产和社会组织基本单元。

中国当前山区发展滞后有多方面的原因，包括自然的、历史的、民族的、文化的、政策的，等等，而其中聚落的分布模式起着重要的作用。山区聚落的形成和现代山区聚落模式的存在，既是历史演化、自然约束和生产力水平共同作用的结果，又反过来进一步加深山区聚落与现代工业化进程的矛盾，增加山区发展的不利因素。山区聚落的分散性、封闭性、边远性、难通达性进一步加深山区发展与现代社会进步的不适应性。如上所述，当代山区传统聚落模式是农业社会的产物，其特征、生产力水平、生产模式、生活方式、传统观念等基本上都是与自给自足的小农经济相联系的。面对当代工业化、城市化、现代化进程的快速推进，山区聚落与时代发展的主流和思潮越来越不合拍，经济基础落后，发展速度又慢，造成与时代发展断层。因此，我们研究山区问题特别是研究山区发展问题，不能无视山区聚落这个最基本的经济空间单元和最基层的社会结构单元。

(一) 宏观上，区域聚落密度与区域发展水平呈相关关系

从我国东(浙江)中(湖南)西(甘肃)聚落与区域发展发展水平关系可以看出：经济密度与聚落密度、乡村人口密度呈显著正相关关系(图 4.22a)，聚落密度与人均 GDP、人均第三产业 GDP 呈显著正相关关系(图 4.22b)，乡村人口密度与人均 GDP、人均第三产业 GDP 呈显著正相关关系(图 4.22c)，乡村从业人员/乡村人口与经济密度、聚落密度、人均 GDP、人均第三产业 GDP 呈显著正相关关系(图 4.22d、图 4.22e)，农林牧渔业从业人员/乡村从业人员与聚落密度、乡村人口密度、人均 GDP、人均第三产业 GDP 呈显著负相关关系(图 4.22f、g)。

这就集中说明一个问题，即区域社会经济的发展需要一定规模、一定密度的人口做支撑。城市经济发展水平较高，效率较高，效益较好，是与人口密集、易于组织实现现代产业活动联系在一起的。而山区人口稀少，人口规模小，人口密度低，不能形成有效的社会组织和经济联系，不能构建现代产业体系是其发展滞后的重要原因。而劳动力就

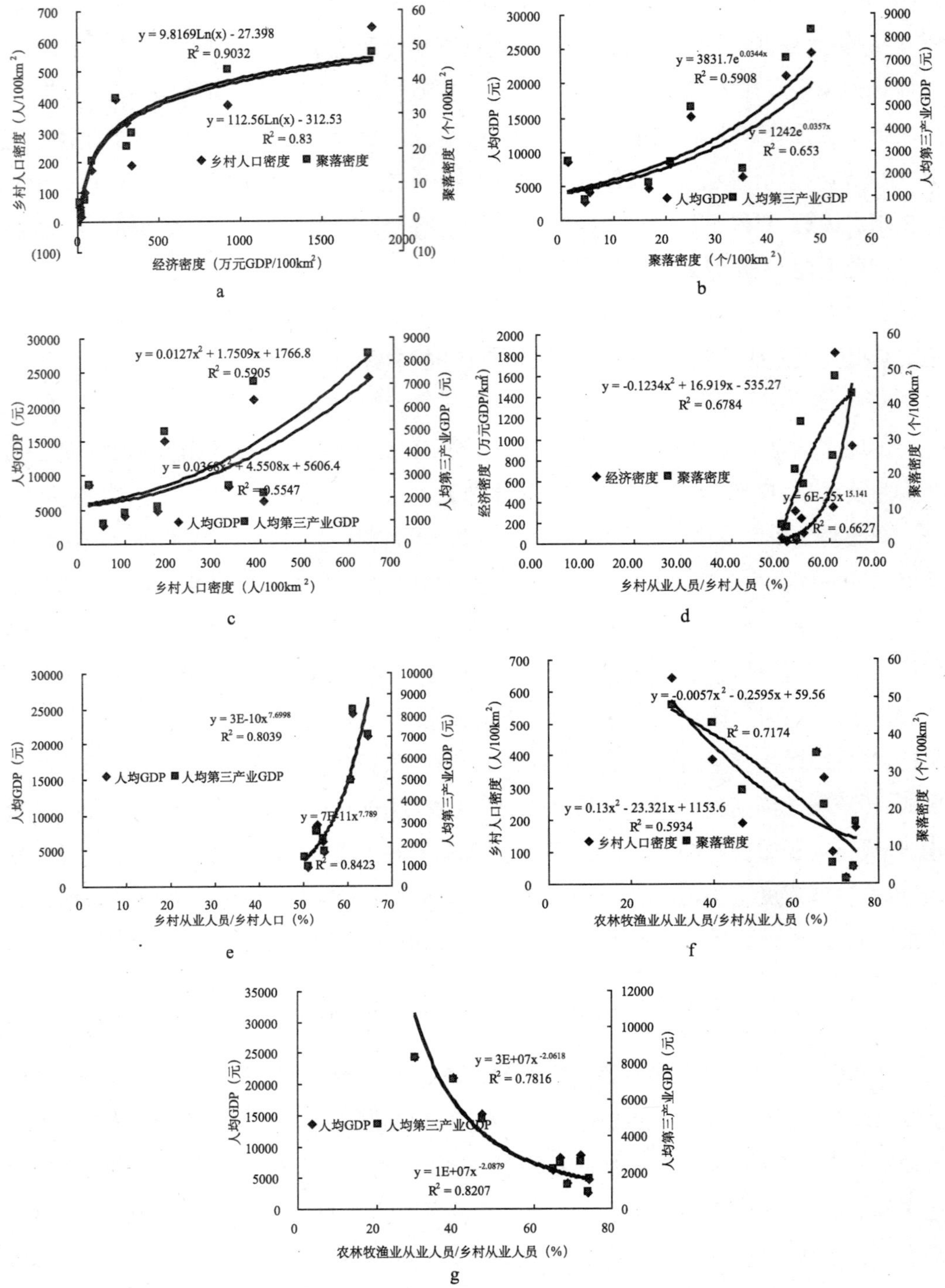

图 4.22　聚落密度与区域发展水平的关系

（a：经济密度与乡村人口密度、聚落密度的关系；b：聚落密度与人均 GDP、人均第三产业 GDP 的关系；c：乡村人口密度与人均 GDP、人均第三产业 GDP 的关系；d：乡村从业人员/乡村人员与经济密度、聚落密度的关系；e：乡村从业人员/乡村人员与人均 GDP、人均第三产业 GDP 的关系；f：农林牧渔业从业人员/乡村从业人员与聚落密度、乡村人口密度的关系；g：农林牧渔业从业人员/乡村从业人员与人均 GDP、人均第三产业 GDP 的关系）

业水平(乡村从业人员/乡村人员)与区域经济发展水平、人口规模呈显著正相关关系,而劳动力农业就业水平(农林牧渔业从业人员/乡村从业人员)与区域经济发展水平、人口呈显著负相关关系。

(二) 地区生产总值掩盖了山区聚落的现状

当前,在我国区域发展水平评价上,不论对全国范围的评价,还是对某一大区域、某一省市的评价,平均生产总值是最重要的评价指标之一,但由于忽视区域内山区、丘陵、平原发展差距的存在,使得评价结果往往掩盖了山区所处的弱势经济地位,从而导致山区聚落成为被人遗忘的角落。这种普遍存在的现象,往往在区域发展评价中得不到充分的反映,山区的贫困在区域发展平均水平的掩盖下,被模糊、淡化了。更具体地说,人均地区生产总值的数字往往粉饰了山区的虚弱、穷苦和艰辛。

这里以广东省为例。广东是东部经济发达省份之一,其地区生产总值名列全国第一,人均地区生产总值也名列前茅。2004 年广东省人均 GDP 为 19 707 元,但这种成就主要是珠江三角洲的贡献,广东山区各县依然十分落后。2004 年广东省平原地区(含城市区)的人均 GDP 为 37 748.6 元,丘陵县 13 212 元,而山区县人均 GDP 只有 8 213 元,其中人均 GDP 低于 5 000 元的山区县有 10 个,占山区县总数的 23.81%,人口占山区县总人口的 26.67%,最低的五华县人均 GDP 仅有 2 623 元,只有平原地区平均值的 6.95%。在这些山区县内有很多聚落居民依然过着十分贫困的生活,山区聚落的经济基础依旧是自给自足的传统农业。

案例　广东省连南瑶族自治县三个瑶族村寨社会经济情况与广东省平均水平的差距

大坪村烧排瑶寨,位于县内中西部距县城约 24km 的火大坪镇。现有人口 3 690 多人(劳动力 2 336 人),但其中文盲半文盲(含小学毕业、未小学毕业和不识字人口)人口达 2 160 人,所占比重达 58.54%,初高中毕业人口仅有 1 530 人。全村耕地总面积 3 497亩,但其中水田仅 1 354 亩(所占比重 38.722%),旱地 2 143 亩,并有大量荒山和一定数量的石英矿、金矿等。2005 年,全寨人均 GDP、农民人均收入分别只有 2 112 元、2 200.08 元,分别只有广东省人均 GDP(21 701.28 元)、农民人均收入(4 690 元)的 10.28%、46.91%,与广东省平均水平差距较大;2005 年全寨 GDP 总量为 779.4 万元,其中第一产业 490.4 万元,第二产业 158 万元,第三产业 131 万元,三次产业结构比为 62.92∶20.27∶16.81,而广东省三次产业比 6.3∶49.5∶44.2,与广东省整体水平相比,第一产业比重明显过大,而二、三产业明显过小,产业发展严重滞后。

油岭村瑶寨是连南瑶族自治县三排镇油岭新村下辖的一个村寨,位于境内中东部,距县城 18km。全寨现有人口 3 154 人(劳动力 1 250 人),但其中,文盲半文盲(含小学毕业、未小学毕业和不识字人口)有 1 914 人,所占比重为 63.86%;而初中毕业的有

753人，高中毕业的仅有387人。全村总耕地面积6 686.7亩，但其中，水田1 316亩，所占比重仅为19.68%；旱地5 370.7亩，所占比重达80.32%。2005年村民人均收入1 500元左右，只有广东省农民人均收入(4 690元)的31.98%，差距甚大。由于地处石灰岩地区，石山遍布，森林稀少，土壤保水性差，水源缺乏，常有秋旱之患。

南岗村瑶寨是三排镇南岗村委的一个村寨，位于境内中东部，距县城22km。平均海拔803m，总面积159亩，鼎盛时期有民居700多幢，居民7 000多人。古村寨依山而建，房屋层叠，错落有致；石板道纵横交错，主次分明。全寨原有人口4 418多人，后因开辟为瑶族风情旅游景点，村民大部分已迁出，现古寨只有100余人居住，保留有368幢明清时期建的古宅及寨门、寨墙、石板道等。村民受教育平均水平较低，文盲半文盲(含小学毕业、未小学毕业和不识字)就有94人，初中、高中毕业仅有6人。耕地面积较少，仅有186亩，其中水田36亩，旱地150亩。2005年村民人均收入不足1 000元，远低于广东省平均农民人均收入(4 690元)，只有广东省平均水平的21.32%。

目前三个寨子都已基本实现通电、通邮、通路、通电视和电话，但村民的日常生活用水是用凌空高挂的瑶族“自来水管”——竹排水管引用山泉水和山溪水，生活能源仍以干草和木柴为主，仅有部分村民开始使用电。

注：以上资料由华南农业大学叶延琼提供。

再以西藏自治区来进行分析比较[4]。2004年，西藏自治区全区人均GDP 7 779元，高于陕西省(7 757元)、云南省(6 733元)、甘肃省(5 970元)、广西壮族自治区(7 196元)、安徽省(7 568元)、贵州省(4 125元)。但是由于西藏地域辽阔，大多数聚落散布于广大的高寒草原、高山之上，其贫困发生率(贫困人口占总人口比重)远高于上述各省区。在许多边远的县，如定日、聂拉木、定结、岗巴等县人口分别只有44 786人、12 796人、17 058人、8 539人，而其幅员面积分别为13 972km^2、8 697km^2、7 566km^2、13 972km^2、4 100km^2，平均每个村落(聚落)拥有农户数分别为45户、54户、36户、56户；人口密度分别为3.2人/km^2、1.5人/km^2、2.3人/km^2、2.1人/km^2；年人均收入低于1 300元的贫困人口分别为39 860人、3 699人、13 500人、7 477人，分别占总人口的89%、28.9%、79%、87%，其中，年人均收入低于650元的绝对贫困人口分别占总人口的24.3%、8.3%、20%、23.1%。

其中，西藏自治区岗巴县贫困人口人均耕地只有1.5亩，人均牲畜7.2头，人均酥油4.11斤，人均口粮101.63斤，贫困农牧民人均收入只有648.27元。全县10个乡镇中有7个没有卫生院，没有医护人员，其中，确布乡、扎西岗乡、多吉乡2002年人均纯收入分别只有268.4元、281.4元、296元。

因此，西藏就全区人均地区生产总值而言，并不太低，但其极度贫困的山区人口、山区农村聚落在总人口、总农村聚落中的比例却是相当大的。山区聚落分散是造成山区极度贫困的重要原因。内地发展对那些空间上边远、经济上边缘的山区聚落来说，其物质流、能量流、信息流、价值流的影响力、辐射力是很有限的、很乏力的，对山区聚落居民脱贫更是“远水解不了近渴”。

即便是以平原为主的大都市地区，其周边或下辖的山区，也与区域的工业化、城市化、现代化进程严重脱节，位于山区相对偏远的聚落也依然十分贫困。以成都市为例，这是一个以平原为市区的特大城市，但其周边仍有大面积的山区，成都市平原面积占40.1%，丘陵面积占27.6%，山区面积占32.3%。2004年全市人均GDP达17 521元，农民人均纯收入达4 072元。但截止到2004年末，成都全市20个区(市)县乡村贫困户为7.63万户，占全市乡村总户数的3.66%，贫困总人口达23.71万人，占全市乡村总人口的3.52%[5]。这些贫困人口、贫困户都分布在成都平原周围邛崃市、彭州市、大邑县、金堂县等县的山区，并且贫困主要集中在边远的山区聚落(村落)里。

第三节 当前山区聚落对山区发展的影响

一、山区聚落分散不利于山区基础设施建设

现代经济是开放的经济、商品的经济，需要有畅通、快捷、海量的物流、能流、信息流的发送机制和设施。在不沿江、不沿海地区，起码要有四通八达的公路网、铁路网、资讯网。而山区恰恰是公路和铁路建设的难点区、难通达区和高成本区。当前更严重的问题是，除了山区本身的地貌条件给交通建设带来的困难外，交通基础设施建设无所适从，一直处于高投入低效益、大长度小密度的水平上。以公路建设为例，下面几个问题十分突出。

(一) 山区公路里程多，但经济效益差、交通服务水平低

由于山区聚落分散，山区公路建设里程长，但所针对的服务人口少，客运、货运周转量少。更重要的是，虽然修建了成千上万公里的公路，人均基本建设投入完成额、人均公路里程拥有量甚至高于平原，但基本建设投资完成额密度、公路密度依旧相对较低，仍然不能达到乡乡通、村村通的目的。下面我们就几个例子进行说明。

1. 西藏自治区人均公里数为全国之冠，但不通车乡村比重也在全国前列

如上所述，西藏自治区山区县聚落密度为0.55个/100km^2，乡村农户密度为0.32户/100km^2，乡村人口密度为1.87人/km^2，人均公路里程2004年为0.015 2km，而全国人均公路里程仅0.001 4km，东部发达省份山东、广东、江苏、浙江人均公路里程也分别只有0.000 9km、0.001 7km、0.001 1km、0.001 1km，西藏分别是全国、山东、广东、江苏、浙江的10.86倍、16.89倍、8.94倍、13.82倍、13.82倍。据报道“十五”期间，国

家用于公路建设的计划资金近 3 万亿，其中中央财政拨付西藏的就达 130 亿，占中央财政投资总额的 5%，全国人均才为 56 元，而西藏 270 万人平均金额却达到 560 元，为全国人均平均的 12 倍，位居各省之首①，但西藏自治区至今仍是全国最封闭、最落后、通达性最差的区域之一，不通公路的乡镇、村分别占全区比重分别达到的 8%、29%，也在全国前列。

2. 四川省山区县人均公路拥有量及使用状况与丘陵县、平原县比较

四川是一个幅员面积大省、人口大省、山区大省，但同时也是一个山区县、丘陵县、平原县类型齐全的大省，在许多方面是中国的一个缩影。

从四川省山区县与丘陵县、平原县公路设施分布及使用情况对比（表 4.15）可以看出：山区县万人公路里程拥有量分别为丘陵县、平原县的 5.69 倍、4.07 倍，但山区县的公路密度分别只有丘陵县、平原县的 45.86%、27.06%，山区县的公路客运周转量也分别只有丘陵县、平原县的 24.21%、24.52%，山区县公路货运周转量也分别只有丘陵县、平原县的 41.61%、29.55%，山区县人均公路里程拥有量高与公路密度低、利用率低、经济效益低形成强烈反差。

表 4.15　四川省山区县、丘陵县和平原县的公路设施分布及公路使用情况对比（2004 年）

	万人公路里程（km）	公路密度（km/100km²）	公路客运周转量（万人公里）	公路货运周转量（万吨公里）
平原县	16.51	108.78	30 258	22 909
丘陵县	11.82	64.19	30 639	16 270
山区县	67.22	29.44	7 419	6 769

资料来源：《2005 四川统计年鉴》、《2005 中国县（市）社会经济统计年鉴》，中国统计出版社。

据四川省社会科学院调查②，四川省 2005 年底不通汽车的农村（指村民委员会）所占比重为 9.98%，而羌族地区（汶川县、茂县、理县）、藏族聚集区（甘孜州全部、木里县和阿坝非羌族聚集区）、彝族聚集区（凉山州大部分）不通汽车的农村所占比重分别达到 14.12%、45.16%、30.19%（图 4.23），藏族地区、彝族地区等边远山区的不通汽车农村比重远远高于四川省平均水平和成都市附近的羌族聚集区所包括的山区县；截止到“十五”末期，阿坝藏族羌族自治州、甘孜藏族自治州、凉山彝族自治州的 19 个国家扶贫开发工作重点县还有 1 802 个村不通公路，通而不畅的乡、村占公路通达乡、村的比重

① 中国用于西藏公路建设资金人均额居各省份之首，中国发展门户网，http://www.chinagate.com.cn/chinese/baozhang/32004。

② 四川省社会科学院少数民族地区农民增收特殊性研究课题组，“四川省少数民族地区农民增收的特殊性研究”，2006 年 4 月。

达 70%①。

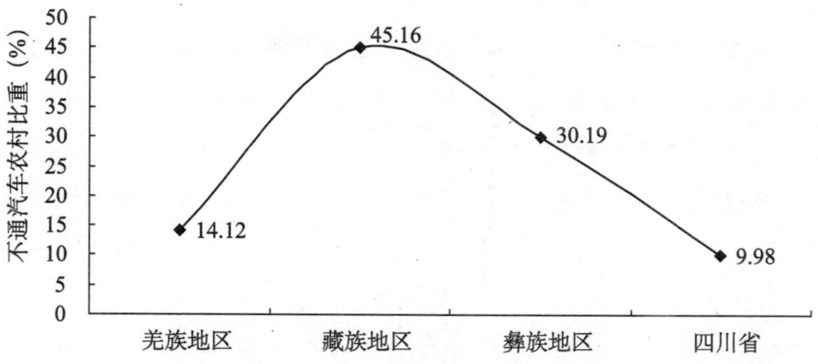

图 4.23 四川省与羌族地区、藏族地区、彝族地区不通汽车农村比重比较

3. 已通公路聚落仍然存在通达性差的问题

由于村内农户居住分散，许多村实际是由若干自然聚落或几十至几百个散居的农户组成。因此，在许多名为通车到乡甚至到村的地方，许多聚落或农户依然享受不到便捷的交通，很多农民在出行上依旧是徒步，在农业运输上依旧是以畜力为主。

案例 聚落内农户分散导致村通路而农户不通达

四川省攀枝花市盐边县渔门镇高坪村（彩图 4.1）距盐边新县城近 60km，是攀枝花通往盐边县格萨拉生态旅游景区的必经之地。全村海拔 2 000～3 000m，总人口 987 人，224 户，其中汉族只有 3 户，共有耕地 740 亩（其中保灌田仅 40 亩）、集体山林2 500 多亩。在农业种植上以荞麦、土豆等传统农作物为主，传统农业是本地农民的主要是收入来源，2005 年人均收入只有 1 800 元，远低于盐边县农民人均收入 3 300 元。2003 年虽然村里实现通公路，但本村农户极为分散，村内户与户之间依旧是羊肠小道，80%农户对公路是可望而不可即，距离公路最远的农户为 3km，路在生产生活上对很多农户难以实现预期的功用，至今仍有 21 人（7 户）生活在无电、无路的海拔达 2 910m 的高山区；农户生活燃料以采集灌丛、枯枝落叶为主，用电的仅有 20 多户，生活用水以农户自挖水井或取用山泉水为主。农户的过度分散，使电网改造、水渠配套、村内公路等基础设施建设的人力、财力、物力投入过大，但在具体操作上，依旧难以实现电、道路、自来水到每家每户。

案例 聚落位置偏远导致经济发展缺乏后劲

黑龙江漠河县北极村（彩图 4.2～4），位于黑龙江大兴安岭林区最北端的漠河县漠

① 四川省以工代赈办公室，“四川省以工代赈建设‘十一五’规划”，2006 年 4 月。

河乡，距漠河县城75km，原名漠河村（1999年改现名），是中国的“北极”，隔黑龙江与俄罗斯相望。全村308户，1 362人，2004年人均收入3 300元。自1964年大兴安岭林业开发以来，本地居民多以林业采伐为主。漠河县本身地理位置就比较偏远。多年来森林资源的过度消耗，自1998年“天保工程”的实施，大兴安岭产业调整对其辐射作用较小。自1997年漠河县开始进行北极旅游开发，只有北极光节（夏至节前后）、冬至节期间游客（以散客为主）较多，其余时间明显较少。北极村全村搞旅游接待（餐饮、住宿）只有40多户，养殖户（梅花鹿、山羊）40多户，其余农户以从事渔业和种植业（春小麦、马铃薯、向日葵）为主，全村90%的农户都参与野生采集。

主要问题：① 村落地理区位偏远，基础设施建设落后，由于位置偏远，北极村2003年底才通公路，电力建设线路过长、投入过大，村里至今没有入电网，生产生活用电依旧靠村里自己发电，种植业、养殖业发展受到很大阻碍；② 旅游经济不繁荣，农户对旅游经济的参与度低，距离县城75km，游客以散客为主，旅游季节短，旅游产业对当地经济带动作用小，聚落区位偏远，交通、电力等基础设施已成为村落社会经济发展的制约瓶颈，导致村落在发展上缺乏后劲。

案例　水电移民对山区聚落交通建设的影响

攀枝花市盐边县是二滩水电建设的主淹县，淹没区共涉及12个乡镇，33个村，92个村民小组。在移民安置上以就地后靠为主，分插和集中外迁为辅。自1992年移民搬迁开始以来，共新建27个后靠安置点，1个集中安置区（益民乡），先后迁建一个县城（盐边新县城）（图4.24）、三个集镇（永兴镇、渔门镇、益民乡）（图4.25、彩图4.5）。

二滩水电移民基本全部在盐边县内安置，在文化观念、社会融入上不存在问题。移民一方面解决了部分农村居民的农转非问题，推进了当地的城市化进程；另一方面，交通等基础设施的改善使区域整体发展环境得到了改善，对第二、第三产业的发展起到了促进作用。目前，集中安置益民乡农业发展良好，2005年农民人均收入（2 859元）高于全县农民人均收入（2 700元），就地后靠安置区（渔门镇、永兴镇）的工业、服务业发展环境也好于以前。

主要问题：① 生产生活用水问题。盐边县在二滩电站没有建设前，除沿江的农村聚落外，其余分散分布的农村聚落大都存在生产生活用水不足的问题，移民之后，住地海拔相对升高，生产生活用水矛盾更加突出。② 新建聚落移民安置布局分散，导致村内道路“通而不达”。在移民区基础设施建设上虽然实现了村村通柏油路，但由于山区土地分散，适宜建房的平坦连片宅基地少，所以聚落内农户房屋建设较为分散，村内户与户之间依旧是土路，农户在农产品运输、交通出行上依然是“靠”不到路，从而在公路建设上，出现了“村通路而户不达”的尴尬局面。

图 4.24 四川省攀枝花市盐边新县城广场

图 4.25 四川省攀枝花市盐边县二滩库区移民聚落(益民乡集中外迁安置区)

(二)山区公路建设与经营成本高

由于山区特殊的地貌条件,地形起伏大、破碎度高,山地灾害多,公路修建成本高,其困难比平原大得多,已建成公路的养护经营成本也高。

1. 公路建设成本高

以高速公路建设为例，在平原地区建设 1km 高速公路需要 2 000 万～3 000 万元左右，在山区则需要 5 000 万～10 000 万元。同样，一般公路的建设成本也远高于平原地区。平原区公路建设的成本主要是用于耕地、农户的补偿，而山区公路建设的费用主要在桥梁、隧道、挖方和填方上。昂贵的建设成本与贫困的山区经济连接在一起，使得山区公路建设难以有大的进展。许多山区高速公路还是空白，基本上以等外级公路、低级(三级以下)公路和简易沙石路为主。不通车的乡、村、聚落依然十分普遍。

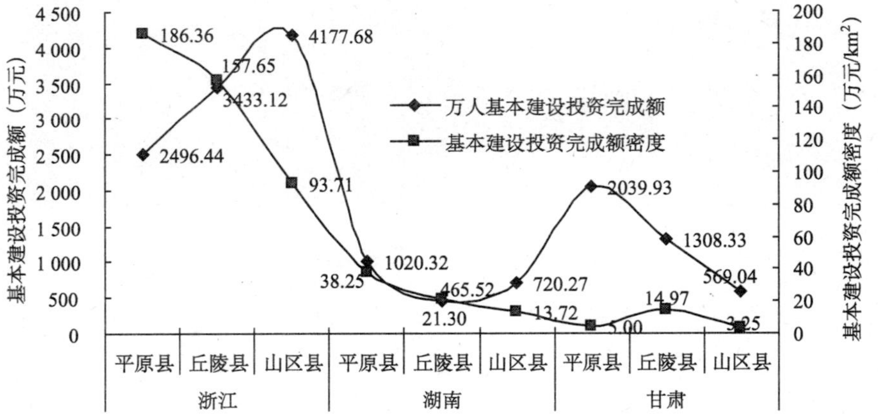

图 4.26 浙湘甘间及其内部山区县、丘陵县、平原县、基本建设投资完成额及其密度对比

由浙湘甘间及其内部山区县、丘陵县、平原县基本建设投资完成额及其密度对比(表 4.12、图 4.26)可以看出，从浙江、湖南到甘肃，从平原县到丘陵县、山区县，万人基本建设投资完成额与基本建设投资完成额密度所呈现规律有一定反差。

① 甘肃省山区县 2 个指标均明显落后

从浙江、湖南到甘肃，山区县万人基本建设投资完成额由 4 177.68 万元、720.27 万元下降到 569.04 万元，基本建设投资完成额密度也由 93.71 万元/km^2、13.72 万元/km^2 下降到 3.25 万元/km^2，两者比值分别为 1∶0.17∶0.14、1∶0.15∶0.03，甘肃山区县表现出明显的弱势，而且基本建设投资完成额与基本建设投资完成额密度明显不同步，后者明显落后于前者。

② 浙湘甘三省内 2 个指标所呈现规律有一定差异

从平原县到丘陵县、山区县，浙江万人基本建设投资完成额从 2 496.44 万元增加 3 433.12万元、4 177.68 万元，而基本建设投资完成额密度反而由 186.36 万元/km^2 减少到 157.65 万元/km^2、93.71 万元/km^2，山区县在两者上形成鲜明对比；湖南万人基本建设投资完成额由 1 020.32 万元下降到 465.52 万元、720.27 万元，基本建设投资完成额密度则由 38.25 万元/km^2 下降到 21.30 万元/km^2、13.72 万元/km^2，前者比值为

1∶0.46∶0.71，而后者比值为1∶0.56∶0.36，山区县基本建设投资完成额密度相对比值显著低于万人基本建设投资完成额，明显不同步；甘肃万人基本建设投资完成额从2 039.93万元下降到1 308.33万元、569.04万元，基本建设投资完成额密度分别为5万元/km^2、14.97万元/km^2、3.25万元/km^2，两者比值分别为1∶0.64∶0.28、1∶2.99∶0.65，山区县、丘陵县又表现出一定的相对优势。

2. 山区公路的保通率低，公路维护成本高

很多当年修建的公路第二年就被冲毁，失去通行能力。山区本身就是山洪、泥石流、滑坡等山地灾害的高发地区，公路被山地灾害冲击破坏的频率高，损害严重，其恢复、重建所花费的时间长，人力物力财力投入大。山区公路的高维护成本往往超过山区负担的能力，是山区经济无法承受的。因此，不少公路建设后不久就因种种原因被废弃。

3. 山区公路的连接点少，服务范围小

由于聚落和农户的分布分散，公众(居民)对公路的利用仍存在巨大困难，即使公路可以通到乡，仍有许多村不能通车；即便是公路通到村，仍有许多分散的聚落、农户根本不沾边，难以实现通达。许多农户散布于山坡、山顶之上，与公路的距离依然很遥远，可望而不可即，不能从根本上解决居民出行难、运输难问题。在具体操作上，也不可能为一个聚落或几个聚落、几户或几十户农户实施公路建设。

案例　聚落土地分散导致村通路而农户生产没有大的改善

云南省昆明市东川区铜都镇紫牛村大凹子组位于距离东川区15km的蒋家沟流域，全村平均海拔1 500m。大凹子全组168人(38户)，在收入上近90%的农户以农业种植(水稻、玉米、马铃薯、土豆等)为主，虽然人均耕地近3亩，但坡耕地比重达90%，地块分散，基本全部为靠天收。2005人均收入低于1 000元的农户达80%。本村人均耕地相对较多，一年的粮食收成基本可以供三年食用，但由于多年来干旱对生存的影响，农户已经习惯了储存粮食应对干旱年的生产生活方式，因此本地的粮食商品率很低。村落原坐落在一个山坳里，属地质灾害危险区(彩图4.6)，只有能容下人畜走的小道，没有出行大道，交通极为不便，日常出行靠人力(步行)，农耕运输靠畜力(驴驮)，最偏远农户孩子到村里小学的要走近2个小时，村民到最近集镇(绿茂)的距离为4km，需要近2个小时。2002年开始实施全村集中搬迁至距离原村落2km处，但“离村不离土”，农户依旧以耕地为生，2005年村里通绿茂的公路修通，教育、医疗、交通条件有了很大改善，但土地分散，村民在土地耕种上没有大的改变，依旧是出行靠人力，农耕运输靠畜力(图4.27)。

图 4.27 山区聚落居民农作物运输(云南省昆明市东川区铜都镇紫牛村大凹子组)

(三)聚落的通(电)话、通电问题

中国当前的电力能源建设已取得巨大进步。全国虽然电力供应仍较紧张,但许多山区位于电力能源(水电、火电)基地,特别是西南山区,是国家水电建设的重要基地之一。可以说能源生产就在山区之中,但很多山区仍处于缺电的状态。在这些山区不通电的根本原因不是缺电,而是缺少输电线路。究其原因,也是因为聚落太分散,使得输电线路只能到县而不能到乡,只能到乡而不能到村,到村(行政村)而不能到单个聚落,到单个聚落而不能到农户;到户则线路过长,传输损耗大,电价陡增。许多位置偏远、交通不便的山区聚落的农户在电器使用上也存在诸多弊端,例如一旦电器出现故障,由于技术人才缺乏、社会服务差,无法及时维修,电器也只好成为"废器"。

电话是现代社会信息共享的主要工具,电话普及率也是农村现代化的主要评价标准之一。前面就社会发展分析已经提到:从浙江、湖南到甘肃,从平原县、丘陵县到山区县,固定电话普及率基本呈下降趋势(表 4.12、图 4.28)。浙、湘、甘三省份间平原县、丘陵县、山区县的固定电话普及率之比分别为 1∶0.42∶0.63、1∶0.30∶0.44、1∶0.41∶0.29,甘肃山区县的固定电话普及率分别比中部、东部少 11.52%、79.11%;浙、湘、甘三省份内,平原县、丘陵县、山区县的固定电话普及率之比分别为 1∶0.91∶

0.80、1∶0.63∶0.71、1∶0.66∶0.33，各地带内山区县电话普及率均处于较低水平，而且从浙江到湖南、甘肃，山区县与丘陵县、平原县差距呈扩大趋势。

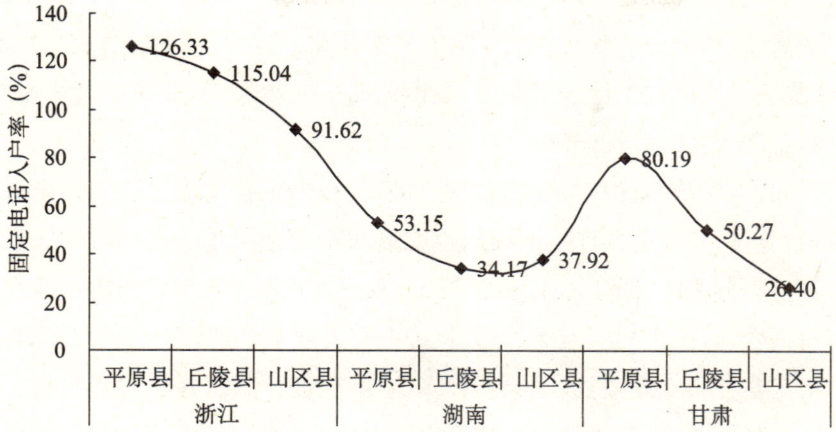

图 4.28　浙湘甘间及其内部平原县、丘陵县、山区县固定电话入户率比较

再以四川省为例说明。如图 4.29 所示，在山区农村聚落通信方面[①]，羌族地区（汶川县、理县和茂县）、藏族地区（甘孜州全部、木里县和阿坝州非羌族聚居区）和彝族地区（凉山州大部分）不通电话农村所占比重分别为 64.41%、82.06%、60.10%，都远高于四川省的平均水平（18.48%）。

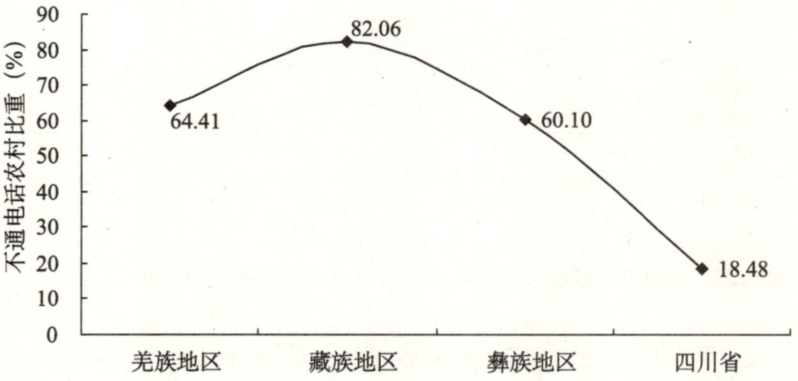

图 4.29　四川省与羌族地区、藏族地区、彝族地区不通电话农村比重比较

二、聚落分散对社会公共资源利用的限制

当代社会的发展是与工业化、城市化进程紧密联系的，工业化、城市化的发展必将

① 四川省社会科学院少数民族地区农民增收特殊性研究课题组，“四川省少数民族地区农民增收的特殊性研究”，2006 年 4 月。

带来物质文明与社会进步，即现代文明是与工业文明、城市文明相辅相成的。社会公共资源的利用普及和服务质量的空前提高，特别是文化、教育、卫生保健等的发展，是现代化的重要标志，它最终促进人们生活水平的提升、医疗条件的改善、文化活动的丰富、教育水平的提高、人均寿命的延长以及生活方式的变化。进而，社会经济结构也发生大的改变，而这些变化又反过来促进工业化、城市化的进一步发展，形成社会快速发展与社会公共资源不断丰富的良性循环。

众所周知，上学难、就医难是我国农村普遍存在的现象。而对于山区来讲，除了经济因素外，教育、医疗等公共产品的稀缺也明显较平原区严重。但在对山区教育、医疗等公共资源进行分析时（图 4.18f、图 4.18g），我们发现在万人医疗机构拥有量、万人医护人员拥有人数、万人学校拥有量、万人教师拥有人数 4 个指标上，无论是东部，还是中部、西部，山区县并不比丘陵县、平原县差多少，甚至在万人医疗机构拥有量、万人学校拥有量上山区县还要稍高于平原县；结果山区县的人均教育、医疗公共资源拥有量大，与山区人口文化素质低、文盲半文盲人口比重大、缺医少药人口比重大就形成鲜明的对比（表 4.12、图 4.30）。

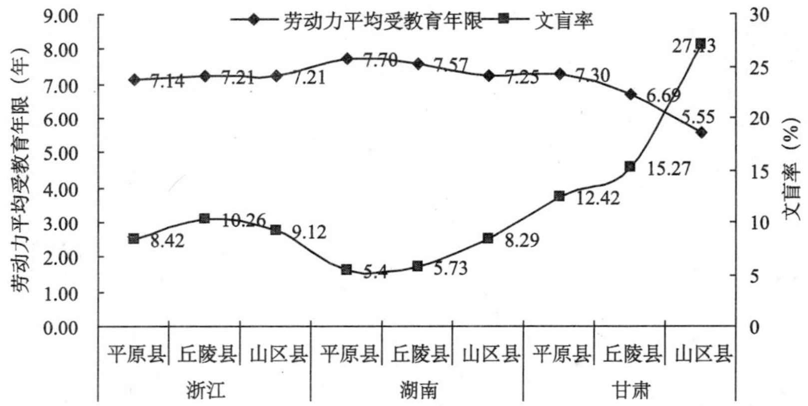

图 4.30　浙湘甘平原县、丘陵县、山区县劳动力平均受教育年限、文盲率对比

这就提出一个严肃的问题，即聚落的分散造成公共资源利用的高成本、低效益，不利于公共资源的利用。由此我们认为，公共资源的合理、有效利用，需要一定的人口规模和聚落规模。

下面仅以四川的教育资源和卫生资源为例加以说明。

由四川省 2004 年山区县、丘陵县、平原县间教育、医疗人均资源拥有量比较（表 4.16）可以看出，在万人学校个数、万人教师人数 2 个指标上，山区县明显高于丘陵县、平原县，山区县万人学校个数分别为丘陵县、平原县的 2.80 倍、4.50 倍，山区县万人教师人数分别比丘陵县、平原县的多 21.4%、10.28%。

表 4.16　四川省山区县、丘陵县、平原县教育、医疗人均资源拥有量比较(2004 年)

	万人学校个数(所)	万人教师人数(人)	万人医院个数(个)	万人医护人员数(人)
平原县	1.89	68.99	0.68	30.46
丘陵县	3.04	62.63	0.61	15.20
山区县	8.50	76.08	2.39	26.62

资料来源:《2005 年四川统计年鉴》,中国统计出版社;其中,学校个数为小学和中学个数的总和,教师个数也是小学教师人数和中学教师人数的总和,医护人员数为医院医护人数和防疫人员人数的总和。

第五次人口普查资料显示,2000 年四川省共有文盲半文盲人口 6 292 420 人,文盲半文盲率为 9.87%,其中,男性文盲半文盲 1 755 869 人,男性文盲半文盲率为 5.37%,女性文盲半文盲总数 4 536 551 人,女性文盲半文盲率为 14.62%。而在总人口文盲半文盲率、男性人口文盲半文盲率、女性人口文盲半文盲率 3 个指标上(图 4.31),平原县分别为 6.15%、3.22%、9.15%,丘陵县分别为 9.39%、4.56%、14.48%,均低于四川省平均水平;而山区县分别为 17.17%、10.93%、23.93%,明显高于四川省、丘陵县、平原县;在三个指标上,山区县分别为平原县的 2.79 倍、3.39 倍、2.62 倍,分别为丘陵县的 1.83 倍、2.40 倍、1.65 倍,分别为四川省的 1.74 倍、2.04 倍、1.64 倍。

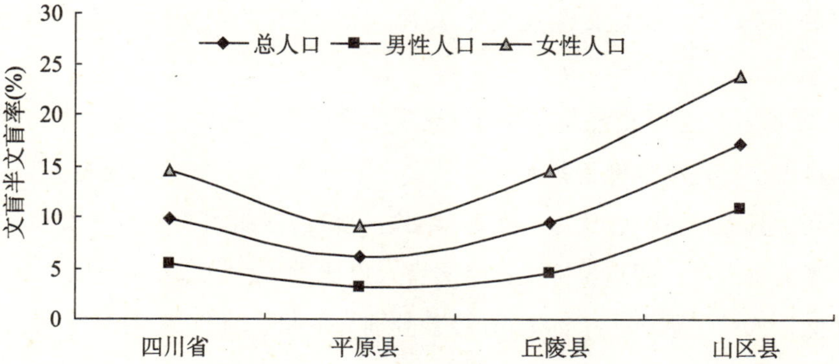

图 4.31　四川省三大地形类型县文盲半文盲率比较

再分别以平原县、丘陵县、山区县间总人口(男性人口、女性人口)占四川省总人口比重、文盲半文盲人口(男性文盲半文盲人口、女性文盲半文盲人口)占四川省总文盲半文盲人口(男性文盲半文盲人口、女性文盲半文盲人口)比重 3 个指标,对四川省三大地形类型县的人口文化素质做比较分析,结果如表 4.17 所示。

平原县总人口占四川总人口的 11.93%,而其文盲半文盲人口仅占四川省总文盲半文盲人口的 7.43%;男性人口占四川省男性人口的 11.81%,而其男性文盲半文盲人口仅占四川省男性文盲半文盲人口的 7.09%;同样,女性人口占四川省女性人口的 12.08%,而其女性文盲半文盲人口仅占四川省女性文盲半文盲人口的 7.56%。

表 4.17 四川省三大地形类型县人口文化素质比较(2000 年)

	总人口占四川总人口比重(%)	文盲半文盲人口占四川文盲半文盲人口比重(%)	男性人口占四川男性人口比重(%)	男性文盲半文盲人口占四川男性文盲半文盲人口比重(%)	女性人口占四川女性人口比重(%)	女性文盲半文盲人口占四川女性文盲半文盲人口比重(%)
平原县	11.93	7.43	11.81	7.09	12.08	7.56
丘陵县	41.56	39.53	41.53	35.28	41.59	41.17
山区县	19.35	33.66	19.55	39.83	19.14	31.28

资料来源:《2005 中国县(市)社会经济统计年鉴》,《2000 四川省人口普查资料》,中国统计出版社。

丘陵县总人口占四川省总人口的 41.56%,而其文盲半文盲人口占四川省总文盲半文盲人口的 39.53%;男性人口占四川省男性人口的 41.53%,而其男性文盲半文盲人口占四川省男性文盲半文盲人口的 35.28%;同样,女性人口占四川省总女性人口的 41.59%,而其总女性文盲半文盲人口占四川省女性文盲半文盲人口的 41.17%。

山区县总人口占四川省总人口的 19.53%,而其文盲半文盲人口占四川省总文盲半文盲人口的比重达 33.66%;男性人口占四川省男性人口的 19.55%,而其男性文盲半文盲人口占四川省男性文盲半文盲人口的比重达 39.83%;同样,女性人口占四川省女性人口的 19.14%,而其女性文盲半文盲人口占四川省女性文盲半文盲的比重达 31.28%。

综上,平原县文盲半文盲人口占全省比重明显低于其人口占全省比重,丘陵县文盲半文盲人口占全省比重也低于其人口占全省比重;而山区县文盲半文盲人口占全省比重却显著高于其人口占全省比重。文盲半文盲人口占四川省总文盲半文盲人口比重、男性文盲半文盲人口占四川男性文盲半文盲人口比重、女性文盲半文盲人口占四川女性文盲半文盲人口比重三个指标上,丘陵县分别为平原县的 5.32 倍、4.98 倍、5.45 倍,山区县分别为平原县的 4.53 倍、5.62 倍、4.14 倍。

山区县人口总量少,文盲半文盲人口(男性、女性)占人口比重又大,人口文化素质低,对山区县社会经济的发展起巨大的制约作用,成为山区农村聚落剩余劳动力向非农产业转移的瓶颈因素,导致山区聚落生产生活方式落后、贫困发生率高、绝对贫困人口比重大的后果。至 2005 年底,阿坝藏族羌族自治州、甘孜藏族自治州和凉山彝族自治州的 19 个国家扶贫开发工作重点县①尚有贫困人口(年均收入 1 000 元以下)109.9 万,其中,绝对贫困人口(年收入 668 元以下)51.5 万,两项指标分别占区域总人口的

① 四川省少数民族地区 19 个国家级扶贫开发工作重点县中,阿坝藏族羌族自治州 3 个县:黑水县、小金县和壤塘县,甘孜藏族自治州 5 个县:理塘县、石渠县、色达县、雅江县和新龙县,凉山彝族自治州 11 个县:喜德县、木里县、盐源县、雷波县、普格县、越西县、昭觉县、金阳县、甘洛县、布拖县和美姑县。

43.03%、20.16%[①]。

同样，虽然山区县人均医疗基础资源拥有量相对较高，万人医院个数分别为丘陵县、平原县的3.92倍、3.51倍，万人医护人员数比丘陵县多75.13%，仅比平原县少12.61%。但川西山区是我国克山病、大骨节病、甲状腺肿、氟中毒等地方病主要分布区域之一，区域性的缺碘（患甲状腺肿）、富氟（患氟中毒）、缺硒（患克山病或大骨节病）自然致病因子，加上面积广大，农村聚落分散、封闭，贫困发生率高，对当地居民生存、健康构成严重威胁，对当地的长远发展也十分不利。至2005年底，阿坝藏族羌族自治州、甘孜藏族自治州、凉山彝族自治州的19个国家级扶贫开发工作重点县还有33.6万人居住在高寒山区、泥石流或滑坡频发区和大骨节病发病区等生存条件恶劣地区，占总人口的13.15%，居民生产生活条件极差，反贫困难度大。

综上，山区县的人均公共资源拥有量高于丘陵县、平原县，但实际享有公共资源的程度却远低于平原县。公共资源有效性的最终目标是为人们提供服务，同等资源所服务的人数越多，服务水平越高，其效益就越高，反之就越低。山区聚落的分散，使公共资源所服务的人数减少，服务的难度加大，同时，服务区聚落规模、人口规模的偏小，也造成服务成本偏高。这实际上也是对有限稀缺资源的浪费，与构建资源节约型、环境友好型社会的发展目标不相适应。

首先，公共资源的环境条件太差，代价过高。在地广人稀的高海拔山区，即使村落设有学校、医院、卫生保健等设施，村落内各户到此入学、就医依然十分困难，$10km^2$内的村落数量还不足一个，面积超过$100km^2$甚至$1\ 000km^2$才有1～3个村落，许多小学生为了上学，小小年纪就每天步行十几里至几十里山路，是非常普遍的现象。而且许多病人，即使有钱就医也无法承受长途的山路颠簸之苦，许多只好在家里承受疾病煎熬。因此，在聚落分散致使山区公共资源不能很好被利用，是山区社会发展道路上的大障碍。

其次，山区聚落的过度分散妨碍公共资源服务体系的构建。公共资源的种类众多，在当代社会发展中缺一不可。同时，公共资源是有层次的，医疗水平有高、中、低之分，学校规模也有大、中、小之别，文化也有高雅、通俗之不同需求，只有构建系统的服务体系，才能提供差异化的公共产品以满足不同层次社会阶层的需要。山区的社会公共资源由于上述原因往往连最基本的生存需求都不能满足，客观上很难有发展不同层次服务体系的条件。因此，社会公共产品、服务资源对于山区聚落来说，长期处于雪中送炭的低层次水平上，碰到高的服务要求，基本上都难以满足，如危重病人的救治、高层次职业学校的就读都得背井离乡到外地才可以实现。

---

① 四川省以工代赈办公室，"四川省以工代赈建设'十一五'规划"，2006年4月。

三、农业产业化与聚落规模和布局的关系

（一）聚落的分散布局无法实现大规模的集约经营

农业产业化的基本要求和基本体现是农业生产的基地化、规模化、专业化和加工工业化，这几“化”在聚落分散的山区都很难实现。

从前面的有关论述可以知道，许多山区的平均人口密度每平方公里只有几个人，每百平方公里只有几个聚落，并且这些村落往往被山体、河流相互阻隔；不少聚落被周边的山体所包围，对外交流不方便。为此，山区聚落必须谋求粮食等基本生活资料的自足，生产资料也只能因陋就简，力求自我解决。因此，没有能力组织大规模的专业化生产，土地少而分散，也没有大的土地利用空间支撑专业化的生产，例如，在粮食安全不能得到保证的情况下，组织农民进行非粮食生产经营的阻力就很大。优势作物、经济作物、林果林产、中药材等专业化种植，往往需要多个聚落的协作，需要多个聚落土地的连片整体经营，才能上规模并实现人均耕种面积、耕作效益的大幅度提高。但这需要冒很大的风险，聚落土地规模化、集约化经营、承包给专业户或租赁给龙头企业，或者是采取“基地＋农户＋龙头企业”的现代经营模式，聚落内的农户就要有更适应市场经济的思维，就要有面临市场风险的意识和心理准备，农民就有可能因此失去赖以谋生的土地，甚至失去生活的依托。而对于山区聚落来说，居民主观上文化素质低、对新技术新事物接受能力弱、对市场信息反应能力弱，又缺乏其他谋生手段和能力，客观上社会生活氛围又相对沉闷、信息不灵，许多居民在生产方式上依旧是“广积粮”，宁可选择并保持落后的自给自足的生活方式，也不愿意冒产业化的风险去做一些有意义的尝试。

（二）聚落分散妨碍农业生产专业化、农业服务社会化的实现

现代农业除了生产规模化、基地化之外，重要的特征是生产服务专业化、社会化，特别是种子、化肥、农药、收割、储藏、运输、植保、市场信息等服务社会化。聚落的分散，小规模经营，独家独户的生产，农业经济剩余少而过于分散，使得社会服务成本大大提高，许多农户购买农药、种子、化肥、农机的需求量小，不可能组织大批量货源到生产第一线，货源也不可能直接到达各个村落、农户；同时对农业生产的收购、运输，一方面总量小，产品商品率低，另一方面，收购、运输成本高，除非极为稀缺的特殊产品，一般农产品难有市场竞争力，更无低成本和价值优势。例如住在山区的农民将达到屠宰标准的生猪通过人工抬至山下的乡镇去卖，花费的劳动力成本极高，若当天下山卖不掉或屠宰不了，将浪费很大精力与时间。同样，许多农产品即便是山区特色产品，由于聚落太分散，也增加了企业、商贩收购运输的困难，如果是易腐烂的水果，则有可能还未收购到一定的数量，先收购的就已经因为山路长途颠簸而烂掉了。

（三）聚落分散妨碍农产品加工工业化

在广大山区包括许多高原、草原，有不少特色农牧产品是有消费市场的，例如青藏高原的牦牛肉、奶、毛产品，安徽大别山、浙江山区的竹产品，横断山区的菌类，东北山区的特色药材与养殖产品等。但由于地广人稀，经营规模小，农产品的货源十分分散，无论在哪里建工厂，都存在原料、收购、运输、产品外销等难题。在相当广阔的区域范围，都还达不到应有的加工规模对原料数量的要求；因而只能建一些小工厂加工或粗加工，这不仅造成加工成本高从而失去竞争优势，而且产品附加值低、利润率低，往往因为规模小、设备差、产品质量不能保证，工厂的“三废”问题也无法治理；在产业发展政策上，很多小加工厂达不到国家环保要求，属于关停的范围。若要建大型加工厂，农产品的原料收购又成为一大难题，运输成本过高。因此，聚落的分散严重阻滞山区农业产业化的发展。例如，在青藏高原牧区，牦牛肉本是一种有很好市场前景的产品，它是绿色食品，营养价值又高，深受全国各地消费者的青睐，并且产品加工后易于储存运输。但由于高原聚落分散，上万平方公里范围内居民放养的牦牛往往还达不到年产 1 万吨肉联厂的屠宰需求量。青藏高原许多县牦牛肉加工规模都很小，牛产品综合利用率低，始终没有形成强大的食品加工产业。

四、聚落分散对生态与环境的影响

聚落是人类活动与自然环境发生联系最直接的空间单元。人类的生存总要以一定的聚落为空间立足点。当代社会人口流动性很大，富裕家庭可能还有多处住宅，不同季节会选择居住不同区域的聚落或社区，但无论如何每家每户最终都要在一定的聚落内生活，聚落生态与环境质量直接影响着聚落内人群的健康、舒适。

（一）聚落分散不能解决能源的有效供应

广大山区聚落散布于高山峻岭、深山老林之中，过着靠山吃山的生活。这种背景下以柴为薪的燃料采集利用方式不可能根本改变。即使在天然林禁伐区，以柴为薪的现象仍十分普遍。因此，1998 年国家实施天然林保护与天然林禁伐工程（天保工程）之后，森工企业砍林被全面禁止，山区居民以柴为薪的生活方式成为森林消耗的主要因素。实际上，聚落的存在（主要是其落后的生产生活方式）是山区森林减少、生物多样性减少的重要原因之一。我们在退耕还林还草工程和天保工程实施后，多次进山区调查，所见所闻也都证实了这一点。山区聚落居民冬季取暖，煮熬饲养牲口的饲料也都基本靠植被（木材），即使已经通电的聚落也是如此（彩图 4.7、图 4.32）。

图 4.32　山区居民生活燃料(河北省承德市隆化县郭家屯镇招素沟村)

(二) 聚落分散必然导致陡坡垦殖

山区聚落以农牧业为主,在山区土壤贫瘠的条件下,生产水平低,平坦土地稀缺,为了生存只能以陡坡垦殖来扩大种植面积以获得足够的粮食。陡坡垦殖产量低,又耗费大量的人力来开垦、播种、收获、运输,因此,要求有男性劳动力;这又促进多生多育,最终形成生存——开垦——劳动力增加——人口增加——再开垦的恶性循环,从一定意义上说,这并不是山区居民的意愿,而是山区居民适应生活环境的无奈之举。山区聚落的分散性,使得土地利用也处于分散、无序状态。山区常见的"补丁"式土地开垦方式,造成严重的植被破坏而引发水土流失,实际是山区聚落生存的逼迫。近年在退耕还林中,大于25度的坡耕地大部分已退耕,但在不少地区仍然退不了。因为若将陡坡耕地都退耕了,则粮食无法保障,山区聚落也就失去生存的起码条件,为此,部分地区不得不暂停退耕(彩图4.8～11、图4.33～34)。

因此,退耕还林、禁止陡坡垦殖,首先应对山区聚落空间分布模式进行重构,将其逐步集中,远离自然条件恶劣的陡坡峻岭,这样就不存在禁垦不禁垦的问题;但若山区聚落的空间布局现状在未来发展上得不到很好规划、改造,则人为因素导致的水土流失,要根治几乎是不可能的。

(三) 山区聚落与环境污染的关系

从一定意义上讲,山区聚落的分散与集中,对环境污染的影响有利有弊。从有利的

图 4.33　吕梁山区聚落分布(山西省吕梁市柳林县)

图 4.34　长白山区聚落分布(吉林省集安市)

方面看,由于聚落分散,人口也不多,山区聚落的生活污水、废弃物在大空间条件下,可以通过自然净化得到解决,例如生活污水一般不经过任何处理也不会造成大的危害,粪便作为肥料可以得到较好的利用。总的来说,山区聚落的"三废"污染尚未构成大的环境问题。

但从山区发展的角度上看，山区聚落分散不利于山区环境的保护。首先，随着山区生活用品、生产用品的变化，许多不容易被降解的工业品开始进入山区聚落，如农用塑料薄膜的广泛使用，以塑料为主的电器包装、食品包装随意丢弃，白色污染开始进入山区，生活垃圾开始成为山区的一大难题；同时，农药、化肥的大量使用，使得面源污染成为山区地下水资源水质变化的主要因素，成为山区难以处理的问题。现在发达地区开始对农村生活垃圾采用户分拣、村收集、乡转运、县集中处理的办法，但在山区就难以实现，原因就是户与户、村与村、乡与乡很分散，空间距离过大，收集、集中、运输的困难很大。其次，传统山区聚落的畜粪、人粪由于得不到及时有效的处理，在许多高寒山区，畜粪特别是牛、马粪多年难以分解，成为污染水源、传播寄生虫、传染人畜共患疾病的重要源头。因此，山区聚落的分散不利于集中供水、供电，不利于集中处理生活污水和生活垃圾，总体上分散聚落的环境卫生条件都比较差，对于那些养殖业大村，如养猪、养鸡等，情况更是如此，村里是气味刺鼻，到处苍蝇横飞，一遇到下雨就黑水（粪水）横流，污水往往直接排入河流或直接进入地下水。

人类人口数量从少到多，聚集方式从分散到集中，流动上从农村到城市，区位上从山区到沿海平原，都是人类发展过程的要求。从某种程度上讲，人类历史不同的发展阶段有不同的生产方式，就有不同的生活模式，与之相应就有不同的人类聚居模式。工业化的过程，生产的规模化，产业类型众多，体系庞大，产业过程复杂，不同产业门类的资源、技术、产品、市场、资金、人才都需要众多部门的配合、组装、集成；需要形成规模化，基地化，这就要求形成产业集群。人口城市化是工业化的必然要求和结果，城市化是工业化的载体。因此，工业化的过程是人口均衡分布向城市、特大城市高度集中的过程，是由农村向城市流动的过程，是由第一产业向第二、三产业流动的过程。我们相信，山区未来的发展将有这样一个过程，尽管这个过程以及工业化、城市化的结果，山区会不同于平原，会有自己的特色，会有自己的社会分工，但总的趋势是不可抗拒的。

参考文献

[1] 陈国阶等：《2003 中国山区发展报告》，商务印书馆，2004，63～68。

[2] 陈国阶、王青："中国山区经济发展差异与非农产业贡献"，《地理学报》，2003(2)。

[3] 陆大道、樊杰、刘毅等：《2002 中国区域发展报告——战略性结构调整与区域发展新格局》，商务印书馆，2003，123。

[4] 赵曦："西藏边境地区贫困调查"，《财经科学》，2004(2)。

[5] 孙宝东："成都市 2004 年度农村扶贫开发监测情况分析"，中国三农网，2005-05-19，http://www.sannong.gov.cn/fxyc/qyjjfx/200507110094.htm。

第五章　中国山区特殊聚落

山区特殊聚落是一个特定概念，系指其与一般聚落有所差别、具有突出特性的聚落。中国山区广大，自然条件变异复杂，生态环境类型多样。同时，山区是中华民族的起源地，发展的摇篮，创造历史文明与繁荣的舞台。因此，中国山区特殊聚落甚多。本章所要讨论的中国山区特殊聚落，主要是指特定自然与社会环境因素条件下形成的和衍生出的不同于一般普通聚落、具有突出特性和特殊意义的聚落。具体言之，则主要包括：人类健康遭受地方性疾病严重危害的地方病区聚落，尚未完全探究清楚科学成因的长寿聚落，保存着良好历史文化传统的文化与宗教聚落和古聚落，面对当今世界生态环境严重破坏的严峻问题和迎合人类社会实行可持续发展战略的要求而设立众多自然保护区衍生出的自然保护区内聚落等。

第一节　地方病聚落

地方病是仅在某些特定地区发生、有多发病人群和高发病率疾病（亦称地方性疾病）的统称。地方病严重危害人类健康，是全世界的一个公共卫生问题，同时有些地方病（如克山病和大骨节病）致病因子与机理尚不十分清楚，有效防治的技术方法亦未能根本解决，因此地方病的防治及根除任务艰巨而漫长。

一、地方病聚落环境概述

（一）中国地方病及空间分布特点概述

中国有多种地方病分布，国家列为重点防治的地方病即达 8 种。其中既有被称为“瘟神”的南方水网钉螺分布地区的血吸虫病，也有广泛分布的碘缺乏病地方性甲状腺肿（和克汀病），还有主要出现在山区、病因尚不十分清楚的克山病和大骨节病。

中国地方病的空间分布复杂，但总体上呈现出三大特点：一是地方病分布广泛；二是多种地方病的分布既有离散又相对集中，从东北向西南形成一个宽度相当宽的地方病分布较为集中的区带；三是与环境生物地球化学因素有关的地方病，在同一地区存在重叠的复合分布，如低硒地区的克山病与大骨节病，碘缺乏地区的地方性甲状腺肿和克汀病，地方性氟中毒引起的氟斑牙与氟骨病等。

（二）中国地方病研究成就概述

中国地方病的发现和防治技术方法研究起始非常久远，早在公元前四世纪的《山海经》中就有过“瘿病”（即现今的地方性甲状腺肿）的记载，公元7世纪孙思邈在《千金方》中也明确提出了用海藻类植物可防治此病，但中国地方病的研究和防治在新中国成立以前相当长时期确几乎沦为空缺。

中国地方病的系统综合调查研究和大力展开防治是新中国成立之后才开始的。新中国成立之后，党和国家对地方病的调查研究和防治高度注重，为此，中央设立了地方病防治领导小组及办公室，以加强领导地方病研究与防治工作，有关部门不断组织医学、地学、生物化学、流行病学、病理学等多学科对地方病及其防治开展了一系列的全面综合调查研究，尤其20世纪60～80年代期间作了许多深入细致的调查研究。长期的调查研究积累了世界各国少有的丰富而宝贵科学资料，取得了一批丰实的新成果和新认识：

首先，在长期调查研究积累丰富科学资料基础上，1989年首次编纂完成出版了数据资料特别丰富的首部反映中国地方病与环境因子相互关系的图集——《中华人民共和国地方病与环境图集》。图集中丰富的信息，为中国地方病及其防治的进一步研究提供了可供参考的重要的科学依据。

第二，获得了一些新的科学发现：① 对病因尚不十分清楚的克山病和大骨节病的调查研究发现，低硒环境与克山病和大骨节病发生具有相关性，补硒对克山病和大骨节病有一定预防功效，为这两种病的防治提供了一种新途径和新的方法；② 地方性甲状腺肿，除人所共知由缺碘引起外，高碘环境同样可引发地方性甲状腺肿，70年代末以后，科学家们在河北、山东沿海地区和内陆的新疆、山西等省（区）部分低洼地区发现因饮用高碘深层地下水引发的地方性甲状腺肿，研究发现，当其水含碘量升至100～200μg/L以上之后，其患病率与碘含量呈正相关[1]，改变了低碘导致地方性甲状腺肿发生的单一认识。

第三，提出了一些有待进一步深入调查研究的问题。地方病的致病因子相当复杂，尤其克山病和大骨节病的成因尚不十分清楚，低硒生物地球化环境因子仅是其成因之一，但它尚不能解释所存在的一些现象，诸如低硒病区内亦存在非患病群体和不同病区的低硒水平不尽相同等，其他有关化学元素的作用如何？尚需探索了解；生命元素有着不足则缺乏和过剩则毒害的双重性，人体对其需求量有一个适当的阈值范围，不同元素致病的生物地球化学数值标准亦是需要加强研究的问题。如此种种，不一而足。总之，地方病及其防治方法需要研究的问题还很多。

（三）中国山区主要地方病聚落环境特征概述

地方病是特定致病环境因素（包括生物、化学、物理和社会经济因素）的产物，地方病聚落与特定环境有密切关系，中国山区是地方病发生较为集中的地区。目前，与山区环境密切相关的地方病主要有：碘缺乏病、克山病和大骨节病、氟中毒、高原病及砷中毒等。

1. 环境生物地球化学异常聚落

俗话说，一方水土养一方人。就是说，水土环境特性决定人体健康，环境生物地球化学异常影响健康甚至可能致病。包括低量缺乏与过量中毒两类，其聚落主要包括：

碘缺乏病包括由缺乏碘引起的地方性甲状腺肿和地方性克汀病。地方性甲状腺肿，简称地甲病，俗称“粗脖子病”，是中国最古老的疾病之一，早在公元前 4 世纪就已发现，并有所记载(古籍《山海经》)。地方性克汀病，简称地克病。地方性甲状腺肿和克汀病在中国分布非常广泛，除上海市之外，各省、市、自治区均有分布，二者在低碘地区多呈重叠复合分布，地克病多分布于地甲病严重流行区。甲状腺肿多发生于青少年时期，其发生率女性高于男性。孕妇缺碘，影响胎儿发育，引发早产甚至畸胎、死产，引起痴、呆、聋、哑和身体矮小及肢体瘫痪，故地克病又俗称“呆小症”。

克山病和大骨节病聚落的低硒环境。克山病和大骨节病是低硒环境引起的地方病，危害极严重。其中，克山病为一种地方性心肌病，主要表现为严重的心肌变性和心肌坏死与瘢痕的形成，急发型克山病表现为急性心脏功能不全、严重心律失常、心源性休克和急性心力衰竭，危及人的生命安全；大骨节病是一种畸形骨关节病，主要表现为四肢关节对称性增粗变形、伸缩困难和四肢肌肉萎缩，造成身材矮小、终身残病。这两种地方病主要分布于我国黑龙江、吉林、辽宁、内蒙古、河北、北京、山西、山东、河南、陕西、甘肃、青海、四川、云南、贵州、西藏、湖北等省、市、自治区的山区，发病县达 303 个，形成从东北到西南具相当宽度的分布较集中的病带区[1,2]。东北和黄土高原成为我国大骨节病病情最严重的自然区。克山病和大骨节病病因目前虽尚不十分清楚，但其分布与低硒环境区基本相吻合，说明环境中缺乏硒是引发这两种地方病的重要原因之一。

氟中毒病聚落的高氟环境。地方性氟中毒疾病在世界上分布很广，中国也有广泛分布，除上海市外，其余各省、市、自治区均有分布，但以北方干旱半干旱地区分布较多，最为流行，同时也还存于豫、鄂、川、渝、黔、滇山地高原和东南丘陵两个病区带[4]。地方性氟中毒疾病，包括氟斑牙和氟骨病两种类型，系由高氟生活环境主要是饮水、食物(粮食、蔬菜、食盐等)和空气(室内煤烟)氟含量过高所引起，因此有水源型和燃煤型(主要是冷湿地区居民长期以燃烧高氟煤取暖和烘烤农产品，导致室内空气含氟高和农产品粮食氟污染)两类[5]。

地砷病聚落的砷毒环境。地方性砷中毒是人摄入过量砷化物所致的一种地方病，简称地砷病。地砷病以“花皮病”和掌跖角质过度增生为表征。我国在台湾滨河海岸平原和新疆内陆陷落盆地发现了砷中毒病区。新疆病区面积 2 000km^2 以上，总患病率 45%，户患病率 95%，较重病区面积 120km^2，达 187 个自然村，20 多万人[6]。地方性砷中毒有慢性中毒和急性中毒之分。慢性中毒多为长期生活在高砷环境中之居民摄入过多砷累积于体内所致,急性中毒则为严重砷污染事件导致所在地居民大量摄入砷而严重中毒,可危及人的生命。

2. 地形气候特殊聚落

这类聚落主要指高原高山病聚落。高原(山)病是与山地环境直接相关联的一种疾病,是发生在高原(高山)特殊环境中的一组特发性疾病,诸如急性高原反应、高原肺水肿、高原脑水肿、高原心脏病(心界扩大)等[3],主要分布于海拔 3 000m 以上的高山高原地区。我国高山高原面积广阔。高山高原,因其海拔高度高,大气压和氧分压低,空气稀薄,尤其维系生命最为重要的氧气稀薄,而且气候寒冷,太阳辐射和紫外线强烈,长期居住与生活在这样地区的居民,容易发生急性、慢性高原病,是影响当地居民健康与寿命的重要问题。尤其低海拔地区人初到高海拔高山高原地区时,由于环境的不适应性,更容易引发急发性上述高原病,甚至危及生命,因此,初到高海拔地区的人特别需要注意防护。

3. 封闭、自给自足的社会经济环境

地方病调查研究发现,同一水、土环境背景下,封闭的社会状态和自给自足的经济模式是地方病及其聚落的一个明显的环境因素。一是地方病聚落多坐落偏远山乡,交通困难,与外界交流不便,交往少,成为一个较封闭的社会空间单元。如环境氟异常问题突出、氟中毒危害的西藏左贡县绕金村聚落即坐落在横断山区怒江中游高山峡谷内,距最近有公路相通的扎玉乡政府所在地需骑马走 2 天才能到达,是一个典型的与世隔绝的地方病聚落。封闭的空间造成封闭的社会状态,既影响和阻碍聚落社会经济的发展进步、居民生活水平提高、社会公共事业发展,同时也影响聚落居民思想意识观念,难以接受到新的思想意识观念,原始传统的生产、生活、经营方式持续沿袭,难以改变。二是封闭和自给自足社会经济状态下的地方病聚落,普遍具有食物自产自食、自给自足的特点,聚落人群长期饮用生物地球化学环境异常之水和食用所生产的食物是地方病的一个重要致病因素。对此,从另一个侧面可以得到证实,就是在地方病聚落居民中,凡有参加工作的机关干部、工人、教师、医生等有稳定经济收入的家庭,通常没有或少有地方病患者。究其原因是:这种家庭经济条件好些,生活水平高些,有一定购买从外输入食品及一些营养食物的能力,食物产源与结构有所改变,营养状况有所改善。

二、地方病聚落专案简述

中国山区是地方病主要分布区,地方病聚落众多,数以千万计,难以面面俱到、尽述,同时《中华人民共和国地方病与环境图集》图文并茂,已作过较为系统的综合总结,

也无需多赘述，仅对典型病区聚落数量规模状况加以叙述。

（一）黑龙江省克山县克山病聚落

克山病是病因尚不完全清楚的地方病。中国克山病散布于15个省、自治区的309县，其中黑龙江省克山县是我国克山病的首发现地（1935年），克山病之命名亦得自于克山县县名[1]。据《中华人民共和国地方病与环境图集》（以下简称图集）中的“黑龙江省克山县克山病环境图”中提供信息的统计，克山县克山病发病聚落（村、屯）达66个，约占其村、屯聚落的50％，其中重病聚落36个，轻病聚落30个。

（二）黑龙江省尚志县大骨节病聚落

大骨节病是严重危害健康致使残疾的一种地方病。中国大骨节病散布于15个省、自治区、直辖市的303个县[1]。黑龙江省尚志县是大骨节病较严重的地区。据《图集》中的“黑龙江省尚志县大骨节病与主粮关系图”中提供信息的统计，尚志县大骨节病聚落（村、屯）达630个，其中重病聚落135个（发病率≥30％），中病聚落291个（发病率15％～30％），轻病聚落204个（发病率≤15％）。

（三）四川省阿坝县大骨节病聚落

四川省阿坝县是坐落在川西北高原草原地区的藏族自治县，人少地广，偏远闭塞，大骨病患病严重。据《图集》中的“四川省阿坝县大骨节病自然与经济分区图”中提供信息的统计，阿坝县大骨节病患病村79个，占全县村数的97.5％，其中重病村27个，中轻病村52个。应当说明的是，这里的村与北方的村落（一村一落）不尽相同，通常由2个以上村落（自然村）组成，因此阿坝县大骨节病聚落数量应在158个以上。

（四）山西省运城盆地氟中毒聚落

山西省运城盆地是氟中毒较严重的地区，氟中毒聚落较多。据《图集》中的“山西运城盆地氟中毒与环境图”中提供信息的统计，运城盆地氟中毒聚落（村落）427个，其中重病聚落140个，中病聚落139个，轻病聚落148个。

（五）西藏自治区左贡县绕金乡氟中毒聚落

西藏左贡县绕金乡坐落在西藏东南怒江中游西岸，属横断山区高山峡谷区，由普拉、绕一、绕二和绕丝等四个行政村组成，1995年总人口859个，农户156户，四村均受到不同程度氟中毒危害，其中以绕丝村氟中毒危害最严重。绕丝村聚落是绕一和绕二村因耕地不足部分居民移居所成，1995年聚落人口78人，农户17户，氟中毒患病率高达88.6％，村落9个健康人中，有5个为新嫁入村落的新娘。其余三村氟中毒患病率平均亦达24.1％。绕丝村聚落氟中毒源自于水源卧郎龙巴沟上部的高氟温泉，水体氟含量 2.55～2.8mg/l。卧郎龙巴沟是村民的饮水水源，也是农用灌溉水源。村民长期饮用高氟水和食用高氟水浇灌生产的粮食是导致氟中毒患病的原因。主食大麦、小麦、玉米和青稞，平均氟含量 5.95mg/kg。

三、地方病聚落面临的挑战

中国山区发展落后，地方病聚落因受地方病危害的累及，是其中的落后“碉堡”。因此，山区地方病聚落的发展，面临一系列非同寻常的严峻挑战。

（一）贫病交加尚难解除

山区地方病聚落，受山区特定自然地理环境条件和社会经济发展落后的制约影响，患病人群更长期遭受地方病摧残和折磨的痛苦，严重影响其生产与经济活动能力，病患家庭还要面对当前医疗费用异常高昂的沉重负担，遭受着贫病交加双重的巨大压力。

当前，我国严重的医药费虚高和挂号、诊疗费的高昂及名目不胜枚举的乱收费等导致医药费用动辄成百上千逾万乃至数万、数十万元之巨，这对山区乡村贫困的患病者是天文数字，使得山区乡村诸多病患者望而生畏，有病不敢医、不能医，只能拖着疾病听天由命，等待自然康复。

（二）社会中弱势地位难改

当今特别强调和要求建立公平、公正社会，但其公平、公正却并不是完全无条件的。地方病患者就业、上学、参军、谋取公职及谋取非农产业岗位等均受到很大限制，处于上学尤其大、中专学校门难进，参军无资格，谋取公职及技术性与服务性行业遭排斥拒绝的弱势地位。这种弱势地位，不全是来自社会的歧视，而相当大程度上与地方病患者的健康素质和文化素质的制约有关。正因如此，山区乡村地方病聚落人群，只能沿袭祖祖辈辈遗留下来的传统生活方式，过着面朝黄土背朝天、日出而作日落而息的农耕生活。山区地方病聚落人群在社会中的这种弱势地位及生活方式难以改变。

（三）发展建设乏力

山区地方病聚落的发展建设，包含的内容既广且多，可以说是百事待举、发展待兴之地。山区地方病聚落居于山区特定自然环境条件之中，处于封闭、发展基础和发展环境条件甚差的状况下，在当今市场经济竞争环境条件下，聚落的发展建设处于劣势地位。除政府有限的公益扶助投入之外，外资（区外投资）投入扶助聚落发展建设几乎不可能。

与此同时，山区地方病聚落贫病交加、维持基本生存都很困难，其聚落发展建设既无能力，更无活力可言。从这种意义说，山区地方病聚落仅依靠自身力量进行发展建设，实现有一个较好的发展几乎不可能，大发展更是奢谈、空论。

（四）人口素质提高难度大

当今社会经济的发展，人才是支撑和核心，山区地方病聚落的发展建设亦同样如此。山区地方病聚落的发展人才的涌出，有赖于其人口素质尤其科学文化素质的改善与提高，同时有也赖于通过社会实践包括新的生产与经营活动实践的锻炼与培育。但山区地方病聚落人口素质的提高和发展人才的培育与造就却困难重重，难度特别大，远非一般地区所可比拟。

一是山区地方病聚落的贫病交加，很长时间本该入学接受教育的青少年难入学或入学后又中途退学、失学，尤其是近 10 余年、20 年来学校高收费时代到来更是如此。可喜的是新近国家为了加强、推进山区教育发展，创建教育公平机制，保障山区少年儿童受教育的权益，启动实施贫困山区儿童上中小学“两免一补”政策，即免缴学杂费和书本费，对寄读住校学生给予生活补助，这对山区地方病聚落人口素质提高和适龄儿童上学是一大福音。

二是地方病聚落疾患者和残疾者，受身体条件限制，难有上大学、大专和中专享受专业教育培养的机会，难有自身的专业技术人才。

三是山区地方病聚落人群，长期受山区封闭环境的影响和所形成的固守乡土传统思想观念的束缚，少有走出山门闯世界、看世界、到发达地区谋发展之人，从而丧失了通过发达地区的实践锻炼增长才干、培养人才的机遇。

四、地方病聚落发展建设对策

综上所述，山区地方病聚落面临重重困难，发展建设举步维艰。为此，中国山区的地方病聚落的发展建设，必须要有外来助推力给予推动，也必须要有“一系列”相应对策措施予以支持保障方能有所进步和起色，否则难之。

（一）持续加强地方病防治

山区地方病聚落的贫困根源即地方病。从这种意义上说，加强地方病的有效防治，消除病患者疾患，使之回复到健康状态，是首要对策。地方病的有效防治，既免除了患者的病痛折磨，也减轻了病患家庭治病的沉重经济负担，从根本上改变高昂医疗费用给经济极度贫困的地方病家庭所带来的“雪上加霜”的窘况。

上已论及，长期以来，中国对地方病及其防治做了大量的研究工作，并取得了一系列创新性成果。但有关地方病的病因、病理机制的一些理论问题和有效防治技术方法问题尚未完全解决，尚待继续深入研究。为此，继续加强地方病防治综合研究，尤其未明生物地球化学致病因子以及克山病、大骨节病的治疗方法等，组织多学科联合攻关，从病因、病理和防治技术方法方面进行突破，探寻出新的有效防治方法与途径，这是当今社会的历史使命和责任。因此，地方病防治工作应当加强，必须坚持持续投入，加大投入力度。

（二）建立地方病人群救助体制

扶贫济困、助弱为强是文明社会的美德，建设和谐、公平社会的要举。联合国启动了帮助世界贫困地区脱贫的反贫困行动计划，中国政府启动实施扶贫工程已20余年，取得了举世瞩目的成就，解决了大量贫困人口温饱的问题，使其基本上初步摆脱了贫困。近些年来，随着中国经济的发展、水平的提高、经济实力的增强，国家已开始着手建立完整救助体系。诸如：改变过去对盲流人员的收容制，变收容站为救助站；启动新的农村合作医疗制度改革试点，国家财政和地方财政给予补助，以寻求解决农民看病难的问题；艾滋病免费检查、免费治疗等，均属带救助性质的公益行为。

有鉴于此，借鉴艾滋病防治运作模式，建立地方病人群救助体制，使之能得到充分、及时的治疗，这对地方病防治是至关重要的。当前，在社会慈善事业发展尚不充分完善、民间富人缺乏捐助精神、社会捐助风气尚不够浓的形势下，国家可先行投入予以启动。

（三）将山区地方病聚落列为扶贫攻坚重点

中国许多地方病多发生于山区农村，山区城镇地方病发生甚少，而且地方病区内经济与生活较好的家庭，地方病发病几率也小。这就揭示出一个问题，山区社会经济发展落后、水平低，居民生活水平低、生活困难、营养不良是一重要致病诱因。贫病交加的山区地方病聚落，贫病互为因果，疾病致贫，贫困又致病发，二者是一个恶性循环。显然，要解决地方病聚落发展问题，既要解决防病治病问题，也要解决脱贫致富问题。

中国的山区扶贫工程自1978年实施以来，使山区2.5亿贫困人口（1978年）[7]的绝大多数解决了温饱问题，在低水平上初步摆脱了贫困。当前，山区扶贫攻坚的重点是要将之落实到贫困乡、贫困村，贫困户和贫困人。贫病交加的地方病聚落是山区的贫困“碉堡”，就是说，地方病聚落贫困问题既突出，又特别难攻克，是扶贫攻坚的重点和难点所在。

当前，中国的扶贫是综合性、开发式的扶贫，包括文化、教育、卫生、科技、交通、通信及产业开发发展与法律援助等层面，既对特困者给予即时应有的适当救济，更强调突出为贫困地区与贫困聚落创建发展基础与发展条件，以此增强其发展能力与发展活力。显然，将山区地方病聚落纳入扶贫攻坚的重点，获得强力扶助，这是山区地方病聚落发展的关键。

（四）迁出重病区，重建新聚落

随着一些致病原因的逐渐发现，已探寻出一些防治地方病的方法。诸如：全民动员灭钉螺，有效预防和治疗南方血吸虫病的传播流行；低硒环境区补硒（包括口服硒、食物和饮水添加硒）收到了预防克山病和大骨节病发病的效果；改变发病聚落食物来源与结构，从非病区引进粮食和食品；水源型和燃煤型氟中毒地区，改换水源、改善饮水水质，使用替代能源、停止烧用高氟煤等。

尽管地方病防治取得不少成绩，但对于因生物地球化学异常（低量不足，高量中毒）致病区来说，要改变其生物地球化学环境特性非常困难，难度非常大。同时，山区许多地方病聚落处在自然环境条件相当恶劣、生存和发展环境条件甚差的地方，自身缺乏改造恶劣环境的能力。有鉴于此，与其长期花很大精力和投入财力解决地方病防治及其聚落发展问题，而且问题的反反复复非常难办，不如将自然生态环境与生存和发展环境恶劣地区之地方病聚落迁出，迁移至生存与发展环境条件较好、有一定发展空间的非病区地方重新建聚落，这是一劳永逸之举措，不失为一正确选择。对此，已不乏其例。如地方病比较严重的陕西省，其省政府就决定在“十五”期间，结合扶贫计划，将地方病危害严重地区的人口进行异地搬迁，搬迁涉及 37 个贫困县 215 乡、镇，777 个行政村、1 111个自然村，应搬迁者达 15 095 户 64 174 人，其中大骨节和克山病需动迁人口 5.3 万人，水源型氟病动迁人口 1.1 万人。

尽管中国山区地方病聚落面广量大，搬迁难度大，短时期难以全面完成，但是只要有计划地持续施行，对地方病防治及地方病聚落发展定会收到好效果。

第二节　自然保护区内聚落

自然保护区建设是当今世界人类社会面对自然生态环境系统破坏退化严重、物种不断灭绝、生物多样性减少、生态安全受到威胁、生态灾难加剧严峻形势，为有效保护自然生态系统与类型和生物多样性所采取的一项重要应对对策。系来自于人类对发展工业文明社会中不合理高强度开发利用自然资源，以破坏和牺牲生态与环境为代价换来社会经济繁荣景象的发展方式，酿成一系列严重的生态环境问题，危及人类生存和社会经济可持续发展的反省和检讨的结果。

新中国成立以来的半个多世纪里，解决庞大数量人口吃饭问题的粮食供给和加快工业发展、加快经济发展一直是全国经济活动的一个重大任务。经过数十年的努力奋斗，社会经济发展取得了举世瞩目的成就，已进入经济快速增长期，被世界称之为“中国崛起”。但在粗放经营与生产发展模式下建设现代化，也付出了沉重的生态环境代价，带来了一系列生态环境问题，自然生态系统与类型保护、生物多样性保护和生态安全形势严峻，任务繁重艰巨。因此，国家从决策层面上对生态环境保护、建设、优化与修复给予高度重视，将之纳入社会经济发展计划，先后陆续启动实施了一系列生态建设重大工程，而且长期坚持持续实施。诸如：天然林禁伐与天然林资源保护工程，陡坡耕地退耕还林还草工程，三北（东北、华北、西北）防护林建设工程，长江上游防护林体系建设工程，海岸防护林体系建设工程，太行山防护林体系建设工程，生态环境严重退化区治理恢复工程，草原牧区人、草、畜三配套建设工程，水土流失重点片区和小流域综合治理工程，京津风沙源治理工程和自然保护区建设工程等等。

一、中国自然保护区建设发展概况

（一）发展历程

中国的自然资源保护可以追溯至非常久远的公元前 21 世纪原始社会向奴隶社会过渡时期，但现代的自然保护区建设起步较晚，仅始于 1956 年正式建立第一个自然保护区——鼎湖山自然保护区。此后，走过了一个坎坷缓慢发展的过程，到“文化大革命”前夕，保护区数量仅发展到 19 处；“文化大革命”十年浩劫中，自然保护区建设不仅被中断，而且初步建立起来的自然保护区横遭破坏，一些自然保护区丧失了原有的保护价值。中国自然保护区建设得到长足发展是在改革开放时期。改革开放以来的 20 余年中，中国建立自然保护区近 1 900 余个，以平均每年建自然保护区 70～80 个的速度增长。

（二）类型多样，涵盖广

中国幅员广阔，地貌复杂，生物种群丰富，自然类型多样，保护区涵盖广。就自然保护区涵盖的类型而言，既有各种生态系统类型保护的综合类型，也有以某些特定保护对象为保护目标并保护其生境的专门类型。

① 森林生态系统类型保护。诸如西双版纳热带雨林保护区，鼎湖山南亚热带季雨林保护区，九连山（江西）中亚热带常绿阔叶林保护区，天目山（浙江）中亚热带北缘森林植被保护区，马鬃岭（安徽）北亚热带落叶阔叶林保护区，长白山温带森林生态系统保护区等。

② 珍稀植物保护。以古老孑遗植物、濒危植物和特有植物种类为保护对象，诸如被称为植物“活化石”的古老孑遗植物明星珙桐、银杏、银杉、水杉等。所建保护区诸如金佛山（重庆南川）和花坪（广西龙胜与临桂）银杉保护区，梵净山（贵州）珙桐保护区，星斗山（湖北利川、咸丰和恩施）珍贵树种资源特别是古老树种水杉保护区，赤水（贵州）桫椤保护区，攀枝花苏铁保护区，丰林（黑龙江）红桦母林保护区，巴尔鲁克（新疆）巴旦杏保护区，西藏林芝巨柏林保护区和拉萨古柏林保护区等。

③ 珍稀动物保护。以古老和濒危动物为保护对象，并保护其生境。诸如从几百万年传承下来的最古老的珍稀孑遗动物，被称为中国动物界“国宝”的大熊猫[8]，则建立了素称“大熊猫故乡”的卧龙大熊猫保护区，同时还在四川唐家河、蜂桶寨、小寨子沟、王朗、大风顶（四川马边和美姑两处）和（甘肃）白水江及（陕西）佛坪等地建立了多个大熊

猫保护区。除此之外，尚建有多种珍稀动物的诸多保护区，如保护濒于绝灭、被称之为“失而复得”之珍禽朱鹮的陕西洋县朱鹮保护区，江苏盐城丹顶鹤保护区和大丰麋鹿保护区，湖北长江天鹅洲白鳖豚保护区和长江新螺段白鳖豚保护区，江西鄱阳湖区江豚保护区，广东坝王岭黑长臂猿保护区，四川白河和湖北神农架金丝猴保护区，广西大新白头叶猴和黑叶猴保护区，黑龙江七星砬子东北虎保护区，广东车八岭华南虎保护区，云南西双版纳野象、野牛保护区和南滚河亚洲象保护区，西藏羌塘藏羚羊等多种珍稀动物保护区，新疆卡拉麦里山野驴（为主有蹄类野生动物）保护区，安徽广德、南陵、宣城扬子鳄保护区等。

④ 湿地保护。以珍稀水禽和湿地生态系统为保护目标。诸如吉林何海和莫莫格丹顶鹤、鹳等水禽及湿地生态系统保护区，黑龙江扎龙丹顶鹤等水禽和湿地生态系统保护区，西藏拉萨拉鲁湿地保护区，山东东营黄河三角洲原生性湿地生态系统及珍禽保护区等。

⑤ 干旱荒漠、沙漠保护。主要分布在中国北方，诸如内蒙古白音敖包沙地白杆林保护区，新疆尉犁干旱沙漠胡杨林保护区，宁夏贺兰山干旱风沙区和罗山干旱风沙区水源林及生态系统保护区及中卫腾格里沙漠沙坡头（人工治沙成功典范）保护区，甘肃安西极旱荒漠（戈壁荒漠草场）保护区等。

⑥ 地质与古生物遗迹保护。包括特殊地质构造、标准地层剖面、国家地质公园、古生物化石保藏地等。诸如四川龙门山和大渡河大峡谷，湖南张家界武陵园（紫红色砂页岩峰林），甘肃敦煌雅丹（风蚀地貌）等国家地质公园。目前，中国地质与古生物保护区已达 10 多个（处），其中国家地质公园 10 个。

（三）保护区数量与保护面积已具相当规模

中国自然保护区建设，经过近半个世纪的发展，尤其是上世纪 70 年代末以来 20 多年的快速发展，取得了相当大的成绩，无论保护区的数量，还是其确定的保护空间范围面积，均已具相当的规模。据有关报道资料，截至 2004 年底，中国自然保护区数量达 1 991个，所保护的空间范围面积约 1.4 亿 $hm^2$①，占全国国土面积的 14.6%。其中，国家级自然保护区 243 个，总面积 8 944.1 万 hm^2，占国土面积的 9.2%[10]。

中国自然保护区的建设与管理分属林业、国土（地矿）和环保三大部门，其中以林业部门建立和管理的自然保护区为最多。截至 2004 年底止，全国林业系统建立和管理的自然保护区达 1 672 个（处），总面积 1.19 亿 hm^2，占国土面积的 12.4%。其中森林生态类型 1 060 个，面积 3 000.72 万 hm^2；湿地生态系统类型 227 个，面积 3 371.75 万 hm^2；荒漠生态类型 28 个，面积 3 708.1 万 hm^2；珍稀植物保护类型 86 个，面积 75.68

① 据郑北鹰（记者）报道，全国林业系统建立自然保护区 1 672 处，面积 1.19 亿 hm^2，分别占全国的 84%和 85%。

万 hm^2；野生动物保护类型 271 个，面积 1 710.32 万 hm^2；管理的国家级自然保护区 164 个，面积 7 139.43 万 hm^2。全国自然保护小区 49 109 个，总面积 1 060.48 万 hm^2[11]。林业系统建立和管理的自然保护区数量和面积分别占全国自然保护区的 84%和 85%。上述自然保护区的建设，使 85%的陆地生态系统类型和野生动物种群及 65%的高等植物种群得到相应的有效保护[12]。

（四）中国自然保护区的国际地位重要

中国自然保护区建设有长足发展，取得了相当大的成绩，不仅保护区数量多，保护的空间范围较大，保护面积具有相当规模，而且拥有一批世界级的著名保护区。诸如拥有世界自然遗产保护地九寨沟、黄龙（含牟尼沟）、武陵源（张家界）和三江并流区等 4 个；世界自然与文化遗产保护地泰山、黄山、峨眉山——乐山大佛、武夷山等；国际人与生物圈保护区长白山、鼎湖山、卧龙、武夷山、梵净山、西双版纳、九寨沟、黄龙、神农架、锡林郭勒、博格达峰、盐城、天目山、高黎贡山、茂兰、丰林、南麂列岛、山口红树林、赛罕乌拉、宝天曼和白水江等 21 个（2001 年资料）；国际重要湿地保护地扎龙、向海、东洞庭湖、鄱阳湖、东寨港、青海湖、达赉湖、鄂尔多斯遗鸥、大连斑海豹、三江、兴凯湖、洪河、崇明东滩、盐城、大丰麋鹿、南洞庭湖、西洞庭湖、惠东港口海龟，湛江红树林，山口红树林及香港特别行政区的米埔等 21 个（2001 年资料）[13]。但中国自然保护区建设发展在取得可喜成绩的同时，也面临一系列问题，既有保护区建设任务重、保护区结构不合理问题，也有保护投入与保护不力的问题，还有保护与利用矛盾和科研监测薄弱的问题。

二、自然保护区聚落特点

自然保护区聚落的特点，总体上主要有三大层面：一是原住居民聚落与管理机构聚落的二元结构；二是自然保护区间聚落数量差异大，单个保护区聚落数量有限，全国保护区集群聚落数量却非常之大；三是自然保护区受《自然保护区条例》严格保护，保护区内聚落发展空间与条件受到限制。

（一）原住居民聚落

原住居民聚落是自然保护区的原始聚落，也是自然保护区聚落二元结构的主体。这主要是指原住居民聚落数量大大超过其管理机构聚落。中国自然保护区尤其山区的自然保护区，大多坐落在偏僻边远的深山区，因区位的偏远和山区自然条件的限制，自然保护区往往成为一个较封闭的社会空间单元，保持着原始而传统的社会经济结构，社会经济发展缓慢落后，因而人口通常较少，聚落也不很多。如拥有世界自然保护遗产、国际人与生物圈保护、国家级风景名胜区和自然保护区之称的九寨沟，其原住居民聚落三村九寨，即或九村寨单成一落，也仅 9 个聚落。再如西藏林芝巴结巨柏及生境保护区，其面积仅 $8hm^2$，保护区所在的巴结乡人口仅 200 人左右（2002 年），区内则无聚落。

尽管单个自然保护区原住居民聚落不多，但自然保护区数量大，各类各级保护区人口及聚落存在很大差异，如地跨定日、定结、聂拉木与吉隆四县的珠穆朗玛保护区农牧民人口达 6.5 万人，地跨双湖、文部、改则、安多、班戈、尼玛六县的羌塘高原保护区人口亦达到 5 万人[9]。按一家五口和 15～20 户为一聚落推算，上述两大保护区原住居民聚落分别约为 650～800 个和 500～660 个。因此，从全国自然保护区聚落整体来说，数量不少，应数以万计乃至十万计。

（二）管理机构聚落

自然保护区管理机构是随自然保护区的设立，为做好保护区工作经各级政府批准而设立的专司保护管理之职责的机构，在自然保护区聚落中，属后生型聚落。目前，全国已建国家、省、地（州、市）、县等四级自然保护区 1 991 个（处），2001 年管理人员 28 507人[13]。其中，国家级自然保护区 226 个，建立管理机构的占 98.25%；地方的自然保护区 1 755 个，建立了管理机构的占 57.9%；省级自然保护区 665 个，建立管理机构的占 72.4%[13]。依此计算，全国自然保护区已建立管理机构约 1 238 个，其中国家级自然保护区已建立管理机构的 222 个，省级自然保护区已建立机构的 481 个，地（州、市）、县级自然保护区建立了管理工作机构的 533 个。

需要指出的是，目前已建的自然保护区管理机构并非均成聚落，尤其地、县级自然保护区管理机构，受地方财力不足限制，往往不成聚落，而且有不少管理机构还设在林业、环保等相关行政部门，由其代行管理职责，既非独立机构，也无在编专职管理人员，更无机构建筑物，同时还不在自然保护区领地。就目前中国的自然保护区管理机构聚落来说，一般国家级和省级自然保护区管理机构有其所需的相应建筑物和在编的固定工作人员，基本上初成聚落。但其规模存在差异，有的具规模，有的规模却不大。如卧龙自然保护区管理工作机构（管理局）与国际大熊猫研究中心以及耿达乡政府、旅游接待服务设施宾馆饭店、商铺、居民等结合成一体，成为一个名副其实的山区聚落。

（三）发展空间与条件受严格限制

聚落发展需要具有应有的空间和条件，自然保护区聚落亦同样如此。自然保护区聚落的发展，包括聚落经济发展、聚落规模扩展、聚落空间发展等。自然保护区聚落发展因受自然保护区的特殊性制约，必须开辟新路径。

三、山区自然保护区内聚落典型案例

自然保护区聚落研究不多，以往的自然保护区调查对其聚落状况关注不足，涉及不多，因此积累资料甚少，所见自然保护区建设规划报告，往往仅是人口数量规模与农业和非农人口的叙述，极少涉及其聚落状况。这里仅就掌握有聚落状况者列举如下。

(一) 世界自然遗产九寨沟保护区聚落专案

九寨沟保护区坐落在四川北缘山地区，阿坝藏族羌族自治州东北缘的九寨沟县(原南坪县)境内，拥有世界自然遗产保护地、国际人与生物圈保护区、国家级自然保护区和国家级风景名胜区等四重桂冠，是一个闻名中外的保护区域。九寨沟南北走向，纵深50多km，沟口海拔2000m，沟内高寒岩溶地貌独特，珠串式的114个岩溶湖泊(俗称海子)参差错落地镶嵌于森林中，美景如画，素享有“人间仙境”、“童话世界”的美誉。九寨沟保护区面积约640km^2，区内原住居民人口不多，2000年为222户1 003人，散布于九个村寨，九寨沟亦由此而得名。随着九寨沟的旅游开发与发展，保护区聚落已发生较大改变。在保护区管理机构建立之后，随着大量旅游等待服务设施的兴建，现沟口已成为新兴的漳扎旅游镇，沟内原来的九个村寨居民，大多从山上村寨迁移至沟谷公路两旁，从事旅游服务和保护区与景区维护，在荷叶、树正和扎如形成三个新的集聚住居聚落(即中心村)，现称为漳扎镇所辖的三个居委会。

(二) 最终的香格里拉——亚丁国家级自然保护区聚落专案

亚丁国家级自然保护区(2001年国务院批准公布)坐落在横断山区腹地、四川省甘孜藏族自治州稻城县境内，总面积1 344km^2，平均海拔4 000m以上，仙乃日(海拔6 032m)、央迈勇(海拔5 958m)、夏诺多吉(海拔5 958m)三大高峰三角鼎立，人迹罕至，雪山雄姿、高山湖泊(俗称海子)、冰川宽谷、高原曲流、高山草甸、深邃峡谷和完好的原生高山森林生态系统美景如画。1928年，奥地利美籍探险家约瑟夫·洛克来到亚丁考察。1931年他在《美国国家地理杂志》上发表了亚丁探险的文章和大量照片，将稻城亚丁推向了世界。因此，亚丁成为香格里拉的始源地。1996年，稻城县开始在此建立自然保护区，1997年经四川省人民政府批准为省级自然保护区，2001年升格为国家级自然保护区，2003年成为国际人与生物圈保护区。亚丁自然保护区的重要地位显而易见。

亚丁自然保护区是一个人口稀少和聚落不多的自然区域。1 344km^{2}的保护空间范围内，2004年的总人口约1 500人，原住居民约300户，总体上构成了7个自然村聚落(包括:亚丁、拉木松、卡斯、莫格通、同沙、康郡、尼拉等)。保护区内7个原住居民聚落相当分散，多分布在河谷区海拔3 200m以下地带，仅亚丁村聚落分布较高，海拔4 000m。同时7个原住居民聚落均分布在保护区的实验区，核心区与缓冲区均无聚落。

亚丁村是亚丁风景区旅游开发游客开始旅游活动的出发地，也是亚丁旅游游客集聚地，因此，随着亚丁旅游的开发和发展，旅游接待服务基础设施的兴建，亚丁村聚落将会不断发展壮大。

（三）扎龙、西双版纳、神农架国家级自然保护区聚落专案

黑龙江扎龙自然保护区是丹顶鹤等水禽和湿地生态系统保护区，核心区内分布着10个自然村（聚落），居民人口4 000余人；西双版纳纳板河流域自然保护区位于云南景洪市与勐海接壤处，是热带雨林保护区，面积266km^2，共有33个自然村1 171户5 463人；湖北神农架自然保护区，俗称原始林区，素有“天然植物王国”、“绿色植物宝库”之称，是金丝猴保护区，保护区内拥有21个自然村聚落。

四、自然保护区内聚落发展建设思路

前已论及自然保护区区内聚落发展面临自然保护区严格保护的诸多制约，存在一系列问题与难题。但自然保护区内居民聚落需要发展，应当发展。因此，需要有正确的发展建设思路予以指引，作出正确的决策选择。

（一）将迁出保护区内居民、新建聚落纳入保护区规划

迁出保护区内居民聚落是自然保护区保护管理的要求，也是需要达到的目标。但自然保护区内居民聚落的迁出，需要多方面条件的配合，包括经济投入、劳动就业机会、生存与发展保障等。目前，对于自然保护区内居民聚落迁出来说，尽管上述基本条件方面多有不足，甚至可以说尚不具备，但必须努力创造条件，扶持自然保护区内居民聚落迁出，新建聚落。

自然保护区建设是一项泽惠千秋的公益事业，目前主要依靠国家投入，民间投入尚待启蒙推动。而当前自然保护区的投入却未包含聚落搬迁项目，使之成了盲点，禁绝核心区人类活动难以实施和实现。因此国家和各级地方政府应加大对自然保护区内居民聚落搬迁的投入力度，推进保护区内居民聚落迁出计划的实施。如2005年国家决定投入75亿元人民币保护三江源自然保护区，除进行一系列生态环境建设工程外，对其区内55 773人实行生态移民，使之迁出保护区。为此，需要对自然保护区需迁出的居民人口与聚落进行深入调查，做出搬迁移民规模与时序的科学规划，以指导其移民行动计划与新建聚落的实施。

（二）加快山区经济发展，创造新的就业机会与就业岗位

安居乐业是自然保护区内居民移民成败的关键，但乐业比安居要难得多。安居只要有比较充分的投入即能办到、可实现，乐业则需要创造充分的劳动就业机会与岗位，有新的产业尤其非农产业的生成和发展空间与发展条件，这就涉及山区社会经济发展和非农产业培育等一系列非一蹴而就的复杂问题。但乐业又并非望尘莫及，经过努力是能实现的。加快山区经济发展是关键。加快山区经济发展要充分抓住国家着重解决

“三农”问题、进行新农村建设和西部大开发的战略机遇，在提高综合农业生产力水平和经济效益的同时，加强发展保护区所在区域的特色优势产业和非农产业，广开就业门路、提供就业机会。对此不乏其例，除国家投入对三江源自然保护区实行较大规模生态移民（移民数量达 55 773 人）之外，世界自然遗产保护地、国家级自然保护区、世界人与生物圈保护地、世界著名风景旅游区九寨沟，在旅游业取得巨大发展、发展能力和经济实力大大增强的形势下，走出了“沟内游，沟外住”的成功经营模式和保护区内居民参与旅游经营、区内居民聚落迁出新建聚落的成功之路。

著名的九寨沟风景名胜旅游区，在发展旅游取得巨大经济收益的同时，开始注重自然生态与环境保护，区内居民基本上实现了劳动就业转移。区内原住居民从高山村寨迁至近公路的谷地，在树正、荷叶，形成了较大的两个新聚落。同时，原住的 222 户居民，参与九寨沟管理局统一管理的旅游接待经营户达到 131 户，占总户数的 59%；直接从事旅游经营活动的 245 人，占总人口的 24%；从事景区保护工作的 66 人，占总人口的 7%；从事旅游乐活动租马照相的 45 人，占总人口的 4%。由此计算，68.5%的劳动力实现了非农就业转移，大大减轻了居民对保护区生态环境的压力。

（三）因地因时制宜，从实际出发决策自然保护区内居民聚落的迁出与发展

因地因时制宜，从实际出发是对待、处理和解决问题包括自然生态环境问题、社会经济问题、国际政治问题等的正确态度与方法，对于自然保护区内居民聚落的迁出与发展问题亦应如此。

中国自然保护区的保护，必须遵从国家自然保护区条例的要求与规定，对于自然保护区内的原住居民聚落，居于保护核心区者必须迁出，居于缓冲区者应当尽可能迁出，使其减少至最少。但中国山区的自然保护区的情况非常复杂，区域社会经济发展水平与程度各异，发展基础与发展环境条件不同，保护区的空间范围即面积差别极大，从数公顷到数千万公顷不等，尤其西部山区保护区的范围面积很大。如西藏灵芝巴结巨柏及生境保护区范围面积仅 8hm^2，珠穆朗玛高山森林生态系统保护区和藏北的羌塘高原荒漠系统、野牦牛保护区则分别达 $3.381\times10^6 hm^2$ 和 $2.98\times10^7 hm^2$，青海三江（长江、黄河、澜沧江）源保护区范围面积亦达 $1.523\times10^7 hm^2$[9,13] 或 $3.18\times10^7 hm^2$[14]。同时保护区地跨多个县级行政单元，农牧业人口也较多。如珠穆朗玛保护区地跨西藏定日、定结、聂拉木和吉隆四县，农牧民人口 6.5 万人；羌塘自然保护区地跨双湖、文部、改则、安多、班戈、尼玛等六县，尽管羌塘高原素称藏北无人区，但保护区内现今人口亦近 5 万人[9]。

有鉴于此，对保护区内居民聚落迁出，应从实际出发，因时因地制宜，区别情况，分别对待。就是说，对小保护区，需动迁人口数量少又具有动迁条件者，应积极实施迁出；而对保护范围大、动迁人口数量多，动迁条件尚不具备或尚不成熟的保护区，动迁区内居民聚落不可操之过急，一哄而上，盲目为之。只能成熟一批，动迁一批，逐步施行。与

此同时，对一些保护范围特别大的保护区，诸如上述的珠穆朗玛和羌塘自然保护区等，地跨数县，其中除众多村落之外，尚有县城和诸多山乡集镇，这类保护区不可能将其居民聚落全迁出而成为无人区，居民聚落将会长远存在下去，只能将其重点保护地点的居民聚落迁出至非重要保护地方，如结合山乡城镇发展建设及其二、三产业的发展，将之迁至发展的集镇，或迁至生产与发展条件较好的村落，与其融合构成规模较大的村落使之形成中心村。

第三节　长寿聚落

长寿是人们孜孜不倦追求的目标。中国追求长寿的历史久远，可溯自秦始皇统一六国后派遣三千童男童女东渡东瀛（今日本）广寻长生不老之药起始。作为人性来说，谁也不愿死去。人的寿命，随着社会的发展，科学技术的进步和医疗卫生保健事业的发展，可以逐渐增长，但长生不老却仅仅是一种期望，一种臆想，否则就违反了生老病死的自然规律。不管如何，人们仍在始终不渝地为长寿而努力探索寻求增寿的方法途径。长寿因素相当复杂，诸多奥秘尚待揭示，因此长寿研究成了一个热点论题。山区是长寿人口主要分布地，山区人为何长寿？原因何在？不同学科从多方面、多角度开展了探索。

一、关于长寿、长寿聚落和长寿地区

（一）长寿概念及其变化史

古人云："人生七十古来稀"，意即人活到70岁就算长寿了，这是众所熟知的。《庄子・咨跖》说，"上寿百岁，中寿八十，下寿六十"[16]，依此可诠释为，百岁为长寿，80岁为高寿，60岁是应普遍达到的年龄。《左传》记载："上寿为百二十，中寿百、下寿八十"，而《昭公三年》则说："上寿百岁以上，中寿九十以上，下寿八十以上"等[17]。

人的寿命，随时间的推进和社会的发展进步而逐渐增长，与其相应，长寿的年龄指标亦相应有所变化和提高。中国人的寿命从古至今在不断增长，人均预期寿命为：夏、商时不超过18岁，西周、秦汉时为20岁，东汉为22岁，唐代时为27岁，宋代时为30岁，清代时为33岁，中华人民共和国建立以前为35岁[18]；新中国成立（1949年）以后，人的寿命快速增长，1957年达到57岁，仅仅8年时间，寿命比解放前提高了22岁，继后，1975年达到61.8岁，1981年达到67.88岁，1987年达到68.86岁（1990年为68.55岁），1996年达到70.80岁[19]，2005年人均预期寿命达到71.8岁。这已达到和超过了美国斯坦福大学莫尔克教授等提出的"现代化国家十条标准"中关于人口平均预期寿命指标值70.0岁标准，并与联合国人口处1984年的估算与预测基本相一致。

1984 年，联合国人口处对中国人口预期寿命为：1990～1995 年为 70.7 岁，1995～2000 年为 71.9 岁，2000～2005 年为 72.9 岁，2020～2025 年为 75.7 岁[19,20]。

人的理论寿命或极限寿命究竟是多大？目前尚无一个有充分证据的、为众公认的数字，众说纷纭，有 150～180 岁之说[19]，也有 200 岁以上之论[18]，还有 300～450 岁之传与道。姑且避开极限寿命多少不谈，但随着人的实际寿命的增长，如今已不再是“人活七十古来稀”了，而是“人活八十已常见，逾百岁不稀奇”。我国百岁以上的“百岁人瑞寿星”人口，从 1987 年的 3 851 人、1990 年的 6 681 人、1995 年的 11 000 人，到 2000 年增至 17 800 余人（全国第五次人口普查资料）[21,19]①。在这种情况下，将长寿年龄定在百岁较为适合，而将八十岁及其以上者称之为高寿。

（二）长寿聚落与长寿区

当今，人们对一些人均预期寿命较长和长寿人口较多地区，尤其百岁以上人口占总人口比例较高的地区，通常以“长寿之乡”命名称之。“长寿之乡”空间范围规模不等，有大有小，小至村落（即聚落），中至乡，大至县。故有长寿村、长寿乡和长寿县的称谓。长寿村则是长寿聚落，长寿乡和县则为长寿区。关于长寿人口多到什么程度或百岁以上人口占总人口比例高到什么程度方可称为长寿聚落和长寿区，联合国将之定为百岁以上人瑞寿星占总人口的 7/10 000。素有“长寿之乡”之称的江苏如皋市和四川彭山县，其百岁以上人瑞寿星比例不尽相同。四川彭山县 2003 年百岁以上人瑞寿星的比例为 1/10 000，而江苏如皋市白浦和常青两镇 2002 年百岁以上人瑞寿星的比例分别为 2.24/10 000 和 1.21/10 000，均超过了联合国所定标准。由此看出，中国称得上“长寿之乡”之长寿聚落和长寿区，其百岁以上人瑞寿星的比例似乎应达到 1/10 000。

当今的长寿空间研究，包含长寿聚落（村）和长寿区研究两大层面，二者互为补充。长寿区的研究，从区域层面上可以较好地探索生态环境因素和生物地球化学因素与长寿的关系，有助于揭示环境物理与化学因子对长寿的影响作用；长寿聚落（村落）的研究，则是在生态环境与生物地球化学环境背景条件相同情况下进行的，有助于探索人文环境、生活习惯、活动特点、生理和心理状态及遗传等因素与长寿的关系及对长寿的贡献。

二、长寿聚落空间分布与环境特点

长寿与环境有着密切的关系，无论长寿聚落，还是长寿区，在其空间分布上均呈现出明显的环境特点。

---

① 宋学镰：“彭祖长寿文化与彭山长寿之乡”（资料），2005，8。

（一）多分布于山区

当今已定名为“长寿之乡”的长寿聚落(村)和长寿区几乎均分布在山区，中国如此，世界其他国家亦然。山区拥有自然植被尤其森林植被覆盖率高、绿色空间广阔、环境优美幽静、空气清新、水质好等多种有益健康长寿的环境因子之利，而无环境严重污染及城市喧嚣、拥挤、紧张氛围压抑危害之虞。从空间上说，山区环境较有利人的健康长寿，山区成为长寿聚落与长寿区主要分布地是必然。被誉为“世界长寿中心”的拉丁美洲厄瓜多尔的比尔卡旺巴村坐落在安第斯山山谷，百岁人瑞寿星比率高达530/10 000的保加利亚斯真梁州坐落在其南部的罗多彼山区，世界自然医学学会认定的世界五个“长寿之乡”、“人瑞之乡”的俄罗斯高加索地区、厄瓜多尔的维利巴姆、巴基斯坦的罕萨(亦称洪扎)、中国新疆的和田与喀什及阿克苏和广西的巴马县等，亦坐落在山区。

（二）多分布于乡村

山区和乡村是一对“孪生姊妹”，二者呈因果关联。乡村除有近于山区环境的有利方面之外，乡村具有食物自种自食、新鲜不陈的特点。食物新鲜对健康长寿是重要因素，乡村人长寿也就不言自明。乡村是长寿聚落主要分布地，无论平原与山区均如此。如坐落于长江三角洲平原区的“长寿之乡”江苏如皋市，86%的长寿人口分布在乡村；又如坐落在成都平原边缘山丘地区、以历史上著名长寿寿星彭祖而闻名的“长寿之乡”四川彭山县，百岁以上寿星，80～99岁高寿寿星(7 778人，占总人口的2.39%)，84%分布在乡村。

（三）多分布于温暖湿润地区

气候与人类健康和寿命有关。温暖湿润的气候，既铸就富庶，为人们生活提供富足物质保障，也使人们免除酷暑与严寒刺激的烦躁心情和精力消耗，对健康长寿有利而无弊。中国当今见之于世的诸多“长寿之乡”(长寿聚落村落和长寿区)，分布甚广，从南到北、从东至西均有分布。从东海之滨长江三角洲平原的江苏如皋市“长寿之乡”到世界屋脊雪域高原的西藏堆龙德庆县“长寿之乡”，从黄海之畔山东烟台高陵镇后子村“长寿之乡”到内陆边陲新疆和田、哈什和阿克苏等地区的长寿村，从南国水乡广西巴马县“长寿之乡”到北国辽宁辽阳的兴隆长寿村，如此种种，说明中国“长寿之乡”的长寿聚落和长寿区空间分布甚广，但其空间分布地域气候有着较明显的特点，就是说，主要分布于湿润、半湿润半干旱的亚热带、温带地区。这些地区，气候温和，基本上冬无严寒，夏无酷暑，降水较充沛，呈湿润、半湿润状态。“长寿之乡”的湖北钟祥市年平均气温15.9℃，年降水量965mm；四川彭山县年平均气温17.0℃，1月平均气温6.4℃，7月平均气温26.0℃，≥10℃积温5 358℃，极端最低温度−3.8℃，极端最高温度35.0℃，年平均降水量983mm；江苏如皋市年平均气温14.6℃，年平均降水量1 059.7mm，

≥10℃积温 4 800～5 000℃；山东长清县张夏镇长寿村年平均气温 13.7℃，年平均降水量 628mm；西藏堆龙德庆县年平均气温 7～8℃，年平均降水量 444.8mm 等。

(四) 多分布于海拔 1 500m 以下地区

海拔高度是人居住生存地点的重要控制条件之一，与人的健康长寿有着相当大的关系。高海拔地区，因其空气稀薄尤其氧气稀薄、氧分压低，易导致一系列高原病的发生，如心脑血管疾病及呼吸困难疾病等，对人体健康和寿命影响很大。长寿聚落多分布在人体适宜的海拔高度范围内，主要出现在海拔 1 500m 以下地区，世界如此，中国也亦然。坐落于安第斯山谷著名的"世界长寿中心"的厄瓜多尔的比尔卡班巴村海拔高度为 1 370m，世界著名"人瑞之乡"、坐落于巴基斯坦北部山区的罕萨(亦称洪扎)的海拔高度为 1 000m；中国广西巴马县长寿村海拔高度为 400～700m，安徽六安市华山村的海拔高度为 500m，山东长清县小刘庄村和王泉村的海拔高度为 300m[17]①，四川彭山县海拔高度在 400～500m 等，仅坐落于"雪域高原"(西藏高原)拉萨河谷之"长寿之乡"的堆龙德庆县的海拔较高，其海拔高度约 3 650m。

三、中国的长寿聚落(村落)与长寿区

(一) 长寿村与长寿区名录

中国的"长寿之乡"，目前尚无一个统一的认定权威机构，为多方面认证提出的结果。有国际自然医学学会认定的，也有学术研究者们研究提出的，亦有老龄工作委员会认定的，还有地方政府部门认同批准的。姑且不论"长寿之乡"由谁认定提出，现今中国已有一批"长寿之乡"见之于世，有长寿村落(长寿聚落)，也有长寿区。根据文献资料的不完全搜索，目前中国见之于世的长寿聚落包括：

山东省长清县张夏镇的小刘庄村和王泉村，烟台牟平区高陵镇的后沟村，莱州市金城镇的龙埠村；安徽省六安市的华山村，石台县的大山村，阜南县的东岳村；贵州省盘县的老厂村，毕节市海子镇的店子村；广西巴马县的长寿村(如甲篆乡平安村的巴盘屯 2005 年百岁以上老人 7 人，长寿率达 137 人/10 000)；湖北省钟祥市(2005 年百岁以上长寿老人 71 人，长寿率为 6.81/10 000)，神农架林区的塔坪村；辽宁省辽阳市的兴隆村；新疆和田、喀什和阿克苏等地的长寿村，西藏自治区堆龙德庆县东嘎镇的东孔村；江苏省的如皋市(县)；四川省的彭山县和都江堰市(县)；上海的长兴岛；云南省云龙县的金竹林地区；台湾省凤山县(现为高雄县)的长寿村和恒春县的树林庄村等[22～24]。其中，新疆和田、喀什和阿克苏地区是国际自然医学学会继俄罗斯独联体高加索地区、南美厄瓜多尔的维利巴姆和亚洲巴基斯坦的罕萨地区之后，于 1985 年 11 月认定列为的

① 杨荣清："江苏省如皋市长寿人口分布区土壤地球化学环境研究"(硕士论文)，2005。

第四个世界“长寿之乡”，广西巴马县是该学会1991年11月在东京召开的第13次会议上确定的世界第五个“长寿之乡”，并荣获颁发的世界“长寿之乡”证书[22]。

（二）部分长寿之乡概述

上述列举，说明中国长寿聚落（村落）和长寿区较多，传统上就有六大长寿之乡之说。因篇幅所限，不作一一赘述，仅概略叙述广西的巴马县、湖北的钟祥市（县），江苏的如皋市（县）和四川的彭山县。这既有世界长寿之乡的代表（前者），也有国内六大长寿之乡的成员（后三者）。

1. 世界长寿之乡——广西巴马县

坐落于崇山峻岭喀斯特山区之中的广西巴马县是目前世界上长寿人口率很高的地方，2005年巴马县百岁人瑞（百岁以上称“天年”人瑞）寿星78人，占总人口（24万人）的3.251/10 000，是国际上关于“世界长寿之乡”规定标准（每10万人中至少应有7位健康百岁老人）的4.6倍。其中尤以甲篆乡平安村巴盘屯（自然村、聚落）百岁人瑞最多，全屯500多人，百岁人瑞达7人之多，长寿人口比率约达140/10 000，是国际上关于“世界长寿之乡”百岁人瑞比率标准的200倍。

2. 中国长寿之乡——湖北钟祥市（县）

坐落于汉江中下游低山丘陵区的湖北省钟祥市（县）2005年有百岁人瑞寿星71人，占其总人口（105万人）的比率为6.67/100 000，其中男性9人，女性62人。此外，钟祥市80岁和90岁以上高寿寿星分别11 073人和946人，分别占其总人口的105/10 000和9/10 000。

3. 中国长寿之乡——江苏如皋市（县）

坐落于长江三角洲平原区的江苏省如皋市（县）2005年有百岁人瑞寿星209人，占其总人数（145万人）的1.44/10 000。此外，如皋市80岁和90岁以上高寿寿星人数分别达4万多人和4 000多人，“五世同堂”家庭达500余个之多。其中，拥有17个行政村的白蒲镇，2002年百岁以上人瑞寿星19人，占其总人口84 862人的比率为2.35/10 000；此外，90岁和95岁以上高寿寿星人数分别达303人和102人，90岁以上高寿寿星的比率达48.6/10 000。同时拥有63个行政村的常青镇，2002年百岁以上人瑞寿星6人，占其总数的比率为1.21/10 000，90岁以上高寿寿星占总人口比率为25.3/10 000。

4. 中国长寿之乡——四川彭山县

四川省的彭山县，坐落在成都平原西南边缘岗台丘陵地区，素以古代长寿人瑞寿星始祖、创建健康长寿科学文化思想理论之彭祖(据传活了880岁①)的故里而闻名于世。彭山县2003年百岁以上长寿人瑞星32人,占其总人口(32.4万人)的比率约1/10 000。同时,80岁和90岁以上至99岁的高寿寿星人数分别达7 878人和1 095人,占总人口的比率分别达243.2/10 000和33.8/10 000,其中96～99岁近"天年"人瑞寿星达131人,占总人口比率达4.0/10 000。彭山县2003年长寿人口的空间分布见表5.1。

表5.1 四川省彭山县2003年长寿人口的空间分布

地域	总人口	80岁以上人口		90～95岁人口		96～99岁人口		100岁以上人口	
		数量(人)	占总人口比例(10^{-4})	数量(人)	占总人口比例(10^{-4})	数量(人)	占总人口比例(10^{-4})	数量(人)	占总人口比例(10^{-4})
全县	323 995	7 878	243.2	964	29.8	131	4.0	32	0.98
凤鸣镇	62 857	1 104	175.6	177	28.2	29	4.6	4	0.64
江口镇	20 175	688	314.0	71	35.2	3	1.5		
谢家镇	21 455	584	272.2	70	32.6			3	1.40
青龙镇	35 224	814	231.1	100	28.4	22	6.2	7	1.99
灵石镇	11 303	283	250.4	38	33.6	4	3.5	1	0.88
彭溪镇	17 997	471	261.7	58	32.2	7	3.9	2	1.11
观音镇	27 427	648	236.3	79	28.8	10	3.6	2	0.73
黄丰镇	18 693	456	243.9	54	28.9	4	2.1	4	2.14
公义镇	25 661	723	281.8	93	36.2	14	5.5	3	1.17
保胜乡	13 924	412	295.9	47	33.8	6	4.3	2	1.44
牧马乡	12 299	233	189.4	17	13.8	4	3.3		
义和乡	14 244	366	257.0	51	35.8	10	7.0	3	2.11
邓庙乡	5 998	214	256.8	25	41.7	4	6.7	1	1.67
岐山乡	1 776	30	168.9	3	16.9				
府河乡	9 300	216	232.3	29	31.2	2	2.2		
永丰乡	5 774	156	270.0	9	15.6	2	3.5		
净黄乡	8 586	162	188.7	17	19.8	6	7.0		
江渎乡	11 302	316	279.6	26	23.0	4	3.5		

资料来源:据彭山县公安局"2003年彭山县老年人年龄分析表"(资料)。

综上所述:说明中国认定的"长寿之乡"(长寿聚落村落和长寿区)名副其实,其百岁以上人瑞寿星比率为国际上评价认定"长寿之乡"指标值(7/100 000)的数倍、数十倍乃至数百倍。

① 880岁系古时彭山一带地区"小花甲计岁法"年龄。此计算法源于"六十甲子日",即古代所传上天六十星宿依次值日一轮的时间,就是六十日为一周岁,按现今计龄法,即为146岁。

四、长寿原因研究概况

长寿研究是一个非常有意义、有价值又非常复杂的科学命题。中国养生长寿文化研究历史悠久，从古代寿星们养生长寿切身体验的经验总结到当今养生长寿机理的科学研究，有着一系列的丰硕成果，养生长寿知识与理念积淀丰厚，一大批名人、大家对养生长寿经验的精辟总结得出了诸多真知灼见，具有相当高的科学价值，对指导人们如何养生保健而获得长寿有重要意义。如人瑞寿星彭祖经过长期悉心研究提出了“引导行气、调摄养生、膳食养生、房中养生”的养生理念；大思想家、大教育家孔子所倡导的“简素膳食”、“智者乐，仁者寿，智者乐水，仁者乐山”、“乐以忘忧，不知老之将至”以及“三戒”即“少之戒色，壮之戒斗，老之戒得”等养生理念，老子提出的“养精气顺自然，练气功”养生理念，医家提倡的“三有”即“饮食有节，起居有常，劳作有序”养生理念等等。如此种种，充分说明中华民族养生长寿理念博大精深，内涵与内容非常丰富，难以数言括之，详尽系统总结形成洋洋数百万言巨著也不为过。

纵观古今序列养生长寿研究丰硕成果，主要包括外因与内因两大层面因素，宏观环境影响作用与微观机制研究两大发展方向，尤其后者更为重要。宏观外部环境因素研究，注重自然生态环境影响作用研究，强调改善生态环境和营造适生生态环境的重要性；微观机制着重研究生命衰老过程机制及其影响因素与作用，目前已进入到人的生理、心理、免疫、遗传与基因特征及分子生物学等方面的深入研究。

尽管如此，长寿机理仍是一个未解之谜，许多问题尚不清楚，即使有所认知，也只是一知半解，仍然模糊不清。真正全面揭示长寿奥秘，难题甚多，其道路或许还相当漫长。但对养生长寿却已有许多认知。

（一）自然生态环境与养生长寿

在目前认知水平下，从理论上应当说，长寿基因的遗传是长寿的先导基础，但良好的自然生态环境有益于养生，对健康长寿的保障作用至关重要，不可忽视。目前被认定而见之于世的“长寿之乡”几乎均分布在山区，长寿人口绝大部分分布在乡村，则是佐证。

新近半个多世纪以来，伴随人类社会经济的快速大发展和自然资源大规模高强度开发利用，引发了一系列严重的生态环境破坏问题，如森林植被锐减，水土流失加剧，土地荒漠化和沙漠化扩展，环境污染严重等等。但山区、乡村与平原区和城市（镇）相比，拥有植被丰富，森林覆盖率较高（“长寿之乡”的森林覆盖率普遍达到30％以上，高者达50％～60％），绿色空广阔优势。山区和乡村丰富的植被、高森林覆盖率和污染轻微，使之具有空气清新、水质良好（如湖北钟祥市和广西巴马县地表水质普遍达到国家规定的Ⅱ类水质标准，有的地方达Ⅰ类水质标准）、环境洁净的特性，同时广阔的绿色空间、多姿多彩的自然生态景观和优美幽静的环境令人心旷神怡、心情愉悦，有益于养生和健康长寿。

(二) 传统生活方式与养生和健康长寿

山区乡村人至今仍基本上保持着“日出而作，日落而息”的传统生活方式，受现代城市生活影响冲击较少。这种传统生活方式，既使之生活起居和耕耘劳作有序有律，同时长年累月的辛勤耕耘劳作也使山乡人坚持爬山运动和耕耘劳动锻炼，得以增强心肺功能，吐故纳新和增强体质，有益健康，延年益寿。

(三) 膳食与养生长寿

“民以食为天”，膳食是保障人生存最基本的需求。中华民族养生保健，在膳食生活方面，自古就有“饮食有节”、“膳食从简素”之说。意思是说，饮食以简素为好，食之有节制，切忌暴饮暴食和大油大肉，以减少消化系统和肝脏的负担。纵观古今长寿者，大多如此，乐于过粗茶淡饭、布衣素食生活。如古刹寺庙的和尚僧人多吃素，饮食清淡，少油腻，但普遍多长寿，乃是印证说明。

山乡人，因受山乡条件限制，少了都市人普遍对饮食丰盛和讲究营养丰富的刻意追求，普遍饮食简素。同时山乡人的食物多为自产自食，无论主食与副食蔬菜和果品，均具有新鲜和绿色食品多的特点。新鲜绿色食品营养价值较高，既可弥补食品简素之不足，亦有利于人体吸收利用，改善营养状况，满足人体所需，从而也有益于养生和健康长寿。

(四) 心性与养生长寿

人的心性是其心情、心态、性情、性格的统称。人的心性与养生和健康长寿有密切关系。平和心态或心境是古今长寿者立世处事之道。一个人有了平和的心境，遇事不急不躁、顺胜不激、不狂，逆难不焦、不忧、不急，这有益于调控心理及生理平衡，防止疾患侵袭。俗话说“急火攻心，可致毙命”，历史上范进中举因激狂而疯的故事家喻户晓，现实生活中忧郁成疾事例屡见不鲜，心态平和、性格开朗的癌症者可延长生命亦不乏例。如此种种，说明保持一个平和心，有益于养生和健康长寿。

与此同时，快乐心情是健康长寿的又一重要方剂。人生中，欲拥有和保持平和心情，知足至关重要，常言道“知足常乐”。由此不难知晓，知足对养生的重要，快乐对健康长寿的重要。山乡人与都市人所处的环境不同，相对而言，山乡人思想单纯些，欲望少些，生活要求低些，淡泊名利，少了都市人心中的一些不平事，较易知足，产生满足感，易找到快乐。同时，调查研究发现，山乡长寿老人，大多文化水平不高，更易产生知足。显然，知足有益养生，快乐有益健康长寿便不言而喻了。

(五) 遗传与长寿

世界著名的遗会学家摩尔根早就提出了“遗传特性决定人的寿命”的见论。不少的长寿家族史调查研究说明，长寿家族的后代子孙一般多长寿。就是说，父母、祖父母和外祖父母长寿者，子孙一般多长寿。国外一位科学家对欧洲国家皇族的321名儿童寿命进行跟踪调查，结果表明：父母长寿者，子女享天年者多；父母寿短者，子女早损者多[25]。中国学者对1 000多名百岁以上老寿星的调查分析结果发现，寿命遗传有多代连续长寿遗传和长寿者后代子孙隔代遗传及第一、二胎长寿遗传三个特征[25]。

遗传是通过基因进行和完成的，遗传基因蕴藏于染色体中。目前，遗传研究已进入到分子生物学水平的时代，也从研究遗传基本物质染色体进入到遗传基因的分子研究。对于长寿基因研究而言，1990年法国为研究人类长寿之谜，成立了专门研究基因组织的IPSEN基金会，组建了当时世界上唯一的一个“百岁人瑞基因银行”(亦称基因库)，经过三年努力，即取得和保存了350份百岁人瑞寿星血液分离出来的基因标本。与此同时，美国科学家在20世纪80年代中期提出的一项庞大的“人类基因组计划”(HGP)也开始在世界范围内实施国际大协作，这是当前世界生命科学领域内一项最引人注目的重大基础理论研究项目。中国在20世纪80年代在国家“863”计划和国家自然科学基金委员会资助下开展了“水稻基因组计划”，1993年正式启动实施中国“人类基因组计划”。

(六) 性与养生长寿

“七情六欲”是人的本性。性是人类延续的根本保证条件，人没有性，人类延续将不复存在，将走向灭亡。但在过去相当长时间里，在人们的观念和社会舆论中，往往将性与淫和色混为一谈，视性为罪恶，为洪水猛兽，谈性色变，将人的性欲禁锢起来，长期处于性压抑状态。殊不知，性或者说夫妻和谐性生活是人养生和健康长寿非常重要因素之一。有关性与养生和健康长寿，自古就有“采阴补阳、阴阳互济”之说，中国人瑞寿星彭祖即有“房中养生”之论，佛教一些寺院壁画及文化艺术宝库中的绘画对此也有展现。

男女性爱、夫妻性事，有益于心身愉悦，放松精神，俗话说：“男女搭配，做事不累”。同时，夫妻性生活和谐，有利于增进夫妻感情，保持家庭和睦，家和则万事兴。早在数千年前，长寿人瑞彭祖对男女性卫生和性保健作有总结，而论述性之古籍《素女经》有世界三大性经典之称，其中均不乏性有益于养生和健康长寿之论。现代对长寿者的一些调查也说明，有性事能力的老年夫妻能保持适度的和谐的性生活，有着延年益寿增寿的功用。

(七) 环境地球化学与健康长寿

随着环境科学的发展和对人体健康的关注，学术界对地球化学环境与健康和疾病的关系给予了极大的关注，进行了大量的调查研究和试验研究工作。至今为止，所发现的化学元素 115 种，其中自然界天然存在的 92 种，人体中可分析出的元素 81 种[26]。但人体中所存在的元素，并非都是所必需的，即有必需元素、非必需元素和有害或有毒元素之分。但所谓有益元素在一定程度上有着相对性，这里指有益的必需元素如摄入过量亦会产生毒害，如硒中毒和氟中毒则属此例。目前发现的生命元素即生物生命过程中具有益作用的必需元素有 11 种大量元素和 15 种微量元素[24,27]。

近些年来，围绕探讨环境地球化学与人的健康长寿关系做了不少研究工作，取得了一些可喜的有意义、有价值的成绩和成果[28,29]。

新疆和田地区百岁老人生活区土壤中全铬(Cr)、锌(Zn)、镁(Mg)含量较高，全量钴(Co)、铜(Cu)、镍(Ni)、钼(Mo)含量低，二者各元素含量分别高于和低于新疆土壤的平均含量水平[25]；云南省云龙县金竹林白族长寿地区土壤和泉水中 Cr、Cu、Mo、Zn、硒(Se)元素含量较高，同时其核桃仁、葵瓜子仁、谷物、蔬菜中铁(Fe)、Zn、锰(Mn)、Se、Cu、Mo、Cr、锶(Sr)含量也较高[30]；山东省长清县张夏镇长寿村(小刘庄村和王泉村)泉水中的 Sr 和土壤、小麦、白薯和人发中的 Se 含量较高；江苏省如皋市土壤中有效态 Se、Zn、Ni、硼(B)、和氟(F)含量的空间分布特征与长寿人口比率的空间分布特征相似，即这些元素有效态含量高的地点，其长寿人口比率也较高。经相关分析结果，发现：如皋市长寿人口比率与土壤微量元素全量含量之间无相关关系，与有效态 B、F、Se、Zn、Ni、Co 含量之间呈显著正相关；运用主成分分析法分析结果，发现有效态 B、Se、和 Zn 的含量对长寿有较大贡献①。

尽管地球化学环境与健康长寿关系的研究取得了上述进展和有价值的成果，但微量元素的功能作用及机理非常复杂，同时元素之间存在协同、拮抗或既协同又拮抗的复杂关系，仍有很多科学问题未能根本解决。一是与长寿有关之生命元素的阈值应该是什么？上述一些与长寿有关的元素，在不同长寿区存在较大差异，则说明应当存在一个阈值范围指标；二是不同长寿地区与长寿有关之元素不尽相同，并且环境中的含量差异甚大，这似乎预示着与长寿有关的元素之间有着一个合理的配比关系，使其协同和拮抗结果的总效应与长寿需求正相关。这些科学问题是需要下工夫、花力气去解决的。

第四节 古 聚 落

经历长时期大自然风雨侵蚀洗礼和社会发展变化的影响与冲击而有幸能很好保存下来的古聚落，是人类社会的一份珍贵的遗产，一笔宝贵资源和财富。近些年来，随着新闻媒体图文影像并茂的持续宣传和推介，许多昔日“养在深闺人未知”的古聚落，逐渐

① 杨荣清：“江苏省如皋市长寿人口分布区土壤地球化学环境研究”(硕士学位论文)，2005。

为人们所知晓、所了解、所认识，广泛地引起了人们的兴趣和关注，古聚落旅游观光热潮因此而起，形成了一批闻名中外的古聚落精品名牌。古聚落是中国山区聚落研究的重要内容方面。

古聚落，从字面解译，包含两重含义：一是古；二是聚与落，即相聚成落。古，《辞源》谓之曰“时代久远”之意；聚落，则乃人类聚集居住的空间单元。显然，古聚落是历史时期形成的，有着保存较好之古旧老建筑群落风貌形体景观以及一些历史文化遗迹和浓郁传统乡土文化特征的人类聚集居住的空间单元。古聚落包括：古村落、古镇及至古城和历史文化聚落与宗教聚落等。本节着重论述古村落，也涉及一些古镇。历史文化聚落与宗教聚落将在第五节专门论述。

中国是一个有五千年悠久历史的文明古国。对其五千年的历史，社会历史学界有着古、近、现三个时代的划分。即将1840年鸦片战争以前的历代帝王时期划为古代，鸦片战争至1919年“五四”运动时期划为近代，“五四”运动以后的时期则称为现代。但当前常说的古聚落，无论古村落，还是古镇，其含义有所外延。就是说，除上述所定义的古聚落之外，也往往将有着承传古建筑文化遗风特色与现代建筑(钢筋水泥构筑物)迥然不同的上世纪30～40年代青砖青瓦、粉墙黛瓦和马头墙(防火墙)及木结构建筑群落亦纳入古聚落之列。

一、古聚落特性与价值

古聚落(古村落与古镇)以其玲珑剔透之古旧老建筑群落形体景观特征及其丰富的历史文化遗存信息底蕴和和谐的环境、风貌、氛围而独树一帜，具有多方面的重要价值与意义。古聚落成为当今难能可贵的人与自然协调、和谐的人聚空间典范，重要的历史文化遗产和宝贵的资源。正因如此，古聚落引起了建筑学者、历史学者、文化学者、社会学者、地理学者、生态与环境学者们的研究兴趣，从不同层面开展系统综合研究，同时也激发了旅游者们纷纷走进古村落和古镇的热情。

(一) 丰厚的历史与乡土文化遗存、人类社会的珍贵遗产

村落是聚落的一种基本类型，中国社会结构的基本细胞。许多城镇是由乡村聚落发展演变而来的，乡村聚落是城镇的胚胎。当今所说乡村聚落或村落既是一个建筑物化概念，更是包含其地理环境、历史文化传统、社会习俗及生产生活方式集合的综合体。中国是一个有着悠久历史的文明古国，又是一个幅员广阔、民族众多的大国，在五千年历史长河中，形成了丰厚的文化淀积，点缀在广袤土地上的一座座风貌古朴、个性鲜明、形态独特的古村落与古镇，堪称“中华传统文化的明珠”、“民间收藏的珍宝”[15]。

首先，古聚落(古村落与古镇)最突出、最醒目的特征是拥有保存较好的古旧老建筑群落。这些有幸保存下来的古旧老建筑群落既传承着中国历史文化和乡土文化特色，

也记录着丰富的建筑技术和建筑艺术信息。诸如以北京为代表的北方四合院，广大南方地区的天井院，云南傣族的干栏式竹楼，湘西土家族的吊脚木楼，广西三江侗乡的高脚式木楼，福建客家人的土圈（园）楼与土方楼，贵州苗寨的石墙石瓦房，藏族石砌方形碉房，彝族的土掌房，蒙古族的蒙古包，西北黄土高原的窑洞等，民居特别多姿多彩的木、砖、瓦、石的浮雕和镂空雕刻等并蓄。因此，古聚落是传统建筑技术与艺术的宝库，是一部活生生的民居建筑技术史、艺术史。

其次，古聚落蕴藏有丰厚的传统乡土文化。古聚落蕴藏的丰厚传统乡土文化是古聚落的灵气和活力之本，从某种意义上说，拥有浓郁乡土文化之古聚落则灵、则名。

中国古聚落蕴藏的历史文化与乡土文化相当厚重。一是特型古建筑文化，如宗祠、寺庙、牌楼、会馆、古桥、牌坊、古塔等，安徽徽州的一列 7 座石牌坊最为壮观（安徽歙县棠樾村有“世界第一牌坊群古村落”之称），古桥则以桂北侗族的风雨廊桥形态尤为独特，廊桥亭阁并立，色泽五彩斑斓，廊桥既可为行人遮阳避雨，又是居民休息纳凉聊天的佳所。二是名人赞誉题字与匾额及美好传说文化，如浙江浦江县的郑宅村（现为镇）则保存有九世同居碑亭和明太祖朱元璋封赐郑宅为“江南第一家”及勉语联“江南风土薄，唯愿子孙贤”的题字，安徽歙县的呈坎村则有朱熹“呈坎双贤里，江南第一村”的赞誉和苏轼题词“文德武功名晋简竹，理字真儒后先继续”及唐寅（唐伯虎）和董其昌等与呈坎村的交往遗迹，江西乐安的流坑村则有为纪念董德元中状元兴建于明隆兴年间（公元 1163～1164 年）的“状元楼”。其匾额乃系朱熹手迹等。三是村落景观园林建筑文化，江南古村落、古镇大多具有景观园林建筑，如小桥流水、古树亭阁、月塘倒影等，常将之称为“水口园林”和有村落“八景”之说（如“王江八景”、“东阳八景”等），并赋以诗情画意文典含义，使之更寓文化韵味。四是社会风俗与民俗、婚姻嫁娶，如云南丽江东巴文化与乐府，云南四川交界处之泸沽湖的摩梭文化（唯一仅存的母系社会遗风区），四川平武百花楼村羌族的多声部（多音阶）音乐与歌曲唱法。五是丰富的乡土民谣、歌舞与戏剧，藏族、纳西、彝族的锅庄，巴塘的弦子，新疆的维吾尔族舞蹈，江南水乡的越剧、黄梅戏、锡剧、沪剧与苏州的评弹，陕西秦腔，藏区的藏戏，等等。多姿多彩的乡土文化与古聚落相融合，为古聚落平添了诸多韵味和生机与活力。

综上所述，历史久远、形态独特、个性鲜明、环境古朴和谐、优美宁静、历史文化与乡土文化淀积丰富的古聚落，既是人类与社会的一份珍贵遗产，也是传承中华民族历史文化与多姿多彩乡土传统文化的载体和基地。

（二）人与自然协调统一、和谐人聚空间的典型范例

人类社会正面临着严重的环境污染和生态破坏引发的一系列严峻生态与环境问题，不仅饱受其危害之苦，而且严重威胁着人类的生存和社会经济的可持续发展。为此，全世界都在深刻反思，都在花力气苦苦寻找与自然和谐的发展新思路、新途径和新模式，重新建立人与自然和谐、发展与环境协调的科学发展新模式。对此，古聚落的人

与自然环境有机融合的和谐状态是一个典型范例，引起了广泛的关注。

古聚落（古村落和古镇）之所以成为人与自然环境和谐的典例，要归因于中华民族在其发展的历史长河中，很早以前所形成的“天人合一”、“天人感应”思想观的引导。“天人合一”思想观，强调人是自然界的一分子，其行为与活动必须遵从自然规律，不能违背自然规律，否则会受到自然力量的报复惩罚。“天人合一”这一颇富哲理的思想观，用于指导聚落构建，则强调“顺应自然”，“合理利用自然”。中国现存的古聚落，从开始兴建之初的选址、布局结构都以大地山河为基托，体现了顺应自然和合理利用自然的思想。就是说，中国的古聚落，或依山傍水，或背山面水，或靠山临水，坐落于青山怀抱、碧水环绕之中，聚落内曲径通幽，屋舍参差错落，呈现晋代大诗人陶渊明在其《桃花源记》中所描绘刻画的“林尽水源，便得一山，山有小口，……复行数十步，豁然开阔，土地平旷，屋舍俨然”[15]的“世外桃源”景象，呈现出“农夫与樵夫出入画屏中”的图景。中国古聚落基址依山傍水，江南水乡如此，中西部山地丘陵区亦然。江南水乡著名古聚落安徽黟县宏村和屏山村堪称经典。宏村背靠古木参天的雷岗山，面临蜿蜒的牛泉河，牛泉河绕村流过；屏山村东西两面皆山，南北向溪流穿村而过，村居沿溪水弯曲有序而列。又如四川岷江上游高山峡谷区著名羌寨古村落茂县桃坪羌寨和萝卜寨及大渡河上游高山峡谷区被称为“千碉之乡”的藏寨古村落丹巴县梭坡村等，既背靠高山，又分别面临杂谷脑河和大渡河。如此种种，不难看出中国古聚落基址大多依山傍水的特点。

中国古聚落选址依山傍水，充分体现了生态环境思维观。依山，古时农耕社会时期，使其居民有着可供耕垦和樵采的空间资源，保障维持生计，同时还有利于抵挡冬季寒风侵入，避免洪水危害；水是生命之源，人类生存和生产重要的基本物源，傍水，既便于生活和农业生产灌溉取水，满足其所需，还可调节聚落小气候环境和行使舟楫、捕捞鱼虾与进行水产养殖。

我们的祖先在顺应自然和合理利用自然环境资源方面的高智慧，不仅反映在上述古村落选址上，而且在营造古村落和谐生态环境的水资源利用方面有着卓越的表现。例如安徽黟县的宏村古村落，早在明永乐年间则在其蜿蜒而至的牛泉河上筑坝抬高牛泉河水位，使潺潺流水进村穿巷达户，成为一道风景线。云南丽江古城亦与此类同。

二、古聚落分布的区位与保存的环境因素

古聚落是历史时期形成的，不同地区古聚落的不同建筑风格由其不同自然环境条件特性、民族历史文化及乡土文化所铸就，古聚落能保存下来则与一些社会人文环境因素有关联。

（一）多分布和存在于历史上的经济发达地区

经济发展是聚落产生与形成的牵引力和驱动力，是先导基本条件或前提条件，古代

如此，当今亦然。古聚落分布于历史上经济发达地区，有安徽徽州和山西两大典例。安徽徽州人，在明清时期就有走出家园、离开故土、外出经商的传统习惯，有“徽商遍东南，无徽商不成镇”之说；山西是中国古代金融业的始源地，曾发行中国历史上第一张银票（汇票），也有“晋商遍天下”之说。商贾们赚取了足够的金钱之后，往往都回到故里，建设家乡，兴建住宅，构筑家园。因此，安徽徽州（皖南丘陵山地区）和山西赋存有一大批建筑精美、艺术精湛，具相当规模的古聚落。如安徽黟县的宏村、西递村、歙县的呈坎村、棠樾村和唐模村等；山西的平遥古城（尤其明清街）、乔家大院、王家大院等。

（二）多分布和存在于封闭的经济落后地区

闭塞山区往往是经济落后地区。山区封闭空间，造成封闭的社会经济形态和思想意识形态，富有保护传统社会文化惯性，对区外社会经济发展变化反应迟缓、迟钝，受其变化影响冲击小，这虽不利于山区发展，却有利于其古聚落保存。从这种层面上说，山区的封闭和闭塞是其古聚落能得以保存下来的一个社会环境因素。

与此同时，封闭山区的落后经济是其古聚落得以保存下来的经济环境因素。喜新厌旧、追新弃旧、赶时尚、追潮流是人的一种本性，对其居所住宅亦如此。这对古聚落保存是一大挑战，一种威胁。但喜新追新需要有一定经济基础为条件，居所住宅更新建设需要相当的经济投入，无此欲新则不能。因此，山区落后的经济，尽管与发展的时代不同步，成为时代的落伍者，但对古聚落的保存却有利。保存于山区的古聚落，无论见之于世、为众知晓者，还是“养在深闺人未识”者，也无论东南丘陵山区，还是西部与中部山区丘陵地区，大多如此。

（三）多分布于建造及艺术水平较高、保护意识较强的地区

建筑艺术水平较高的古聚落，建筑精美别致，艺术精湛，具有很高的文化与建筑技术和艺术价值，从而铸就了其高保藏价值，这是保护和保存下来的基础与前提。安徽徽州徽派古聚落建筑，山西平遥古城明清街和乔家大院与王家大院，云南丽江古城大研古镇及其穆府和云南团山的固村（已被列为世界民居建筑遗迹与环境保护名录），特色鲜明、世界唯一的特色民居建筑福建客家人的土楼（土圈楼和土方楼）群等是其代表。

除上述建筑艺术水平高的一批古聚落得以保存下来之外，一批建筑质量水平较高的历史聚落也得以保存下来。这类聚落以江南水乡和东南沿海地区小桥流水，青砖青瓦、粉墙黛瓦、马头墙建筑为风格特色和岭南地区欧陆风格古堡式建筑为特色的古镇和古村落为代表。这类古聚落，现今虽算不上时尚、现代，但居之舒适，若舍之、弃之、拆之可惜，故能保存至今。

尽管如此，但古聚落能得以保存，关键是其所在地区传统乡土文化的保持和在此基础上所形成的民众具有保护老住宅的意识和观念，这是古聚落得以保存的前提。对此，安徽徽州地区具有典型性，安徽徽州地区历来注重文化教育、徽商兴办学堂，教育后代，

在其传统文化教育熏陶、孕育下，普遍形成尊老、敬老、爱老和珍爱老居所、老住宅的传统习惯与风尚，这是徽州地区古聚落保护的一种无形力量，也是其古聚落能得以保存下来的极重要因素。

当今时代，随着古聚落资源性和社会经济价值的凸现，人们保护与保存古聚落意识观念得到空前提升，引起社会广泛关注，古聚落维护保存处于最好时机。

三、中国山区古聚落概述

中国现存古聚落(古村落和古镇)历史类型之丰富，分布之广阔，类型之众多，个性之鲜明，特色之突出，文化之丰厚及名聚落之众多，不说是举世绝无仅有，也可说世界罕见。

(一) 历时久远、数量众多

历时久远、数量众多是中国现存古聚落尤其古村落的一大基本特点。中国现存的古村落，尽管多是由明清时代留下来的，但亦不乏保存有隋、唐、宋、元时期古建筑遗物的古村落。如山西以“明堡暗道”闻名于世的张壁村，村落现存建筑多为明清晋商所构建，但堡内存着几处明清以前的建筑残存物，包括元代建筑物古戏台(戏台有着典型元代建筑特征的“移位”构架)，隋代所建的可汗庙(当地亦称疙瘩庙)和唐代所建的秦王(李世民称秦王)塔等。又如北宋末年因金人南侵，宋室被迫南渡迁至临安(称南宋)，大批中原氏族、贤达显贵等纷纷南迁，浙江永嘉的楠溪江流域地区，以其僻静的环境而成为南迁者们选择的住居之地，楠溪江流域从这一时期开始形成了一大批风貌古朴的移民古村落，包括苍坡村(始建于公元 955 年)、芙蓉村(始建于公元 1020 年前后)、渠口村(始建于公元 1110 年)、坦下村(始建于公元 1279 年)、豫章村(约始建于元明之际)和蓬溪村(始建于明初)等[15]。

尽管中国的古村落历经数百年乃千年的风雨侵蚀、社会动荡与发展变化的影响和冲击而消失了许多，但有幸保留至今的古村落仍然不少，其保存数量可以说数以数千计乃至逾万计。仅江西宁冈县明清时期从境外迁入之移民兴建的古村落即达 242 个之多，其中从外省迁入之移民建成的古村落 127 个，从外县迁入之移民建立的古村落 115 个；此外，陕西韩城地区从其村落聚落形成年代看，明代的 168 个，清代的 472 个，二者共达 640 个。现有村寨聚落约 125 个，仅是其中的一部分[15]。说明在广袤国土上现存有的古村落数量很多。

(二) 类型多、分布广

中国历史悠久，幅员广袤，民族众多，东、西、南、北的地域差异，山地、丘陵、高原、平原地域自然环境的差异和多民族多元传统文化的差异，孕育和铸就了中国古村落的多样性和多元性，古村落民居建筑形体风貌千变万化，呈现出千姿百态。如南方民居的天井院，北方民居的四合院；南方湿润多雨环境民居的坡顶屋，北方干旱少雨环境民居的平顶房；黄土高原区的窑洞，山区木壁木柱的木结构民居，江南水乡的小桥流水、粉墙黛瓦、青砖青瓦、马头墙民居，福建山区客家人的土楼（园表与方形），云南傣族的吊脚竹楼，桂、黔、湘接壤区侗乡侗寨的高脚楼，藏族石砌方形藏寨，贵州高原山区苗族石墙石瓦屋（石头寨），山西高原的堡子（灵石县静升镇具高堡墙的堡子及上述过的张壁村）等等。

此外，中国古村落从选址、布局与构筑也具有多种类型。从选址与构筑意象上反映出有趋吉型和防御型。趋吉型，选址富有风水理念。风水理念，引入四神兽概念，有“左青龙、右白虎、前朱雀、后玄武”之说，实际上是将聚落四面环境物化比拟，是对居宅环境的选择。就是说，选择青山怀抱、绿水环绕、居地开阔、具有发展空间与条件之地。防御型，其聚落地址选择地形较封闭易守难攻之地，聚落建造注重防备功能构筑。如陕西韩城地区至今保存完好之明清时期所建的古村落则就险而建，多建于险要的崖缘顶上；闽北南平市茂地乡宝珠村则坐落于茫荡山的一个山间小盆地内，村落南北两端只有小路通往下山，村口设哨以把守村寨等。就其防御功能构筑而言，福建永定县著名的土楼的厚墙、少门（偌大的一座土楼一般设一个大门，多者也仅两三个大门）和厚重坚固的大木门，山西地区堡子（村寨）的高大堡墙（著名的有灵石县的恒贞堡和介休的张壁村等），四川岷江上游羌寨的碉楼（羌碉）等则是典型。

从村落居民来源分，古聚落则有原定居型和迁徙型。原定居型比较好理解，系指本地居民在发展生产过程中形成的聚落村落。迁徙型聚落是社会纷争、民族纷争和自然灾荒的产物。中国古代社会是一个动荡的社会，充满社会政治纷争，大小战事不怕，民族、氏族纷争械斗常有发生，民族、氏族迁徙无常。中华民族历史上，在晋代、唐代和北宋三个朝代有过三次大规模人口迁徙。晋代末年北方出现分裂，进入“五胡十六国”时期，不断的民族战争，使其大批北方氏族南迁至江、浙、皖、赣、湘、鄂和川东北等地；唐中叶“安史之乱”及后的割据，中原人士再度南迁闽浙、湖广诸地；北宋末年金人入侵，中原士族又随宋室南迁至闽、浙、粤等地。三次迁徙，在其立足地形成一大批有别于当地民居建筑风格和乡土文化特征的移民古村落，如福建南靖县、永定县的众多土楼群，北宋末年中原士族随宋室南迁至浙江永嘉县楠溪江流域形成的一批古村落等则属此列。

从上述不难看出，中国古聚落（古村落）分布的广泛性和类型的多样性。山区，因其封闭性、偏远性，受现代社会经济变化影响冲击及响应的迟缓性，是古村落重要的保存之地。

（三）中国古聚落列举

中国古聚落（古村落和古镇）数量众多，但缺乏全面系统的调查研究。刘沛林 1998 年出版的《古村落：和谐的人聚空间》一书，从历史文化地理的视角对中国一些著名的古村落作了较好的研究，但对中国众多古聚落来说，仍属沧海一粟、凤毛麟角。因此，中国现存的古聚落数量，至今仍无一个可资借鉴的确切数字。以下仅据有关资料[15,33,34]作一列举。

安徽省：黟县的西递村、宏村、屏山村、塔川村、卢村、关丽村、碧山村，歙县的呈坎村、唐模村、潜口村、棠樾村、槐塘村、丰南村、雄村，绩溪县的洪村、勘头村、坑口村、上庄村、棋盘村，休宁县的临溪村，考川县的仁里村，旌德县的江村，泾县的陈村等。

浙江省：永嘉县的苍坡村、芙蓉村、渠口村、坦下村、豫章村、蓬溪村，兰溪县的诸葛村（因其村落建设按“八卦”布局，又名八卦村），嵊县的屠家埠村，建德县的新叶村，浦江县的郑宅村（现已为镇），武义县郭洞村、俞源村，苍南县的碗窑村，宁海县的箭童村，泰顺县的包宅村、园州村、百福岩村、玉岩村、桥西村、上洪村、仙居村、徐岙村、上交阳村、塔头底村、山茶岚村等。

福建省：南靖县的上板寮村（田螺坑土楼群，3 圆楼，1 方楼，1 椭圆楼）、石桥村、坎下村、璞山村，南平的宝珠村，崇安的城村，龙岩的银澍村，永定县洪坑村的土楼群（有土楼 46 座，其中振成楼堪称经典，最为著名，有房间 208 个，此外还有集庆楼、庆成楼、福裕楼、承启楼、环极楼、如升楼、光裕楼、怀远楼等），莆田的东阳村等。

江西省：乐平的流坑村，婺源的清华村、李坑村、江湾村、汪口村、理坑村、恩溪村、延村、晓起村，安福的边塘村，宁冈的上坑村，吉安的边塘村、唐贤坊村，安义的罗田村、水南村、京台村，宁都的中村等。

湖南省：岳阳的张谷英村，吉首的德夯村，永善的双凤村、王村，凤凰的凤凰古城与都罗寨、山江苗寨、书架堂，衡山的青良村，衡东的潭家桥村，衡阳的田芳村，怀化的荆坪村，洪江市古城，通道的皇都侗寨、芋头寨、平日村等。

陕西省：仅韩城地区保存较好之党家村为代表的古村落即达 100 多个。

山西省：晋中地区平遥、灵石、介休等县的平遥古城（世界历史文化遗产），灵石县静升镇的恒贞堡（又称王家大院）、拱极堡、崇宁堡、朝阳堡、明远堡、义和堡，介休的张壁村（著名的“明堡暗道”村），太谷县的北恍村（拥有晋商首富三多堂即曹家大院），祁县（北魏古城）的乔家大院，太行山区阳城县的北留古镇和皇城村，榆次的车辋村、石沟村，沁水县的西兴文村、郭壁村、窦庄村、湘峪村，平字县的娘子关村和吕梁山中黄河边上古渡口临县的碛石镇等。

广西壮族自治区：三江的大田村，桂林的大圩古镇、江头洲村，兴安县的水源村，灵川县的边塘村，阳朔的兴坪古镇、福利古镇（中国画扇之乡），平安县的榕津村，昭平县的黄姚古镇，容县的杨外村（杨贵妃的故里）和桂北具特色风雨桥的侗族村寨等。

云南省：大理古城和上关村、三文笔村，丽江的大研古镇（世界历史文化遗产）和束北村及石鼓镇和雪嵩村王水寨，建水县的团山固村（拥有建筑精巧别致的 20 余座四合院古建筑群落，已被列入“世界民居建筑遗迹与环境保护名录”），广南县的峰岩洞村、坝美村，宁蒗县的落水村、里格村、尼赛村，石屏县的郑营村，香格里拉县的尼汝村等。

四川省:茂县的桃坪羌寨和萝卜寨,有“千碉之乡”的美誉、有历经2000多年风雨而保存完好之藏碉的巴丹嘉绒藏族古村寨的苏坡村以及甲居村、中路村寨,保有明城墙的松潘小河古镇和羌族的百花楼村,马尔康县的卓克基土司官寨,自贡市的三多寨,稻城亚丁的亚丁村,大邑以刘氏庄园为代表的安仁古镇,成都龙泉的洛带古镇(广东客家人聚落),双流的黄龙溪古镇,宜宾的李庄,中国著名的“风水古镇”的阆中古城,古色古香的雅安上里古镇和邛崃的罗平古镇等。

贵州省:从江的高增村(有花桥式寨门)、小黄村、岜沙寨,黎平的肇兴村、地平侗寨、堂安侗寨,镇宁县的石头寨,雷山县的千户苗寨等。

广东省:开平的自力村、西降村,南海的碧去村,开平市的加拿大村,赓华村,连州市的卿罡村、朱岗村、元壁村、马带村,连南县的南岗排瑶寨,乳源县的必背瑶寨,揭阳县长美村,潮安县的龙湖寨,深圳沙井镇古村落等。

重庆市:忠县的石宝寨和石柱的西沱等村镇。

湖北省:兴山县的宝坪村(昭君故里),宜都市青林寺村,恩施市的鱼木寨(充满木鱼石的传说)等。

以上列举,只是中国山乡古聚落大家族中的极小部分。可以肯定地说,随着古聚落调查的推进与发展,许多“养在深闺人未识”的山乡古聚落会不断被发现而展现于人们的眼前,其数量也会逐步增加。

四、山区古聚落的保护

山区古聚落(古村落和古镇)是人类社会的一份珍贵遗产,有着相当高的历史文化、乡土文化、建筑艺术及人与自然和谐的人居环境价值,保护意义重大,必须加以有效保护,使之得以长远保存,不致消失。但山区古聚落保护面临一些难题与挑战。

(一)山区古聚落保护面临的难题与挑战

山区的封闭性、边远性、偏僻性及其所造成的社会经济发展落后性和对社会发展变化响应的迟钝性与滞后性,虽具有古聚落保存之利,却也存在诸多不利于古聚落保护之虞。

1. 山区经济贫困,古聚落保护缺乏必要的经济基础

中国是一个有5000年悠久历史的文明古国,古聚落分布广泛,数量众多,古聚落保护任务繁重而艰巨。与此同时,中国又是山地丘陵广阔、经济尚不发达的国家,山区经济贫困问题相当突出。山区经济的贫困,使其古聚落保护缺乏必要的经济支持,致使遭受长期风雨侵蚀损坏的古聚落难于得以适时的应有的修缮维护,难以抗拒风雨侵蚀损毁而消失的厄运。这是古聚落消失的重要缘由之一。

2. 社会发展变化与居住观念改变的冲击

社会经济的发展，引起人们生活与居住观念的变化。人们居住观念的变化反映在对居所的要求上，则往往存在喜新厌旧弃旧，跟潮流、追新潮、求新式的趋向。城市大规模旧城改造建新居如此，山乡民居的居所变迁亦然。近半个世纪以来，许多山乡民居居所历经了从土墙茅屋→土墙瓦屋→砖墙瓦屋→砖墙贴瓷砖小楼的演变。正因有这种喜新厌旧弃旧追潮流的居住观念，山乡居民一旦经济条件许可就会拆除旧居兴建应时新居。如福建永定县高培乡高培村土楼群中有名的环极楼原有 80 多户人家，现今仅剩 50 多户人家，约 30 户人家迁出土楼，则是佐证，山乡居民追新求新的居住观，对古聚落保存构成巨大威胁。

与此同时，不仅乡民对古聚落重要价值和保护意义缺乏认识，而且一些地方领导也同样如此。一些古镇的古建筑或被拆除，或进行不适当装饰，有的“脸面”被改为砖墙，有的贴上瓷砖，穿上了“西装”，昔日古朴的古镇雅美风貌氛围因此而不复存在，沦为不伦不类之所，这种例子在山乡中不胜枚举，比比皆是。

3. 古聚落缺乏专项保护资金支持

保护古聚落需要投入。在山区经济还较贫困和山乡民众缺乏保护古聚落意识的情况下，专项保护资金对保护古聚落和古聚落保护至关重要。如安徽休宁临溪镇一座明代建筑民居，因其年久失修，屋主借口其居屋危旧，请求拆除，县文物部门因无保护资金予以补助，只得将其“县级文物保护单位”撤销，由屋主自行处理[15]，实在可惜。

（二）古聚落保护对策措施

上述说明，中国山区古聚落保护形势相当严峻，不容乐观。欲要对山区古聚落实施和实现有效保护，必须要有一系列的对策措施作保障，方有可能实现。

1. 开展山区古聚落全面调查，对古聚落保护进行价值评价和规划

中国山区广大，分布于山区中的古聚落众多，欲将其全都保护起来，既不现实，也不符合事物发展规律，但有保护意义和价值的古聚落必须加以有效妥善保护，使之不致损毁消失，因此有必要开展古聚落的普查。开展山区古聚落的全面普查，一是要弄清古聚落的现状与数量，二是对古聚落的保护价值作出评估，为古聚落保护规划的制定提供基础。

山区古聚落的普查，可以由国家文物保护主管部门牵头，文化和建设主管部门配合，以县为单元，组织文物、文化和建筑等有关专业技术人员，对其所在县的古聚落（古村落和古镇）进行一次全面普查，查清其分布与数量，弄清其保护价值，经过评比遴选，确定应当加以保护的古聚落和古老建筑名录，附以充足资料汇总上报，国家经过综合比

对，依据历史序列、区域特色和民族特色确立其保护名录。当然，需要保护的古聚落和古建筑价值有所差异，可分为国家、省和地县级进行分级保护，使其应当保护的现存古聚落和古建筑有得以充分保护的机会。

2. 制定古聚落保护法规条例

中国早已颁布文物保护法，但许多意义重要、价值很高的山乡古聚落与古建筑未纳入保护范围之列。山乡古聚落的保护，只有通过立法，为其保护提供法规保障，才有可能实行有效保护。有了保护法规，古聚落才可以避免遭到随意破坏的厄运，任何人和单位乃至一级政府均不得轻率拆除和损毁列为保护的古聚落和古建筑，一旦违反，就要承担相应的法律责任。因此应当尽快制定中国古聚落保护条例。

3. 设立古聚落保护专项基金

古聚落保护，必须有资金投入方能实施。可以说，资金投入与法规建立同样重要。有法无投入，保护只能是空谈。因此，投入保护资金是古聚落保护的关键保障之一。当前，在古聚落保护资金筹措体制尚未建立起来之前，缺乏资金来源渠道的情况下，首先由国家、省、地（市、州）和县政府一次性共同出资设立保护专项基金势在必行。同时，国家给予基金优惠政策扶持，使之能获得利息收益，以利基金扩展，为持续施行保护创建基础。基金由文物部门无偿代管，设立专门账户，严格实行专款专用（仅限古聚落维护修缮之用），绝对不允许挪作他用，收支要接受上级主管部门和同级政府监督查验，违者必究，予以惩处，使之成为谁也不敢触碰的"高压线"。

在此基础上，大力倡导和鼓励民间个人、单位捐赠，以进一步扩大基金规模，使古聚落保护得以持续实行。

4. 加强古聚落珍贵价值与保护意义的宣传，提高民众保护意识

古聚落多分布在山乡，山乡居民普遍缺乏有关古聚落的珍贵价值和保护意义方面的知识与认识，甚至一无所知，这是一大威胁。山乡居民是古聚落的拥有者、直接使用者也应是直接的保护者。古聚落居民对古聚落珍贵价值的认知程度是古聚落保护最根本的基础，直接关系到古聚落保护状态。有了古聚落及其保护的一些基本知识，他就懂得如何珍视和维护居所古建筑及其历史环境，就懂得如何修缮，使之做到修旧如旧，避免"锦上添花"而结果不伦不类的不当行为。从这种意义上说，山乡居民尤其古聚落居民保护意识提高、增强之时，就是古聚落得以有效保护到来之日。

5. 开发利用古聚落资源，促进古聚落保护

科学合理开发利用古聚落造福山乡人民，推动山乡发展，是社会发展的必然。保护古聚落，问题不在于开发和利用古聚落资源，关键在于如何科学开发利用，在于必须坚持在保护前提下合理开发和在开发中注重保护。当前，古聚落旅游已渐成热潮，中外游客纷至沓来。通过发展旅游，既促进了山区发展，也推进了古聚落保护，这不乏其例。如丽江古城（大研古镇）的旅游热火朝天，每年中外游客量逾百万之众，古城经济发展了，经济积累增加了。经济能力与实力增强了，更加注重古城的保护，增大古城保护的投入。同时带动了其附近束北古村落的旅游开发，束北古村落保护也得到了明显改善。又如安徽黄山市的屯溪老街，为发展旅游需要，对其进行了保护性的整修，使其原濒于残破的街道恢复了历史风貌和徽派建筑风格特色，成为强烈吸引中外游客观光和购物的热点景区，经济呈现一派繁荣景象。如此种种，不一而足，说明古聚落保护性开发利用有助于古聚落的保护与发展，为广大山乡古聚落的保护利用提供了可资借鉴的成功例子。

第五节 文化与宗教聚落

文化与宗教一脉相承，二者犹如森林与大树，文化乃广茂森林，宗教则是其中一棵枝繁叶茂的绿树。从聚落层面说，文化聚落包含宗教聚落，宗教聚落只是文化聚落系统的一员。中华民族历史文化悠久，山区是中华民族的起源地、发祥地，中国广大山区也是文化聚落和宗教聚落主要赋存地。文化聚落和宗教聚落，有很高的历史文化价值，建筑技术价值、艺术价值、研究价值、观赏价值，也具有相当大的经济开发价值，对当今山区开发和发展有相当重要的意义。

文化内涵相当广泛，包含内容层面甚多。诸如历史文化、民族文化、宗教文化、乡土文化、地区文化、建筑文化、文学与艺术等。本节仅论述历史文化胜迹聚落（即有型聚落）及以其为依托形成的聚落（后生型聚落）和以古刹寺院为代表的宗教聚落。

一、文化与宗教聚落构成特征及类型

聚落是人类集聚安居的空间单元。因此聚落构成有三大要素：一是有人，二是有建筑物，三是空间环境。其中，前两者为核心标志，否则不成其为聚落。但文化聚落和宗教聚落有些差别。

（一）空间形态结构特征

1. 文化聚落空间形态结构特征

中国历史文化悠久，具有五千年文明史，是世界四大文明古国之一，历史文化聚落类型众多，遍布九州大地。就上述界定的文化聚落而言，依据其空间形态结构差异，大

体上有两种类型：

一是既有历史文化胜迹聚落。指历史文化胜迹具有建筑群落而展现出聚落形态特征者，如中国儒家鼻祖、大思想家、大教育家、大学问家孔子（名孔丘）故里山东曲阜的孔庙，已批准列为世界文化遗产的清王朝皇帝行宫的河北承德避暑山庄和江苏南京的明孝陵和北京昌平的明十三陵，河北易县的清西陵和遵化的清东陵，始建于北宋、宋代四大书院之一、有天禧二年（公元1018年）宋真宗御赐“岳麓书院”真迹匾额的湖南长沙岳麓书院，南宋著名大诗人陆游绍兴二十五年（公元1155年）不期而遇邂逅被逼离异初婚之妻唐琬、痛心疾首、挥毫于园壁留下寓意深刻为千古传诵之名词《钗头凤》一首的浙江绍兴沈园，纪念历史上伟大的政治家、军事家、天文地理学家、三国蜀汉丞相武亭侯诸葛亮（字孔明）的陕西勉县武侯祠、河南南阳武侯祠、湖北襄樊古隆中等，富含丰厚文化底蕴，是典型既有型文化聚落之例。

二是依托历史文化胜迹形成并与之融为一体的后成聚落。中国广袤大地上，有相当一批历史文化胜迹诸如已批准列入世界文化遗产保护的甘肃敦煌莫高窟、陕西临潼秦始皇陵兵马俑丛葬坑、山西大同周武山南麓云冈石窟、河南洛阳龙门石窟、重庆大足石刻以及河南安阳殷墟遗址等，它们既是广义聚落，却又非现代聚落观念之聚落，即人居聚落，但却具很高的历史文化科学价值。作为人类一份宝贵的遗产，需要加强保护管理和开展深入的科学研究，因而相应地兴建保护管理和研究机构。如殷墟遗址因考古发掘和研究工作需要，中国社会科学院考古研究所在此建有研究站；敦煌莫高窟因其高文化艺术价值早在1943年就设立了敦煌艺术研究所，新中国成立后改为敦煌文物研究所。同时，国家高度重视历史文物保护，许多有价值的历史文化胜迹分别被列为国家、省、地、县级文物保护单位，并相应设立专司保护之职责的管理局、处、所或办公室等机构，从而形成一批以历史文化胜迹为依托并与之融为一体的后成文化聚落。

2. 宗教聚落空间形态结构特征

寺院庙宇是宗教的物化载体。宗教聚落在空间形态上，多以雕梁画栋、飞檐翘角大屋顶古建筑群落的古刹寺院存现于世，显出一派古朴、凝重的聚落风貌，属既有型聚落。从这种意义上说，古刹寺院是宗教聚落的基本类型。古刹寺院建筑群落，通常由供奉佛像的殿堂屋宇、僧侣居室屋舍和朝拜香客留宿房舍及配套生活用房等组成。

中国宗教历史文化悠久，种类较多，既有本土的道教和儒教（即儒家），也有由外传入的佛教，不同宗教寺院建筑风格有异，儒、释、道寺院聚落正殿建筑多呈宫殿式，伊斯兰教和天主教堂聚落带有欧陆风格色彩，藏传佛教寺院聚落建筑则独树一帜，而多呈方形古堡式，这其中尤以雪域高原西藏拉萨的布达拉宫最为著名、最典型，早被列入世界文化遗产保护名录。

（二）居民组成特征

居民是构成聚落的一个要素。文化与宗教聚落里，通常居民人口相对较少，不具备家庭单元的组织结构。文化与宗教聚落人口组成，总体上说，包括常住居民人口和流动人口两部分，但二者之间存在一定差异。

1. 文化聚落居民及人口组成特点

上述界定论述的文化聚落的常住居民人口，主要是专司保护管理与研究之职责的机构工作人员及其家庭人员。一般数量有限，人数不多。流动人口包含两部分：一是考察调查的研究人员。因其历史文化胜迹聚落富有相当高的历史文化价值和多方面的文化艺术价值，吸引相关学科研究人员前来开展调查研究，这些人员过去有、现在有、将来也会有，因而有多次性和历史长期性特点，但同样是数量有限、人数不多。二是观光旅游者。近些年来，随着旅游的开发，旅游热的不断兴起和高涨，许多昔日不为人所知的文化聚落得以开发利用，随着大力宣传促销而闻名于九州大地和海外，吸引众多的中外游人，诸如敦煌莫高窟、山东曲阜孔庙、陕西临潼秦兵马俑和黄陵黄帝陵等，在中外均有很大影响，拥有高名度和强吸引力。

2. 宗教聚落居民及人口组成特点

宗教聚落居民人口组成类似于文化聚落，但又有所不同。宗教聚落常住居民是僧侣。宗教寺院聚落的僧众，既是寺院聚落的保护管理者，又是寺院聚落维护、发展建设者，还是朝拜香客的接待服务者。宗教寺院聚落大小规模不等，僧侣数量多少不一，少则数人、数十人，多者逾百人乃至数百人。

宗教聚落的流动人口，主要包括三部分：一是科学研究人员。宗教寺院拥有相当丰厚的历史文化与宗教文化积淀，古刹寺庙有着精湛的古建筑艺术科学价值，是相关学科研究的重要领地，因此对科学研究工作者有吸引力。二是朝拜香客，中国民间信神拜佛历史较为久远，可以说是一种传统习俗，是社会发展历史的产物。宗教引导信徒行善积德，多做好事，少做和不做坏事的思想观念，对树立社会道德和保持社会稳定有过一定贡献。同时，香客们的捐献与消费是宗教聚落重要的经济来源。烧香拜佛的香客群体宠大，是寺院聚落流动人口的主体。三是观光旅游者。当今的旅游开发，宗教古刹寺院聚落是一重要领地。不少知名古刹寺院成为中外游客向往之地，成为旅游热点，诸如中国佛教四大名山（峨眉山、五台山、九华山、普陀山）和中国道教四大名山（武当山、青城山、龙虎山、齐云山或崂山），西藏拉萨布达拉宫，河南嵩山少林寺等。观光旅游者是现今宗教寺院聚落流动人口的又一主体。

（三）聚落环境特征

环境是聚落组成要件之一。文化和宗教聚落的环境与一般普通聚落不一样。一般普通聚落，既要有保障其生存发展需要的资源与空间环境，也要有与其生产生活需要相适应的基础设施服务环境，还要有能创造舒适生活的生态环境。文化与宗教聚落环境的主要特点，在于其自身以古建筑群与古树及丰厚历史文化淀积相映成趣而形成的古朴、幽雅、宁静的环境氛围。许多历史文化胜迹聚落和古刹寺院宗教聚落，除位于森林线(海拔 3 800～3 900m)和树线(海拔 4 200～4 300m)以上者之外，一般均有参天古树耸立和成片古树林掩映，诸如山东曲阜孔府园内成片的古柏林(称孔林，面积规模达 3 000亩，林墙周长达 7km 多)，道教发源地四川大邑县鹤鸣山鹤鸣道观内的三丰古柏(据传为张三丰亲植)和高堂寺的成片古银杏林，明惠帝朱允文被逼让位逃难入滇出家之地——武定县狮子山大雄宝殿前的高大孔雀杉(相传为朱允文所植)等。从这种意义上说，文化与宗教聚落之地是古树和古树林云集地、保护的堡垒之地。

同时，文化与宗教聚落一贯注重培植林木，绿化美化聚落环境。如敦煌莫高窟、内蒙古的昭君墓和成吉思汗陵等。敦煌莫高窟坐落在环境特别干旱的鸣沙山东麓断崖壁上，有“世界奇观”之称，就其干旱严酷环境来说，极不利于林木成活、生长和保存，但窟前却保持有一大片郁郁葱葱的高大杨树林，成为荒漠中一个醒目的绿洲。坐落在内蒙古大草原的昭君墓和成吉思汗陵也同样如此，尽管其旷野森林全无，但墓陵绿茵青青，古树参天，丛林掩映。此外，在环境生态干旱严重的碳酸盐岩喀斯特石山地区的一些寺院庙宇，虽然其旷野林木多已消失，但其院内与周缘却仍有棵棵大树挺立。这些都是文化与宗教聚落注重林木培植保护的典例。从这种意义上说，在生态环境恶劣地区，历史文化胜迹聚落和宗教寺院聚落是其生态恢复重建的生力点、生长点和扩散延展点。

(四) 文化与宗教聚落类型

文化与宗教聚落类型，因不同目的，从不同角度有着不同的分类。关于文化与宗教聚落分类的研究有限，专项研究甚少，分类系统有待探索，尚缺乏公认的模式。有的根据存在状态特点和属性特征，将文化聚落分为：革命遗址及革命纪念建筑物、石窟寺、古建筑及历史纪念建筑物、古遗址、古墓葬、石刻及其他[32]。从中可以看出一些尚需完善的地方。如石窟与石刻，二者在形态上不同，但石窟中往往都存有许多石刻；再如革命纪念建筑物与历史纪念建筑物，从纪念建筑物概念看，历史纪念建筑物对革命纪念建筑物具有包容性，因革命也是历史。因此，从这种视角与层面看，历史文化胜迹聚落的科学分类体系与系统目前尚缺乏公认的一个定式范例。

同时，应当提出的是：对于聚落分类，有着泛涵或广义聚落观念的聚落分类(即物以类聚)和现代聚落观念(指人居聚落)的聚落分类，二者有所差别。根本差别在于：前者仅依据形态与属性的同一性进行分类，而不考虑是否有人居因素；后者注重人居的存在，而且有人居是其核心要素，否则就不成其为聚落(人居聚落)。这也是下面文化与宗教聚落分类概述的前提。

从分类难易看，文化聚落比宗教聚落复杂。对于宗教聚落，不同宗教的寺院建筑风格、佛事活动、僧侣特点有较明显差别，分类较为简单容易，可按宗教种类分之。相比之下，文化聚落分类相对较复杂些。中国是一个有五千年悠久历史的文明古国，文化淀积十分丰富，文化聚落种类相当繁多。从促进山区发展角度，依据其聚落属性及存在状态特点差异，为便于论述，将历史文化胜迹聚落及依托胜迹形成的聚落分为：帝王陵寝，名伟人故里，文化宝库，艺术宝库，历史典故遗迹，革命遗址及纪念建筑等。分类概述以现代聚落观念之聚落为对象，举例简述。

二、文化聚落概述

（一）帝王陵园聚落[32]

帝王陵园是历代君王、皇后、妃子、皇亲埋藏之地。帝王陵寝有着很重要的历史文化价值，潜藏许多鲜为人知的秘密，带有很大的吸引力。同时，帝王陵寝陵园建筑恢宏考究，金碧辉煌，规模甚大，极为壮观，既可一陵成聚落，也有多陵群聚为聚落。帝王陵园，一经开发则会引来众多游人前来观赏探密，产生相当大的经济效益，陕西秦皇陵与已发掘的兵马俑丛葬坑如此，北京昌平的明十三陵亦然。显然，帝王陵园对山区发展有着相当重要的意义与价值。

中国是一个历史悠久的文明古国，历代君王甚多。皇帝陵园选址与古都位置有联系。中国常有六大古都之说，即长安（今西安）、洛阳、汴京（今开封）、临安（今杭州）、南京和北京。中国帝王陵寝陵园，除明太祖朱元璋之陵墓明孝陵坐落于南京钟山的紫金山脚下和元朝成吉思汗陵坐落于内蒙古伊金霍洛旗之外，有六大集中分布地，即：陕西的临潼、咸阳、乾县与礼泉和蒲城，北京的昌平，河北的易县与遵化，浙江的绍兴和河南的巩县与新郑。

1. 陕西秦、汉、唐三大王朝帝王陵寝园

陕西长安（今西安）是中国封建王朝的起源地，临潼、咸阳、乾县与礼泉和蒲城分别是秦、汉、唐三大王朝帝王埋藏安息之地。其中，临潼是中国建立第一个封建王朝政权之君王秦始皇的陵墓之地。西汉共有 11 个帝王葬陕西，陵寝统称汉陵。除汉文帝刘恒陵墓霸陵和汉宣帝刘询陵墓杜陵坐落于西安郊区外，咸阳是汉陵的集中分布地，从西向东依次为：汉武帝刘彻的茂陵，汉昭帝刘弗陵的平陵，汉成帝刘骜的延陵，汉平帝刘衎的康陵，汉元帝刘奭的渭陵，汉哀帝刘欣的义陵，汉惠帝刘盈的安陵，汉高祖刘邦的长陵和汉景帝刘启的阳陵等，延绵约 50km。汉陵中以汉武帝刘彻的茂陵（兴平城东 15km）规模最大，陵园墙垣东西 430m，南北 415m。

唐朝是中国古代的兴盛王朝。陕西乾县、礼泉和薄城是唐朝帝王陵寝陵园聚集分布之地。包括：乾县城北梁山唐高宗李治与女皇武则天合葬墓乾陵及次子章怀太子李贤墓和孙女永泰公主（唐中宗李显的第七女）墓与孙子懿德太子（唐中宗李显的长子）墓，礼泉城东九峻山唐太宗李世民陵寝昭陵和城北武将山唐肃宗李亨陵寝建陵，蒲城县城东金栗山唐玄宗李隆基陵寝泰陵和西北金炽山唐睿宗李旦陵寝桥陵与睿宗长子李宪

(李隆基之兄,皇位让与李隆基,故称让皇帝)陵墓惠陵等。

2. 北京昌平明十三陵群

明朝帝王,除开国之君明太祖朱元璋陵寝明孝陵坐落于南京钟山紫金山脚下外,有13个帝王的陵寝群聚于北京昌平的天寿山下,素称明十三陵。包括:明成祖的长陵,明仁宗的献陵,明宣宗的景陵,明英宗的裕陵,明宪宗的茂陵,明孝宗的泰陵,明武宗的康陵,明世宗的永陵,明穆宗的昭陵,明神宗的定陵,明光宗的庆陵,明喜宗的德陵,明思宗的思陵等。明十三陵建筑宏伟,地下墓室秘密丛生,地上宫殿金碧辉煌,众陵群聚,保存较好,极为壮观,是世界文化遗产。自20世纪70年代发掘的定陵地宫与地上宫殿及长陵宫殿对外开放,观赏游人潮涌,人流如织,成为旅游热点和景区名品。

3. 河北易县、遵化县清陵群

河北易县城北永宁山下太平峪是清王朝皇室陵墓群分布地,称清西陵。清西陵规模庞大,陵墓排布达100余km,陵园内围墙达21km,建筑面积达50余万m^2,殿宇千余间,陵墓14座。包括:雍正皇帝的泰陵(包括孝敬皇后和敦肃皇贵妃陵墓),嘉庆皇帝的昌陵,道光皇帝的慕陵,光绪皇帝的崇陵等4座帝陵;后陵3座,即泰东陵,昌西陵和慕东陵;妃陵3座和公主、王公陵园4座,妃陵则为光绪的崇、珍、瑾三妃陵墓园,统称崇妃陵寝园。

河北遵化县马兰峪是清王朝帝王皇室陵墓群的又一分布地,称清东陵。清东陵规模同样宏大,以昌瑞山为中心,陵区南北长约125km,东西宽约20km,共有陵墓15座,包括帝陵5座,后陵4座,妃陵5座,公主陵1座,葬着5帝、14后、136妃嫔。帝陵,包括:顺治的孝陵,康熙的景陵,乾隆的裕陵,咸丰的定陵和同治的慧陵。帝陵以孝陵为中心,其余诸帝陵分列两侧。清东陵地上殿宇保存尚较完好,气宇轩昂,绿色、黄色琉璃瓦殿宇光、耀夺目,颇为壮观,配以青山绿水及园中交错神道与拱桥流水,美景如画。

4. 河南巩县北宋八陵

河南巩县西村、芝田、孝义、回郭镇是北宋八个皇帝埋葬之地。北宋九个帝王,除宋徽宗和宋钦宗二帝被金所虏囚死于大漠外,有七个皇帝葬于巩县,通称北宋八陵。包括:宋太祖赵匡胤父亲赵宏殷陵墓永安陵,太祖赵匡胤陵墓永昌陵,太宗赵光久陵永熙陵,真宗赵陵墓永定陵,仁宗赵祯陵墓永昭陵,英宗赵曙陵墓永厚陵,神宗赵顼陵墓永裕陵,哲宗赵煦陵墓永泰陵等。宋八陵规模庞大,陪葬皇室和皇宫大臣如寇准、包青天包拯等共百余人,为庞大的陵墓群。凭借陵园如画美景,永昭陵和永厚陵区已辟建为宋陵公园,有服务设施、宾馆和餐厅等。

5. 浙江绍兴南宋六陵

北宋王朝长期遭受北邻外族金人侵袭,疆土居民不得安宁,岳飞抗金历史故事家喻户晓。北宋末年，大宋王朝不敌金人武力，都城被迫南迁临安（今杭州）建都，史称之为南宋。浙江绍兴市东宝里山（又称攒宫山）葬有南宋六代帝王，故称绍兴宋六陵，包括高宗、孝宗、光宗、宁宗、理宗和度宗六帝的陵墓。遗憾的是陵已倾废。

6. 河南新郑后周皇陵

后周是五代时期的一个王朝。河南新郑郭店村葬有后周王朝的四代帝王和一皇后，即太祖郭威墓的嵩陵，世宗柴荣墓的庆陵，恭帝柴宗训墓的顺陵及世宗皇帝皇后墓的懿陵。但这些皇陵仅有墓室，而无地上殿宇。

综上所述，历经长期的风雨洗礼和历史变故，中国的帝王陵园不少仅存墓（土堆与地下宫寝）而无陵（地上殿宇），已不成聚落，仅明清帝王陵园地下宫寝和地上殿宇保存较完好，而成聚落，如北京昌平的明十三陵、河北易县的清西陵和遵化县的清东陵，它们既呈聚群之态，孤陵因其具相当规模也可为聚落。与此同时，即或地上殿宇已倾废不成聚落的帝王陵寝园，因其重要的历史意义与价值，近些年来以之为依托建博物馆，开始形成新聚落。如地上殿宇已倾废的唐太宗李世民陵墓昭陵则在 1979 年就建成了博物馆，又如汉武帝刘彻陵墓的茂陵，1978 年则在其陪葬重臣霍去病墓之侧建立了茂陵博物馆。

（二）名人、伟人故里墓祠聚落[32]

名人与伟人不尽相同，但密切相联系。就是说，名人往往是伟人，伟人必定是名人。名人、伟人内涵非常广泛，包含各方面的人物，有政治家、思想家、军事家、文学家、诗人、科学家、社会活动家等。名人和伟人，往往有着富有传奇色彩的故事，享有知名度，富有吸引力，同时因其显赫的社会地位，其故里及墓祠建筑往往具有一定规模，成为一类特别的聚落。在中国历史的长河中，产生的名伟人众多，因此，对名伟人故里与墓祠聚落的论述，只能例举难于周全。

1. 文豪故里、墓祠聚落

诸如古代大思想家、教育家、政治家、儒家学说创始人、拥有颜曾思孟等 72 名弟子的孔子（名丘，字仲尼，春秋时期鲁国人）故里山东曲阜的孔庙、孔林（亦称圣林）及孔府，建筑规模宏大，单独成聚落。孔庙面积达 327 亩，南北进深 1km 多，拥有九进院落，殿堂楼阁达 466 间，五道大门；孔林面积 3 000 亩，为孔子后裔及族人埋葬之地，林园墙周长达 7km 多，园内古树参天，古树 20 000 多株，林园碑碣林立，石仪成群，亭榭众多；孔府亦称衍圣公署，是自汉朝以来历代帝王尊孔崇孔、对其嫡裔封之为衍圣公者的官署和私邸，面积达 240 余亩，楼堂殿宇 460 余间，院落九进。这些聚落玲珑别致，规模颇大。

“诗仙”，唐代著名大诗人李白（号青莲居士），有两处重要故里。据现有研究，其祖籍陇西成纪（今甘肃泰安东），五岁随父迁蜀绵州彰明（今江油）青莲镇，25 岁（公元 725

年)离蜀。第一个在江油青莲故里聚落有陇西院(李白故宅)、太白祠、粉竹楼(李白妹李月园旧居)、洗墨池及李白衣冠冢和妹月园墓等。第二是李白晚年寓居安徽当涂故里,位于青山西麓的故宅与墓及墓侧的李白祠。同时,李白晚年寓居当涂时,曾多次去马鞍山采石矶漫游写诗作词,后人为纪念他修建有宏大楼阁——太白楼。楼阁依山而筑,前后三进,主楼三层,飞檐翘角,画栋雕梁,黄绿色琉璃瓦大屋顶,配以左右回廊和青石台阶,古朴凝重,甚为壮观。此外,在采石矶还有捉月台(亦名舍身崖、联壁台),传说为诗仙李白醉洒赴江捉月之地,从而也成为一个聚落。

中国最著名的大书法家——东晋大书法家王羲之故里聚落。据传王羲之晚年陷居于浙江嵊县金庭山,故宅称金庭观,有右军书楼(王羲之官拜右军)、墨池和祠庙,死后葬于金庭瀑布山,墓前石坊书有"晋王右军墓道"。此外,特别值得一提的是,以王羲之撰书、享誉极高的《兰亭序》而著名的兰亭,为一园林式聚落。兰亭园林聚落,坐落在浙江绍兴的兰渚山下,为一处明嘉靖建筑群落。聚落小溪(曲水)绕流,流觞亭、王右军祠、墨华亭、两个御碑亭、鹅池石碑亭等,星罗棋布,墨华池和鹅池嵌入其内,小桥流水,曲径通幽,甚为别致。右军祠正殿有王羲之塑像,殿前有墨华池,池中建有墨华亭,亭配两廊,廊壁嵌刻有唐宋以来书法家临摹之《兰亭序》达10余种之多;御碑亭,立有清康熙、乾隆二帝御碑,流觞亭东的碑亭,亭内立有康熙帝书《兰亭》碑一块;鹅池畔有一石碑亭,中立书着《鹅池》两个大字石碑一块,传为王羲之手书,文化底蕴深厚。

中国古代的大政治家、军事家、天文地理学家诸葛亮故里与墓祠聚落。诸葛亮,字孔明,三国蜀汉丞相武侯,南阳人士,号南阳诸葛。后人为纪念这位传奇伟人,唐宋以来建武侯祠甚多。河南南阳卧龙岗上清康熙年间所建武侯祠相当宏伟壮观,包括三顾茅庐的三殿堂、躬耕亭、诸葛井、关张殿以及山门、大殿、清风楼、古柏亭、半月台、野云庵、小虹桥和诸多石碑刻等,其中岳飞书写的《前后出师表》书法洒脱劲逸,尤为珍贵。新中国成立后西院辟为博物馆,东部新建有汉画馆和汉碑亭,是一个文化淀积丰厚的聚落。此外,陕西汉中勉县定军山的诸葛亮墓和武侯祠是又一个聚落。诸葛亮墓园由大殿与侧殿等古建筑构成;勉县旧城东的武侯祠,则由大殿、侧殿与走廊等70余间屋宇古建筑群组成,祠内李白、苏轼、陆游、王安石等诸多历史文化名人留下墨迹刻石,汉、晋、唐、宋、元、明、清碑刻达40余块,聚落文化内涵极为丰厚。

中国古今文化名人甚多,其故里与墓祠聚落不少。诸如北宋大诗人苏洵、苏轼(字东坡)、苏辙父子故居四川眉山的三苏祠,战国时大诗人屈原(楚国人)故里湖北秭归屈原祠,写有古诗名篇《桃花源记》的晋代大诗人陶渊明的江西九江马回岭墓祠,著有流芳百世名著《史记》大作之古代大史学家司马迁的陕西韩城县之川镇南原的墓(衣冠冢)祠,著《资治通鉴》之司马光位于山西夏县城北鸣条河凉水的墓与守坟祠及香火寺余庆禅院等。

2. 伟人故里聚落

伟人与名人均是一个泛涵概念。即仅将其限于领袖级人物范围之内,其数量也不少。伟人，除历代帝王之外，近代也不少，如孙中山、毛泽东及周恩来、刘少奇、朱德和新中国十大元帅等，对其故里聚落不一一举述。这里仅对武则天故里聚落作一叙述。武则天，出生于四川广元，是中国古代唯一一位名正执政的女皇帝。其故里广元西坝嘉陵江岸乌龙山麓建有纪念祠皇泽寺，现存建筑为清代建筑，包括则天殿、大佛楼、五佛亭、吕祖阁、小南海等。则天殿内竖有武后石雕像，寺立有郭沫若题书的《广元皇泽寺》石碑和对联。

3. 美人故里聚落

中国有古代四大美人（即西施、王昭君、貂蝉、杨贵妃）之说。四大美女，既有为国献身的巾帼女杰，又各有家喻户晓的美丽传说故事，其故里聚落有较大吸引力。

西施故里聚落。西施，姓施名夷光，春秋时越国美女，为维护和恢复越国立下汗马功劳的巾帼女杰。西施故里坐落于浙江诸暨市城南浣沙溪畔苎萝山下，苎萝山下施姓有两个村落，夷光居西，故称西施。西施故里西施村，既保持古朴村落风貌，也留有一些有关西施生活的遗迹，浣纱石则是之一。浣纱石传为西施浣纱之处。对此，唐代大诗人李白有诗云："西施越溪女，明艳光云海，未入吴王宫殿时，浣纱古石今犹在。"石上刻有"浣纱"两个大字，相传为王羲之所书，石上建有浣纱亭，亭内碑碣记述其事[32]。

昭君故里聚落。昭君出塞故事家喻户晓。昭君故里坐落在湖北兴山县宝坪村。宝坪村，面临香溪，背依纱帽山，桐林掩映，修竹丛簇拥戴，昭君生活遗迹点缀其中，风景分外优美。故里聚落由昭君宅与昭君井、昭君台、梳妆台、珍珠潭、望朋楼及昭君寨、妃台山和一座新建仿明清建筑风格的昭君纪念馆组成，整个聚落依山而筑，错落有致，别致有加。

贵妃故里聚落。杨贵妃，名玉环，出生贫穷农家，两次被转卖，身世坎坷，但她天生丽质，聪颖明慧，才艺超群，被唐玄宗选为妃，后因安禄山造反，史称"安史之乱"，受军胁迫，玄宗赐死贵妃，葬于陕西兴平马嵬坡，墓园面积 3 000m^2，环境幽静。杨贵妃故里（出生地）目前尚无定论，众说不一，其中有广西容县杨外村之说[34 35]。此说依据之一是《全唐文》许子真（唐天定年间任四门助教，与杨贵妃同时代）所写《容州普宁县杨妃碑记》，碑记中称："杨妃，容州杨冲人也，离城一十里，小名玉娘……"。容州杨冲，即今容县十三里乡杨外村。贵妃故里聚落杨外村现为一个山乡小村落，有关贵妃的遗迹有：贵妃庙、贵妃井（已废）、贵妃山及县城新建有贵妃园。贵妃庙保存至 1968 年被拆毁，现庙为近年来在原址上重建之宇，庙后数座土山长满荔枝树，寓意与杨贵妃喜吃荔枝之说吻合。贵妃山相传有杨贵妃祖坟。县城贵妃园占地近 1 万 m^2，为一仿唐建筑，介绍了贵妃简历。贵妃故里杨外村，因贵妃形成吸引力，目前已有不少游人前来观光游览。

4. 文化艺术精粹宝库聚落

中国历史文化悠久，古今文化艺术精粹宝库数量与种类甚多，仅例举简述以下四类。

① 文化遗址聚落。中国文化久远，积淀丰厚，遗址众多，从古人类遗址到记录人类社会发展的古都古城遗址及古墓等不一而足。但只有进行发掘，并予以建设（诸如博物馆、展览馆、陈列馆等）之遗址，方成为聚落，如出土大量"甲骨文"骨片的河南安阳市西北小巷村殷墟遗址，被称世界奇迹的陕西临潼秦始皇陵兵马俑丛葬坑，黄河流域原始社会母系氏族公社村落遗址陕西西安东郊的半坡遗址（已在遗址上建成半坡博物馆），古蜀文化之谜的四川广汉三星堆，证实长江下游及东南沿海地带新石器时代已进入犁耕阶段的浙江余杭县良渚遗址（良渚文化）和农耕植稻的浙江姚县河姆渡村遗址等等。

② 名、巨著藏库聚落。中国古代名著及巨著不少，诸如"四书"、"五经"、《二十四史》、古典小说四大名著《红楼梦》、《三国演义》、《水浒传》和《儒林外史》等，尤其清康熙、乾隆两代帝王主持编撰的《永乐大典》和《四库全书》堪称巨著和国宝。《四库全书》共三万六千册，为安全起见，当时分抄七部，分别藏于"内廷四阁"（故宫文渊阁，承德避暑山庄文津阁，圆明园文源阁，沈阳故宫文溯阁）和"江南三阁"（杭州孤山南麓文澜阁，扬州文汇阁和镇江文淙阁），但圆明园文源阁、扬州文汇阁和镇江文淙阁已毁于战火，现今"内廷四阁"仅存三阁，"江南三阁"仅存杭州文澜阁一阁，且《四库全书》藏处亦有所变化。现存曾藏《四库全书》的藏书阁，配以楼台亭榭与水池建筑，成为精巧别致的重要文化聚落。

③ 学府书院聚落。学府书院是教育的载体，文化聚落的要员。姑且不说现今的中小学校及高等学府，古代留下来的书院亦不匮乏。古代书院，往往有帝王赐书匾额及文墨，留有名人名家诗词名作，成为具有相当丰厚文化积淀的聚落。湖南长沙岳麓书院、中原河南登封嵩阳书院、江西白鹿书院、睢阳书院并称中国古代四大书院[33]，书院古朴风貌依然，有幸保留至今不易，值得珍视，多加维护。

④ 艺术精粹宝库聚落。艺术是文化的一种重要形式，包含内容丰富。中国艺术丰富多彩，历史上给人类社会留下了不少古代艺术瑰宝，其中石窟艺术（含摩崖造像）颇为典型与突出。中国石窟艺术历史悠久，数量众多，既有国家重点保护文物，更有世界文化遗产。甘肃敦煌莫高窟、山西大同云冈石窟、河南洛阳龙门石窟、重庆大足石刻（北山摩崖造像）、四川乐山大佛等，已通过联合国教科文组织世界遗产委员会严格审查，批准正式列入世界文化遗产保护名录。敦煌莫高窟洞窟达 492 个，保存有自北魏以来至元代历代壁画 45 000 多 m^2，彩塑 2 418 尊，唐宋木构建筑 5 座，集绘画、雕塑、建筑艺术于一身，是我国现存规模最大、内容最丰富的石窟艺术宝库，堪称世界奇迹；唐朝历时 90 年建造而成，身高 71m、头长 14.7m、头宽 10m、耳长 7m（耳孔可并立二人）、肩宽 28m、赤脚可围坐百余人的乐山大佛，乃世界上第一大摩崖石刻佛像；历经自北魏至北宋 400 余年营造、拥有窟龛 2 100 多个、造像 10 万余尊、题记碑刻 260 多品、佛塔 40 余座的龙门石窟，无论其工程规模之浩大，还是费时之长，均举世罕见[32]。艺术精粹宝库是人类社会的珍宝，随着社会与国家对文物保护的重视，保护机构相应设立，同时伴随着旅游

开发、相应基础设施的建设，艺术精粹宝库成为一类高文化价值的聚落。

5. 历史典故聚落

历史典故聚落，系指相传历史上发生的、为众知晓著名故事的聚落。中国历史上，著名历史故事颇多，发生地多为知名聚落。诸如：三国蜀皇刘备求贤“三顾茅庐”恭请诸葛亮出山的湖北襄樊古隆中，蜀先主刘备临终前托孤诸葛亮之“刘备托孤”的重庆奉节白帝城，赤壁之战遗址湖北赤壁市赤壁、南屏、金鸾三山（古名石头关）及“孔明祭东风”之拜风台（南屏山巅），西楚霸王项羽设宴鸿门宴请刘邦试图诛之的“鸿门宴”遗址陕西临潼鸿门堡村，赵匡胤（宋太祖）为夺五代后周幼主柴宗训权位于陈桥驿发动兵变之“陈桥驿兵变”遗址的河南封丘陈桥镇，春秋时期越王勾践为拯救自己国家“卧薪尝胆”，施美人计献美女西施于吴王夫差，西施与吴王生活之馆娃宫遗址的江苏吴县木渎镇灵岩山等。

上述历史典型故事之地，存有一些相关遗迹，相传着脍炙人口的故事，蕴藏着丰富的文化淀积，成为美景如画的聚落。诸如古隆中的三顾堂及其两厢碑廊嵌刻的诸葛亮统一全国谋略建议的《隆中对》以及前后《出师表》和《梁父吟》与名人题诗词，题记、石刻，草庐，躬耕田，三义殿，武侯祠等；白帝城的清康熙古建筑群及明良殿（托孤堂）与70余块珍贵的碑刻；灵岩山上有关吴王、西施的古迹与传说，诸如：馆娃宫遗址，吴王井（日井）、智积井（月井）、玩花池、玩月池、琴台、梳妆台、砚池，山腰有西施洞，山下有采香径、划船埠、脂粉塘等等。

6. 革命遗址与纪念建筑聚落

中国是一个有着悠久文明历史的农业古国，也是一个有着农民革命传统的国度，从秦末陈胜、吴广安徽宿县大泽乡起义（遗址尚存涉故台）和明末太平天国洪秀全广西桂平金田村起义以及李自成起义到中国共产党领导的人民革命，革命遗址众多。中国共产党领导的人民革命运动遗址，既有革命根据地井冈山、瑞金、延安等，也有一系列重大会议旧址如遵义会议、古田会议、“八七”会议、毛尔盖会议及西柏坡会议等，还有关键性重大战役遗址如辽沈战役、平津战役和淮海战役等。

革命旧址（或遗址）有着丰厚的人文内涵，是革命传统教育和青少年教育重要基地。中华人民共和国成立以后，党中央和国务院一直注重革命旧址维护与建设，一批批纪念建筑物（纪念碑、纪念馆、陈列馆）和保护管机构陆续建立。近年来随着倡导和推动红色旅游有了很大发展，一批服务设施相应得到建设，因而成为新兴聚落。革命旧址，有的自成聚落，有的依托山区城镇既成聚落，成为山区城镇聚落组成单元。如江西井冈山、贵州遵义的遵义会议旧址、陕西延安、四川松潘红军长征纪念碑林园和红军长征强夺泸定桥的泸定桥及纪念馆等等。

三、宗教聚落概述

宗教以古刹寺院为形象载体，寺院是宗教聚落的基本单元。中国宗教文化历史悠久，儒、释（释迦牟尼，佛教），道、伊斯兰、天主教应有尽有，寺院与寺庙数以千计。宗教聚落存在两种形态：一是单寺院聚落，指具规模之寺院；二是多寺院云集地聚落，佛教四大名山和道教四大名山是其典例。

（一）道教聚落

1. 道教发源地鹤鸣山道观聚落

道教是中国本土教。中国道教发展史，可溯自东汉（起源于公元126年）顺帝时期张陵（后作张道陵）入蜀鹤鸣山（汉时作鹄鸣山）学道修行创立五斗米道始，并设立传教之所曰鹤鸣化治馆。后人出于对张陵修行、建教、传道功绩与贡献的尊崇，称他为天师（即张天师），故五斗米道，后又称天师道。

鹤鸣山，坐落在现今四川省大邑县西北鹤鸣乡三峰村，古属益州蜀郡江原县地。鹤鸣道观立有全国道教协会会长傅元天1995年题写《汉天师道发源地》石碑，同时保存有一些传说遗迹。诸如张道陵修行学道处所天师洞（位于鹤鸣山天柱峰后大坪山山腰岩壁上），张三丰读易处观易台（天柱峰后大坪山麓），鹤鸣道观内三丰古柏（亦称鹤鸣古柏，相传为张三丰亲植），汉张陵画像碑和张三丰题鹤鸣山诗碑等等。

鹤鸣山聚落，由嵌于其鹤头、鹤颈、鹤身的三官庙（祠）、文昌宫、老君殿（太清宫）、紫虚殿、慈航殿、三清殿、迎仙阁、玉皇楼以及附辅建筑迎仙桥、送仙桥、百龄桥等构成，配以天鹤展翅形地貌和森森古柏掩蔽，成为一个美景如画的聚落。但鹤鸣山道观聚落也历经兴衰相继历程，20世纪60年代后期文化大革命运动中遭受破坏，鹤头被"三线建设"单位中国测试技术研究院占用，古观文昌宫、太清宫等大型建筑遭拆毁，建成研究院职工宿舍、食堂、水塔、库房等，同时一些神龙、神像、祭器、铁塔、石刻、楹额、竹简等文物遭破坏；迎仙阁、戒鬼坛等亦为当时的生产大队（村）拆毁改建为大队小学。后经多方坚持不懈的努力以及形势变化，中国测试技术研究院已迁出鹤鸣山，而留有留守处，归还鹤鸣道观土地问题尚待解决。可喜的是，大邑县人民政府在权限范围内，已批准收回被大队小学占用的迎仙阁庙地25亩，新修道观十余间，同时现今恩威集团道教圣城旅游开发有限公司投巨资租赁鹤鸣山23km^{2}范围土地进行开发，归还鹤鸣道观领地，拆除中国测试技术研究院建筑物，逐步恢复道观建筑风貌。

2. 道教名山聚落

中国有道教四大名山之说，指四川青城山、湖北武当山、江西龙虎山和安徽齐云山，也有的以山东青岛崂山代替齐云山。从这种意义上可以说，中国道教有五大名山。宗教名山聚落，实际上是多寺院集聚、空间上相离，以山间羊肠小道曲径联结的集聚型聚落。以下对道教名山武当山、青城山和崂山聚落作简述。

武当山坐落在湖北省十堰市境内，是道教五大发祥地之一，也是世界文化遗产，地位非常重要。武当山道教名山聚落，主要由金殿和太和、南岩、紫霄、五龙、遇真、玉虚等六宫，复真和元和二观及磨针井（小型道院）与玄岳门等构成，是一庞大道教建筑群。现存宫观基本上保持着明代初期形成的建筑体系。有明张三丰修炼之所的遇真宫，“只要工夫深，铁杵磨成针”典故出地的磨针井，武当山建筑群中历史上最大规模之一的玉虚宫（清乾隆大部被毁）、位于武当山天柱峰顶端高 5.54m、宽 4.4m、进深 3.15m 的铜铸鎏金金殿（国家重点保护文物）等。武当山诸多宫观多具相当规模，其自身即为一个聚落。诸如张三丰修炼之所的遇真宫，始建于明永乐年间，建有真仙殿、山门、廊庑、东西方丈斋堂等大小殿堂屋宇 296 间，并赐宫名“遇真”的遇真宫尚存元代营造技法，主要建筑基本完整；又如建于明永乐年间，坐落于天柱峰展旗峰下保存较完好的宫观紫霄宫，尚存鳞次栉比的龙虎殿、循碑亭、十方堂、紫霄宫、父母殿等宫观建筑，殿内供奉玉皇、灵官诸神像等。

青城山是道教发祥地，坐落于四川省成都市都江堰市（原灌县）西南，与著名古代水利枢纽工程都江堰一起，被列为世界文化遗产。青城山道教名山聚落，由离散于山间的上清宫、天师洞、建福宫等宫观庙宇和山门构成，配以叠嶂山峦和参天古树，美景如画。各宫观均具一定规模自成聚落。如天师洞相传因东汉张道陵（张天师）在此讲传道而故名；天师洞始建于隋，名延庆宫，唐改称常道观，现存殿宇为清末重建物，由主殿三皇殿和禅房与宫门构成，三皇殿供奉伏羲、神农、轩辕三皇帝石刻像，有著名的唐玄宗诏书碑和相传为张道陵亲手所植巨大古银杏。再如建福宫现亦有两院三殿，院内建有委心亭及假山，还有明庆符王妃梳妆台等。

崂山，古称劳山、牢山、亦称辅唐山、鳌山，坐落在山东半岛西南，青岛市东郊崂山县境内，面临黄海。相传秦始皇为求仙药，曾先后登临崂山，唐玄宗也曾派官员进崂山炼药。崂山自宋元以来，宫观寺庙次第兴建成为道教名山，现存上清宫、下清宫、太平宫、华楼宫等主体宫观构成，配以濒临大海海景和峻峭山貌，成为旅游和避暑胜地。太清宫（即下清宫）现存三官殿、三清殿、三皇殿三殿宇，院中汉柏、唐榆、宋银杏古树苍翠葱绿，凌霄花盘绕汉柏宛如龙蛇，名曰“古柏盘龙”，巨石刻有秦始皇赐题的“波海参天”四个大字，下书有“始皇帝二十八年游于此山”一行小字；太平宫有正殿三清殿和两配殿三官殿与真武殿；华楼宫有老君、玉皇、关帝三殿等。

（二）佛教聚落

吴承恩的古典小说《西游记》“唐僧西天取经”故事使佛教故事家喻户晓。佛教是从外传入的宗教，但历史悠久，佛教寺院散布于九州大地，寺院聚落甚众。

1. 特殊名寺院聚落[32]

中国佛教寺院庙宇众多,名寺不少。特殊名寺系指有其特别意义及著名典故与建筑特别之寺院,诸如中国第一佛寺院河南洛阳白马寺,“观音故里”四川遂宁广德寺与灵泉寺,藏释迦牟尼一节指骨(舍利)的陕西扶风县法门寺,建于峭壁悬崖上的山西浑源县悬空寺等。

白马寺坐落在河南洛阳市东,建于东汉,是佛教传入中国后兴建的第一座佛教寺院,建筑规模非常宏伟。现存有天王殿、大佛殿、大雄殿、接引殿、毗卢阁、山门及金代所建高 24m 的齐云塔等,为一古建筑群,唐代僧众多达千人。寺内所藏唐代经幡、元代碑刻具有相当高的历史文化艺术价值。寺院背山(邙山)面河(洛阳河),古树、茂林、高塔、黄墙交相辉映,美景如画,成为朝圣与旅游名胜地。

广德寺坐落在四川遂宁市郊一山丘上,始建于唐朝,宋称广利寺,明改广德寺。广德寺之所以被列为特殊名寺,理由有二:一是相传遂宁是观音菩萨故里(中央电视台曾以“守望观音故里”介绍逐宁广德寺和灵泉寺);二是广德寺规模宏大,拥有一批明清建筑群,包括:哼哈殿、天王殿、燃灯殿、送子殿、大雄殿、十八罗汉殿及碑亭等古色古香建筑。新近推出一年一度观音菩萨生日的观音节,中外游人前来观瞻者人流如织。

法门寺坐落于陕西扶风县城北法门乡。寺内有护国真身塔,内藏有释迦牟尼佛祖指骨一节(舍利),著称于世。法门寺舍利发掘后,送台湾、香港展出,引起港台轰动,迎接舍利佛事活动盛况空前。法门寺聚落,由护国真身塔、大雄宝殿与配殿、钟鼓楼等组成。护国真身塔高 45m,雄伟壮观;塔前佛殿五间,塔后正北大雄宝殿前墙上镶嵌的北宋浴室灵異记刻石和竖立的清光绪年间重修法门寺碑,有相当的历史文化价值。

政教合一的布达拉宫藏传佛教聚落。布达拉宫坐落于西藏拉萨市的玛布日山上,为一古堡式建筑群,是藏族古建筑艺术精华与宝库。布达拉,梵语意为“佛教圣地”。相传 7 世纪吐蕃国王松赞干布与唐朝联姻,为迎接文成公主而建,公元 17 世纪中叶达赖受清朝册封后,经扩建重修,历时近 50 年,始成今日规模。布达拉宫规模宏大,建筑群主楼 13 层、高 110m,东西长 360m,包括宫殿、佛堂、习经室、寝宫、灵塔殿、庭院等,建筑金碧辉煌,气势恢宏雄伟,既是一著名宗教聚落,更是重点保护的世界文化遗产(含大昭寺)。同时,布达拉宫地位特殊,既是历代达赖喇嘛居所的冬宫(罗布林卡为夏宫),更是原西藏统治农奴的政治中心,原葛厦政府所在地,政教组合,举世少有。

2. 佛教名山聚落

佛教名山是佛教的发祥地。中国有佛教四大名山之说,指四川峨眉山、山西五台山、安徽九华山和浙江普陀山。

① 峨眉山:坐落在四川峨眉山市西南,为佛教著名的普贤道场。万年寺,始创于晋,名普贤寺,唐名白水寺,宋名白水普贤寺,明万历中改圣寿万年寺。万年寺内保藏供

奉有北宋时期铜铸骑六牙白象普贤菩萨佛像(重 62t,高 7.3m),为国家重点保护文物。峨眉山佛教聚落,由散布于山间一系列寺院庙宇构成,包括报国寺、万年寺、伏虎寺、清音阁、洪椿坪、仙峰寺(九老洞)、洗象池、息心所、金顶等建筑群。同时,峨眉山自然景观奇特,生态系统类型多样,生物多样性丰富,自然生态保持良好,素有"峨眉天下秀"称誉。因此,峨眉山与乐山大佛一并成为世界自然文化遗产。

② 五台山:坐落在山西五台县东北隅,由五座高耸山峰环抱而成,山峰顶部平坦成五台而名五台山,主峰(北斗峰)海拔 3 058m,称"华北屋脊"。五台山佛教名山聚落,由台内寺庙(院)39 座、台外寺庙(院)8 座和台怀镇组成,寺庙建筑恢宏,雕梁画栋精美,彩塑神像甚多,各寺皆存。五台山台怀镇四周散布五台山五大禅寺,即显通寺、塔院寺、菩萨顶(亦名文殊寺)、殊像寺、罗睺寺(喇嘛庙)等;此外还有金阁寺、龙泉寺、南山寺(佑国寺、极乐寺、善德堂的合称)、碧山寺(又名普济寺,俗称广济茅蓬)、碧山寺,圆照寺(普宁寺)、广宗寺、镇海寺、竹林寺、普化寺、秘密寺、万佛阁、黛螺顶、广仁寺、观音洞(原为达赖朝山礼佛诵经之所)等名寺。

③ 九华山:原名九子山,坐落在安徽省青阳县西南,有 99 峰,主峰十王峰海拔 1 342m。99 峰中,以天台、莲花、天柱、十王等九峰最雄伟,故名九华山。九华山素称"东南第一山",为地藏王道场之地。九华山寺庙修建于晋代,后经历朝大规模兴建,鼎盛时期佛寺达 300 余座,僧众达 4 000 余人,享有"佛国仙城"之称。现尚存化城寺(九华山开山寺)、月光宝殿(俗称肉身塔)、慧居寺、百岁宫(又称万年禅寺)、上禅堂、祇园寺、闵园、天台寺(又名地藏禅林)、甘露寺等古刹名寺 78 座。寺庙之多,堪称四大佛教名山之冠。

④ 普陀山:坐落在浙江东北部普陀县,属舟山群岛一个小岛,为中国佛教四大名山之一,面积 12.76km^2,最高峰佛顶山海拔 291.3m。普陀山以供奉观音为主。相传五代后梁时,日僧自五台山请观音像归国,途经此岛受阻于暴风雨,于紫竹林结茅屋而居,建"不肯去观音院"。后经历朝历代相继兴建寺院,新中国成立前夕寺院、庵堂、茅蓬达 218 个,僧尼 2 000 余人。普陀山佛教名山聚落,主要由普济寺、法雨寺、慧济寺三大主院及南天门、西天门、紫竹林不肯去观音院等组成。寺院规模宏大,建筑精巧考究,为清初建筑群典型。普济寺,又名前寺,殿宇九座,楼阁 12 座、堂屋 16 座,其中轴线上则布有天王殿、园通宝殿、藏经楼、方丈殿等;法雨寺,亦名后寺,创建于明朝,后毁于兵火,清同治、光绪年间相继陆续修建殿宇,现存殿宇 245 间,中轴线上有天王殿、钟鼓楼、玉佛殿、观音殿(又称九龙殿)、玉牌殿、大雄宝殿、藏经楼、方丈殿等;慧济寺,亦名佛顶山寺,明称慧济庵,清乾隆建园通殿、玉皇殿、大悲楼始扩庵为寺,全寺有 4 殿、7 宫、6 楼。

(三) 藏传佛教聚落

中国藏族是个全民信教的少数民族。藏传佛教寺院风格与佛事活动有其自身特色,故专述之。藏传佛教寺院数量众多,数以千计,仅四川省甘孜藏族自治州则有寺院

474个(表5.3)。其中名寺不少，诸如西藏拉萨的布达拉宫和大昭寺(二者并为世界文化遗产)，日喀则的扎什伦布寺、青海湟中的塔尔寺、四川德格的德格印经院等；藏传佛教寺院具有很高的文化艺术价值，特别是名寺院，不仅建筑考究，技术精湛，贴金佛像流光溢彩，而且保藏许多文化珍品，如创建于18世纪中叶的德格印经院，是藏区三大印经院之一(其他两院为拉萨布达拉宫和日喀则那当寺印经院)，保藏有藏文佛教经典甘珠乐和丹珠乐(大藏经)两套巨著及其他佛教经典著作以及数学、医学、天文、地理、历史、文学、艺术、哲学等藏文文献著作木刻版及部分刻画版27万多块，藏书颇丰，库藏文字达2.8亿之巨①，尤其所保存的一部《印度佛教流派》刻版是稀世孤本。

表5.2 四川省甘孜藏族自治州藏传佛教寺院统计

县	寺院数量(座)	主要寺院聚落
康定	26	安觉寺、金刚寺、南无寺、贡嘎寺
丹巴	29	松安寺、塔公寺
九龙	3	
雅江	26	
道孚	27	惠远寺、录雀寺
炉霍	22	寿灵寺
甘孜	35	甘孜寺、东谷寺、大金寺、白利寺
新龙	52	益西寺、瓦秋寺
白玉	33	白玉寺、嘎拖寺、安章寺
德格	57	八邦寺、更庆寺、竹庆寺、印经院
石渠	46	色须寺
色达	30	
理塘	30	理塘寺(长青科尔寺)
巴塘	16	康宁寺
乡城	24	桑披寺、热打寺、龙绒寺
稻城	12	雄登寺、贡噶岭寺
得荣	6	翁佳寺
合计	474	

资料来源：据《甘孜州志·社会志》，319～335。

藏传佛教寺院聚落，虽然集中分布在藏族集中分布的藏区，但汉区亦有分布，分布甚广。如综合汉、藏寺庙建筑形式，具有藏传佛教寺院风格的普宁寺则坐落于河北承德避暑山庄北侧。坐落于成都平原西缘山丘区、四川大邑县白岩寺亦具藏传佛教寺院风

① 四川省旅游规划设计所，“四川省甘孜藏族自治州旅游发展总体规划”(资料)，1999。

格特点，拥有白色佛塔、转经筒。还有佛教圣地五台山的罗睺寺（喇嘛庙）等。

藏区藏传佛教寺院聚落多具规模，重点寺院规模甚大，单独寺院可成聚落。除著名的布达拉宫外，西藏日喀则的扎什伦布寺、青海湟中县的塔尔寺、甘肃夏河县的拉卜楞寺等，均规模宏大，皆为聚落。

扎什伦布寺围垣长约 2km，有脱桑林、夏孜、吉康、阿巴等四个扎仓（经学院），有殿堂数十个，是藏传佛教格鲁派（黄教）最重要的寺院，为四世班禅以后历代班禅宗教与政治活动之所。寺内有历代班禅灵塔，收藏有佛像、唐卡卷轴佛画、精美刺绣、贵重珍玩、供器与瓷器和明清两代皇帝颁赐的大量金玉印章、封诰敕书等文物。

塔尔寺始建于明嘉靖，是我国喇嘛教格鲁派（黄教）六大寺院之一（其余五寺为西藏的扎什伦布寺、色拉寺、哲蚌寺、甘丹寺和甘肃的拉卜楞寺）。寺院由大、小金瓦寺、小花寺、大经堂、九间殿、大拉浪、如意宝塔、太平塔、菩提塔、过门塔等构成，为一庞大建筑群。寺院保藏有艺术水平很高的珍宝“三绝”酥油花、壁画和堆绣，佛寺活动鼎盛，为西北地区佛教活动中心。

拉卜楞寺坐落在甘肃夏河城西，规模宏大，占地 1 300 余亩，有 6 大扎仓（学院）、18 拉康（佛寺）、18 活佛公署以及辩经坛、藏经楼、印经院、金塔等，呈重楼广宇、金瓦朱墙、华丽非凡之态，珍藏文物甚多，藏文典籍六万余册。

四、文化与宗教聚落的开发利用和保护

（一）开发利用的必然性与保护的重要性

文化与宗教聚落、尤其古代重要的文化与宗教聚落历史文化淀积丰厚，是人类社会的珍藏遗产，也是人类社会的宝贵财富。

山区静谧与原生态环境，文化与宗教聚落古朴凝重的奇特风貌与丰富的历史文化积淀，成为一种大吸引力，尤其古文化聚落和重要宗教聚落对海外游客颇具吸引力，有着广阔的市场空间需求。因此，山区文化与宗教聚落开发利用成为山区发展的一个新的经济增长点，这是其开发利用的必然性所在。

但古文化聚落与宗教聚落又具有不可再生的特性，一旦受到破坏则会丧失，即使是修复，也绝非原态，特别其中的一些珍贵文物，一旦毁坏则永远丧失。因此，古文化聚落与重要宗教聚落保护特别重要，只有真正有效地保护好其原态，才可能永续利用。

（二）树立科学开发利用观，强调适度利用，强化保护

重要的文化与宗教（寺院）聚落，除对其展开研究外，目前主要用于开发旅游，也是新闻报道追逐的对象、电视电影拍摄的重要景地，北京明十三陵及其定陵地宫如此，艺术宝库敦煌莫高窟和陕西秦兵马俑丛葬坑亦然。

珍贵的文化和宗教寺院聚落及其珍藏的一批文化艺术珍品能保存下来，是在一定

空气、温度、湿度、光线等环境条件下的综合结果。旅游开发带来穿梭如织的游人导致原来的环境发生改变，造成 CO_2 浓度增大，温度升高和湿度改变，频繁拍摄使用闪光灯的影响，已显现出危害。因此，文化与宗教聚落的开发利用，必须树立科学开发观，强调适度利用，强化注重保护。

科学开发，就是要绝对保持聚落原态不致人为改变，配套服务设施建设只能置于聚落外围，务求与聚落保持协调，绝不可"画蛇添足"；适度利用，属科学开发范畴，就是要有意识地控制游人人次和拍摄频率，以聚落环境容量为限制，不影响和损害聚落或将影响降至最低为限制条件；强化注重保护，即聚落管理经营者必须要有强烈的保护意识，坚持在保护前提下适度开发利用，切忌只图眼前利益的短视、浅识行为，自觉将开发所得收益用以保障保护所需投入，进行精心维护和环境保护及防火设施的添置。

（三）构筑和建立保护支持体系

1. 制定聚落保护规划

文化与宗教聚落的有效保护，除必须严格遵从国家和地方有关法律、法规外，还必须制定有针对性的聚落保护规划，包括聚落建筑物维护修缮规划、聚落文物保护与修复规划、聚落环境保护优化规划、聚落安全规划、聚落保护投入规划等，使聚落保护规划成为聚落管理经营遵从的具体规则。

2. 建设技术保障体系

文化与宗教寺院聚落保护技术保障体系建设工作中，古建筑修复技术、艺术文物修复技术、典籍保藏防护与修复技术等至关重要，它关系到聚落原态的保持。继承和保持传统技术和探索新的保护技术二者不可偏废。诸如古典壁画绘画技术和矿物颜料运用技术、典籍修复材料（纸张与粘贴剂）与修复技术等等。

（四）构筑国家、聚落、民间三位一体投入体系

国家对文物保护高度重视，每年都投入相当的财力用于文物保护。如多次投巨资对布达拉宫进行维护修缮，近些年来就实施了三期维修工程；又如北京市启动实施多年的长城维修工程，新近国家又启动实施的重点文化遗产保护修复工程等。中国需要保护的文化遗产众多，面广量大，国家投入对保护需求来说，仍是杯水车薪。对山区诸多文化、宗教聚落而言，有相当部分并未列入保护之列，因此构建国家（包括各级地方政府）、聚落、社会民间三位一体的文化、宗教聚落保护投入体系很有必要。一方面国家要尽可能地将之纳入保护规划和计划，加大对这些聚落保护的投入支持力度。另一方面聚落要依靠自身的经济能力增大其保护投入。宗教寺院聚落是一个有一定乃至相当经济收益的实体，充分利用化缘和香客捐献及旅游开发所得给予保护投入，文化聚落同样

应将旅游开发所得收益用于保护。第三是在提高全民保护文化意识与宗教寺院聚落重要性认识基础上，倡导、鼓励和组织民间有经济能力的自然人、商贾和企业家捐赠，为文化与宗教聚落保护积聚资金。

参考文献

[1] 中华人民共和国地方病图集编著委员会:《中华人民共和国地方病与环境图集》,科学出版社 1989,40～193。

[2] 陈国阶等:《2003 中国山区发展报告》,商务印书馆,2004,159。

[3] 吴天一:“高原病的地理分布及发生率”,《国外医学:医学地理分册》,1986(4)。

[4] 陈国阶、余大富:《环境中的氟》,科学出版社,1990,150～165。

[5] 黄时达、徐小清、鲁生业等:《三峡工程与环境污染及人群健康》,科学出版社,1994,139～148。

[6] 刘鸿德:“砷及地方性砷中毒的有关特征概述”,《国外医学:医学地理分册》,1989(2)。

[7] 中国农业年鉴编委员会:《1999 中国农业年鉴》,中国农业出版社,2000,15。

[8] 李文华、赵献英:《中国的自然保护区》,商务印书馆,1984,1～216。

[9] 西藏自治区政府新闻办公室:《中国西藏自然保护区》,五洲传播出版社,2003,72。

[10] 林英:“国家级自然保护区新增 17 处”,《光明日报》,2005 年 8 月 6 日,第 3 版。

[11] 国家林业局:“2004 年六大林业重点工程统计公报”,《人民日报》,2005 年 7 月 5 日,第 8 版。

[12] 郑北鹰:“全国林业系统建立自然保护区 1672 处”,《光明日报》,2005 年 1 月 7 日,第 5 版。

[13] 国家环境保护总局自然生态保护司:《全国自然保护区名录》,中国环境科学出版社,2002。

[14] 郑北鹰:“我国投资 75 亿元保护‘中华水塔’”,《光明日报》,2005 年 7 月 25 日,第 4 版。

[15] 刘沛林:《古村落:和谐的人聚空间》,上海三联书店,1998,5～80。

[16] 赵俊:“人的寿命有多长”,《中学生物学》,1987,(6)。

[17] 刘法树、周炳根:《长寿的奥秘》,安徽人民出版社,1995,15～16。

[18] 耿洪森:《享其天年谈益寿》,黄山书社,1990,1。

[19] 李日邦、谭见安、王五一等:“中国人口寿命的时间变化和区域差异”,《人文地理》,2000(2)。

[20] 1986. *United Nation World Population Prospects — Estmates and Projections as Assessed in* 1984(*population studies*). New York: United Nations publication, 159.

[21] 孙敬之:《80 年代中国人口变动分析》,中国财政经济出版社,1996,196。

[22] 李日邦、谭见安、王五一等:“山东省长清县长寿村的生态环境特征”,《地理科学进展》,1999(4)。

[23] 黄文:“台湾宝岛寿星多”,《河南科技》,1992(2)。

[24] 谭见安、王五一等:《地球环境与健康》,化学工业出版社,2004,1～260。

[25] 刘法树、周炳根:《长寿的奥秘》,安徽人民出版社,1995,27～28。

[26] 祁嘉义:《临床元素与化学》,化学工业出版社,2000,1～14。

[27] 刘铮:《微量元素的农业化学》,农业出版社,1991,1～413。

[28] 邱洪晟、冷兴文、谭雪英等:“和田地区百岁老人生活区土壤元素检测分析”,《微量元素与健康研究》,1999(3)。

[29] 邹忠、杨荣清、丁峰等:“江苏省如皋市长寿现象与土壤环境关系研究”,《土壤》,2005(2)。

[30] 陈艳兰、董光平、王光烂等:“白族长寿地区岩石土壤和泉水的元素分析”,《微量元素与健康研究》,2000(2)。

[31] 青木正夫(日)等:“中国陕西省韩城地区村落和住宅研究”,《建筑师》,1996,(4)。

[32] 国家文物事业管理局主编:《中国名胜词典》,上海辞书出版社,1981,1～1146。

[33] 中国古镇古村游编写组:《中国古镇古村游》,中国轻工业出版社,2005,1008～1010。

[34] 中国古村游编委会:《中国古村游》,中国友谊出版公司,2005,636～637。

第六章　中国山区聚落发展战略

第一节　国际山区聚落发展战略及其启示

一、国际山区聚落发展战略的基本类型

山区聚落发展战略不同于山区发展战略，但又与山区发展战略密切相关。可以说，聚落是区域发展的基础单元。如果说家庭是社会的细胞的话，则聚落是区域的基本组织和器官功能团。区域的发展需要有健康、强活力的聚落作基础，反之，聚落的生存、发展和繁荣需要有良好的区域背景作支撑和保障。研究山区聚落是制定山区发展战略的重要依据。

山区是地球上复杂而特殊的生态系统，是水、能源和生物多样性、文化多样性的重要源泉，在人类生存和发展中具有十分重要的作用，为约 1/10 的世界人口提供生存基础，为超过 1/2 的世界人口提供商品和服务。世界上许多国家，山区聚落居民的生活普遍贫困，山区聚落的乡土知识濒临绝境，绝大部分山区正面临着环境的恶化。跨越亚洲的喜马拉雅山脉—喀喇昆仑山脉—兴都库什山脉、墨西哥的谢拉山脉、马达加斯加的安伯山脉、澳大利亚的雪山山脉、北美的落基山脉和欧洲的阿尔卑斯山脉被联合国列入最受生态威胁的地区，贫困和生态退化及其恶性循环成为山区发展的难题[1]。为此，从 20 世纪 30 年代开始，从事山区研究的科学家对山区生态系统之间的相互关系及其与山区聚落居民之间的内在关联进行了不断的探索，为寻求山区发展的途径，许多研究者深入山区，剖析具体的山区聚落。特别自 1980 年国际山地学会成立以来，国际上对山区探索揭示了许多具有重要指导意义的山区聚落战略模式值得我们借鉴。主要战略类型包括：旅游开发战略、通达性战略、资源管理战略、经济替代战略、区域规划战略、生态移民战略和政策扶持战略。

（一）旅游开发战略

案例 1：西班牙比利牛斯山脉的旅游和畜牧协同战略[2]

西班牙比利牛斯山区中部，面积 502.4km^2，海拔 950～3 404m，降雨量1 000～2 600mm。区内居民 2 823 人，区域河谷底部以前种植谷类作物，现为牧场，中部是森林带，上部是夏季牧场，20 世纪 60 年代开始，该地发展成为滑雪胜地。

主要问题：旅游与畜牧业的矛盾加剧，使得草场生态系统发生退化，带来了土地景观多样性降低、水土流失加重等问题，农业生态系统和旅游发展面临双重危机。

发展战略：协调旅游发展和畜牧生产，从而达到最优地开发利用比利牛斯山脉的资源，促进区域社会经济与生物多样性保护协同共进。

主要措施：让旅游者的生活设施占用边缘地块，禁止占用肥沃的土地；稳定畜牧发展规模，科学合理开发利用草场，给游客提供更丰富的生物多样性服务和更迷人的景观。

案例2：希腊达迪亚(Dadia)区生态旅游复苏乡村聚落战略[3]

达迪亚的色雷斯村庄位于保加利亚、土耳其和希腊交界区域的罗多彼山脉东南部的山麓丘陵地带。由于战后诸如对旅行、土地所有权、常规边防控制的限制等，使得这里的居民严重与世隔绝，虽资源丰富却经济贫困。

主要问题：战后在世界银行的资助下，大片的原始森林被铲除，取而代之的是生长发育快的单一松树种植园，毁坏了大量的树种，剥夺了离群动物、病弱动物和老龄动物的捕食机会，使得兽群和鸟群减少。农业经济下滑使得该区域的人口向外移民，人口数量急剧下降，建立自然保护区，却没有相应的经济收入。

发展战略：在该区域内发展生态旅游，使历史悠久、文化独特和自然景观丰富多样的偏远山区发展成为资源保护和经济复苏的一个成功例子。

主要措施：达迪亚地区发展以聚落为基础的生态旅游，建立接待旅游者的客服设施，建立信息中心；妇女的配合参与使该区域对当地的人们更有吸引力；把旅游和保护成功地结合起来，旅游服务水平的提高以合适的规模为基础，不破坏服务所在地的生态完整性；吸引区外游客为当地提供了额外的收入，尤其是为服务公司的女员工提供了额外的家庭收入；旅游基础设施刺激小规模私有企业的发展，这些小型私有企业反过来吸引公众对旅游业和地区发展进行投资；在私人和公共部门之间建立合作关系；建立良好的信用关系。

案例3：哥斯达黎加蒙特维德(Monteverde)山区聚落旅游项目[4]

蒙特维德山区位于哥斯达黎加中部，海拔1 700m，该区受大西洋气候和太平洋气候控制，区内生物多样性丰富、植物繁茂，有100种哺乳动物，400种鸟类，120种爬行动物和两栖动物，2 500种植物和数千种昆虫。区内居民5 000人，20世纪50年代主要经济活动是农业，60年代初期已成为一个重要的奶牛养殖和牛奶生产中心，80年代末期该区成为哥斯达黎加最出名的旅游胜地之一，一直持续到今天。该区旅游在持续增长，并不断向旅游区边缘地带扩展，同时也在开发地方性的旅游产品。

发展战略：充分利用当地人们的智慧和创造力，发挥公司员工的积极性和主动性，吸引他们对旅游开发质量的高度关心。

主要措施：引进空中漫步(Sky Walk/Sky Trek)创新项目，为自然资源增加了价值，同时也为旅游者提供了融合冒险、娱乐和教育为一体的一次不同寻常的经历；对工程结构、旅游设施建设进行精心设计，解决环境影响最小化的挑战；为旅游者提供安全、高质量服务，保持价格上的竞争力；畅通经济资源和潜在旅游市场信息资源。

（二）通达性战略

案例1：基于通达性的土耳其山区聚落发展模型[5]

黑海东部是土耳其的多山地区，面积36 837km^2，人口320万。由于远离发达地区，加上缺乏基础设施建设，使得该地区的通达性非常低，严重缺乏交通、通信、教育和医疗保健等基本服务。

发展战略：通过科学的规划和恰当的资源管理，增加基础设施建设强度，在生物多样性保护前提下，促进该区社会和经济同步发展。

主要措施：通过社会的参与和当地人的合作解决不可通达性，同时保护生物多样性；确保与边境的通达性。

案例2：坦桑尼亚乌卢古鲁（Uluguru）山区通达性实现战略[6]

乌卢古鲁山区位于莫罗戈罗（Morogoro）地区的东北部，面积约3 500km^2，平均海拔2 100m。人口1.07万，区内交通网络稀疏。

主要问题：该区气候恶劣，地势险峻，通达性低。不可通达性是这里的主要问题，同时存在技术、资金和社会等方面的困难。用传统的方法改进这些山区道路会产生路政当局和当地居民不能接受的成本与维修费用。

发展战略：为乌卢古鲁山区提供通达性，从而改善该区聚落居民的生活状况。

主要措施：技术行动——低成本、参与式的公路改进，用适合当地经济状况的技术改进山区老路网络，优先使用低成本的改进技术。在整个过程中尽量让居民参与，尽量使用当地资源。鼓励社区管理公路，为山区的贫困居民提供就业机会。社会行动——地区公路支持项目和社会合作，共同为地区的发展作出努力。因此在道路的改进前、改进中以及改进后，实施了几项社会活动，包括，通过用多种通信技术和其他策略来提供可以改变观念、态度和行为的信息和知识，使人们适应发展活动，目的在于刺激村民沿着新改进的道路居住，以便从事生产性活动；帮助人们接受乡下地区的艾滋病病毒和艾滋病事实，形成人们对艾滋病传染和预防措施的应有警觉和态度。

案例3：东非小农户与市场经济的连接战略[7]

山区农民通常生活在偏远地区，这些偏远地区的市场进入性差，基础设施落后，远离大城市和大市场，农田零散且土地退化严重，没有形成显著的农业体系。

主要问题：山区农民的生计通常受到进入市场的机会限制，同时也缺乏增加其产品价值量的企业经营管理技术，存在提高市场可进入性和发展农业企业有效性的障碍。

发展战略：用参与式市场研究的方法改善山区农民的市场进入性，增强资源缺乏的山区农民与市场联系的能力。在农民、农民小组和社区之间建立确认和估价市场机会的能力，发展有盈利的农业企业，增加农产量，同时持续发展农民赖以生存的资源。

主要措施：建立战略上的合作关系，选定试点区；参与诊断社区远景的设想；成立参与式市场研究小组；组织参观附近城镇的大型市场、超市、宾馆、饭店、批发零售市场和食品及农产品加工厂，从而拓宽农民的视野和思想，使农民了解和掌握各种农产品的市场信息；根据可靠的市场需求的存在性、可选方案的盈利性等一系列标准评价企业可选方案；试验为农民提供了尝试用一些方法解决生产中的难题，使其适应企业条件和环境，增强当地解决生产问题的能力；设计和实施农业企业工程；为企业发展提供支持和服务；加强地方协会建设，促进性别平等，从而减轻贫富的两极分化和性别的歧视。

（三）资源管理战略

案例 1：蒙古阿尔泰山区牧区草场管理系统[8]

德隆（Deluun）地区是蒙古巴彦乌列盖（Bayan-Ölgiy）省的一部分。该地区气候恶劣，降水量小，土壤层薄，植物平均生长期只有 90～120 天，总面积 54.9 万 hm^2，其中 90%为牧草地，人口 8 000 人。该区夏秋季节牲畜饮水资源充足，但是冬季湖泊和河流冻结。

主要问题：放牧过度，超过了承载能力，干旱草原土地沙漠化、草原和草地退化以及生物多样性的丧失。

发展战略：全面平衡各方利益，建立长远的、全国范围意义上的可持续草场管理系统。

主要措施：设立一个监测系统，收集和分析这类信息以了解该生态系统的复杂性和脆弱性；与草原所有权拥有者共享草原使用、管理的研究结果，比较、结合和交叉验证各种数据资料；统一观念和行动，让草场所有权拥有者都参与进来；成立社区层面上真正的牧民利益小组；成立地区层面上的合作管理小组，包括地区主管人员、社区主管人员和社区的其他领导人；对动物进行饲养从而改善草原的弹性和生产力；结合干草生产、草原改善和草原轮作放牧等措施；政策调整及法律修改。

案例 2：尼泊尔山区商业药用植物采集管理[9]

尼泊尔喜马拉雅山脉地区的高山药用芳香植物主要分布在海拔 3 000m 以上。当地居民在偏远地区的高山草原采集药用芳香植物，洗净并烘干处理后，卖给注册承包商。这些药用芳香植物经过多个中间人，最后 90%到了印度。在尼泊尔 1997～1998 年的财政年度中，这些物品的贸易出口大约为 1 620 吨，金额达 230 万美元。药用芳香植物为许多农业人口提供了额外的收入，也给当地提供了药材。

主要问题：高山药用芳香植物的生长和再生缓慢，不能满足当地人的采集，加上当地对这类植物的管理不善，药用芳香植物已开始退化。

发展战略：尽量平衡减轻贫困和阻止药用芳香植物资源退化的关系。

主要措施：加强与股东的联系和交流，增加野外试验，以解决采集与保护的争议；深入调查研究资源退化的状况、采集者的知识水平和当地的管理状况，以确保政策符合实际情况；通过有效的社区管理办法，让所有的采集者积极参与，从而达到保护和采集平衡。

案例 3：吉尔吉斯斯坦和塔吉克斯坦草原可持续管理[10]

吉尔吉斯斯坦和塔吉克斯坦都是以畜牧业为主的国家。1991 年后由于经济下滑受到了巨大影响，吉尔吉斯斯坦的绵羊数量从 1 300 万只下降到 400 万只。

主要问题：由于农业生产个体化，农民更加依赖附近的自然资源。附近牧场放养牲畜数量大，植被和土壤退化问题非常普遍。偏远区的草场由于牧群太少而未得到充分利用。

发展战略：以山区可持续发展和可持续草原管理为重心，共享吉尔吉斯斯坦和塔吉克斯坦研究区的民族和自然资源的知识，重点选择产生经济契机的农户发展战略和草原管理战略。

主要措施：考虑农户的多样性，使农户策略的风险最小化，从农户的层面上积极协调农户行为的不同领域，利用包括人力资源在内的可利用资源；社区规划活动必须在社区的所有地方全面贯彻执行，该活动对边缘地区的发展也应该有贡献，政府应增强边缘区人口的决定权，为了充分利用经济机遇，改变立法以改善投资环境，在山区显得尤为重要；通过宪章、宪法和完善的政策方针促进中亚地区国际政治和经济的合作，解决国家人口少而不能进行牲畜业的潜在产品生产行业和国家资源短缺的问题。

案例 4：美国落基山土地利用管理[11]

向度假胜地和曾经是偏僻峡谷的地区移民正在给习惯于传统西部生活方式的人们和新来的移民之间造成文化冲突，使得落基山西部土地管理非常困难。随着外部景观资源的开发，外部的威胁已成了保护公园资源的主要焦点。

发展战略：土地管理者必须关注特殊利益集团，重视土地利用决策对私有土地的影响。

主要措施：除自然资源管理外，土地管理者还需接受解决冲突、合作和提供服务的知识培训；为支持科罗拉多的社区规划，采用地理信息系统手段让规划者、决策者和市民能够了解到土地利用是如何随时空变换而变化的过程及相关信息；号召社区听取落基山西部各部门的意见，包括牧场主、开发者、新移民和提供服务的人们，以及当地政府和公有土地管理者。

案例 5：肯尼亚山区水资源管理战略[12]

纳罗莫鲁（Naro Moru）河流是埃瓦索恩金多（Ewaso Ng'iro）上游最南端的支流，该河流总长 57km，集水面积 173km^2，沿途流经沼地、热带雨林、半湿润、半干旱草原等多个生态景观和生态系统。肯尼亚山脉对它周围的干旱、半干旱地区起着天然水塔的作用，但是，可用水资源的分配一直是该地区的主要问题，纳罗莫鲁河流沿线共有 98 个汲水点，灌溉面积 15km^2，流域内共有 3 万居民，上、下游水资源使用者的冲突频繁。

主要问题：小规模集约灌溉农业、未经改良的耕作方法和农作物、迅速增长的居住人口以及以出口为主的园艺企业加重了该地区的自然资源尤其是水资源的压力，使得该地区在河流低汛期时的用水量多次超过河流的给水量。河流上、下游水资源使用者存在冲突，下游水资源短缺日益加剧。

发展战略：加强取水行为合法管理，努力提高水资源的使用率。

主要措施：通过为水资源使用者协会提供工具、方法，以及最新的河流水需求、供给和使用的信息，从而协助其对水的管理；水资源使用者协会迫切需要被激活以填补权力的空白；提供河流流量与可取水量的相互关系以形成灵活的水源分布体系；提高水资源的使用效率；通过实施水资源价格体系，从而促进节水型灌溉。

(四) 经济替代战略

案例 1：泰国北部高原地带经济替代战略[13]

泰国北部高原地带主要是少数民族高山族集聚区，该区人口约 80 万。高原地区主要与领土和治安、根除鸦片种植以及控制迁徙耕作等政策有关。水稻是该区域的主要农作物，但粮食不能自给自足，大多数农户靠做临工、卖木材解决粮食不足的问题。

主要问题：日益加剧的人口压力导致农田休耕期不断减少，区域农产品产量也持续下降。基础设施落后，健康和教育等服务非常有限，大量土地都种植鸦片、罂粟，吸毒人口众多。

发展战略：以其他经济收入代替鸦片种植，提高该区社会服务，通过改善该区社会经济地位、改进自力更生的能力，提高山区聚落人口的生活水平。

主要措施：扩展政府管理人员和基础设施的空间分布；让村民积极参与项目的选择、规划和执行等活动；集中确定权；对健康和教育等服务进行自上而下的建设；加强农业和土地管理，注重考虑地方具体的生态、社会因子；不能为了稳定土地的使用而授予土地权。

案例 2：改进巴基斯坦三个河谷测试区人民生活[14]

三个测试区包括阿尔卡日（Arkari）、卡拉什（Kalash）和恰赫宰（Chagharzai）。三个区都以牲畜养殖业为生，人均土地面积低，而且大多数的放牧用地都是劣等地。

主要问题：由于过度放牧引起环境日益恶化，人口和经济压力引起木材的耗竭。由于自然资源的退化，牲畜的平均草料越来越少，使得畜牧产量降低，早期以自给自足为基础的生产系统受到越来越多的威胁。

发展战略：需要新的谋生策略和方法，提高动物产量，从而达到可持续的自然资源利用。

主要措施：评价不同地点由母岩、土壤和植被状况决定的具体营养状况；给出实验河谷区具体的营养供给模式，生产药剂为那些被选做实验的牧群补充缺乏的营养；为选择的实验牧群除去身上的寄生虫；让小农户参与具体地点的营养补偿药剂管理效果的应用、测试和监测；传播已获得的关于矿物质补充物的知识；培训当地小农户，让他们之间相互合作生产具体的营养添加剂；让当地的参与者反馈信息，为以后更广泛地应用该方法作出贡献。

案例3：减轻喜马拉雅自然资源冲突的经济机遇[15]

潘吉(Pangi)河谷是印度喜马切尔邦(Himachal Pradesh)北部钱德拉(Chandra)区的一部分，北、西和南部都是巨大的喜马拉雅山脉，海拔2 200～6 500m，最高聚落位于3 570m。传统农业和畜牧业是该区的主要经济活动，与高海拔聚落相比，低海拔聚落人口净增加大，很多聚落面临资源短缺危机。

主要问题：地形和气候的原因使得潘吉河谷和其他区域的联系非常少，人们只能依靠当地的自然资源，而且只能在短短的夏季收集动物饲料和作为燃料用的薪材；该区和其他区域有限的交流以及该区处在行政单元中的低级行政单位阻碍了该区的发展进程和新的经济行为；人口持续增长，给当地的自然资源带来越来越大的压力，人们不断地寻找能满足他们需求的新的资源供给。较低海拔的聚落试图从较高海拔的聚落获取自然资源，从而在不同聚落之间引发资源利用冲突。

发展战略：增加该区域其他经济活动，该经济活动不仅能减少自然资源的压力，而且要能解决聚落之间现存的和潜在的自然资源使用冲突。

主要措施：上级行政主管部门允许当地从事任何重要的发展项目并给予经济支持；同时把决定权授予给当地政府。

案例4：印度喜马拉雅山野生可食用植物开发[16]

喜马拉雅山乌塔拉切尔(Uttaranchal)地区很多营养丰富、经济潜能大的野生植物果实都被当地的人们当食物消费掉，没有发挥野生可食用植物的潜在经济价值。

主要问题：由不通达性和基础设施差的原因造成的地区不发达，使该区的许多有巨大经济潜能的自然资源，尤其是可食用植物未被开发和利用。

发展战略：对有巨大经济、生态价值的、珍贵的、未被利用的植物种类进行深度的科学研究，鼓励发展小型的家庭手工业。

主要措施：精确统计野生果类物种的开花、结果和收获的信息，获取特定种类植物果实成熟时间和收获的恰当时间信息，为村里的家庭手工业提供全年的资源信息，给当地提供就业岗位，提高当地经济水平；参考有用的文献和其他来源可靠的有关这些果实的营养特征信息，然后再把这些信息提供给社会；分析这些野生果实的经济潜能；分析就业率和市场机会。

案例5：洪都拉斯丘陵区聚落居民增收战略[17]

洪都拉斯60%的人口生活在农村，而大部分农村聚落聚集在丘陵和山区，主要经济活动是种植粮食、咖啡和饲养牲畜。

主要问题：贫困主要集中在丘陵和山区，91%的人口生活水平低于每天人均一美元的贫困线之下。由于技术扩散的限制和有效服务欠缺，粮食生产力停滞不前，导致了食品进口的增加，破坏原始森林，扩展耕地面积。过去国家公共投资基础设施、教育和卫生所形成的“T”型开发战略，主要集中于肥沃的北部沿海地区、中央走廊和国家工业中心，而丘陵、山区基本并不涵盖在该战略部署之内。

主要战略：林业在贫困山区贡献的潜力，提升不同层次决策者对山区投资的需求和机会，依据资源基础，决策山区聚落居民的增收途径。

主要措施：进行聚落经济潜力和发展方向分类；把握对应聚落的经济特征；决定聚落经济发展和经济替代方案；主要包括：咖啡＋粮食作物；粮食作物＋牲畜养殖；粮食作物＋林业；粮食作物＋非农产业＋咖啡；粮食作物＋非农产业＋牲畜养殖；粮食生产＋非农产业＋园艺(水果与蔬菜)；粮食作物＋园艺；渔业＋商业＋园艺。

(五) 区域规划战略

案例1：哥斯达黎加蒙特维德(Monteverde)旅游膨胀控制规划[18]

蒙特维德保护区坐落在哥斯达黎加西北部蒂拉冉(Tilaran)山脉，海拔1 500m，保护区面积大约为5 000hm^2。过去20年里，蒙特维德经历了从农业到服务业和旅游业的转变，服务业和旅游业加快了该地的经济转型，无计划、无控制发展异常突出。

主要问题：蒙特维德森林保护区的建立给附近地区聚落的社会经济和环境变化带来了重要的影响，没有足够区域规划的强烈经济转型导致了一系列环境问题的产生。

发展战略：把经济增长与发展规划结合起来。

主要措施：通过政策转变来改善组织和设计，引导地区生机勃勃而健康地发展；行政管理的重新组织；集中大量的信息和有经济盈利的观光旅游业资源；制定恰当的区域规划方针和环境管理措施，纠正和有效调节中长期土地利用和环境管理，既考虑经济效益，也要考虑社会效益和生态效益。

案例2：美国落基山削减产业扩展对野生生物影响的规划[19]

西部科罗拉多州的三个地区，分别为工矿、游憩和农业单元。其中工矿单元包括加菲尔德、莫菲特和里奥布兰科三县，游憩单元包括伊格尔、皮特金和鲁托三县，该单元内有阿斯彭和韦尔两个滑雪场。农业单元包括蒙特罗斯、德尔塔和甘尼森三个县。

主要问题：随着产业活动的扩张，环境压力增强，产业经济和野生脊椎动物的矛盾不可避免，这种冲突的强度及其影响将会随着土地利用类型的扩张而改变，不同土地利用模式相对于经济和人口增长对野生生物违法事件频率有所差异。

发展战略：强调政府以及私有机构的规划，以消除潜在的危害作用。需要当地和更大范围实施以教育为导向的保护措施。

(六) 生态移民战略

案例1:塞尔维亚退化区合作企业战略[20]

塞尔维亚大约70%的面积由丘陵、中山和高山组成,降雨多,植被覆盖率低,人为活动等引起较为严重的土壤侵蚀。20世纪50年代中期,巨大的耕地压力加速了侵蚀,随后农业人口下降,农业生产结构发生了改变。

主要问题:由于年轻的农户向外移民,宜耕地没人耕种,长满杂草,因此减少了耕地的压力,从而减缓了侵蚀,但区域经济仍停滞不前。

发展战略:退化区域的恢复应以人口继续留在该区域并且能够提高生活质量为基础。

主要措施:波雷斯(Porecie)公司和当地农民合作建立企业,在陡坡上建梯田以减少水土流失、改良土壤性质和促进盈利性水果生产。

案例2:加拿大的休闲移民战略[21]

在北美西部山区,为了消遣娱乐而移民的休闲移民已经成为一种重要的社会现象,休闲移民已经成为一种强有力的经济推动力。

主要问题:移民本身对当地的宜人环境增加了负担,人们对环境影响存在一些忧虑。

发展战略:由政府而不是当地聚落实施区域规划措施。

主要措施:对新的移民进行监测;改善人民的生活质量;对休闲环境进行促销并加强管理;进行规划以确保环境对休闲移民有足够的吸引力;规划对休闲移民的服务和管理。

(七) 政策扶持战略

案例:日本岛根"中山间地域"战略[22]

中山间地域是从平原外缘开始到山地之间的广大地区。按照这个概念划分,日本国土的大约70%都属于中山间地域。中山间地域水资源丰富,是粮食生产以及保持生态平衡的重要地区,人口占全国总人口13.7%。在发展大中型城市,特别是东京、大阪这样的大城市,使其周围形成了大规模工业区。同时,中山间地域的发展相对落后了,与大城市之间的差距加大了。这种状况引起政府和经济学界的重视,近10年来,中山间地域的发展一直作为政策投入和经济问题研究的重点。

地处日本西部的岛根县的大部分地区属于中山间地域,东部与鸟取县邻接,西部是九州的山口县,南部是广岛县,北临日本海,总面积6 707.32km^2,占全日本面积的1.8%。岛根县辖8个市、41个町、10个村共59个行政单位。岛根县境内属于中山间地域的面积有84.3%,是中山间地域的代表性地区。

主要问题：由于大城市的迅速发展和扩张，使农村人口大批流向城市，造成农村人口过疏、第一产业发展滞后、土地撂荒等一系列问题。

发展战略：政府扶持，促进产业结构调整，解决人口过疏情况下农村的建设和经济发展。

主要措施：补助基础设施建设；补助教育；补助医疗；提供就业；补助流通服务领域。

二、国际山区聚落发展的启示

从国际山区聚落发展与保护的正反两方面的经验上看，对我国山区聚落未来的发展和建设有许多值得重视的启示。

（一）生态和文化多样性保护

积极保护山区聚落生态和文化的多样性。山区海拔高度各异和气候条件多样孕育了丰富的动植物资源，但是人类活动的影响和不合理的资源利用，导致了人与自然、人与环境的不和谐，尤其是导致了山区生物多样性的丧失和生态系统功能的退化。尽管山区相对偏远、封闭性较强，在一定程度上保护了山区社会群体的文化传统，但随着经济的发展，资源利用程度的提高，人类高度集聚的城市活动对山区的影响深度和广度将逐渐凸现，山区聚落及周围生态系统面临退化的风险性越来越大，保护山区聚落生态与文化遗产的迫切性刻不容缓。

（二）聚落发展与城镇化问题

山地环境的聚落空间的集中与城镇化，必须建立在产业与历史文化发展的基础上。在推进城镇化发展的过程中，应重视一、二、三产业的聚集、关联和协调发展，注重城镇产业经济的扩展和升级。通过一个大企业和几个中小企业的最初发展，带动当地就业机会、劳动收入的增加，产业的不断聚集和扩散，进一步驱动人口的相对聚集。一个没有企业的聚集和产业（包括历史文化与旅游产业）支撑的聚落，必然是一个经济基础脆弱、功能不健全的聚落，必然是一个缺乏造血功能、没有发展动力的聚落，甚至是一个渐趋衰落的聚落。

市场化是聚落空间向城镇化方向演进的前提。城镇化的内在要求是产业聚集和扩散的统一，其实质是要求各种生产要素的自由流动。没有生产要素的自由流动，就不可能形成产业的聚集，没有产业的聚集就不可能形成聚集经济，也就不可能驱动聚落空间由小到大、由村到乡镇、由乡镇到城市的变迁和演进。没有生产要素尤其是人的自由流动，就不可能形成产业关联，城乡融合就不可能实现，城镇化就不可能实现，市场化是城镇化的制度前提[23]。

山区聚落的潜力提升、壮大和持续性应以大、中、小城市形成的空间构架及联动效应为依托。以区域性城市为中心和节点，开展城镇体系建设布局、逐级辐射，才能带动山区聚落的发展，这就要求城镇化不能单轮驱动，只关注大城市、忽略小城市，只关注中等城市、忽略小城镇、忽略乡村聚落，这是片面的，也是不切实际的。而应当扩大、提高小城镇建设的速度、规模和比例，从长远看，吸引农村聚落更多地向中心城镇转移，容易把农民、农业和农村问题同工业、流通、现代农业有机结合起来，实现聚落居民收入提高、生活空间扩展、生活质量提升、农民身份改变。

（三）政府管理与调控问题

山区聚落及资源持续管理的重要性日益突出。山区聚落的持续发展与科学的管理密不可分，世界许多国家和地区在山区聚落的管理方面不仅十分关注，而且在长期的理论研究与实践中积累了丰富的经验。日本、意大利、法国按坡度规定开垦范围；从粮食生产为主，转向多种经营；合理利用土地，防止水土流失；采取一系列政策发展山区农牧业和振兴山区聚落。肯尼亚政府认识到了山区聚落生态系统应当是一种由许多利益集团共同利用并管理的复杂多变的生态系统，积极推广社区参与的管理方式。泰国则是由国王筹集资金组建专门机构进行山区聚落发展及资源开发计划的国家，通过集约的技术服务把研究成果推广给山区聚落的居民，因地制宜地营造用材林和果树、种植花卉和蔬菜、开展山区禽畜养殖业。日本政府和都府县把修建治山堤坝和营造森林作为治理山区营造聚落居民生存和发展环境的重要内容。政府的有效调控是推进山区聚落持续发展的有力保障。在强调市场化作用的同时，重视政府的宏观协调作用，政府在推进农村聚落向城镇聚落发展过程中，主要是为了产业的发展和各种生产要素的流动营造一个社会化的市场环境和法制环境，解决好城乡内部与城乡之间发展面临的区域性矛盾和问题，实行有效的区域协调和管理。突出表现在城市聚落、山区农村聚落资源不对、等基础设施不对等、信息不对等、技术不对等、人才不对等、教育不对等、卫生保健不对等以及收入不对等带来的公平与效率的问题，利用政府调控手段促进城镇聚落、乡村聚落和城乡聚落之间的资源与要素的合理分配，促进聚落的可持续发展。近几年来，山区旅游已经发展成为许多国家振兴山区聚落和持续发展的重要手段。

我国是一个多山、多人口的国家，一方面，山区人口占全国总人口的56%，且80%以上的少数民族生活在山区，绝大多数的贫困人口又集中在山区聚落；另一方面，由于人多地少，农村剩余劳动力异常突出；再次中国地域面积广、人口分布广、山区聚落分散，类型多样复杂、水平差异明显。新中国成立以来，政府对山区建设、扶贫攻坚和培育劳动力转移途径等方面取得了显著成绩，然而，由于山区生态系统自身的脆弱性和不合理的经济活动使山区环境不断恶化，山区劳务输出渠道不够畅通，山区聚落居民生活较为贫困，山区落后的状况制约着全国社会经济的整体发展水平，也制约了全面实现小康社会的进程与目标。因此中国山区聚落的发展战略应在借鉴国外先进经验的基础上，密切结合中国的特色，按照中国的国情，采取差异化的战略。山区聚落的发展强度、深度、广度都还需要进一步加强，从大产业系统与生态系统的角度，从区域整体出发，综合考虑各种因素，突出特色、突出优势、突出差异，全面规划，统筹安排，针对不同的类型、不同的水平、不同的文化背景、不同的模式，应针对性地研究、实践与总结山区聚落科学发展的宏观战略。

三、中国山区聚落发展的国际比较

（一）中国山区发展的国际比较

中国山区发展与世界各国既有共同的特点，更有自己的特色。共同的特点是山区发展的落后和山区贫困的集中状况。中国在发展过程中，并未能走出先平原、后山区；先城市、后农村；先东部、后西部；先沿海、后山地的老路；未能抑制山区与平原或与城市发展严重失衡的局面；未能改变山区的难通达性、封闭性、脆弱性、边远性、边缘性的基本格局，未能脱掉山区贫困的帽子。

但是中国与其他各国比较有显著的特点。①中国是一个领土大国，也是山地大国，山区在全国人口中占有相当大的比重，山区县的数量分别多于丘陵县和平原县，与发达国家比较，中国山区发展的战略地位高于发达国家山区在其各自国内发展中的地位。②中国山区发展的态势，既不同于发展中国家，又不同于发达国家。中国山区发展水平已非前者所能比拟。中国山区当前发展的目标是建设全面小康社会，将其建设成社会主义新山区；因此，比大多数发展中国家要高一个层次。但与发达国家比较，中国山区不可能像它们一样，将绝大多数人口都迁往城市，山区只关注生态保护、传统文化保护，作为城市的“后花园”，只发展旅游、休闲产业。中国山区发展的问题要复杂得多，难得多。③中国山区发展正处于工业化、城市化过程的激烈变革时期，既不像发展中国家那样处于封闭、低水平的稳定状态，也不同于发达国家处于比较成熟、高层次的稳定状态。中国山区发展的变革不可避免，并且空前激烈，现代发达国家和其他发展中国家都没有可供照搬的经验。④中国是山地大国，又是人口大国，更是多民族大国。世界上国土面积较小的山地国家，或国土面积虽大，但平原多、人口密度小的国家，它们山地开发的经验和教训，都值得我们借鉴和吸收，但都不可能完全适用于中国这样的大平原与大山区并存的大国、拥有大河流域的大国、拥有巨量山区人口的大国。因此，中国山区发展的方向、道路、战略、策略、政策只有靠我们自己去探索、去创新，才能有中国特色的山区发展，也才能为世界山区发展创造新的模式，作出中国特有的贡献。

（二）中国山区聚落发展的国际比较

世界山区聚落是个复杂的体系，可以说山区聚落的复杂性从一定意义上说，反映了世界的复杂性。这里除了说明世界山区聚落受不同大洲、不同区域、不同国家自然环境的差异的影响而呈现多姿多态的特征外，主要想强调的是，世界山区聚落的发展水平、发展模式、社会特征随着各自国家的发展阶段和发展水平的不同而不同。可以说，当代全世界的山区聚落从一定程度上反映了人类不同发展历史时期的“全信息”，即山区聚落构成从原始社会、农业社会初级阶段、农业社会、工业社会初级、中级阶段和工业社会后期的不同历史发展阶段的全息历史图谱。如果说，当代欧美发达国家的山区聚落代表着工业化后期和信息化社会初期的山区发展模式的话，则在南美洲、非洲若干山区至今仍保持着的原始部落代表着人类发展初期（新石器时代至原始公制社会时期）的山区发展模式，而其他发展中国家的山区聚落大部分处于农业社会的发展阶段。因此，简单地分析，世界的山区聚落大体上可分为发达国家与发展中国家两大类型。

发展中国家的山区聚落包含着全球最贫困的山区人口。从社会发展指数上说，非洲撒哈拉以南地区是全世界最差的区域，其次是南亚山区，不论是人类发展指数（HDI）、性别发展指数（GDI），还是性别赋权指数（GEM）都处于较低水平。许多山区聚落处于边远、封闭、孤立的山区之中。依靠当地的森林、草地、耕地为生，过着原始、粗放的农居生活，贫困与山区聚落几乎是同位语。近年世界各发展中国家虽然也下了很大力气帮助山区聚落的发展，国际社会也在下大力气想帮助发展中国的山区聚落脱贫，但效果并不显著。山区聚落的发展环境并没有得到大的改善，最多只是一些技术性或个别领域的改善。例如尼泊尔丘陵山区曾运用蔬菜和水果种植中的低成本自流洒水和滴灌技术，增加山区聚落人口的收入，但因没有引起政府的重视，技术没能广泛推广。

在中亚，较贫困的家庭大部分分布在海拔 2 000m 以上的区域，聚落分散，交通和基础设施落后，较高的交易成本导致贫困的发生。在森林和高地上居住的人群中，土著人占很大比重；牧民主要生活在气候恶劣的高山、高原和遥远山区。在发展中国家，山区聚落传统的生存方式，不可持续性的人口扩张、陡坡垦殖扩展、自然资源退化、贫困加深，与现代社会发展过程相脱节，是普适的模式和普遍的现象。

山区聚落的另一特点是土著人和特殊种族部落的故乡。在全世界有 2.5 亿土著人口，大部分以山区聚落模式存在于高大山系和边远山区，其中 70%生活在亚洲。在泰国叫“山地部族”，越南叫“少数种族”，印度叫“特殊部族”。土著人部落大多是世界山区聚落的原住居民，是山的主人和“元老”。他们既是历史上山区聚落变迁的见证人，又是其自身部落传统的守护神。山区土著部落是原始、落后但又与自然相处较和谐的山区聚落的典型和缩影。

发达国家的山区聚落，由于其国家整体发展水平高、城市化水平高，城市人口占总人口大多在 80%～85%，山区人口总数量不多，山区聚落的物质生产功能减弱，而休闲功能、旅游功能、生态功能提高。因此发达国家山区聚落向生态村方向发展是其主流。

发达国家山区生态村并非与其他社区完全隔离，或完全自给自足。而是按现代社会发展需求，追求“健康的人文发展”，也即人的身体、感情、智力和精神均得到全面发展。因此，生态村建设内容主要有以下几个方面：①区域化和本地化的有机食品生产；②生态化的建筑；③自然环境的保护与恢复；④集约化的可更新的能源系统；⑤减少运输和充分利用现代通信;⑥生态村的规模(500～2 000 人)及大众参与决策,充分体现现代化社会文明与山区生态的统一和整合。

目前,“生态村”运动已在许多发达国家(如丹麦、英国、挪威、德国、美国、澳大利亚等)和一些发展中国家展开。在发达国家,人们创建生态村的目的有三:物质生活的生态化、精神上的宗教化和人际关系的社会化。在发展中国家,生态村建设的目的主要表现在两个方面:一是维持和重建可持续的农村社区,包括创造就业机会,减缓而非停止城市化;二是为了更好地吸引人们在大城市周围可持续的生态村内定居。目前,在西方有众多的生态村建设的实践,中西方生态村建设的差异主要表现在下表[24]。

表 6.1　中国生态村与西方生态村建设的比较

项目	中国生态村	西方生态村
主体	农村村民	城市居民
背景	建设生态农业,保护农村生态环境,合理利用自然资源	人们对当代城市生活感到厌烦,希望生活在一种远离污染和嘈杂、充满人情味的乡村社区
目标	高效、合理利用自然资源,追求社会、经济和生态效益的统一	建立城市化的生态村,实现一种环境优美、人与人之间互相融洽、人与自然和谐相处的人生理想
措施	生产结构的多层次配置、自然资源的多层次利用	有机农业、生态建筑、传统文化建设
规模	自然村或行政村	500 人左右,不超过 2 000 人
技术采用	传统农业技术和现代农业技术相结合	生态工程技术和景观设计技术
政府的态度	大力支持与推广试验,制定相应的政策和法规给予支持	纯属个人行为和非政府组织的活动,政府不干预

中国山区聚落与世界山区聚落比较有许多相似之处。甚至从一定意义上说,中国山区聚落是世界山区聚落的一个缩影。就是说,中国山区聚落几乎拥有从原始刀耕火种的类型到农业社会初期、农业社会、工业社会初中期,乃至部分山区聚落类似于发达国家以生态村建设为主的类型。但总体而言,中国山区聚落与世界山区聚落一样,基本上仍处于较边远、原始、封闭、远离政治、经济中心的状态;是少数民族(相当于世界的土著部落或特殊种类聚落)主要聚居区;整体上处于农业社会的发展阶段,过着与工业社会联系不太紧密的、自给自足为主的农耕、农牧生活。

但是,中国山区聚落与世界山区聚落依然有较大的差异。这种差异主要产生于中国改革开放以来的时期。正如本节前面所论述的,中国山区与世界山区发展既有共同点又有差异一样。中国山区聚落从总体上既不同于发展中国家,又不同于发达国家。与发展中国家比较,尽管中国山区聚落与他们有许多共同点,并且都面临着脱贫、求发展的局面,但中国山区聚落在近二三十年来,其发展变化的速度远远超过一般的发展中国家。特别是原始、刀耕火种的山区聚落、绝对贫困的山区聚落的数量大大减少，这类聚落虽然还存在，但数量很少，已不构成山区聚落的主体。其次，中国山区聚落正处于由农业社会向工业化社会的过渡阶段，正处于激烈的变动期，聚落的组织结构、生产方式、生活行为、生态质量等正在经历巨大的冲击和变化，处于组织重构、产业重构、空间重构的阶段。这在世界其他各国山区聚落也是罕见的，或尚未发生的。这预示着中国山区聚落的发展较之大多数发展中国家具有新的活力，预示着中国山区聚落较之一般发展中国家发展会更快、更容易地完成从农业社会聚落向工业社会聚落的转变。

与发达国家比较，中国山区聚落虽然也出现一些生态村、生态旅游村等发达国家山区聚落的模式，但毕竟还是少数，在中国广大山区聚落中仍不具主导或主体地位。总体而言，中国山区聚落比发达国家山区聚落仍落后一个发展阶段。如果说，发达国家山区聚落与城市聚落已有比较明确的分工的话，即主要突出山区聚落的生态功能、休闲功能、旅游功能和城市后花园功能，则中国山区聚落尚未达到这样的阶段，中国山区聚落的自身生存功能、温饱功能、生活功能依然较突出。生态功能、休闲功能、城市后花园功能近年才在城市周边山区兴起，在广大远离城市的山区聚落这些功能尚处于萌芽、启蒙或刚受启发的阶段。

因此，中国山区聚落是世界山区聚落的一个缩影，主要是从山区聚落的类型系列、社会发展阶段的完整性上说的，也是从山区聚落迄今为止，仍然是以自给自足的农业经济、农业社会、农民为主体的特征角度而言的。而中国山区聚落既不同于发展中国家，又不同于发达国家，是从中国山区聚落的主体态势、动态变化、发展过程上着眼的。恰当的说法应该是，中国山区聚落总体上处于发展中国家与发达国家的过渡类型。较发展中国家，中国山区聚落有更多的市场化、工业化气息；而与发达国家山区聚落比较，中国山区聚落又呈现较浓厚的农耕、农业、农民色彩。更重要的是不论是世界上的发展中国家还是发达国家的山区聚落，他们都处于较稳定的状态，起码在5～10年时间发生大的质的变化的可能性不大，但中国山区聚落正处于激烈的变动阶段，在5～10年内中国山区聚落将会有大的变化。十年后的中国山区聚落与现在比较将有大的进步和改观。

第二节　中国山区聚落演化的基本走向

一、山区聚落演化的基本理论分析

在第三章中，已从生态学角度对山区聚落的演替作了分析，并列举了山区聚落的案例加以说明。但该章的着眼点主要是从聚落内部演化机制入手来探讨聚落的微观过程，本章主要从宏观角度，将山区聚落作为一种社会经济载体和过程，对于演化的普遍规律进行探讨。因此，第三章与本章虽有联系，但侧重点不同。本章的主要目的是从全国山区发展的整体思考出发，对全国山区聚落的基本走向作出判断和预测。这里首先从经济学角度，对于聚落产业演化、空间演化、集聚规模演化的过程和规律作一分析。

(一) 经济学基础与规律

经济空间集中化是区域产业经济发展进入一定的历史时期，城市化水平达到一定的程度后才出现的。这种空间现象反映了区域经济发展过程中所具有的特殊规律性。经济空间集中化的确切含义，可以理解为产业经济活动在一定的空间范围内集聚并形成大规模的专业化生产，它所形成的经济格局在区域市场上乃至全国或全球市场上占有较大的份额。区域经济空间集中化是多要素共同作用的结果，其中，产业的空间集聚是经济空间集中化的逻辑前提，没有产业的空间集聚，便没有区域经济的高速增长和中心城市的人口空间集聚，更没有城市化的广域深度推进。

经济空间集中化是区域经济发展中一个具有普遍意义的现象。美国著名经济学家埃德加·M.胡佛认为，决定区域经济发展的基本因素有3个：①自然资源优势；②集中经济；③交通运输成本。在市场经济条件下，这3个要素的存在和空间作用，必然会导致一些地方的交易成本较低，经济发展较快进而形成空间集中化，而另一些地方的交易成本较高，经济发展较慢。20世纪50年代初，法国著名经济学家弗朗索瓦·普劳克斯提出一个纯经济学的增长极概念。他认为，现实世界中经济要素的作用完全是在一种非均衡的条件下发生的，“增长并非同时出现在所有地方，它以不同的强度首先出现于一些增长点或增长极上，然后通过不同的渠道向外扩散，并对整个经济产生不同的最终影响”。显而易见，增长极的出现将导致区域经济空间集中化的产生。1957年，著名的法国地理学家J.鲍德维尔将“极”的概念引入经济地理空间，创造性地提出了“增长中心”的空间概念。鲍德维尔强调经济空间的区域特征，认为“经济空间是经济变量在地理空间之中或之上的运用，增长极概念与推进型产业相关联，增长极将作为以拥有推进型产业的复合体的城市出现”。从胡佛的经济区位思想到普劳克斯的增长极概念，再到鲍德维尔的增长中心理论，他们主要研究产业的空间区位及其关联效应在区域经济增长中的作用问题。他们的理论精髓闪烁着人类理性思维的光辉，对区域经济学的发展产生了深远的影响[25]。事实上，经济增长与空间集中化、产业结构转变紧密相连，它们是区域产业经济发展同一过程的两个方面，非农产业的发展和集聚是聚落空间从乡村到都市的重要因素。关于这点，不难从全国城镇化指数和非农产业指数的分析比较中得到印证(图6.1)[26]。美国著名的经济学家霍利斯·B.钱纳里认为：“经济发展可被视为持续增长所必需的经济结构的一系列互相关联的变化，劳动和资本从生产率较低的部门向生产率较高的部门的转移，能够加速经济增长，促进地域空间的变化[25]。”

根据现代产业经济在空间上的推移时序和区域城市化进程，可以把区域经济空间集中化的空间过程大致划分为三个阶段：一是初级阶段——均衡低速增长。在这一个时期，区域内出现了现代工业和服务业的萌芽，农业社会的超稳定状态被打破，但由于生产力水平普遍低下，传统的农业经济占主导地位，第二、三产业对区域经济总量增加的贡献度微乎其微。在这种情况下，区域产业经济活动是自发的、普遍分散的，城市规模一般都比较小。二是中级阶段——集中快速增长。这一时期区域产业结构发生质的变化，第二产业迅速上升到第一位，产业经济进入现代工业时代。由于区域中心城市人口较为稠密，邮电通信、道路交通等基础设施比较完善，生产要素的报酬率较高，更为重要的是城市具有较强的创新功能，新兴产业层出不穷，中心城市理所当然成为优势产业的孵化器和相关企业的汇聚地，成为经济空间集中化的核心。三是高级阶段——扩散稳定增长。对应的聚落演化从乡村聚落演变到城镇聚落，由城镇聚落再演变到都市聚落（图 6.2）。从比较发展来看，经济空间集中化和适度的区际发展水平差异，对于整体经济发展有着积极的作用，它能促进区域间的竞争与合作，有效地发挥区域比较优势；另一方面，它又能督促发达地区锐意进取，加速经济发展的进程，这是全世界经济发展进程的一个客观规律[25]。

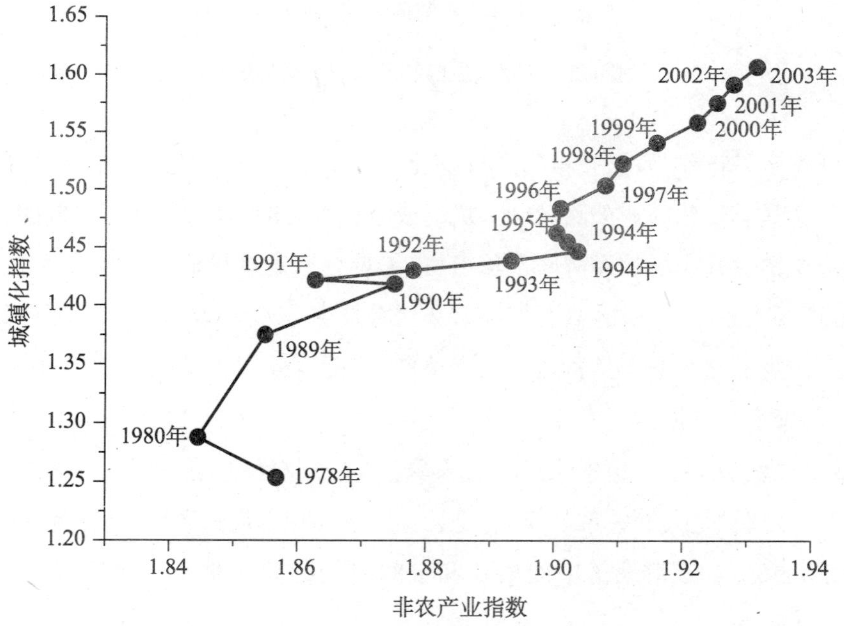

图 6.1　全国城镇化指数与非农产业指数的关系

（说明：城镇化指数是指城镇人口比重的对数；非农产业指数是指非农产业比重的对数）

（二）产业集聚与空间演化

促进“增长极”的形成，其核心即产业集聚：发展推进型企业和以推进型企业为主导的产业综合体，或者具有前向联系和后向联系关联度较强的主导产业。推进型企业或主导企业通过技术创新活动，促进和带动区域经济发展，促进“增长极”的形成，具有在短期内促进特定地区经济迅速增长的作用，这是对山区聚落实现经济发展的有效战略

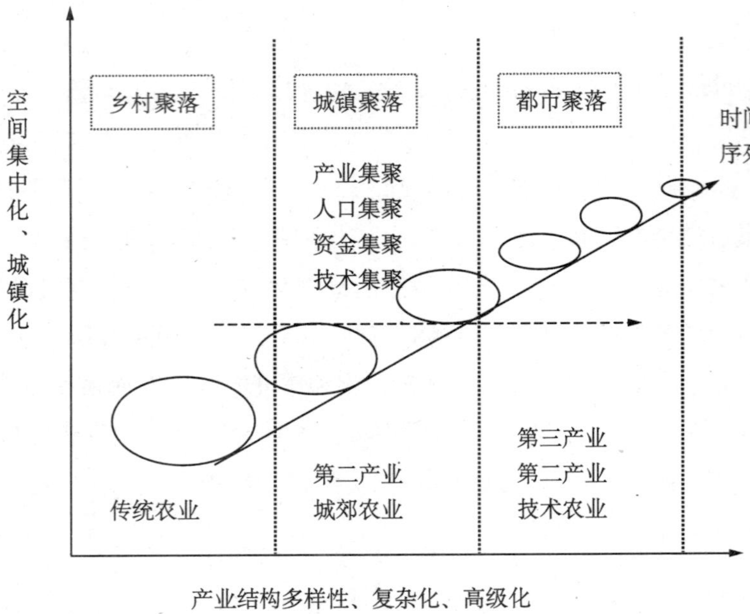

图 6.2 聚落发展的阶段与空间演化过程

选择，选择特定聚落作为“增长极”，应具备几方面基本条件：①已有一定规模的非农业人口聚集；②具有修建高速公路、铁路、机场或港口潜力的地区；③地理位置的关联度较高，与周边城镇及其市场的经济联系较密切；④具有一定规模的企业生产能力，有一批面向地方市场的企业存在；⑤具有较高的文化教育水平；⑥人均收入水平相对高于周边地区，具有一定的储蓄率。具备这些基本条件，才能有效实施基础产业发展战略，发挥“增长极”的聚集与扩散效应[25]。

产业集聚发展是空间集中化战略的基本点，在产业集中化的格局下，必然会加快城镇化进程。城镇化是人地关系的焦点，是社会经济高速发展过程中，地区性内外循环相互作用流场的旋涡，城市聚落空间增长和空间格局的演变是乡村聚落城镇化扩展的体现。

聚落空间增长的基本驱动是经济增长，而城市聚落增长的空间表现却是城市各种要素空间上相互作用、相互反馈的结果。聚落空间增长是一个空间动力学过程，各子系统之间具有空间上的相互作用和相互反馈的空间动力学结构，是内生过程和外生过程相互交织的复杂空间动力过程（图 6.3）。

从聚落空间增长的层次看，基础产业特别是城镇化初期的工业化增长所带来的就业的空间增长，这是一个外生过程，是聚落空间增长的动力源；产业集聚空间增长的相互作用和内生空间的综合效果，促进聚落空间增长及空间格局从小城镇到大都市的变化；服务消费增长与服务设施规模扩展，交通流和污染流的空间增长与产业的共同集聚导致了城市经济结构、空间结构和环境结构的转变。

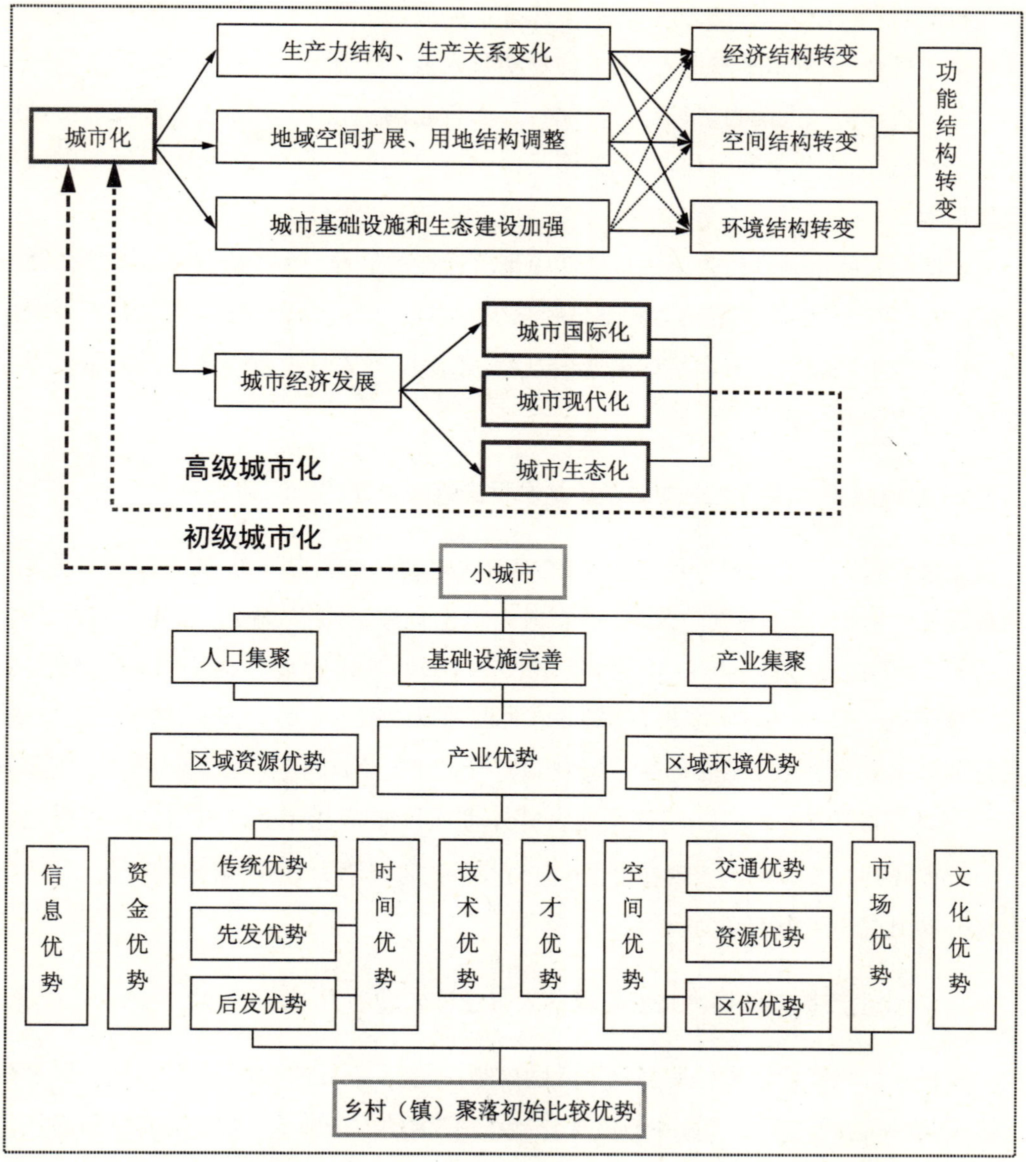

图 6.3　聚落空间的发展与演化过程

从发展过程看，聚落空间演化大体上有两个基本的过程，即初级城镇化过程和高级城市化过程。从初级城镇化过程看，是从乡镇聚落到小城市聚落的过程，是比较优势延伸的具体体现，小城镇发展的初始比较优势可以概括为空间优势、时间优势、市场优势、资金优势、区域政策优势和主体行为优势。当然对于一个小城镇来说，可能只是其中某些方面，其关键即“扬长避短、发挥优势”。城市化的高级化就是城市的国际化、现代化和生态化，这是形成综合竞争能力和区域一体化的关键和聚落空间演化的高级形态。

（三）人口集聚与驱动作用

在产业集中化的格局下，必然形成人口集中化的格局。高增长区域将形成较多的商业机会，具有较多的劳动力需求，但不能提供相应的劳动力供给，而低增长区域缺乏足够商业机会，工资水平较低，劳动力的预期收入大于预期成本，形成以增进福利为主的劳动力转移的强大动力，形成人口集聚，带动首轮的居住增长，必然带动商业活动的增长，形成新的产业集聚过程，产业集聚又提供新一轮的就业岗位，从而引发新的人口集聚过程。

城镇化实际上是农村聚落人口向城镇聚落迁移的过程。由于农村劳动生产力逐渐提高，农村生产所必需的劳动力数量日趋减少，出现大量剩余劳动力，推动着农村聚落人口特别是山区聚落人口向城镇聚落的迁移，朱德静等人[27]的研究认为，其驱动力主要体现在以下几方面。

1. 耕地减少和劳动力增加的矛盾是农村聚落人口迁移的原动力

虽然农村实行了计划生育，但由于集体对农户的控制能力减弱，而农民长期受传统生育观念的影响，即使受罚也愿多生，农村人口生育率仍难以下降。农村人口由1949年的4.57亿增至2003年7.69亿，年增长9.68%；农村劳动力由16 549万增加到48 793万，增长2.95倍，年增长20.2%，农村就业压力很大。另一方面，耕地的减少，使农业劳动力失去了与之结合的生产资料，1978～2003年，中国耕地总数减少了442万hm^2，平均年减少20.1万hm^2；而同期农村劳动力由3.03亿增到4.69亿，人均耕地由0.33hm^2降到0.17hm^2。按现在每公顷吸纳3.42名劳动力计算，耕地减少使1.37亿农村劳动力成为剩余劳动力。

2. 农业生产效率的提高是农村聚落人口迁移的助动力

农村实行联产承包责任后强化了激励机制，提高了农民的种植积极性，劳动效率随之提高，农作物的产量有了显著的提高，产生了较多的农业剩余，为城镇人口的增长提供了粮食保障。如2003年粮食产量为43 069.5万t，比1978年增加了12 593万t，按城镇人均270kg计算(将肉蛋等折合)可多养活5亿人。劳动效率提高，单位工作量吸纳劳动力的数量势必减少，这使农村就业的压力日益加大。

3. 城乡差距是吸引农民入城的原动力

城镇家庭人均收入一般是农村家庭人均收入的3～4倍。另一方面城镇职工有福利补贴，如医疗补贴、副食粮油补贴、住房福利，约相当于工资总额的13.7%，而农民要缴纳各种额外支出，经济势能的巨大差异驱动农民设法进城就业。

4. 城镇发展提供的大量就业机会是城镇拉力作用机制的助动力

改革开放后，城镇二、三产业迅速发展，刺激了大量农村劳动力的需求。

5. **国家政策的变化是发挥城镇化拉力作用的加速器**

长期以来实行以户口管理制度为基础，以城镇居民生活必需品为供应制度，统包统分的劳动就业制度和城市福利制度为辅的城乡分割体制，将城镇和农村分为两个相对封闭的部分，限制了农村人口向城镇的流动。改革后，国家对农村人口向城镇流动进行了引导，并采取了一些激励政策，为农村人口进城提供了基本条件。

以上几大因素促进农村劳动力和人口向城镇集聚；如果说此前20年，上述现象主要发生在平原农村或城市周边农村的话，则近年由于平原农村城镇化迅速发展，劳动力已趋紧缺，因此，城镇化过程的劳动力需求正向丘陵区、山区扩展，山区聚落的劳动力和人口开始向城镇流动和集中。

（四）土地集约需求

从资源角度看，土地集约利用是人口、资源与环境相协调和可持续发展的客观需要。中国人口众多，土地资源紧缺，城镇建设用地的供给量十分有限，需要统筹安排各类用地及空间资源，综合部署各项建设，以实现经济和社会的可持续发展，城镇土地集约利用，可以缓解城镇用地结构性紧缺的矛盾[28]。

从经济角度看，中国城镇化发展需要在土地资源利用相对较少的前提下，使城镇经济朝更高效率和更稳定的方向发展。通过土地集约利用，可以使城镇充分发挥自己的潜力，在一定的用地面积上，不断追求数量和质量的经济和技术产出，提高城镇生产效率，永葆旺盛的活力[28~29]。城镇第二、三产业的生产特性和市场服务特性要求其集聚发展，由此产生集聚规模效益。城镇土地利用要积极引导这一内在动力，提高经济活动的集聚率，降低每个单位经济活动的环境成本，提高使用土地资源的利用效率，又使投入土地的基础设施资本得到高效率使用。现代工业品的消费必须以相应的基础设施或其他公共产品供应为前提，如道路、水电网、电信、广播电视台站等。这类公共产品的生产都有显著的规模经济效益要求，因而人口集聚程度高的城市是提供这些基础设施最有效率的方式。在乡镇企业分散布局状态，提供现代基础设施的单位消费成本十分高昂且不经济；服务业的发展同样需要生产交换方式、生活方式和消费方式的转变，也需要聚集产生的规模效应。

从环境角度看，城镇化发展要不断提高自身社区的自然、人文环境质量。通过科学的城镇规划和市政工程规划建设，二、三产业集中配置可以实现统一集中供电和供热系统，充分节约能源，减少环境污染。污水处理厂、垃圾处理厂等较先进的环卫设施，以及其他区域环境保护基础设施均需要有一定集中负荷的消费共享规模，才能实现正常的运转利用[28]。

从社会角度看，具有一定人口密度的生活社区，有助于公共生活服务设施的利用充满活力。实行城镇土地集约利用的宗旨是以人为本与可持续发展，为人们创造舒适完善的居住和社区服务环境，保证必要的生活休闲用地，实现社会设施和基础设施现代化，保证城镇机体的健康运行。由于我国存在大量农业剩余劳动力和城乡差别，而城镇是二、三产业经济发达的地域载体，也是生活方式现代化的载体，引发人们对城镇物质文明和精神文明的追求，构成我国城镇化的根本动力，由此又进一步产生对城镇土地资本投入和城镇土地集约利用的客观要求。土地资源及其利用环境，是可以共享的资源，具有公共财富的性质，同时也是市场机制有时“失灵”的地方。在当前科学技术迅速发展，人口增长压力加大，以及经济全球化等大的国际背景下，为促进社会经济的可持续发展，要有效地发挥政府计划控制和市场利益驱动两方面的作用，来改善土地资本的投入配置，调整产业集聚，对用地结构及空间布局优化调整，实现城镇土地集约利用的目标[28~29]。目前，我国山区聚落空间分布分散，土地资源的利用特别是集约经营，面临着诸多矛盾和困难，需要我们认真对待。

二、当前中国山区聚落演化的战略环境

如前所述，中国正处于工业化、城镇化发展的快车道上，连续多年的经济高增长，不仅引起经济总量的快速增加，而且带动了全国消费水平的提高，更重要的是带动了城乡结构、产业结构、社会结构、人口结构的调整。全国不论是经济发展的模式、空间布局、产业层次，还是城镇和农村、农业和非农产业、消费方式和社会行为、文化教育和伦理道德都正发生着、经历着历史空前的变革。这种变革虽然先发生并强烈作用于沿海地区、经济发达地区、东部平原区和城市区，但现在正逐步向农村、向山区扩展。山区发展虽然滞后于全国发展的水平，但作为全国战略不可分割的重要组成部分，不可能孤立于全国发展的大潮之外，不可能维持“风平浪静”的原始状态。山区求发展，山区奔小康，山区建设和谐社会的目标是山区人们的向往和追求，与全国的目标是一致的。因此，借全国蓬勃发展的强大动力，挖掘山区发展的潜力和内力，内外合力，促进山区快速发展，是当前山区发展的基本态势，也是山区聚落演化的大背景。从这个意义上说，中国山区聚落演化不是要不要、能不能的问题，而是非演化不可、如何演化、快演化与慢演化的问题。综合起来说，下列几大方面的问题对今后山区聚落的演化将产生直接的影响。

（一）中国山区发展战略的演进和推动

山区聚落是山区发展的基本社会经济单元，在当前既是社会组织的基层单位，又是经济和产业发展的实体。从逻辑上讲，全国发展战略离不开山区发展战略，山区发展战略离不开山区聚落发展。全国总体战略的走向影响着山区的战略发展，进而影响着山区聚落的命运。因此，在全国总战略中，中国山区未来发展的方向、道路，中国山区发展如何与全国发展协调，如何分工、协作？中国山区在21世纪各个时期应达到什么样的发展水平？未来中国山区的发展远景应该是什么样子？除了生态屏障的功能之外，中

国山区在全国的社会经济发展中应该起什么样的作用？中国发展总体战略如何体现山区发展？山区发展如何促进全国发展？山区人口如何向城市集中，向工业转移？未来山区的合理人口规模，产业布局和城镇化水平应该如何确定？中国山区发展应按什么步骤，分几个阶段？应抓住什么重大工程？社会经济发展如何与保护生态环境协调，如何与保护生物多样性、文化多样性协调，如何发展民族经济与山区经济，实现传统文化与现代化过程的和谐？这些问题的解决和发展的程度都直接牵动着山区聚落未来变化与发展前景。

（二）建设社会主义新山区

当前，全国正在开展社会主义新农村的建设。对此，我们提出建设社会主义新山区的概念，意在山区实现"社会主义新农村"的建设目标。按照中央提出"生产发展、生活富裕、乡风文明、村容整洁、管理民主"的总要求，我们认为社会主义新山区应该具有以下特点：经济繁荣协调、生态良性循环、资源持续利用、产业特色开放；景观环境优美、社会稳定安全、生活富裕健康、乡风文明民主。

新山区将区别于传统的山区，要体现出新的山区风貌和特征。①时代特征：它是现代社会中的组成部分，享受现代物质文明、精神文明、政治文明和生态文明。②区域特征：它作为特殊的地域类型，必须将资源和能源可持续放在重要的地位，山区农村的优势得到发挥，山区的劣势不断被抑制。③产业特征：山区特色产业得到发展，能源产业、生态农业和景观旅游产业，为山区农村发展提供支持，吸引农业劳动力向非农产业转化；但是不能单纯追求经济最大化，而应该追求与环境协调的适度发展。④"后院"特征：新山区不是一个封闭的桃花源，也不是都变成都市区；新山区应是我国平原乡村和城市发展的后盾、腹地和屏障，是我国未来城市化社会的后花园，是我国空间资源、生物资源、景观资源等的战略储备区。

按照社会主义新农村的模式和要求，当前山区聚落存在巨大差距，但它为山区聚落发展指明了方向，确定了目标，这将成为山区聚落演化的轨道。

（三）山区工业化

首先必须明确工业化过程是一个不可逾越的发展阶段。中国山区作为一个面积广大、人口众多的区域，不可能不走工业化的道路；但山区工业化应该理解为是一个综合、系统、多目标的社会过程和社会形态，工业化过程在山区虽然也要发展工业，但更要强调将山区发展融入全国工业化过程之中，参与工业化过程的社会变革和社会实践，分担全国工业化的区域责任，分享全国工业化过程的成果。大家知道，工业化必然带来城镇化，这是两个发展过程的统一体。因此，山区聚落发展如何适应工业化、城镇化发展的形势，山区聚落走向集中、规模，向城镇化方向发展应是不可逆的趋势。

（四）山区脱贫

山区脱贫在当前山区发展中仍占有突出地位，别说山区还有 2 000 多万绝对贫困人口需要解脱，就是日益突出的相对贫困问题，也应引起关注。解决山区脱贫是山区发展的基础，是建设小康山区、富裕山区、和谐山区、21 世纪社会主义新山区的前提。当代山区脱贫已不同于以往的脱贫，脱贫的方法已不是救济，而是对发展的扶持；脱贫的重点已不是区域，而是落实到人、到户、到村、到乡；脱贫的目标已不仅仅是温饱，而是奔小康，建设新农村。

因此，当代山区脱贫牵连到更复杂的自然—经济—社会复合大系统，需要对贫困山区的发展有新的规划，对于不少生存条件恶劣，就地脱贫有困难的农户、村落应实行生态移民，这就需要对生态移民的迁移、稳定、发展有系统的研究规划，对迁入地区的环境容量、发展潜力有科学、翔实的调查、分析。对于移民的意愿、心理、民俗、宗教、教育、政策等有很好的了解和把握。因此，生态移民成为山区脱贫特别是消除山区绝对贫困的重要战略选择，但面临的困难和问题很多，需要我们认真去研究、去解决。

（五）山区农业产业化

山区农业产业化是摆脱山区贫困的基础，也是实现全面小康的基础。从山区工业化的工业构成来说，农业加工应是山区农业的主体和重点，也是山区工业在全国有竞争力的重点，空间大，类型多，山区农业产业化关键是在规模化、专业化、基地化基础上的深加工，起码达到经济作物占耕作业的 60%以上；畜牧业占大农业 60%以上；农业产品加工占农业总产量 60%以上；非农业人口占山区总人口 60%以上。

总体而言，山区农业产业化较之平原地区起步晚，难度较大，问题较多；但山区农业特色明显，山区农产品的种类、品种、质量，许多是平原区不能比拟的，其产业化道路也应与平原地区有别。但山区农业产业化是必然的选择。农业产业化必然要求有与之相适应的生产模式和生产方式，进而又要求从社会组织形式、聚落模式上与之相适应。

三、中国山区聚落演化趋势预测

中国山区聚落未来的发展方向是什么？或者说，中国山区聚落如何演变和演化，这是我国研究山区聚落想要回答也必须回答的问题。可以说，明确山区聚落在中国发展中的地位和发展的方向，不仅对山区发展战略的制定，而且对全国社会经济发展战略的制定，都具有重要意义。反过来，中国山区发展战略和全国发展战略对于中国山区聚落也有重大影响，两者是不能分开的。从一定意义上说，中国发展过程特别是工业化、城市化的过程将从总体上决定着中国山区的发展方向，特别是城市化过程，农村人口向城市集中，在这个过程中，山区的人口会流向城市，流向经济发达区，中国山区在全国的战略地位将会发生变化；而中国山区地位和战略任务必将引发山区聚落发展模式的变化。可以说，我国山区聚落在长期的农业社会里自给自足的几千年间，变化是不大的。但现代工业化、城市化的快速发展、山区聚落变动将是激烈的。为此，对其未来的演变作出科学判断，具有重大的决策意义。

大体上说山区聚落变革既与农业社会阶段有一定的继承，更有巨大的发展和差异。总体上我国山区的农业功能（特别是山区特色农业）、牧业功能、林业功能将继续存在，并得到提升；而山区的水能利用得到强化，山区的矿业将得到改造、筛选、提高；而自然保护的功能、水源涵养的功能、旅游产业的功能将大大提高；山区文化、历史、国防等功能将得以加强；而新兴的生物工程、生物产业功能将逐步发挥。

（一）聚落产业发展将发生质的变化

为顺应这种变化，山区聚落也将发生相应演变。山区聚落现存的自给自足、分散的农业经济体系将发生脱胎换骨的变化，以市场为向导、以工业为主导、以农业产业化为主要内容的产业体系将形成。①农业产业化。即聚落传统的农业为现代农业所代替，实现农业工业化。其突出的表现是农业规模化、集约化、专业化、基地化、农产品加工工业化，与此相应农业劳动力减少，但农业效益、农业总产量和质量大大提高。②山区聚落农业特色化、生态化。特色山区农业、绿化和有机农业成为山区农业的主体；山区聚落发展菌类、笋类、干果、水果等平原地区缺乏的农产品，将成为它们的主攻方向；新兴生物工程产业，山区聚落将是主要的种植基地、试验示范基地、原料和初级加工基地、开发选种的多样性供应基地。③山区工业将向大型化、集约化方向发展，将出现一些新的工业聚落。其中，能源工业包括水电、煤、太阳能、风能等，将成为带动山区发展的动力和龙头。特色矿业、大型矿山，特别是有特殊经济地位的有色金属、稀土矿等将成为重要山区产业；而新兴的生物质能工业有可能成为山区新兴工业，如生物能源、天然药剂、天然植物香料、染料、生物农药、野生植物纤维、蛋白质、脂肪、淀粉、维生素等。而以山区特色原料加工的中药、藏药、其他少数民族医药等工业，也将是山区的支柱产业。这期间，小而乱、破坏生态、高污染、低效益的小矿山、小冶金、小水电、小化工等将被禁止或关闭。因此，工业、矿业、能源等聚落将有新的调整和布局。④以生态旅游为中心的第三产业将蓬勃发展。中国山区拥有大量天然形成的绚丽景观，吸引国内外游客。旅游、观光、休闲、度假将是今后城市人口向山区季节性流动的主要动力；为此，带动起山区的商贸、金融、交通、通信、餐饮、住宿、娱乐、文化等产业的发展。因此，以第三产业为支撑的山区聚落将迅速发展。

（二）山区的人口和聚落将发生重大变化

人类的生活行为包括聚落的模式虽然因不同地域、国家和民族传统有很大的差异，但是有一点是共同的，即生活行为是随着社会发展阶段和消费模式的变化而变化的。

过去，我国广大山区处于封闭的自给自足的状态，生产活动以各家各户相对独立进行。因此，山区农户的农业生产范围只能是其日出而作、日落而归的步行所能达到的距离，为便于耕作，居民采用分散的各户以耕地为布局依据的模式，适应山区地形变化，沟壑割据的耕地、土地分布的特点，有其合理性和必然性。因为，若采用聚落集中的模式，则无法对分散的耕地进行有效的耕作与管理。

当代，工业化的过程要求农业集约化、规模化、专业化；在道路建设、机械普及等支撑下，山区农业摆脱各户自给自足的状态，逐步向连片经营、专业种植、规模集约不仅是必要的，而且是有可能的。同样，为了适应现代的社区教育、社会信息、社会保障、通电、通邮、通信、电视、商业、信贷、交通、贸易等的需要，山区分散的聚落已严重制约着生产社会化、市场化、规模化的发展。因此，对传统聚落进行重构，势在必行。其主要方向就是化零为整、变分散为集中、变小为大。

其基本趋势体现在以下 6 个方面。①山区的总人口，长期居住人口将大幅度减少。人口向城市、平原移动的趋势不可避免，当中国进入城市化高潮之后，如城镇人口占总人口 60%～70%，中国山区人口将相应进入城市，全国山区人口不应多于 1.5 亿。②山区人口和聚落都趋向集中。分散的聚落模式将为山区城市、集镇、大型聚落所替代，大部分山区人口将主要集中于现有的山区城镇和未来以特殊产业或特殊功能支撑的城镇（如大型水电基地、大型旅游观光区、大型新兴生物工程生产基地等）。③高山聚落将向低山或河谷转移，生态环境恶劣的居民和聚落将通过生态移民向生存和发展条件较好的山前地带、河谷、山间平原、丘陵等低海拔区转移。④山区聚落将更具特色。主要保存的山区聚落是：古聚落、古文化宗教保存地（如佛教四大名山、五岳、道教四大名山等）、旅游聚落（如黄山、泰山、九寨沟等）；特色养殖基地（如养麝、鹿等）；特色种植业聚落（如人参、天麻、黄连等）；特色大型农牧业生产基地（如林产加工、牧业、奶业、中药、水果、茶叶、荞麦等大型生产基地）；自然保护区管理聚落；大型工矿聚落（如大型电站、金属矿、煤矿等基地）；大型度假、休闲聚落；国防聚落（如重要边防哨、兵站、特殊指挥中心等）；边贸聚落等。总之，未来山区聚落的发展将更具特色，而一般的农业种植聚落将随着规模化、基地化，规模扩大，数量大大减少。⑤地方病聚落将消失。当前在我国山区存在大量克山病、大骨结病、氟骨病，克山病聚落是由于存在致病的自然因子在封闭的自给自足的社会经济条件共同作用下形成的“水土病”。随着山区发展，致病的自然因子得到改造，而致病的社会因子也发生改变（如聚落的粮食、饮水与外界交换，或吃商品粮，不饮当地的水），即改变自给自足的自然经济为市场经济，改变饮食方式和行为模式，地方病就可以根除。⑥游牧聚落将不复存在。随着牧区人工草场建设，退耕还草等工程实施，牧民定居，牧业以围栏、圈养为依托，长达上千年的游牧方式将不存在，游牧聚落（部落）将变为定居聚落。

（三）山区聚落多元文化的保护与发展

中国山区是多民族聚居区、多民族文化的交汇区。山区聚落是体现多元文化的重要载体和表现形式。在工业化、城镇化的浪潮中，如何继承和发扬各民族优秀的文化传统，同时又适应现代化进程和现代文明的要求，是一个迫切需要解决的问题。我们相信，我国的民族政策十分尊重少数民族的文化、传统、习惯和生活方式，对于他们喜爱的聚落模式、建筑风格、生态理念、宗教信仰、生活方式等会予以充分的尊重和保护。他们中某些与工业化、城镇化、现代化不合拍的观念、行为、聚落模式会由他们自己逐步去改进、改造、适应。因此，在少数民族地区，未来可能的聚落特征是：现代观念与生活水平下的特色、多彩多姿的多文化聚落；外观是传统风格与内在的现代生活内涵相统一；现代文明与少数民族传统文明相结合。

现在的问题是：中国作为一个人口大国，耕地资源不足，山区作为一个地域辽阔的区域，其聚落拥有上亿人口，这些山区人口往哪里迁？怎样才能重构？

我们认为，中国是人口大国，但并不是人口密度最高的国家，山区聚落重构是一个目标、一个过程、一个长期实现的过程。从现代发达的山地国家来看，如日本、瑞士等国，人口密度比我国更高，自然条件也并不比我国好，但山区发展在工业化、城市化的强大支撑下，依然取得我国山区现在还远不能比拟的成就。这当然是一个长期的奋斗目标和过程，也是唯一的出路。

工业化带来城市化，城市化带来人口集中、聚落重构，带来山区聚落的人口外迁，结果是除少部分有特色，能与城市化、工业化相互补充、配套的聚落外，其他山区聚落减员乃至荒废应该是一种不可避免的趋势。这个过程多久实现是与工业化、城市化的过程的快慢相联系的。工业化可以为稠密的人口创造就业机会，提供新的生活空间，可以解决人口的过剩问题、老化问题、就业问题。发达国家是这样走过来的，中国也不应该例外。

但是，中国山区聚落的重构应该是分阶段的，在近期，起码在近 20 年内，其基本目标是实现全面小康，为了达到小康的要求，聚落的形态、聚落的改造、山区的发展条件应该有相应的变动，山区人口不可能主要靠城市来吸收，山区本身也不可能一下子实现工业化、城市化，但起码应该使山区聚落逐步集中、规模化，这样才能进行现代山区教育、卫生、交通、通信、社会保障、防灾减灾的过程，才能实现小康、全面小康的评价指标和标准。因此，选择有利地形、气候、水源、农地条件建立规模化、集镇化的新山区聚落应是近中期的目标。

山区聚落集中化、规模化之后，山区的生产方式能适应吗？也就是说，人口集中了，建设公路、通信、通电、上学容易了，分散的耕地如何运作、耕作？笔者认为，依托现代的交通工具，逐步实现集中经营、大农户经营、集约规模化经营，并相应提高单位面积产量和效益是可以做到的。大部分耕地、草地是可以继续利用、生产的。局部太偏远的农地、牧草地弃耕不会影响粮食生产大局，反而对生态有好处。

第三节　中国山区聚落发展战略的宏观思考

依据上述对全国工业化、城镇化进程和山区发展趋势的分析，预见中国山区聚落面临着重大的变化。其变化的目标是使山区聚落的演变能适应全国和山区发展的总进程，推动全国建设全面小康社会、构建和谐社会、实现可持续发展。为此，对我国山区聚落的发展应具前瞻性，应及早提出战略安排，以便为建设社会主义新山区、实现全国发展战略提供支撑。

一、山区聚落发展的战略安排

这里的山区聚落发展是一个广义的概念，它主要从宏观上、整体上对全国山区聚落的未来走向作出战略安排，其次才是对单个聚落的发展。因此，山区聚落发展的实质是山区聚落发展模式的转变、生产方式的进步、生活质量的提高和生态环境的改善，并不意味着山区聚落数量的增加；相反，山区聚落发展的极大可能是聚落数量的锐减。在一些特定区域，山区聚落撤离成为无聚落区，也是一种“发展”。

（一）山区聚落发展的战略目标

根据前面对山区聚落发展的理解，我们认为其发展战略目标是聚落质的飞跃。具体而言，是使当代山区聚落得到较彻底的改造，从自给自足的山区聚落发展成适应市场经济发展的开放性聚落；从农业社会形态的聚落变成适应工业化、城镇化、现代化的聚落；从分散、无序、封闭、落后的聚落建设成相对集中、上规模、交通较方便、有信息化平台和社会化服务水平较高的聚落；从贫困、温饱型为主的山区聚落发展成能享受到全国工业化、现代化成果的聚落，使山区聚落参与工业化过程的社会变革和社会实践；建立起与工业化进程相适应的产业体系、社会服务体系、消费体系、市场体系、文化教育体系、社会保障体系、组织管理体系、法律体系以及与之相适应的观念、意识、行为；山区聚落居民大致享有与平原区一样的生活水平，拥有现代工业化带来的交通、信息、通信、技术；拥有现代社会的教育、文化、体育；拥有全面小康和高质量的居住条件、卫生保健和社会保障；拥有与全国一样的金融、贸易、市场、信贷、保险和相关的服务。最终目标是使山区聚落发展从形式和内容适应建设社会主义新农村、新山区的要求，达到全面小康、富裕和可持续发展。

（二）战略的时间安排

大体分为两个阶段：第一阶段，2006～2020 年，主要的任务是搞好生态移民，初步解决生存环境恶劣的山区聚落问题，与此同时，逐步开展聚落重构，引导山区聚落向社会主义新农村的方向发展，并取得较好的效果。第二阶段，2021～2050年，这一时期应是我国达到世界中等发达国家发展水平的阶段，在全国强大的工业化、城市化成果及其变革的推动下，山区聚落发生质的变化，从空间结构、组织结构、产业结构、人口结构上进行重构，使山区聚落成为工业化、信息化的聚落，即完成农业社会山区聚落向工业社会的聚落的转变。山区聚落保留着山区自然的风光，独特且优美的环境、传统的多文化建筑模式、建筑风格和各民族的文化、习俗，但享受城市社区的现代物质文明、精神文明、政治文明，从而实现建设社会主义新农村、新山区的理想。

（三）主要战略内容

首先是生态移民，将许多不具备生存条件、无法改变贫困状况、无法实现小康、环境恶劣的山区聚落迁移到条件较好的地区（可以是山区，也可以是非山区），这些聚落主要包括前面章节提到的山地灾害高发区和危险区内的聚落；生态环境十分恶劣的聚落（如陡坡、无饮水源、极偏僻、高海拔等）；地方病高发区聚落；自然保护区内聚落；水库淹没区聚落；游牧区无定居牧民松散聚落等[30]。关键的问题是要将这些聚落迁移到安全又有发展前途的地方；不仅移民能生存，而且要有发展空间，能在迁入区建设全面小康社会和实现现代文明。因此，全国各省、各大山区和相关的市地州、县要提前做好规划，作为建设社会主义新农村的重要内容付诸实施。

其次是聚落重构，这是对所有山区聚落而言的。尽管现在的山区聚落可以有生存和一定的发展条件，但如前几章所述，它们毕竟是农业社会的产物，不能适应现代工业化、城镇化的需要。因此，必须遵循工业化、城镇发展的轨迹，从产业上、社会组织上、空间结构上进行彻底的改造、重构，总的目标是实现规模化、基地化、集约化、工业化、农业产业化。社会组织上是减少聚落数量、并村合乡、扩大聚落规模，向城镇方向发展；实现聚落管理的现代化，构建与全国一样的山区教育、文化、卫生、保健、社会保险、社会参与的平台和机制。空间上是彻底改变山区聚落分散、小规模、偏僻、边远、封闭的问题，构建山区大乡村、大聚落、城镇、城市，以适应现代产业和社会化过程的需求[31]。未来山区的城市化应有自己的特点，出了现有的山区城市外，不一定非要出现一大批大、中城市不可，而是按山区的特点，建设有地方特色的小城市、大集镇、大聚落。

第三是古聚落和特色聚落的保护。这包括我们在前面多次提到的古聚落、长寿聚落、宗教、文化聚落等。由于这些聚落历史悠久，有重要的文化价值和生态价值，往往是一些特殊人群的居住地，同时也是广大民众向往或感兴趣的聚落，保护好这些山区聚落是保护中华文明的重要内容。保护这些聚落要做出具体的规划和计划；同时发挥这些聚落的经济功能和社会功能，大力发展旅游产业，建成一批爱国主义教育基地。

第四是壮大特色产业聚落。这些山区聚落具有发展产业的特色、优势和传统。有的已有一定知名度和品牌，是山区农村经济的亮点和经济增长点。它们的整合、综合和发展，可以构建起山区特色的产业体系，不仅支撑相关山区聚落实现小康和富裕，而且在发展特色产业聚落的过程中，促进聚落城镇化、规模化，促进产业基地化、规模化；为新山区的建设提供强大的支撑。这类聚落门类多，分布广，应成为未来山区聚落建设和发展的重点。包括特色农业、牧业、林产业、药材、花卉、养殖、水果、干果等等。其中不少是我国特有的产业，如东北人参、鹿茸、中药材种植和加工为主的聚落。总之，这类聚落实际上是山区农业发展的主体，在发展过程中，其主要任务是将农业产业化与聚落壮大、集中和城镇化相结合。在产业化中实现经济市场化、聚落现代化。

第五是山区新聚落的兴建。这里主要指山区工业化发展过程，由于社会和经济发展的需要，建设一批与特定产业相关的新聚落，包括水电、矿山、旅游、边贸、国防、自然保护区等建设需要。这些新聚落的建设除了满足各相关产业或社会职能的要求外，建设的起点要高，要按工业化、城镇化的要求搞好规划、布局，确定聚落、城镇、居民的规模，合理选址，搞好基础设施，建设对外开放通道，以此作为山区工业化、信息化的重要推动力和示范点。

二、山区聚落建设的措施

根据上节的山区聚落发展战略目标，可见要实现该目标，是一项复杂的庞大系统工程，包括政治、经济、社会、环境各个领域，包括全国、各大山区、省、地、市、县不同区域的努力和合作，包括产业发展、政策配套、投资支撑、观念转变、宣传教育、试验示范等等。由于篇幅关系，本书主要从聚落管理、分区布局、生态协调、案例示范等角度进行分析。相当的篇幅放在本章第四节和第七章中论述，这里仅论述以下几个问题。

（一）处理好聚落发展与生态建设的关系

聚落是人类生存与生活的重要空间方式，是人类与生态环境发生联系最直接、最密切的时空单元和系统。聚落是一个生态系统，是人类生态系统的基本功能单位，人是聚落生态系统的核心。聚落内及其周边生态条件，成为聚落人群生存质量、生活质量和发展条件的重要内容。聚落和其周边的地质、地貌、大气、水体、土壤、植被及其所能提供的生产力潜力，聚落与外界交流的通达条件等，直接影响着区内居民的健康、生活保障和发展空间。

我国人口大多数分布于广大的农村地区，其中山区居民又占有巨大比重，山区聚落往往更具封闭性，与当地生态环境的依存关系更密切。如果说过去山区生态环境的大面积退化是聚落人群生存压力的结果的话，那么山区生态环境的恢复与重建就不能不通过聚落来实现。

聚落的形成及其在不同地区、不同民族所表现的不同模式，是人地关系和区域社会经济历史演化的结果。各类聚落的存在和继承，有其历史的因由和生态学意义。例如，在西南地区很多少数民族(特别是彝、傈僳、苗、羌等民族)喜以海拔较高的山区为聚落选址,其原因一方面是过去为了逃避民族纠纷,而选择与外界较少联系而又能自给自足的地方建立隐身蔽所;另一方面,地处高海拔、气候温凉、传染病少,在缺医少药的年代,可以避免流行性疾病的浩劫。但是随着人口增加,生存压力增大,加之生产方式落后,生态环境恶劣,刀耕火种和陡坡垦殖导致贫困与生态退化的恶性循环。在这类地区的聚落改变落后生产方式、退耕还林、恢复生态良性循环已成为聚落生存和发展的第一要务。而在黄土高原丘陵沟壑区,地形起伏、气候干燥、植被稀少、广覆着疏松深厚的第四纪黄土沉积,冲沟纵横交错,片状侵蚀、沟壑侵蚀、滑坡、泥石流大量存在。严重的水土流失,使土地生产能力降低,耕地被毁,土地荒漠化,河流含沙量增大,水利工程淤泥沉积严重。特别是植被破坏,引起地面涵养水分能力降低,植被群落发生逆向演替,导致干旱面积扩大,水源枯竭,旱灾、洪灾发生频繁。加之,聚落人群平均文化程度很低,思想观念陈旧落后,经济基础非常薄弱,非农产业产值极低。同时随着人口的不断增长,水土流失的不断加重,土地生产力逐步降低,人口承载力下降。据有关资料显示,黄土高原重点侵蚀区人口承载力为 7～8 人/km^2,最多 20 人/km^2,现该区人口密度已远远超过此数值[32～33],尽管现阶段的退耕还林(草),在一定程度上可以缓解水土流失的进一步恶化问题,但现阶段的退耕还林主要依托国家制定的 8 年粮款补贴政策,且不说目前各地在政策落实过程中存在的各种问题,8 年以后如不继续实行补贴政策,则很难保证已植树种草的地区不被重新开垦,而继续补贴始终不是长久之计。可见,改善生态条件和聚落发展已成为不能分割的统一体。

因此,建立新的可持续发展聚落模式,选择与生态、生活和发展协调的聚落区位,确定聚落未来的发展方向和模式,已成为我国山区经济发展、建设全面小康社会的一个突出问题。聚落建设的好坏,直接关系着现代社区建设和聚落对外开发联系、组织与管理;关系着区域交通、通信、信息、商贸、能源、物质的组织与传输。

(二) 处理好聚落生态建设与区域发展的关系

一般来讲,对生态造成破坏的聚落,其分布都有一定的区域特征,如高原区(黄土高原、青藏高原、川西高原等)、高山峡谷区、环境容量不足的工程移民区等,都是属于生态环境相对脆弱的区域、贫困聚落和生态环境恶化的集中区域。因此,区域的建设和发展应对促进贫困聚落的脱贫和发展提供必要的环境支撑,即为聚落发展提供良好的生态条件和环境空间;另一方面,聚落的发展又要为区域生态条件的改善创造基础。我国山区生态环境的破坏除了集中性的森工产业对天然林的破坏外,大部分是与山区聚落的生存发展相联系的。有聚落分布就有陡坡垦殖、以柴为薪的现象发生。多个聚落的共同作用往往就会导致区域整体生态退化,进而导致区域贫困。因此,区域发展要落实到聚落,区域生态建设的成功也应落实到聚落[30]。

因此,山区聚落的发展与布局应与生态建设、环境保护相结合,应与经济发展和脱贫致富相结合。当前，其最有效的空间尺度是以聚落为单元，也即将可持续发展的落脚点放在聚落上。但同时，又要兼顾未来区域发展对聚落的新要求，对区域内聚落的重构、布局要有全局的把握。因此，需要有较好的区域聚落发展规划和环境规划。

从山区聚落生态环境的建设内容看，不仅可以分解为小流域综合治理试点，治沟、治坡项目，示范区建设，引水、排水工程，重点防治区、生态修复项目，小型水利工程项目，农村能源项目等，涉及聚落生态环境的项目类型不断丰富，涉及聚落的空间尺度也不断从自然村、扩展到小流域，生态环境建设对区域聚落生存环境和质量的影响力在广度和深度上不断得到深化；生态环境建设对区域聚落发展条件的支撑作用在不断增强。

建设良好的生态环境、实现人与资源、环境的和谐发展，成为衡量新世纪人民生活质量的一个重要指标。而建设小康社会的重点、难点是在农村，农村的重点和难点又在山区，和谐社会的构建，不仅是城市之间的和谐、城市与农村的和谐，更重要的是农村的和谐，尤其是山区农村的和谐，建设小康社会和构建和谐社会的关键是经济的和谐、资源环境的和谐。

从山区聚落生态环境建设的综合效应看，市场经济体制正在逐步建立、完善，市场作用的力量不断加强，地方政府的职能逐渐从以发展经济为主、控制型管理转向生态经济和谐共进、服务型管理政府职能的转变。山区聚落生态环境建设不仅是社会性、生态性的，而且还具有经济效应，从基础设施的改善、环境质量的提升，协同农村经济、农业生产和非农产业的发展，体现聚落生态环境建设是农业、非农产业发展的基础，更是农村聚落居民生活水平提高、生存环境改善、社会文明进步的保证。

（三）搞好聚落建设的规划与布局

随着农村经济实力提高，聚落发展的空间集中性、城镇化趋势将不断彰显，为了聚落发展的健康、有序和持续，必然需要首先解决山区区域聚落的规划问题、布局问题，这不仅是聚落发展的技术问题，更重要的还是聚落发展的区域战略问题。山区聚落规划布局问题的解决程度，决定着山区聚落建设的宏观格局、决定着山区聚落建设的指导思路、决定着山区聚落的方略与蓝图。

聚落建设的规划与布局必须首先以生态学原理为指导，坚持可持续发展的基本原则，把山区聚落作为一个有机的生态系统，协调人与自然、协调聚落经济、社会、资源与环境的关系，促进山区聚落建设向持续、健康、生态型的良性循环方向发展。

为此，要以生态演化与循环原理来指导山区聚落规划布局。聚落与周围环境之间要实现人流、物流、资金流、信息流和能量流的良性循环，以整体优化和生态优化原则进行规划布局，建立山区聚落人口、经济、社会、生态、环境与资源利用相互协调的机制，提高资源综合利用率，实现资源的持续利用，保护聚落辐射区域内的土地资源、水资源、生物资源、旅游资源和人文古迹资源。

以土地适应性与承载力分析为依据指导山区聚落规划布局。通过不同区位土地开发程度、适应能力以及承载力，进行土地分区，规划布局山区聚落优先发展区、限制发展区、更新改造区、自然保护区等区域性格局的设置，明确聚落发展的方向，确定聚落发展的顺序。在此基础上，确定聚落空间土地利用的功能和布局，有效配置土地资源、减少资源消耗效率，维护聚落布局空间与生态系统的协同关系，推进山区聚落空间与生态系统的演进共生。

结合自然和人文条件与优势指导山区聚落规划布局。聚落布局应充分利用特定的自然资源、条件、人文现象、文化背景和区域特色，使人工系统（聚落形态、聚落结构、聚落文化、聚落生态、聚落时空）与自然系统（水系统、地系统、生系统、气系统）形成和谐的耦合关系，结合居民休闲、娱乐、保健的需要，因地制宜、因势利导、创造优美、舒适而恬静的绿色、健康环境，由此构造形成科学、合理、健康和富有特色的山区聚落布局形态。

结合聚落建设与经济发展方向指导山区聚落规划布局。山区聚落往往具有城市所不具备的自然生态条件、自然环境条件尤其是田园风光与清新的空气。因为如此，山区聚落正在不断吸引着城市居民到山区聚落进行休闲、旅游等活动。所以，在有基础和条件的聚落建设布局必须紧跟社会发展的动态与趋向，充分发挥山区聚落的优势，在规划构想上，既体现生态效应，更体现经济效益，扩展山区聚落居民的增收路径和渠道，在规划布局中应结合诸如兰圃、药草园、百竹园、休闲娱乐园、农家乐园、百果园、垂钓园、盆景观赏区、花卉观赏区、采摘园、鱼类养殖园、有机食品基地等特色鲜明的项目和区域进行合理配置，在维护生态环境的同时，提高聚落居民的收入和生活质量。

结合聚落空间演进规律指导山区聚落规划布局。山区聚落的发展，从空间规模和形态上看，在有一定基础和条件的聚落，将逐渐从乡村聚落向城镇聚落方向演进，出现山区聚落的空间形态和规模的集中化和城镇化趋势。因此，应结合小城镇发展进行绿地系统的规划布局、结合小城镇建设的速度和规模扩展，进行聚落规模的规划布局。对于城镇发展而言，绿地系统是城镇发展的重要组成部分，是人工系统与自然系统协调环节的重要补充，规划布局中应提倡产业与生活用地集中，绿地空间相对分散，创建整体连贯而有效的自然开敞绿地系统，以便于基础设施的有效利用和污染集中化治理，将城镇这一复杂多样的人工系统尽量模拟自然生态系统，尽可能地改善城镇环境质量，提高城镇聚落居民的生活质量。同时，城镇建设的规模必须与聚落所在区域内的环境承载能力相适应，根据城镇用地条件、用水条件、污染物净化能力、结合社会、人口和经济发展潜力，依据环境容量，确定城镇发展的规模，严格控制高污染产业、高能耗产业、高投入产业、低效率产业的布局，避免生态环境负荷过度。

以功能区的科学分工指导山区聚落规划布局。小城镇聚落是山区聚落发展过程中空间形态变化的一个初级阶段，它既有乡村聚落的特性，又兼有城镇聚落的特征。表现在功能上，既有乡村聚落表现出的农业耕作功能区，也有生态环境保护与恢复功能区，还有具有重要城市化特征的工业功能区，具有多层次、多结构、多功能、多排放物的综合性经济运行体系。因此，必须坚持科学发展观，做好聚落规划布局的功能分区，严格按区域要求和规律进行资源配置和产业建设布局。

三、山区聚落建设的区域规划

我国山区聚落发展面临的问题有许多是共同的、普通的；因此，未来建设的措施也大体是一致的。但由于我国山区发展存在东、中、西地带差异，各地山区自然条件、发展历史、民族基础等也有巨大差别，由此形成许多具有区域特色的山区聚落发展问题。因此，在未来山区聚落发展中，按不同山区进行规划和建设，将更符合实际，更具可操作性。

（一）西南岩溶山区

以贵州为中心的云南、四川、广西、湖南、湖北和重庆等省区市构成的西南岩溶区，位于长江和珠江流域的上游，是世界上最大的岩溶裸露连片区，面积约 62 万 km^2。20 世纪 80 年代以来，随着聚落人口的迅速增长及水土资源的不断开发，水土流失加剧，生态退化严重，旱涝灾害频繁，严重制约了当地聚落居民及中下游地区国民经济的发展[34]。这类地区的主要特点是矿产资源、旅游资源丰富，环境问题突出表现为岩溶发育、山高水深、土壤瘠薄、宜农条件差、受灾面积大、石漠化日益扩张、植被结构简单、生态退化严重、社会经济发展缓慢。因此，在该类地区聚落规划布局的重点应突出以下几个方面。

①因地制宜，聚落选址布局靠近水资源。坚持“富、浅、近、易”优先开发水资源的原则，聚落布局重点放在水源相对较丰富、水位相对较浅、农田较为集中的峰林谷地、平原区。

②合理利用土地资源，产业布局注重发展生态农业。根据土地资源短缺、宜农条件差等特点，改变单一农业种植模式，建立复合、高效的立体生态农业体系，以为聚落居民提供丰富的农副产品、增加农民收入为目标。

③脱贫攻坚，培育新的经济增长点。西南岩溶区由于土地生产力和生存环境的限制，贫困问题依然十分突出，在该地区培育新的经济增长点，提高聚落居民物质生活水平，缓解贫困程度具有决定性的作用。应挖掘生物种质资源、旅游资源、民俗文化资源的潜力，培育特色资源产业、旅游产业。

④改善能源结构，促进庭院经济发展。由于西南岩溶区乡村聚落交通不便，工业落后，能源商品缺乏，日常大多用薪柴作为燃料，对生态破坏极大。因此在聚落规划建设过程中，对农村能源的规划布局显得尤其重要，特别是发展沼气、小型水电对保护西南岩溶区生态环境具有重要意义。

⑤生态移民，缓解人地矛盾。对于环境恶劣、基本丧失生存条件或人地关系异常紧张又无法解决的地区，生态移民是一项非常有效的布局措施。可以通过生态移民来减

轻这些地区人口对岩溶生态环境的压力和生存空间。

（二）横断山区

横断山区以山原地貌为主，西北向丘状高原过渡，东南局部为高山峡谷，河流沿近南北向的断裂发育并与山脉平行相间，高原被河流深切并多呈峡谷，但河间山岭顶部仍保留一定规模的高原夷平面，海拔多在 4 000m 以上，谷岭高差 1 000～2 000m，主流河谷在北纬 30°以北，江面较宽，阶地和河漫滩发育，以南江面狭窄[35]。

本区涉及藏东、青南、川西、滇西约 50 万 km^2，区域内辖多个民族自治州，如西藏自治区那曲、昌都地区，青海玉树藏族自治州，云南迪庆藏族自治州，怒江傈僳族自治州，大理白族自治州，德宏傣族景颇族自治州，红河哈尼族彝族自治州，四川甘孜藏族自治州，阿坝藏族羌族自治州，凉山彝族自治州等。横断山区自然地理环境独具一格，矿产、水利、森林、草场、旅游等资源丰富，是生物多样性的宝库和地学研究的重点地区之一[36]，现有卧龙、若尔盖、九寨沟、黄龙、海螺沟等自然保护区和丽江等世界文化遗产地。

本区聚落和耕地大部分集中于阶地和洪积扇上。在农业经济结构中，种植业比重小，畜牧业比重大，对区域经济的发展有举足轻重的作用，而退耕还林还草又给该区聚落经济的发展带来较大冲击。以采集加工野生动、植物及药材（虫草、贝母、雪莲）等为内容的副业和家庭手工业具有比较优势；此外，由于该区具有丰富多彩的自然、文化旅游资源，旅游已成为该区经济增长的重要支柱。从山区聚落居民农业生产活动的基本要素看，耕地以旱坡地为主，且多分布于干旱河谷，水土流失十分严重，加之高海拔耕地，普遍沿袭广种薄收的粗放耕作方式，尽管人均耕地面积比较高，但人均粮食产量却比较低；草地分布面积广阔，以天然草地占绝对优势，改良草地和人工草地极少，以高寒草地为主，存在宜牧性较低、中低等牧草地比例大，载畜能力不强，过牧超载现象普遍，由此造成的草地退化十分严重[35]。

针对该区的具体特点，聚落规划布局应突出如下 4 点。

①空间布局，将高寒、陡坡地区分布的分散聚落逐步向以河谷为聚集的优先聚落布局秩序过渡，对分散聚落进行适当集中与迁移，以期充分利用河谷光温、水源和交通相对便利的条件，改善山区聚落基本的生存条件和建设成本。

②产业布局，立足区域资源优势和开发潜力，发展生态农业、特色农业、商品性牧业、生态旅游业，具体包括：发展经济作物、果木为主的特色农业、绿色生态无公害农业、高原保护地农业及以自然保护区为基础的生态旅游业。

③生态建设，主要体现在水土流失的预防、治理和生物多样性保护两个重点。水土流失的预防与控制，主要从减少坡耕地面积、严格实施耕地生态退耕和轮歇地定耕，发展水土保持防护林；进行人工草场建设，实行草粮轮作，降低牲畜规模和数量；依据土壤的特性科学规划与布局，进行产业结构的调整，切实改变传统的生产模式；积极培育、扶

持、提升旅游资源开发的科学化、规范化和产业化，加强自然保护区建设，保护生物多样性。

④基础设施布局，一方面，以改善干旱状况为目标的基础设施建设，进行农田基本设施建设，实施大中型引蓄水工程与小微型集雨蓄水工程相结合；另一方面，本区交通条件差，信息闭塞，严重制约着区域内聚落居民自然资源利用的水平和程度，影响整个山区的经济发展。因此，加快交通、能源、水利等基础设施建设与布局，为山区聚落的持续发展提供重要保证。

（三）青藏高原

青藏高原号称“世界屋脊”，总面积 290 万 km^2，在我国境内面积达 250 万 km^2，占我国陆地面积的 1/4 以上。包括西藏自治区、青海省全部，以及新疆维吾尔自治区、甘肃省、四川省、云南省的部分地区[37]。平均海拔在 4 000m 以上，这里幅员辽阔，但绝大多数土地处于干旱地带，山地、沙漠、戈壁占总面积的 3/4 左右。千载以来，青藏高原就是一块没有被充分开发的净土，蕴藏着丰富的资源和巨大的发展潜力。自然条件虽然不能与内地和沿海地区相比，但是却可以说是得天独厚，高海拔、无污染，为发展有机农牧业提供了很好的条件。雪域高原与内地迥然不同的自然风光，以及独特的民族文化，也使旅游业的发展具备了独特的比较优势。

青藏高原的气候寒冷而干燥，生态环境条件极为严酷，具有十分鲜明的特殊性，表现为生态环境的高寒性、生态环境的易于破坏性、生态环境恢复的困难性和生态环境影响的广泛性。在严酷的自然条件和日益增长的人类活动的作用下，已经造成了青藏高原植被覆盖率低、水土流失严重、土地沙化加剧、草地生产力大幅下降、土地裸露面积增加以及生物多样性锐减等生态环境退化的不良后果。如西藏自治区那曲地区 1960 年有各类牲畜 249 万头（只、匹），2004 年末存栏量达到 786.77 万头（只、匹），增加了 3 倍，而草原的实际可利用面积和产量却在减少。生态环境的退化加剧了该地区聚落居民的贫困程度，青藏高原的农牧区大都处于生态环境比较恶劣的地区，生态脆弱和经济贫困的相关性极为密切，环境恶化和经济落后之间无疑是难以割裂的循环怪圈。青藏高原是藏民族的聚集区，整个高原人口有 46％为藏族，还有汉、回、土、蒙古、门巴、撒拉、珞巴等民族，由于地广人稀，历史上以游牧为主，并创造了浓厚的宗教色彩的高原游牧文化[37～38]，聚落分布十分分散，聚落的规模非常小，在规划布局中必须与生态环境建设和环境保护密切结合，与宗教文化相结合；促进区域经济的发展、民族的稳定团结，及聚落居民收入增长与空间合理配置。

①宏观布局，一是省级区域，即高原“两谷一盆”（以西宁为中心、格尔木为次中心的河湟谷地和柴达木盆地经济区）、“一江两河”（雅鲁藏布江、拉萨河、年楚河）区域；二是地、州、市内区域，雅鲁藏布江中下游农业经济区、藏北草原牧业经济区、藏东南林业经济区、以拉萨为中心的商贸经济区等；三是重点城镇区域，如昌都、康定、中甸、樟木、亚

东。通过上述区域、轴线进行沿线、沿边的聚落布局与建设，带动整个高原山区聚落的全面发展。在聚落的空间格局上，围绕高原高寒灌丛、草原、荒漠亚寒带山区聚落，对于玉树半湿润地区、羌塘高原半干旱地区、昆仑干旱地区聚落分布稀疏区，进行定居点、游牧点状聚落的科学布局，促进当地聚落农牧经济的发展与生存条件的改善。围绕高原山地针叶林、灌丛草原、山地草原、山地荒漠温带山区聚落，对于祁连山、阿里、昆仑山等人口稀疏区、聚落分散区，进行聚落空间的重组与布局，发展高寒农牧业；对于藏南、青东、川西等人口较密区，聚落布局适度集中化、低海拔化，在发展农牧经济的同时，注意资源型工业的培育与发展；围绕山地常绿阔叶林亚热带山地聚落，对于澜沧江中游湿润地区、东喜马拉雅南湿润山区聚落，主要进行资源型产业的开发与建设，配合经济布局，适度调整聚落的空间分布[37]。

②产业布局，该区优势产业的布局重点应该是：优势资源产业（如天然气、盐湖资源、有色金属开采）、特色民族风情旅游业、现代草原畜牧业，以及生态环保产业（如天然林保护、退耕还林还草、自然保护区建设、围栏畜牧业）等[32]。空间上青藏高原的旅游业以藏北、藏南、藏东为重点，以拉萨、日喀则、林芝、昌都为节点，形成旅游环线，以宗教和自然风光为主导旅游产品；藏医药业以林芝、拉萨、西宁为中心，形成基地；农畜产品加工业以阿里、那曲、拉萨、西宁为核心区域，形成加工聚集带；以巴颜喀拉—甘孜构造成矿带、羌塘—三江构造成矿带、祁连构造成矿带、昆仑构造成矿带、冈底斯—念青唐古拉构造成矿带为主线的矿业开发；民族手工业以拉萨、林芝、西宁为重点以及拉萨、西宁高原生物等高原特色产业，将是青藏高原区聚落经济发展布局的主要极点和依托[37~38]。

③交通基础设施布局，把“四纵四横”（四纵：张掖—西宁—成都，青海倒淌河—昌都—德钦，柳园—格尔木—拉萨，新疆甜水海—狮泉河—普兰；四横：西宁—新疆莎车，兰州—西宁—格尔木，四川德格—那曲—狮泉河，四川巴塘—林芝—拉萨—巴嘎）公路建设作为公路运输的重点布局项目。

（四）黄土高原

由于特殊的自然环境，黄土高原是我国最为严重的水土流失区域，聚落建设与居民生产、生活对该区水土流失具有显著的影响，根据甘枝茂等人对陕北黄土丘陵区乡村聚落发展对土壤侵蚀的研究，乡村聚落的平均水力侵蚀强度为 5 434.3t/km^2，新建 1 间窑洞或平房，平均弃土 34.9m^3，流失泥沙 46.3m^3[39]。黄土高原人口承载量也超过其生态环境的正常阈值，若要有效治理该区土壤侵蚀问题，必须改善聚落生存条件，推进聚落的规划与布局，主要通过改变聚落结构、提高土地存量，使原来居住分散的自然村向新型小区过渡，从而盘活大量建房占用的优质土地，提高农村生存质量，使农民得到更好的水、电、信息保障，减少因聚落结构不合理形成的土壤侵蚀；充分依据宜治则治、宜迁则迁的指导思想，对于生存资源严重匮乏、粮食产量无法保证当地聚落生存的地区,应当本着就近就便的原则,适当迁移人口,以改善人地关系的尖锐矛盾,实现聚落与自然协调发展[32]。

产业布局,主要突出特色产业、非农产业的规划建设地位,大力扶持晋西、陕东黄河沿岸地区滩枣产业的持续发展。扶持与壮大黄土高原传统手工业、食品加工业,使其成为当地经济支柱产业,以提高经济水平,节约剩余劳动力。转变传统的经济方式,发展集约生产模式,以保证基本农田投入和农田产量,积极调整产业结构,特别是以种植业为主的传统产业结构,大力发展以特色农业、草牧业、林果业为主的生态农业,推进一体化农业(专业化生产、系列化加工、企业化管理、一体化经营、社会化服务,种养加、产供销、农工商、内外贸、经科教一体化)、立体农业、坝系农业、特色农业、节水农业发展范式[40]。并根据小流域治理的经验和国际先进的参与式理念,将聚落规划与小流域治理和经济发展融为一体。

(五) 东北山区

长白山区。广义范围包括吉林省的22个市县和黑龙江省七台河等14个市县以及辽宁省抚顺等11个市县围成的区域,面积约20万km^2,约占全国总面积的2%。长白山区的植被类型具有明显的垂直地带性分布,海拔1 100m以下为红松阔叶混交林带,1 100～1 700m为云杉林带,1 700～2 000m为亚高山岳桦林带,2 000m以上到山顶为高山苔原带,是亚欧大陆东北部典型的自然综合体[41]。18世纪长白山地区几乎没有定居的人口,而到光绪三十三年(1907年)长白山就从少有人迹的地方迅速发展成为一个人烟稠密的农业地区和森林采伐区。由于地势条件相对南方山区而言,受限性较小,聚落的规模要比南方山区聚落大得多,聚落适当集中、分片集聚的可能性、可行性也相对明显。为此,聚落的规划布局应借小康村、中心村建设的趋势,采取试点示范、典型引路的办法,依据相对集中、分片居住、先点后面、积极稳妥的原则,合理调整布局,以逐步形成商品经济较为发达、交通联系较为方便、基础设施较为完善的村镇体系,坚持山、水、田、林、路、村综合治理的原则,搞好农民新村建设,逐步将分散居住的自然院落和单家独户,相对集中在新建村、改建村、扩建村的农民新村,使山区聚落的规划建设向科学化、规范化、法制化方向发展。

大、小兴安岭山区。大兴安岭山区地处我国北部,横跨内蒙古、黑龙江两省区。小兴安岭林区位于黑龙江省北部,海拔在400～800m之间,为丘陵、山岳地带。林区的聚落多由国有林管局所辖林业局从事森林砍伐、木材加工和植树造林的林业职工而形成的聚落点和聚落群,在大、小兴安岭林区,随着森林作业的逐步拓展,多年来形成了许多居民聚居区或居民聚居点,其规模从百余户到千余户,甚至几万户不等,在几十年的发展历程中,少数规模大的聚落,地方政府设置了建制镇,小一点的设置了居民委员会,而相当一部分没有政府管理机构。这类林区聚落在早期建设初期,没有总体规划,消防通道和防火间距没有严格按照国家标准,随着后期聚落居民不断地翻建、改建、扩建,消防通道越来越窄，另外，聚落区、贮木场、石油库之间往往是成片的杂草和荆棘，火灾风险大[42]。因此，这类聚落的规划布局应该在城镇聚落总体规划指导框架内，落实消防规划，加强消防设施基础建设，包括消防安全布局、消防站、消防供水、消防通道和装备等。改变传统的建筑结构，提高建筑物的防寒与防火功能，鼓励建设新型的非燃性材料建筑，改造木质结构建筑；聚落居民能源使用实施以煤代木工程，降低聚落居民住宅区的火灾风险性[42]。

（六）秦巴山区

秦岭是我国南北地理和气候的天然分界线，也是长江、黄河两大水系的分水岭。其海拔为 2 000～3 000m，主峰太白山海拔 3 767m。大巴山区地处四川、重庆、陕西、湖北的接合部，北倚秦岭山脉，南接四川盆地，东邻巫山山脉。大巴山略呈北西—南东走向，横亘 500 余 km，是四川盆地和汉中盆地的地理界线，为中、北亚热带的过渡地带。

秦巴山区是中国地理学对秦岭大巴山地区广大山区地带的统称，而以巴中—广元—略阳—凤县—宝鸡—周至—镇安—安康—万源为连接点的大秦巴山地走廊，既是连接川陕两省的桥梁和纽带，又是我国南方连接西北地区的区域经济发展轴，更是我国重要的南北地理分界线。但这一地带多数地区由于地形复杂、交通困难、地力贫瘠、开发困难而被国务院划为贫困山区。为全面实现建设小康社会的宏伟目标，山区的脱贫致富和城乡协调发展显得十分重要，因此在山区聚落规划布局的过程中，必须与该区的城市建设紧密地结合起来，与该区的产业经济增长点培育结合起来，以期实现山区聚落空间与城镇体系规划、山区居民脱贫与经济增长的协同共进。首先必须调整优化城镇布局，协力共建川、陕、鄂经济带，有机衔接西安、汉中、安康、巴中、广元、通江、南江、平昌、万源、十堰等大中小城市整合的联合协作网络，联动、带动、驱动沿城市点、城市线、城郊区的山区聚落的规划布局与发展。以自然资源和产业优势为导向，整合川、陕、鄂（巴中、汉中、通江、南江、广元）三国文化旅游产业、（汉中、安康、巴中）优质稻米产业、（南江、通江、南郑、洋县等黄羊、黑猪、花猪）特色养殖业、（郧西黄姜、竹溪魔芋、房县波尔、努比羊）产业、秦巴山区水果、药材、动物资源等特色经济，以此带动特色产业带的形成。

（七）东南山区

东南山区位于长江以南，云贵高原以东，包括以南岭、武夷山为中心的低山丘陵区，涵盖湘、赣、皖、浙、闽、粤、桂等省（区），面积 124km^2，人口 3.5 亿[43]。区内农业人口 1.8亿，农业劳动力 7 000 多万，按每个劳动力负担耕地 0.6hm^2 计算，全区富余劳力达 4 000多万[43]。该区由于地理环境相对优越，自然资源丰富多彩，特色资源突出，农业开发历史悠久，山区民族构成多样，聚落形态风格各异，该区聚落建设的区域规划布局总体思路应突出产业特色、文化特色，走特色化、差异化道路，具体从以下几个方面展开。

①以传统农业为主的聚落规划布局：本区地处长江、珠江、闽江诸河流域，气候高温

多雨、光温同步、雨热同季，具有开发名优特商品生产的优势，为发展高产优质高效农业提供优越的生态环境资源，具有发展商品农业和开拓创汇农业的优势。该区是我国重要的粮食和亚热带经济作物、经济林木产区，农作物播种面积占全国26.3%，稻米、茶叶、水果产量分别占全国59.9%、70.5%、32.4%，肉类总产量占全国29.0%[43]。针对传统农业的特点与优势，在搞好基础设施建设的同时，提高农产品的商品率，拓展与城市的连接管道，在交通条件相对发达的沿线、城镇相对集中区域形成一定程度的城乡融合聚落群、专业化农业示范村镇。

②以特色农业为主的聚落规划布局：低山丘陵地形引起光、热、水、土的空间差异，形成自然环境的多样性，构成低山丘陵及江河湖海平原良好的空间组合，孕育出大量名、优、稀、贵、珍生物资源，逐步形成许多全国性的著名特产，如江西南丰蜜橘、湖南永州薄荷、安徽黄山毛峰、广东梅州金柚、增城荔枝等。茶叶也是武夷山的主要经济作物之一，武夷岩茶与安溪铁观音同为中国乌龙茶的代表。此外，如武夷天游绿茶、武夷肉桂茶、武夷水仙茶、浦城优质米、建瓯清水笋、建瓯锥栗、松溪蒸绿茶、邵武大乾水蜜桃、南平长富牛奶、南平大嵊牛奶、建宁莲子、清流茶籽油、三明绿竹露、龙岩闽佳香笋、福安富春花茶、福州茉莉花茶、莆田常太枇杷、永春芦柑、安溪坪山牌乌龙茶、安溪祥华牌铁观音、华安苦菜、平和琯溪蜜柚、诏安八仙乌龙茶、漳州芦柑等农产品都具有十分突出的区域特色[44]。该区域由于农业产品具有明显的区域特色，这种特色与差异使之在国内与国际两个层面具有较强的市场竞争力。因此，以特色农业为基础的山区聚落规划布局，应巩固、完善、提升山区聚落的特色化经济定位，积极维护好区域生态与环境，争取以地理标志为目标的分类生产基地建设与不同经济形态的聚落布局，扩大生产规模，以此带动山区聚落不断向城镇、小城市方向发展。

③以生态农业建设为主的聚落规划布局：近年来，东南山区逐步形成了“立体农业”等集约化生产经营的模式。东南山区林地面积广，原有农业生态基础较好，有机肥来源丰富，动植物种类多，生物生产速度较快，建立以林、果、茶为主，以立体农业为基本模式，发展“绿色农业”是该区的一大方向[43]。具体模式有山区林、果(茶)、牧、渔综合经营模式，低丘区果(茶)、稻、渔、畜综合经营模式，居民区渔、菜、果、畜、沼气的庭院经济模式，形成“山顶一片林，山坡一排果，水面一群鸭，水里一塘鱼，塘基一栏猪”的立体经营景观。该区聚落的规划与建设应围绕悠久的生态农业开发历史与文化，依据生态农业建设积累的经验和形成的具体模式，构建不同特色、不同层次、不同水平的生态农业景观聚落。

④以生态旅游为主的聚落规划布局：武夷山区是东南山区的重要组成部分，北接金衢盆地和赣抚平原，东与浙江省丽水、泰顺县接界，南至福建省戴云山，西邻江西省新干、永丰县一带，包括闽、浙、赣三省的34个县市的全部和23个县的部分地区，总面积912.85万 hm^2，总人口1 000多万[45]。行政区划包括福建省浦城、松溪、光泽、邵武、建阳、建瓯、顺昌、南平、建宁、泰宁、将乐、沙县、宁化、清流、明溪、尤溪、大田、闽清、德化、

武夷山以及三明、永安等；江西省东部的铅山、资溪、南城、南丰、黎川、宜黄、乐安等；浙江省西南部的龙泉、庆元、遂昌、松阳、云和等。武夷山国家级自然保护区又是武夷山区的核心，是我国第一个国家级自然保护区，也是我国东南大陆现存面积最大、保存最完整的中亚热带森林生态系统[45]。1987 年被列为世界生物圈保护区，1999 年获得世界自然与文化遗产，成为国内仅有的一个既是世界生物圈保护区，又是世界"双遗产"保留地的保护区，是我国继泰山、黄山、峨眉山—乐山大佛之后第四个被列入世界双重遗产名录的名山。武夷山保护区以生物种类的多样性、珍稀动植物的丰富性和中亚热带森林植被的典型性闻名于生物学界，获得"鸟的天堂"、"昆虫的世界"、"蛇的王国"、"研究亚洲两栖爬行动物的钥匙"等盛誉，是世界闻名的"生物模式标本产地"[44～45]。极为丰富的生态旅游资源，使之成为生态旅游的绝好胜地。分布于该地区的广大农村山区聚落，应紧紧围绕生物多样性的保护，以维护生态系统结构与功能完整性为宗旨，以保护促开发、以保护促发展，尽量避免山区交通较为便利区域、河谷、平原土地利用无限制、不科学的城镇化趋向。

⑤以红色旅游为主的聚落规划布局：东南山区不仅生态旅游资源十分丰富，而且被誉为"红土地"的江西又是中国最重要的富有光荣传统的革命老区、第二次国内革命战争的中心。井冈山位于湘赣边界罗霄山脉中端，行政区划包括江西省的井冈山市、宁冈、永新、遂川县和湖南省的茶陵等县，总面积 11 882km^2，人口约 200 万。区域中心井冈山市东起拿山，西到水口，南抵黄坳，北至茅坪，东西间隔 40km，南北延绵 45km，方圆 550 华里，号称"五百里井冈"，是中外闻名的革命圣地。该区聚落规划应划分为两个层次，一是以红色旅游资源（景点、景区）本身形成的旅游聚落，应以保护规划为核心，调整雷同的内容，突出展示特色为手段，增加利用功能；二是毗邻红色旅游景区、景点的山区聚落应以功能互补性为规划建设的目标，围绕红色旅游景点、景区突出农家资源、农家产品、农家餐饮、农家体验，为红色旅游服务，形成具有集传统农业与现代旅游服务为特色的山区传统农业、旅游服务型聚落。

⑥以特色乡村旅游为主的聚落规划布局：东南山区另一具有特色的旅游资源是美丽的古村落。比较著名的有江西婺源、福建永定。婺源地处江西省东北边陲，与皖、浙、赣三省交界，是一个"八分半山一分田，半分水路和庄园"的典型江南山区县。全县辖 18 个乡（镇）33 万人口，其中农业人口 28 万，占 84%[46]。婺源是中国最美的乡村之一，至今仍保存着许多文化底蕴深厚的古村落（如理源、李坑村等），依山傍水，风光旖旎，村落的选址和布局，独具匠心，空间形象独具特色。福建永定是客家人聚居地之一，永定土楼是东方文明的一颗明珠，是世界上独一无二的神话般的客家民居建筑，是世界建筑的一朵奇葩，以她悠久的历史、独特的风格为世界所惊叹，全县现依然保存有圆楼 360 座，方楼 4 000 余座[46]。由于该类地区古村落的浓厚历史文化沉淀、配以幽静的乡土风情，使其成为国内外旅游者追逐的最佳旅游目的地。因此，这类聚落的规划，应充分体现其文化价值的内涵，保护遗址的完整性，在一定的环境容量范围内，提升古村落的服

务功能，并极大程度地消除因游客流量的剧增而带来的废水、固体废弃物的污染，科学地进行功能分区、合理地利用聚落空间，促进聚落与自然在现代旅游扩展条件下的协调与动态平衡。

（八）吕梁与太行山区

吕梁山区是中国革命根据地，是中国贫困面最为集中的地区之一。山区地貌复杂多样，山地丘陵面积占80%以上。由于地理环境恶劣，水土流失严重，仅吕梁山区的三川河流域水土流失面积就达4 521km^2，占流域总面积的83.2%，范围涉及方山、离石、柳林、中阳4个县市，78.39万人，其中农业人口62.28万人，贫困人口24.22万人[47]。流域内沟壑纵横，地表支离破碎，土壤侵蚀模数达1.0～1.8万t/km^2，最高达3万t，林草覆盖率仅为14.1%，是吕梁水土流失的重灾区[47]。不过，由于区域的差异性和特殊性，也孕育了该区资源的区域特色，小杂粮、中药材、经济林果、畜禽和煤炭资源具有较强的区际优势。基于此，该区聚落的规划布局应注意以下几个方面。

①产业布局规划：一是小杂粮是吕梁山区种植业潜在的优势。如汾州香小米、绿豆、红小豆、大豆等都是消费者钟爱的食品，需求旺盛，价格高，吕梁山区必须抓住这个优势，围绕五谷杂粮这个特色农产品的生产，使之形成一定规模的生产区域，形成品牌和规模；二是在名、优、特品种上下工夫，如柳林、临县红枣，交城骏枣，汾阳、孝义的核桃等[44,47]；三是吕梁山区适宜许多中药材品种生产，生产出的中药材质量高，如柴胡、甘草、黄芪、山药、远志等品种都是名优种，大力组织连片的土地基地化、规模化中药材种植；四是发挥优势，突出重点，努力建成脱毒马铃薯基地、干鲜水果基地、畜牧生产基地。

②区域布局规划：按照自然条件和资源优势，通过结构调整，逐步形成各具特色的四大板块经济[47]：一是东部平川区，这是吕梁农牧业生产的精华地带，重点发展粮、畜、果、菜四大产业，在粮食生产上，小麦、玉米种植面积占到总耕地的70%以上，蔬菜占到10%左右；在林果业上，突出葡萄、梨、核桃生产。畜牧业突出鸡、猪、牛养殖业。二是中部丘陵区，包括离石、中阳、交口三县市，重点发展粮、果、畜三大产业，粮食以玉米、谷子为主，水果以苹果为主，畜牧以鸡、牛为主。三是高寒冷凉区，包括方山、岚县、兴县的部分地区，重点发展马铃薯、油料生产，力争种植面积占到总耕地的65%以上。同时大力发展养牛业。四是西部沿黄区，高度重视谷子、大豆生产，大力发展红枣，加快绒山羊基地建设。

③聚落布局规划：结合产业布局与区域布局，科学规划吕梁山区聚落，与平川水地、平川边山、中部冷凉、西部丘陵四条高产开发带相适应，以汾阳、孝义、交口、离石、临县、中阳、柳林7县市为城镇体系主体配置具有特色的农业经济山区聚落。围绕沿黄四县绒山羊生产区域、平川四县（市）猪鸡生产区域、中部五县（市）养牛生产区域和以汾阳、文水、孝义为主的商品瘦肉型猪基地建设，形成畜牧经济为主的山区聚落。以平川水地太原二线蔬菜基地、离柳矿区蔬菜生产基地为主线，建设城郊、矿区蔬菜生产与供应型

山区聚落。

太行山是我国北方的一条大山脉，面积 10.8 万 km^2，海拔差异大，降水量 400～650mm，年均蒸发量大于 1 600mm。北端与燕山山脉相接，南端与中条山、王屋山山脉相连[44,48]。

①以农产品加工为特色的聚落布局规划：太行山区作为一个独特的地域单元，太行山区的立体气候和生物的多样性决定了农业生产的多样性，特别是一些适合贫困山区特殊生态环境的土特产品的生产占有重要地位。果品、畜产品的加工储藏技术的引入，延长了山区农产品的产业链条，将更多的利润留在山区内部。同时，在山区路口、沟口、山口特殊位点上建立"山口镇"，成了太行山区新的经济增长点，为连接城乡，带动和促进区域经济的发展找到了突破口[48]。为进一步促进这一类型聚落的健康、持续、稳定增长，应分类指导、分区建设，力争做好专业化分工与聚落整体功能的结合与统一。

②以移民为主体的聚落布局规划：太行山区沟壑纵横，山峦起伏，地形复杂，地域广阔，农户居住分散，特别是居住在边远山区的农户面临生存困扰、生产困扰、发展困扰、管理困扰等四大困扰，通电难、吃水难、行路难、上学难、成婚难、看病难，要改善基础设施，需耗费巨大的人力、物力、财力。为着力改善贫困人口生产生活条件，提高生产力水平，实现可持续发展战略入手，在全面推进扶贫开发工作的过程中，应把移民扶贫放在突出位置，做好移民新村的规划建设。在县域城镇体系规划的指导下，对山区聚落移民重点做好合并建村（就是相对集中的几个特困村，经县乡政府引导统一规划、选择条件便利、基础设施好的地址，重新建新村）、分散搬迁（就是移民村很难整体找到一个接收村时，则采取化整为零的途径分散迁到几个村）、并入主村（就是根据迁移村和接收村的意向，把几个特困村并入条件好、比较富裕的村）、整体建村（就是移民村原居住环境恶劣，基础设施差，又十分贫困，整村就近迁移到比较开阔的地方）等几类移民聚落的规划与布局工作[48]。

第四节 中国山区聚落发展战略案例

本节拟从聚落发展的成功案例中总结经验，作为现阶段不同山区聚落发展的参考。从第二节和第三节的分析可见，我们并不认为下面介绍的聚落今后会保持不变，其发展的归宿还在于城镇化、工业化、农业产业化、产业特色化、聚落规模化、生活现代化。但现阶段，这些聚落具有较强的生命力，是未来发展的基础，依然具有很好的借鉴意义。

一、产业化战略

案例1：云南大坡聚落农业产业化战略

万寿菊，原产于墨西哥及美洲各地，喜温暖、阳光充足的环境，能耐早霜和半阴，属一年生或多年生草本植物。主要是提供天然色素原料，其产品是一种天然、无副作用的特殊添加剂，被广泛运用于食品、医药、纺织行业。自1999～2004年的种植实践中，云南沾益依托曲靖博浩生物科技有限责任公司、中植生物公司这两个龙头企业，按照“科研所加公司、公司连基地、基地带农户”的产业化发展思路，形成了万寿菊种植和加工的产业化体系[49]。

从农户种植万寿菊的经济效益来分析，按万寿菊栽培技术要求，每亩种植2 000株，每株采摘鲜花60～90朵，亩产鲜花1.2t，亩产值600元，除去成本，净收入450元。按照中等生产水平的农户计算，种植万寿菊亩收入500～900元。大坡乡是该县种植万寿菊的重点乡镇，在农业产业化龙头的带领下，种植基地面积约占全县面积的50%，2003年该乡农民种植万寿菊人均增收达6%以上[49]。大坡乡德威村63户每家都种植了万寿菊，全村人均收入从2000年的1 100元增加到2003年的2 016元，其中30%的收入来自于种植万寿菊，使农户的生活质量有了明显的改善，大坡乡的小城镇建设也得到迅速发展[49]。

农业产业经营是产业链、技术链和市场链的统一，它把原来分散的农业社会再生产的各个环节联结起来形成整体的农业产业链条，最有利于提高农业生产效率，促使农业由低效的弱质产业向强势产业转变。在农业产业化进程中，由于大批与农业相关的非农业产业快速发展，必然带动更多农业人口向外转移，通过农业产业化拉长产业链条，带动加工业、运输业、服务业、建筑业等劳动密集型产业的发展，强化了小城镇聚落形成的产业基础。

案例2：宁夏西吉山区特色产业之路

宁夏回族自治区西吉县位于宁夏南部山区，西部黄土丘陵沟壑区，总面积3 143.85km^2，属于干旱半干旱大陆性气候区，多年平均降水量为435mm，冻灾、雪灾等自然灾害严重。2002年底，全县人口45.4万人，人口密度145人/km^2，远超过干旱半干旱地区人口适宜承载量7～20人/km^{2}的标准，农民人均纯收入1 216元，人均粮食产量365kg，农民生活处于温饱水平。为彻底改变生态与经济系统恶性循环状态，山区聚落居民在地方政府的扶持下，积极发展苜蓿草业（在黄土丘陵沟壑区种植该牧草，可以拦蓄径流47.2%，拦蓄泥沙77.2%，种植3年的苜蓿地含氮素约150kg/hm^2，相当于施加330kg尿素，且每公顷可以产生3 500元的净收益）、舍饲养殖畜牧业（舍饲50只小尾寒羊，年纯收入可达13 000元）、马铃薯产业（该县马铃薯制品产值达到2.57亿元，占工业总产值的75%，全县农业人口，仅马铃薯一项，人均增收300元）、山杏产业

（纯收入可达 8 448～123 420 元/hm^2）等特色产业，为山区聚落形成内生机制促进生态经济系统良性循环，探索出了一条新路[50]。

案例 3：滇东古敢和黄泥河聚落煤电工业化战略

滇东煤电工程系国家列入“西电东送”的首批项目，也是曲靖市推进新型工业化实践的重点工程，一期发电工程装机 240 万千瓦滇东电厂、初期年产量 800 万吨的白龙山煤矿，该工程建设投产后，每年可以向电网输送 120 亿千瓦时电量，煤矿在初期每年 800 万吨的基础上扩产至 1 800 万吨/年，工程的周边是云南水族聚居的富源县古敢水族乡和黄泥河镇[49]。

古敢和黄泥河起初由于没有工业企业和其他加工业，财政来源单一，收入来源主要依靠种植业，产业结构中农业居绝对主导地位。滇东煤电工程开工建设后，使黄泥河镇五乐村从传统村变成了现代新兴工业园，随着工程建设的不断推进，当地群众的思维方式和思想观念也发生了很大变化，围绕煤电工程建设纷纷从砂石料供给、商饮服务、蔬菜种植、劳务服务等角度谋发展，黄泥河镇和古敢乡紧紧抓住煤电工程带来的大量人流、物流和信息流等方面的机遇，大力调整产业结构，拉动地方经济发展。截至 2004 年 8 月，厂区周围已建砂石加工厂 50 余个，新增餐饮店 120 余个，有 5 400 余劳动力参与工程建设。据预测，滇东煤电工程建成后，周边聚落居民人均纯收入将增加 30%，增加就业机会 3 000 个[49]。

二、旅游发展战略

案例 1：皖南西递古村落旅游发展战略

黟县西递古村落地处皖南，位于风光旖旎的黄山西南麓，村落面积 12.96hm^2，人口 1 000 人左右，古村落始建于 1047 年，有 950 年历史，全村现有明清时期祠堂 3 座、古民居 224 幢，作为徽州古村落的杰出代表，西递保持了完整的古村落原貌，有精良的建筑艺术和与自然和谐统一的景观设计，构成了独特的人文景观风貌，是徽州传统村落中具有很高综合价值和整体价值的古村落。2000 年 11 月，西递村被列入世界文化遗产名录，2001 年 5 月西递村古建筑群又被确定为全国重点文物保护单位，目前西递景区旅游发展态势迅猛，已成为我国古村落旅游地的重要象征和标志[51]。

古村落作为传统的人居空间，有着悠久的历史，承载着璀璨的地域文化，是历史的缩影，具有很高的历史文化、美学、建筑、科考和旅游价值。早在 1985 年，为抓住黄山旅游开发的契机，地方政府将旅游业作为黟县西递经济发展的一个新的增长点，西递于 1987 年开放，进入 90 年代以来，游客数量呈现快速增长态势，1991 年接待国内外游客 1.61 万人次，2001 年接待国内外游客 27.08 万人次，增长了 16.82 倍，年均增长 35%，带动了景区内旅馆、饭店、旅游商店等服务业的迅速发展。主导西递村旅游开发的西递旅游公司，门票收入从1998年的293.3万元增长到2002年的1 160.3万元，旅游总收入从361.9万元增长到1 177.5万元，上交财税从1998年的90万元增长到2002年的166.9万元。在西递旅游公司收入的利润收成中，除20%留做村集体公益事业基金之外，其余80%在西递村的村民之间进行分配，使该聚落居民生活水平和质量得到了极大改观[52]。

在旅游迅速发展的同时，利用部分旅游收入，加强古村落基础设施建设，先后完成了后边溪新的旅游线路修复，完成了聚落路面整治美化工程、亮化工程和消防设备添置。扩建东头岭水库，大做西递"山、水、田、园、路"的文章，有力地改善了古村落基础设施条件和聚落环境。

案例2：黑龙江省漠河北极村旅游发展战略

北极村是我国大陆最北端的临江小镇。位于大兴安岭山脉北麓的七星山脚下，与俄罗斯阿穆尔州的伊格娜恩依诺村隔江相望。北极村（原名漠河村）在1860年开始有人居住，1866年发展为通往胭脂沟的江上驿站，1914年为设治局公署驻地，1917年由设治局改为二等县所在地，1947年并入呼玛，1981年漠河重新建县后，选西林吉镇为县址，漠河村为今漠河乡政府所在地。北极村总面积16km^2，其中耕地面积877.27hm^2，已全部实现机械化作业，农户243户，人口963人，居民房屋部分为具有特色的"木壳楞"式小木屋。

北极村于1997年开辟为"北极村旅游风景区"，成为全国最北的旅游景区。漠河县按照"发展大旅游、培植大产业、打造大市场"的思路，突出"北极生态"理念和"神州北极、神州奇天下、神州源头"等旅游特征，进入今年以来，已经接待游客超过14万人次，实现旅游收入超过7 000万元，聚落村民的收入和生活水平也因此大大提高。

案例3：江西井冈山茨坪镇旅游发展战略

茨坪于明末建村，因当时满垄遍布柿树，故名"柿坪"。后因方言"柿"与"茨"读音相同，于是又把这里叫做"茨坪"。

茨坪原是井冈山市政府所在地，海拔826m，是一座美丽的山城。茨坪还是井冈山革命遗址最为集中的地方，1927年10月，毛泽东同志率领中国工农红军达到茨坪，建立第一个农村革命根据地，茨坪成为整个党、政、军领导机关和后方根据地。茨坪作为井冈山革命斗争的中心，它的名字与中国革命的光辉历史和伟大业绩紧密地联系在一起。茨坪革命旧址群落就坐落在茨坪的东山脚下，面临风姿秀丽的挹翠湖。陈列开放的革命旧址共有七处，均被列为国家重点文物保护单位，目前已经成为著名的历史文化旅游、红色旅游、特色旅游和绿色旅游重要景点（图6.4）。

井冈山市行政中心2005年正式从茨坪风景区搬至山下新址厦坪后，茨坪已成为11大景区为一体的生态旅游区，随着中国井冈山干部管理学院的建成、泰（和）井（冈山）高速公路的竣工通车、井冈山机场的扩建恢复通航、319国道的改造，红色旅游、生态旅游不断升温，2004年接待国内外游客163万人次，同比增长34.7%，实现旅游收入

8.6亿元人民币，增长30.3%，实现门票收入5 815.3万元，同比增长72.3%，城镇居民人均可支配收入7 150元，农民人均纯收入2 704元，比上年增长520元。

图6.4 井冈山茨坪挹翠湖旅游景观

三、通达性战略

案例：云南富源古敢聚落破除长期封闭战略

云南富源县古敢乡位于富源县东南部的云贵交界处，西与富源县黄泥河镇毗邻，东、南、北三面与贵州省黔西南州兴义市的坪东、乌沙、清水河、威舍四镇接壤，是贵州黔西南州进入富源、盘县的必经之路。乡政府驻地古敢村距县城135km，距贵州黔西南州州府兴义市27km。全乡辖古敢、沙营、补掌三个村民委员会，38个自然村，61个村民小组，3 468户，14 088人，境内居住着汉、水、彝、苗、白、回、布依和蒙古等8个民族，其中水族5 916人，占总人口的42%[49]。

古敢水族乡总面积82.6km²，属低热河谷槽区，年平均气温16℃，海拔多在1 190～1 409m，年降雨量1 400～1 600mm，有耕地734hm²，境内土地平整，土层深厚，日照充足，雨量充沛，气候条件优越，盛产水稻、油菜和玉米，是典型的以种植、养殖业为主的农业乡。但由于长期以来，交通闭塞，商品经济十分落后，聚落居民收入水平低。20世纪90年代，国家投资建设南昆铁路，在古敢乡境内建有南昆铁路在富源县唯一的一个火车站（大田火车站），90年代后期铁路通车后，打破了古敢水族聚居区长期的封闭状况，农产品可以便利地进出广西和贵州，开拓了致富增收新途径，经济收入也有较大增长，全乡人均纯收入从1990年的392元增加到2000年的1 218元。2003年，富源至兴义二级公路的全线开通，大大改善了古敢乡的交通条件，为水乡群众走出水乡，加快发展提供了良好的条件[49]。

四、移民战略

案例:山西浑源县斐村乡迁旺聚落移民战略

浑源县斐村乡位于县城以西,洗朔公路以南,距县城12km,全乡辖12行政村,1.72万人,迁旺移民新村是将斐村乡原大桥、张旺、罗框、千哨四个行政村下辖的大桥、阳坡沟、独龙、左家地、大盘道、小盘道、东岭、张旺、旧庄、安家坪、王兴庄、钎树坪、罗框、苜蓿、臭柳、千哨、大寺洼、肖家沟、白艮寺、艮洞洼、马家滩等21个自然村近2 000多山区聚落居民从“四无”(无电、无水、无路、无学校)和生态环境恶劣的地区,分两期搬迁到地势平坦、交通便利、水电设施配套、生活和生产条件较好的生存环境,使山区广大群众能够尽快脱贫,走上致富之路。

根据群众的意愿和地方政府的具体安排,分两期启动实施了移民新村的建设和搬迁工程,移民新村规划为6排6大片,5条12m宽的水泥路贯穿南北,48条6m宽的砖砌路连接东西、2条6m宽的村绿化带,6个4万m^2的绿化场环绕村庄,全村占地23.3hm^2,共建有各类房屋1 148间,其中:公共设施45间、居民1 103间。移民新村建设从2003年6月25日启动以来,村内建设实现了“六通、三化”即通路、通电、上水、下水、电话、电视、道路硬化、村内美化、村外绿化(图6.5,图6.6)。

图6.5 山西省浑源县斐村乡迁旺移民新村水泥路

为了让移民通过搬迁能够尽快走上致富之路,根据“搬得出、稳得住、不反弹、能致富”的移民目标,实施退耕还林和封山育林工程,扩大黄芪种植面积(2004年完成封山育林2 666hm^2,林地面积达到了1 333hm^2,2004年种植黄芪666.67hm^2),以此促进农

图 6.6　山西省浑源县裴村乡迁旺移民新村后院家庭养殖场

民的增收；积极实施滩涂开发，解决移民的基本粮田，同时，针对移民新村的房屋前院后场，发挥本区苜蓿种植面积的优势，鼓励移民发展养殖业，打消移民的后顾之忧；并积极筹划蔬菜大棚、大型农副产品加工厂、农贸市场的配套建设。

五、生态经济战略

案例 1：大兴安岭林区特色生态经济战略

大兴安岭林区经过 40 年的开发建设，特别是实施天然林保护工程 6 年多来，该区在经过长期砍伐、资源承载力相对减弱、国有经济比重过大、经济发展活力不足、基础设施建设相对滞后、瓶颈制约问题多的情况下，继续实施生态战略，大力发展特色生态经济，全面实施环境影响评价制度、加强对资源开发、重大基础设施项目的生态环境影响评估与管理，按照天然林保护工程分类经营的要求，搞好商品林经营区和生态保护区的森林抚育，提高林分质量，抓好近山区宜林荒山荒地、退耕还林地、废弃道路、矿体迹地和场址的植被恢复。

重点发展林区聚落居民与企业特色养殖、绿色食品、林产加工等后续产业，发挥北奇神绿色产业集团的龙头作用，搞好山野果、山野菜、野生食用菌等林下资源的深度加工，整合品牌、系列开发、加工增殖、辐射周边聚落和绿色基地，以五味子、北芪、穿龙薯蓣等地产药材为主，以狐、马鹿特色养殖为重点，逐步由分散种植、分散养殖向集中种植、标准养殖过渡，以规模化、标准化促进产业化，逐步营造了林区聚落人与自然和谐共处的环境效应。

案例 2：宁夏南部山区退耕还林与改善农民福利战略

由于宁夏回族自治区处在我国三大自然区域结合部，东、南、北三面被沙漠包围，干旱少雨、植被稀疏、水土流失严重、生态环境十分脆弱。宁夏南部山区8县总土地面积为3万km^2，水土流失面积达8 234km^2。2002年底，退耕还林工程累计新增林草面积18.93万hm^2，8.4万hm^2坡耕地退耕还林，水土流失和土地沙化状况得到一定缓解[53]。据隆德县林业部门调查，2000年坡耕地退耕还林后，年均土壤侵蚀模数为15m^3/hm^2，比工程实施前降低11m^3/hm^2。固原市杨郎乡陶庄村，以退耕还牧为突破点，种植苜蓿，发展畜牧业，推广高科技和优良品种，形成了"草畜肥粮"的农业生态系统，全村种植苜蓿86.67hm^2，占全村面积的25.9%，家畜饲养量由201.5个牛单位，增加到505.6个牛单位，增加2.5倍，人均收入大幅度增加。隆德县2001年被宁夏回族自治区列为"优质中草药种植基地"，种植中药材2 800hm^2，实现经济收入6 720万元。2002年种植扩展到6 666.67hm^2，其中退耕还林药间作933.3hm^2。隆德县联乡赵楼村有90%的农民种植药材，药材收入占到当年农民收入的60%以上，已成为该村的支柱产业[53]。

案例3:广西凤山岩溶山区生态农业建设战略

凤山县位于广西北部，总人口18.9万人，面积1 753km^2，其中岩溶峰丛洼地型石山面积820km^2，占全县总面积的46.85%，耕地面积9 533hm^2，人均耕地仅0.05hm^2。岩溶峰丛洼地无地表水，年降水量1 145mm，且作物生育期降水分配不均，水资源以地下形式存在，耕地渗漏严重。种植业以旱地玉米为主，粮食产量较低[54]。由于过度开垦与人口增长，加重了该区水土流失状况，土地生产率下降，石漠化发展迅速，形成了生态恶化与贫困的恶性循环。为改变该区域内自然环境，大力实施生态农业建设，重点建设地头水柜、沼气池和小流域综合治理与生态重建等高效特色生态农业基础设施。自1998年10月开始大力兴建地头水柜以来，至2001年底全县共建2万座地头水柜，容积水达130万m^3。地改田400多hm^2，坡改梯300多hm^2，有效改善了农业生态环境，2000年该县玉米平均产量为2 742kg/hm^2，并将旱改田种水稻，以地头水柜集雨调节水稻生长所需水分，水稻产量达6 750kg/hm^2，为玉米产量的2.4倍。同时水旱轮作，减少病虫害的发生，提高了生态承载力；在地头水柜上游种植木豆、喜树、香椿或竹子等高效人工林，以涵养水土，保证水源供应；发展冬菜等经济作物，发展畜禽养殖和水柜内特种水体养殖[54]。通过种植业模式、庭院种养模式、林地种养模式的改善与推广，极大地增加了居民经济效益。

六、劳务输出战略

案例:吕梁山区劳动力转移战略

吕梁是著名革命老区、贫困地区，也是农业大区。吕梁市辖13个县市区，159个乡镇，3 180个村委会。总人口350万人，其中农业人口290万人，占总人口的83%。全市农村现有劳动力 114 万人，人均耕地面积 0.147hm^2，有 80 万个农村富余劳动力需要转移[55]。地方政府在认真调研的基础上，积极推进农村富余劳动力转移的战略，并将其培育为农村劳务输出产业。

各县市在农村劳动力集中地，建立民工劳务输出服务机构。仅 2004 年在珠江三角洲、长江三角洲、胶东半岛等地建立了 23 个农村劳动力转移服务中心，实现了沿海大中城市与吕梁劳动力输出的双向对接，目前全吕梁共有劳务输出服务中心站点 196 个，中介服务组织 56 个，劳务经纪人 1 670 人[55]。

以市场为导向，实行订单培训。全市有 8.3 万人实行了订单培训，占到当年培训总数 80%以上[55]。兴县职业技校与太原、天津、上海、湖南、广东等地企业建立了长期用工关系；中阳县职业中学与中钢、煤炭局、各煤矿、教育局形成了良好的订单培训合作关系。

劳动力输出有效地增加了农民收入，2004 年全市农民人均纯收入 1 732 元，与 2003 年(1 510 元)相比，增幅达 27.2%，同时，全市年收入在 668 元以下的贫困人口也由 2003 年的 73.18 万人减少为 67.19 万人，其中靠劳务输出摆脱贫困的人口占到当年摆脱贫困人口总数的 85%以上。柳林县 2004 年农村劳动力转移 43 200 人，年劳务收入 2.46 亿元，全县农民人均劳务收入 1 000 元；中阳县 2004 年转移农村富余劳动力 26 108人，占全县农村劳动力总数的 60%，全县农民人均劳务收入达 1 247 元，占农民人均纯收入 70.6%[55]。

七、聚落重组战略

案例：重庆渝北悦来镇新春村新村建设战略

由于我国 70%的人口为农业人口，农村居民点用地占国土总面积的 1.7%，其人均用地达 240m^2，远远大于城镇用地占国土面积的 0.28%和人均 100m^2 水平[56]。而农村广大地区又集中于山区，随着我国工业化、城市化水平的提高，全国城镇用地特别是中小城市、建制镇以及独立工矿用地的规模仍将是逐步扩大的趋势，与此同时，农村聚落用地在农村人口向城镇流动过程中的“两栖”(占了城镇住宅用地、又不退出农村宅基地)的存在，加剧了建设用地和耕地之间的矛盾。按照 2020 年全国城镇化水平达到 60%的发展目标，即使不考虑人口自然增长因素，20 年内 32%的农村城市化人口转移到城镇，农村聚落总量可减少 730.9 万 hm^2，相当于目前所有城市面积的 2.7 倍[56]。因此，随着农村人口的城市化，布局零散、占地较大的农村聚落点必然成为聚落重组的对象，节约聚落占用土地的面积与规模。

重庆渝北悦来镇新春村位于重庆城西北部，是典型的西南丘陵山区聚落类型，自 1996 年起，在原新春村 11 社、12 社、14 社交界处划定一相对平坦地段，进行新村建设规划，全部建设三层楼房，房顶可替代原来的晒坝，规划有集中饲养家禽、家畜的地方，依靠集体经济投资道路等基础设施建设，以此吸引附近农户前来建房。到2003年初新村建设已形成规模：新村占地5.3hm²，接纳农户111户，结合新村建设，政府引导开展农业结构调整，农户脱离了单纯种植的农业生产方式，聚落重组后，户均居民点用地降低了228.01m²，土地闲置率降低了2个百分点，据统计，截至2003年5月，新春村通过聚落重组共新增耕地7.06hm²，占新春村原有耕地面积的6.31%[56]。

八、政策扶持战略

案例：云南楚雄彝族自治州武定县民族聚居经济扶持战略

楚雄彝族自治州武定县位于滇中高原北部，面积3 322km²，辖13个乡(镇)，其中8个乡镇属于民族聚居乡。世居汉、彝、傈僳、苗、傣、回、哈尼等16个少数民族，少数民族占总人口的51%，山区面积大、民族问题多、贫困面大、贫困人口多是该区的四大特点[57]。为加强对该地区经济的发展，县人民政府每年与各乡镇人民政府签订民族团结目标管理责任书，对乡镇进行考核；并把8个民族聚居乡作为经济开发与扶贫攻坚的主要目标，统筹规划，逐步改善水、电、路、通信等基础设施，目前8个民族聚居乡、81个村委会、854个自然村中，有90%的农户已经用上了电，80%的自然村安装了地面电视接收机，70%的村委会通了程控电话，70%的村民小组喝上了自来水。为了巩固寄宿制教育，每年省、州民族机构机动金补助半寄宿制学校学生，同时，设立民族助学金，补助民族聚居乡初中的民族学生，2003年8个民族聚居乡小学适龄儿童入学率达90%，中小学教师合格率90%以上[57]。达到乡有卫生院、有农科站、畜牧兽医站，村有卫生室、有农科兽医员。

以上案例大多是从我们实地考察取得的信息中总结出来的，就全国山区聚落而言，不论从地域上，还是从类型上，都不能涵盖已有成功的山区聚落类型，今后我们还会下大工夫总结这方面的成果和经验，以便推动全国山区聚落向新的目标发展。

参考文献

[1] 李维长："山区可持续发展的世界意义"，《世界林业研究》，2004(1)。

[2] Marin-Yasell, M., Martinez, T. 2003. Competing for Meadows: A Case Study on Tourism and Livestock Farming in the Spanish Pyrenees. *Mountain Research and Development*, 23(2): 169-176.

[3] Valaoras, G., Pistolas, K., Sotiropoulou, H. 2002. Ecotourism Revives Rural Communities: The Case of the Dadia Forest Reserve, Evros, Greece. *Mountain Research and Development*, (2): 123-127.

[4] Baez, A. 2002. Sky Walk-Sky Trek: A Successful Community Project in the Mountains of Monteverde, Costa Rica. *Mountain Research and Development*, (2): 128-131.

[5] Somuncu, M., Inci, 2004. A. Balancing Protection and Utilization in Overcoming Inaccessibility: A Rural Development Model in a Mountainous Area of Turkey. *Mountain Research and Develop-*

ment, 24(4): 307-311.

[6] Karumuna, B. 2004. The Challenge of Providing Access to the Uluguru Mountains, Morogoro Region, Tanzania. *Mountain Research and Development* , 24(4): 284-287.

[7] Sanginga, P. , Best, R. , Chitsike, C. , Delve, R. , Kaaria, S. , Kirkby, R. 2004. Linking Smallholder Farmers to Markets in East Africa: Empowering Mountain Communities to Identify Market Opportunities and Develop rural Agroenterprises. *Mountain Research and Development*, 24(4): 288-291.

[8] Ykhanbai, H. , Bulgan, E. , Beket, U. , Vernooy, R. , Graham, J. 2004. Reversing Grassland Degradation and Improving Herders' Livelihood in the Altai Mountain Mongolia. *Mountain Research and Development*, 24(2): 96-100.

[9] Larsen, H. , Smith, P. 2004. Stakeholder Perspectives on Commercial Medicinal Plant Collection in Nepal: Poverty and Resource Degradation. *Mountain Research and Development*, 24(2): 141-148.

[10] Ludi, E. 2003. Sustainable Pasture Management in Kyrgyzstan and Tajikistan: Development Needs and Recommendations. *Mountain Research and Development*, 23(2):119-123.

[11] Baron, J. , Theobald, D. , Fagre, D. 2000. Management of Land Use Conflicts in the United States Rocky Mountains. *Mountain Research and Development*, 20(1): 24-27.

[12] Aeschbacher, J. , Liniger, H. , Weingartner, R. 2005. River Water Shortage in a Highland-Lowland System: A Case Study of the Impact of Water Abstraction in the Mount Kenya Region. *Mountain Research and Development*, 25(2): 155-162.

[13] Francis, P. 2004. Where There Is Thunder There Should Be Rain: Ethnic Minorities and Highland Development in Northern Thailand. *Research and Development*, 24(2): 119-123.

[14] Maselli, D. , Syfrig, E. , Rahim, I. 2005. Improving Ruminant Production: A Pathway to Better Livelihoods in Three Test Valleys in Pakistan. *Mountain Research and Development*, 25(2): 104-108.

[15] Shahnawaz. 2002. Alternative Economic Opportunities for Mitigating Conflicts over Natural Resources in Himalayan Valleys. *Mountain Research and Development*, (4):324-327.

[16] Maikhuri, R. , Rao, K. , Saxena. 2004. Bioprospecting of Wild Edibles for Rural Development in the Central Himalayan Mountain of India. *Mountain Research and Development*, 24(2): 110-113.

[17] Jansen, H. G. P. , Rodriguez, A. , Damon, A. , Pender, J. , Chenier, J. , Schipper, R. 2006. Determinants of Income-earning Strategies and Adoption of Conservation Practices in Hillside Communities in Rural Honduras. *Agricultural Systems*, (88):92-110.

[18] Martin, L. 2004. Tourist Expansion and Development of Rural Communities: The Case of Monteverde, Costa Rica. *Mountain Research and Development*, 24(3):202-205.

[19] Berger, J. , Daneke, D. 1988. Effects of Agricultural, Industrial, and Recreational Expansion on Frequency of Wildlife Law Violations in the Central Rocky Mountains, USA. *Conservation Biology*, 2(3): 283-289.

[20] Zlatic, M. , Vukelic, G. 2002. Economic and Social Revival of a Degraded Regional in Serbia: The Result of a Cooperative Venture. *Mountain Research and Development*, (1): 26-28.

[21] Chipeniuk, R. 2004. Planning for Amenity Migration in Canada: Current Capacities of Interior British Columbian Mountain Communities. *Mountain Research and Development*, 24 (4): 327-335.

[22] 陈育宁:“日本山区农业经济发展对我国的启示——日本岛根县农村问题考察”,《中国软科学》,2003(8)。

[23] 肖万春:“美国城镇化发展启示录”,《城乡建设》,2003(5)。

[24] 杨京平:"全球生态村运动评述",《生态经济》,2000(4)。
[25] 郑锋:"区域经济空间集中化的产业成因分析——兼析海南省经济空间集中化问题",《热带地理》,2002(4)。
[26] 国家统计局:《2004 中国统计年鉴》,中国统计出版社,2005。
[27] 朱德静、卢翔:"综述农村城镇化的作用机制",《农村经济》,2000(6)。
[28] 陈玮:"论集约用地与产业集聚",《中国土地科学》,2000(6)。
[29] 郭文华、郝晋珉、覃丽等:"中国城镇化过程中的建设用地评价指数探讨",《资源科学》,2005(3)。
[30] 陈国阶:"西部大开发与聚落生态建设——以西南山区为例",《农村生态环境》,2001(2)。
[31] 陈勇:"岷江上游聚落分布规律及其生态特征",《长江流域资源与环境》,2004(1)。
[32] 王刚、李小曼:"黄土高原土壤侵蚀与聚落生存对策研究",《水土保持学报》,2005(1)。
[33] 毛德华、夏军、黄友波等:"西北地区生态修复对策探讨",《水土保持学报》,2003(3)。
[34] 韦复才、周游游:"西南岩溶区生态地质环境特点及生态恢复重建策略",《中国岩溶》,2005(4)。
[35] 袁大刚、刘世全、张宗锦等:"横断山区土壤资源可持续利用研究",《水土保持学报》, 2003(1)。
[36] 何大明、吴绍洪、彭华等:"纵向岭谷区生态系统变化及西南跨境生态安全研究",《地球科学进展》,2005(3)。
[37] 吴绍洪、刘卫东:"陆地表层综合地域系统划分的探讨——以青藏高原为例",《地理研究》,2005(2)。
[38] 鲍文、张志良:"青藏高原开发、保护与特色经济发展",《西藏民族学院学报》,2005(1)。
[39] 甘枝茂、岳大鹏、查小春等:"陕北黄土丘陵区乡村聚落发展的土壤侵蚀效应",《水土保持学报》,2005(6)。
[40] 常欣、程序、刘国彬等:"黄土高原农业可持续发展方略初探",《科技导报》,2005(3)。
[41] 朴基炳、金明植、蒋基建等:"长白山天然资源保护与开发研究动态",《延边大学农学学报》,2002(2)。
[42] 李忠:"大兴安岭林区居民聚居区火灾危险性分析",《消防科学与技术》,2005(5)。
[43] 陈义彬:"中国东南山区农业资源可持续利用研究",《经济地理》,2000(4)。
[44] 徐荣安编:《中国山区经济学》,农业出版社,1991。
[45] 方燕鸿:"谈武夷山自然保护区生态旅游资源的可持续发展",《北京林业管理干部学院学报》,2005(3)。
[46] 婺源旅游网,http://www.wylyw.cn/2006/8-8/91847.html。
[47] 杨成元、陈林强、杜完锁等:"调整与优化吕梁山农牧业结构",《山区经济》,2000(1)。
[48] 仝刘革:"太行山区移民扶贫",《农村改革与发展》,2002(3)。
[49] 张海翔:《新型工业化——生态、民族与人文视点》,人民出版社,2005,193～238。
[50] 马彩虹、赵先贵、郝高建:"宁南山区生态建设与特色产业开发研究——以宁夏西吉县为例",《干旱区资源与环境》,2005(4)。
[51] 吴浩:"世界文化遗产地徽州古村落西递旅游开发与遗产保护探微",《黄山学院学报》,2003(3)。
[52] 卢松、陆林、徐茗等:"古村落旅游地旅游环境容量初探——以世界文化遗产西递古村落为例",《地理研究》,2005(4)。
[53] 张会萍:"退耕还林与农民福利改善之关系研究——以宁夏南部山区为例",《农业经济》,2004(2)。
[54] 陈成斌、梁世春、彭宏祥等:"喀斯特石山区高效特色生态农业模式探讨——以广西壮族自治区凤山县为例",《中国生态农业学报》,2004(2)。
[55] "三农"研究课题组:"吕梁市农村劳动力转移情况调查",《山区经济》,2005(3)。
[56] 杨庆媛、田永中、王朝科等:"西南丘陵山区农村居民点土地整理模式——以重庆渝北区为例",《地理研究》,2005(4)。
[57] 武定县人民政府:"全力推进民族聚居地区经济社会发展",《今日民族》,2005(7)。

第七章　中国山区聚落管理研究

第一节　山区聚落管理概况

一、山区聚落组织资源

山区聚落是相对于平原聚落而言的山区居民点，是山区人们居住、生活、休息和进行各种社会活动的场所，也是人们进行劳动、生产的场所。通常分为城镇聚落与农村聚落，前者是以城镇人口和非农产业为主形成的规模较大的聚落，后者是以农业人口和农业为主形成的规模较小的聚落。农村聚落不仅是房屋的集合体（如住宅、各类建筑设施等），还包括与居住地直接相关的生活设施、生产设施、社会组织设置，是山区农村最基本的社会组织管理单元。因而，从聚落的实体形态上看，山区聚落既有单家独院，又包括多户聚集而成的村落（庄）、集镇、规模较小的建制镇以及建于野外和自然保护区的科学考察站和野外独立工矿区[1]；从聚落的产业形态看，有农业聚落、农牧聚落、牧业聚落、渔业聚落、工矿聚落、旅游聚落等；从聚落的组织形态来看，有农户家庭、自然村（村民小组）、行政村、乡镇等基本设置，不同设置具有不同的功能，也有相应的管理模式。受制于山区聚落数量多、分散、功能复杂等特点，山区聚落的管理也变得异常复杂与困难。

（一）山区聚落管理所依存的组织资源

组织是存在于特定社会环境中的一系列个体为实现某种目标、按照一定的等级秩序和结构方式建立的人群系统。山区聚落作为山区社会随处可见的地域文化景观，是由一定人口组成的结合体，自然依存于一定的组织资源而存在。借用德国哲学家、社会学家和管理学家腾尼斯的共同体理论[2]，构成聚落组织载体的共同体大体有三类，即血缘共同体、地缘共同体和职缘共同体。

1. 血缘共同体

这是一种较为古老的社会组织形式。由于血缘关系是一种完全天赋的自然关系，同一血缘的人之间存在着一种自然的亲密感情，因而，人们会极其自然地利用这些现成的天然资源去建立他们的组织管理。源于同一血缘的自然亲密性提供了一种共同体所必需的先天统一性，而存在于其中的自然差等关系又为建立共同体所必需的内部差序关系提供了现成的基础。这些条件使得借助于血缘关系而建立共同体成为最为简便易行、最为成本低廉的社会组织方式。

血缘共同体的主要代表形式是家庭和宗族。家庭，主要指个体家庭，即指一夫一妻制的个体婚姻为组织纽带的家庭形式。所谓个体家庭，首先是一个婚姻生活单位，人们被组织在家庭里，按照特定的婚姻制度和道德规范进行生活、生育和抚养子女；其次是一个社会生活单位，即人们以家庭为单位教育后代、进行社会交往、保障成员安全等；三是社会生产单元，即人们以家庭为单元进行生产、交换，参与社会经济活动。宗族是一种沿男性或女性血统直接从家庭延长了的组织，一般由多个家庭组成。在中国山区，聚落一般都是聚族而居形成的，宗族、家庭至今仍然广泛影响着聚落社会的发展、左右着聚落社会管理。

2. 地缘共同体

在农业社会中，农业生产以土地为基本生产资料的特点决定着在同一块土地上耕作和比邻而居的人们之间自然存在着的一种互助性的亲密关系。这种聚族而居的聚落分布方式，更促进地缘共同体的形成。即使在现代城市社会，社区居民的地缘密切性也在逐步加强，“社区是我家，建设靠大家”正是地缘互助性的体现。

这种地缘关系虽然不及血缘关系来得深切牢固，但由于迁徙等原因造成血缘关系不能保持的情况下，它便是唯一可利用来建构共同体、管理聚落的现代资源了。借助地缘关系构成的共同体即为地缘共同体。地缘共同体的基本样式是各类农村公社，在这类公社组织中，实行土地等基本生产资料的村社共有、定期重新分配土地，村社集体为社员个人承担各项责任，如社会治安、教育等；村社还以劳动组合和“共耕地”的方式组织集体协作型的生产；这些村社制度和措施有效地使个人在很大程度上依附于村社，从而以一种方式保证社会秩序的存在。个人对村社集体的依附虽然有被强迫的一面，但同时亦有自愿的一面。我国城乡分治和山区农村社会的封闭性、自然环境的屏障阻隔等，使得这种地缘组织具有更强的资源整合与管理能力。

3. 职缘共同体

除血缘关系和地缘关系外，第三种可以利用来构造共同体的组织资源就是由于从事共同的职业所形成的个人之间的职缘关系。在传统乡村社会，乡村人口的主要职业就是农业，依托农业便形成一种地缘共同体。随着商品农业的发展，农业剩余的出现、商品经济和手工工业的发展，依托相关农业服务业便形成一种的新的组织关系，即职缘共同体。职缘共同体在维护社会秩序方面，亦起着类似于血缘共同体和地缘共同体那样的作用。在我国农村，各类专业技术协会、手工劳动者协会、农家乐协会等，可谓之“职缘共同体”。而“公司＋农户＋基地”等产业化模式，可谓之混合共同体。

(二) 传统乡村社会的管理特点

在传统的乡村社会，村庄、集市社区与宗族是乡村社会的基本结构，从不同方面、不同层次影响着农村社会的管理与发展(表 7.1)。其中，村庄是乡村社会最为基本的社会设置和地域文化景观，其区位特征表现为：

表 7.1 中国乡村社会的基本结构(几种有代表性的观点)

	主要观点
费孝通、黄宗智	他们认为村庄是中国乡村社会最基本的、在经济和社会生活层面都属于功能完整的单位。费孝通在《乡土中国 生育制度》一书中提出“中国乡土社区的基本单位是村落”，在《江村经济》中进一步指出“它(村庄)是一个由各种形式的社会活动组成的群体，具有特定的名称，而且是一个为人们所公认的事实上的社会单位”。黄宗智在《华北的小农经济与社会变迁》中认为自然村在“经济上、社会上和政治上是较为闭塞内向的社团”，他认为自然村为只包括庶民的“闭塞而又有内生政治结构的单位”。
施坚雅	施坚雅则关注中国乡村基层集市社区在整合乡村社区结构中的作用。他通过对川西乡村集市体系的考察后指出，“要说中国的小农生活在一个自给自足的世界里，那个世界也不是村庄，而是基层集市社区”，并将中国的集市分为标准集市、中层集市，其中标准集市社区是中国乡村社会最重要的基层组织，在整合乡村社会中发挥着极大的作用。他认为，基层集市社区是指以集市为中心的向四周辐射的自然村落群，其地域大体相当于一个乡(镇)的地理范围。基层集市社区不仅是四周村民从事农副产品贸易、互通有无的中介场所，而且还承担着许多其他方面的社会功能。一个基层集市社区集市等于是一个经济贸易圈，同时在某种程度上也是祭祀圈、婚姻圈、交际圈，是一个内生的社区。
弗里德曼	弗里德曼则是宗族论的支持者，这种理论实际上建立在血缘共同体的基础上。他以中国南方的研究为例，从宗族的角度分析中国基层社会的结构，特别指出宗族制度在整合乡村社会生活中发挥着不可替代的纽带作用。

同类性 自然村的基本构成单位是家庭，每个家庭都是一个小社会、从生产到生活、从生育到教化总是自成体系，但又与其他家庭相类似。由众多家庭组成的村落，亦同样为生产、生活共同体，既与别村分离、区别，又具有相同的模式。总之，每一个自然村，都具有极为类似、长期不变的人口结构、生产方式与生活方式，这种类似维系着农村的分散性。

封闭性 尽管自然村的村落与外界也保持着一些必要的联系，从事一些简单的、为数不多的商品交换，以及政治、教育等方面的联系，但是，这种交换的程度十分有限。一个农民成年累月在土地上劳动，在传统恋土心理的支使下，形成日复一日的生活习惯，形成稳定的内向性格与封闭保守的心理。因而，农民很少流动(天灾人祸造成的逃荒除外)，正是这种封闭性，阻碍生产力的发展。

稀散性 农业的分散性决定农村自然村的稀疏性与农民的散居性，这是传统乡村社会最具个性的区域结构特点。马克思对此有过这样的描述："一小块土地，一个农民和一个家庭；旁边是另一小块土地，另一个农民和另一个家庭。一批这样的单位就形成一个村子；一批这样的村子就形成一个省。"从形态上看，自然聚落规模很小、只有数家住户的散村，而更多是多家聚集在一起的集村。集村规模的大小不一，一般来说我国北方集村规模大，南方多自然村，山区聚落规模比平原小，多自然村。这种不集中的稀散性主要由农业生产方式的落后性所决定，由生活方式的狭隘性所决定。

亲缘性 传统乡村社会是血缘与地缘的高度结合，再加上姻缘关系，使得同一村庄的人往往交织在一个错综复杂的亲属网络之中。即使彼此之间没有任何亲属关系，村民们也习惯于用父方的亲属称谓相互称呼。这种亲属称谓的延伸适用，意味着用对待亲属的态度来对待是实际上并不是属于亲属地位的人。这样一来，村庄就好似一个扩大了的家庭。

与之相对应，传统乡村一直采取"双轨政治"的管理结构[3]，表现为产生于乡村社会内部的自治权和来自于乡村外部的行政权"二元一体"的特点。自治权主要用于乡村内部的社会事务和少量经济性事务，行政性权力主要用于公共工程的修建、税费收取等管理事务。行政权力一般不进乡村，即所谓"王权止于县"，国家行政权力对乡村的控制主要通过王权认可的力量延伸到乡村，将广大分散的小农置于国家权力的控制之下，以获得税收和劳役，体现大一统的社会。这种权力设置在秦统一中国后就开始，通过设置乡(亭)，使国家权力延伸到乡村基层，汉代进一步完善，形成中央、郡县、乡、亭、里、人、伍这一层次严密的组织体系，宋代发展为保甲制，并一直延续到清朝，尽管称谓有所变化，但实质内容并没有发生变化。另一方面，由于聚族而居的特殊性，以及聚落社区组织的自治特征，形成以宗族为主的自治组织，为社区成员提供帮助、保护和控制。乡绅、族长等乡村社会的精英阶层利用自身对土地、权力的控制，与国家权力有效结合，形成乡村社会特有的"二权并存"的特有管理模式。两种权力相互制衡，此消彼长，在冲突中实现均衡，又在均衡中开始新的冲突。

二、新中国乡村管理模式及演变

新中国成立以来，农村一直是社会主义建设的重点领域，担负着支援城市与工业的重任。为适应经济社会发展的需要，不同阶段对农村组织结构进行较大的调整，大体可以划分为行政村的诞生、人民公社构架、乡村治理以及后农业税时代。山区农村与全国农村一样，经历着农村组织结构的巨大调整。

(一) 行政村的诞生

新中国成立以后，全国农村实施了大规模的村落改造运动，全面、系统地构建了乡村基层组织，实现了党务机构和行政机构在村落一级的实质性延伸，并将村民纳入国家设置的正式组织网络。对于村落原有的血缘、地缘和职缘性组织，也不再作为管理乡村社会的中介，而是进行了摧毁性的改造。整个村落组织构建过程主要包括设置行政机构、党务机构、生产组织机构以及农民群众组织，形成了党、政、群三条相互联系的渠道。

在基本生产资料（如土地、大型农具、牲畜等）的归属上，按照“平均地权”的基本思想，对聚落内土地制度进行了改造，自耕农得到土地等生产资料，真正实现“耕者有其田”，农村生产力水平得到极大提高。然而，自耕农的存在自然会发生分化，并引发贫富、失地等矛盾，不符合社会主义发展的目标。为防止自耕农的分化，实施了从互助组、初级社到高级社逐步过渡的方式。初级社采取农户拥有土地所有权，但经营权交归合作社经营；牲畜农具等生产工具由合作社使用；社员必须参加合作社劳动。合作社一般由 10～20 户农户组成，规模较大的聚落则成立若干个合作社。这时的合作社还是一种地缘性、邻里式的组织。对社员的管理，则依据合作社章程进行。

由于初级农业合作社最终还是没有能够解决土地集体所有的问题，没有能够发展起集体经济。1956 年开始进行大规模的初级社转高级社的活动，当年就有87.8％的农户加入高级农业合作社。在高级社，社员私有的土地、农具、耕畜等转为合作社集体所有，合作社收入按劳动力分配，高级社一般由 100～200 户农户组成，高级社细分为若干生产队或副业生产队，实行生产责任制。

这样，以土地改革为载体的乡村聚落组织构架基本完成。这种组织构架还是尊重传统聚落的地域划分传统，无论是互助组、初级社，还是高级社、生产小组等，都是以传统的乡村聚落地域为边界的。主要的生产资料如土地、人力等资源，也是以聚落地域边界来划分的，生产、分配等活动在这个边界内实现，基本形成乡村社会的利益地域化格局。

（二）人民公社管理模式

公社化是一个规模很大的新制度，不仅控制了主要生产资料，拥有支配生产的权力，而且具有行政管理的权力，也是社会性的机构和慈善事业，还负责管理社员的道德和思想，被称为共产主义的雏形。公社规模的不断扩大，合作化时期所建立的行政组织与生产组织、官方组织与群众组织，至此走向合一，村落组织网络迅速转化为人民公社体制下的新的行政管理单元。由于基于血缘与地缘关系基础上的乡村人际关系很难消除，新的生产关系明显超越生产力发展水平，公社化成为“三年自然灾害”的重要诱因。为恢复农村生产，发展经济，划小公社规模，缩小核算单位，并最终确立了“三级所有、队为基础”的基本制度。至此，农村生产资料再次明确所有权关系，生产队成为最基础的农村核算单元与所有者权益单元。生产队即为自然村落，部分极度分散的聚落则实行就近组队；而住户比较多的集村，则采取相邻农户拆分成队，以划小核算单位。

人民公社最大的特点是“统”，由政社合一、权力高度集中统一的集体组织全面直接管理农村社会，农民的生产生活完全依靠集体，统一生产，统一分配，统一思想，一度还统一消费，从而形成国家行政强烈主导乡村社会的全权全能型体制。人民公社的制度设计，实现了“生产资料和公共资源的高度集中，农民被严格管理，贫下中农等新兴政治精英成为乡村的领导者”。这种长达20余年的人民公社管理，至少给以后的乡村社会留下三个方面的影响或遗产：第一是强势国家的格局得以确立，乡村无条件地接受国家领导成为村民的惯例；第二是国家推动村落和村民经历20多年的单位变体，村民被高度组织化了；第三是人民公社留下了社队组织结构和大规模集体行动的先例。

（三）“乡政村治”管理模式

农村改革的基本特点是“分”，分田到户实现土地所有权与经营权的分离，农户重新获得了土地经营权，家庭再次成为生产消费单元。为适应这种分散生产的需求，国家在废除人民公社体制后，选择“乡政村治”的管理模式，这一模式将国家权力设置到乡镇，即恢复建立乡（镇）政府，进行乡政行政管理，在乡以下建立村民委员会，实行村民自治。这一管理体制的基本出发点是降低行政管理成本，提高管理效率。通过政府对农民行为实行不干预政策，以消极行政换取农民积极性，从而解放农村生产力。

这一管理体制的变革，极大地激发农村劳动者的劳动热情，农业生产、农村经济得到全面发展，一举解决了困扰中国农村发展多年的贫困问题，农村贫困人口快速下降，农民生活水平迅速提高。至此，村民小组、村民委员会、村党支部等乡村社会的基本社会设置，其功能进行了相应的调整，但是利益地域化的界限并没有打破，村组人员之间的流动仍然很困难。这个时期，由于市场经济的不断完善，以及家庭不断分化，受到重创的宗族、地缘等传统乡村组织再次抬头，成为影响村落发展的一支重要力量。

在乡政村治的管理模式下，村落并未实现真正的“自治”，这主要表现在以下几个方面：一是压力型体制造成的行政扩张。在自上而下的中央集权体制下，乡镇政府更多是听命于上级政府。而承包制引入行政管理领域，形成一种典型的压力型体制，并导致越往基层，压力越大，考核指标越多。乡镇政府自然将村民委员会视做自己的“一条腿”，并通过其超越社会的力量控制村委会，村民自治行政化，村干部“官僚化”。二是人民公社全权全能体制的影响仍然继续，乡镇政府对农村的管理不是弱化，而是“无所不包、无所不能”。三是乡镇机构设置越来越庞大，农民负担越来越重，客观上造成乡镇与民争利，以罚养人的局面，官民比例高达1∶26。尽管乡镇机构人员不断增加，“三农”问题却越来越严峻，农村社会的公共产品供给却不如人民公社时期，城乡差距再次扩大。

（四）后农业税时代

近年来，全国各地相继取消已实施了2 000多年的农业税，乡村聚落所依存的组织资源虽然没有发生巨大变化，但组织管理体系却在重组，管理职能重新界定和调整。由于这个调整和界定还在实施中，很难进行准确的描述，但总体趋势是组织的合并与拆分同时进行。所谓合并多发生在村民委员会及以上机构，包括乡镇合并、村民委员会合并两种类型，其目标是减少财政供养人口，体现服务型政府。在村民委员会以下，则出现一种新的组织形式，一种完全的自治组织，由有兴趣的农户组成，有的地方称为互联责任区，有的地方称为农户社区。可以说，后农业税时代是一个乡村聚落组织资源重构和管理职能再定的时代(表 7.2)。

表 7.2　农业税改革试点县的村组撤并情况[4]

省名	县名	行政村(村委会)个			村民小组(个)		
		改革前	改革后	减少%	改革前	改革后	减少%
江苏	溧阳市	565	298	48	—	—	—
	宝应县	427	253	41	5 108	2 909	43
	沭阳县	713	472	34	6 237	3 696	41
安徽	五河县	438	225	49	3 122	1 756	44
贵州	湄潭县	369	120	67	—	—	—

注："—"为数据缺乏。

三、现阶段山区聚落管理的多元主体特征

尽管我国乡村提出实施村民自治的管理模式，乡村大小事务均由村民自主决定，但这种自治权力仍然是国家有条件给予的，聚落管理受多主体影响的特点比较明显。各主体影响力的大小，取决于聚落经济发展水平、社会开发程度、人口素质、地域文化等。总体上看，山区农村相对落后，经济发展水平低，宗族、宗教等对聚落管理的干预影响比较大。

(一) 村民委员会

村民委员会是国家与农民打交道的权威基层组织，又是集体经济的法定代表人，同时还是村级事务的管理者和村内事务的组织者。它是一种自上而下的国家性建构，同时，它又不包括在国家的正式行政组织之中。根据 1982 年宪法第 111 条的规定，村委会是基层群众性组织，是农村自治的基础和象征。《村民委员会组织法》第 2 条明确规定，村委会"是村民自我管理、自我教育、自我服务的基层群众性自治组织，实行民主选举、民主决策、民主管理、民主监督"。村委会负责"办理本村的公共事务和公益事业，调解民间纠纷，协助维护社会治安"，"承担本村生产的服务和协调工作，促进农村生产建设和社会主义市场经济的发展"，以及"管理本村属于村农民集体所有的土地和其他财产，教育村民合理利用自然资源，保护和改善生态环境"等，承担着经济、政治、文化、资源、环境等全方位职能。

村民委员会与上级政府的关系只是协助行政管理，没有服从与被服从的关系。受

强大行政权力的影响，村民委员会与上级政府之间的关系实际上演变为一种服从与被服从的关系，成为行政管理的一个组织机构，一种接待、应酬各种活动的差事。这种疲于应酬的状态使得村委会不能有效管理村级事务，不能较好维护村级财产与资源的完整，并与村民之间形成新的对立。村落的发展让位于行政服务，自治权受到行政权力的强烈干预，村委会更多沦为乡镇政府的“一条腿”。一时间，“催粮催款、刮宫引产”成为村干部的生活写照。

（二）村党支部

根据《中国共产党农村基层组织工作条例》，村党支部（含总支、党委，下同）是党在农村的基层组织，是党在农村全部工作和战斗力的基础，是农村各种组织和各项工作的领导核心。村党支部的主要职责包括：贯彻执行党的路线方针政策和上级党组织及本村党员大会的决议；讨论决定本村经济建设和社会发展中的重大问题；领导和推进村级民主选举、民主决策、民主管理、民主监督，支持和保障村民依法开展自治活动；搞好支部委员会的自身建设，对党员进行教育、管理和监督；负责村、组干部和村办企业管理人员的教育管理和监督；搞好本村的社会主义精神文明建设和社会治安、计划生育工作。这样，村党支部作为一个政党组织，实际在乡村社会具有绝对的领导地位。众多的实证材料也证明这种绝对领导地位的广泛存在。不同于民选的村主任，村支书是直接由上一级组织提名的。村支书作为党的上级组织的任命，是要服从于上级组织。村委会干部作为民选利益的代表，理应站在村民一边。这样，村委会与村支部就不可避免地会产生一些矛盾和问题，可能会影响村级工作。在实际村级管理中，或者采取“一肩挑”的办法，村主任与村支书为同一人；或者两委会成员交叉任职，避免矛盾激化。

（三）村集体经济组织

今天，大部分的农村村落已不再是一个有效的经济组织了，高度集中的村落集体在农村基层社会中的作用降低了，在一些村落中甚至已经解体；村落原有的集体资产也通过出租、承包、改制等不同方式而转由个体经营甚至流失；村落社区的经济凝聚力越来越弱，有些村落甚至已是“人去村空”。村落经济管理组织更多是由村民委员会承担的，形成实际上的二位一体的管理组织。也有很多村落，尽管分田到户，仍然出现土地等资源的再次集体化，并形成一个新的集体经济。例如，浙江萧山的尖山下村，全村人口1 353人、368户，是一个嵌入于山谷之中的小村落，不仅交通极其不便，而且全村可耕地只有39.3亩。在这种客观条件的制约下，家庭联产承包责任制对这个村落的农户而言似乎并没有什么实质性的意义，他们所关心的是公社时期的“队办企业”（一个年产值约50万元的造纸厂）是否可能在新的条件下尽快发展壮大；并且，也确实经过努力，在不长的时期内，把村落办成了一个类似城市单位的集体经济组织[5]。同样的情况也发生在四川山区。阿坝州岷江河畔的丘地村，在经过牦牛下放到户之后，农户又快速将牦牛集中起来，实行集体统一经营，并一度发展成为资产过百万的集体经济较为发达的山区少数民族村落[6]。另一方面，在发达地区，尤其是东部和沿海发达地区的一些村落也发展或重建了村落集体经济，村落非农经济几乎完全取代了传统农业，如华西村、南街村等，已经完全摆脱传统村落定位，成为具有很大经济实力的集团，或像一些研究者们所称的“超级村庄”。以上案例说明集体经济组织对村落管理的影响非常强大。

（四）其他组织

除国家政权机构认定的村民自治组织、村支部以及集体经济组织等外，在村域范围内还有各种群众性组织，包括妇女组织、民兵组织以及老年协会等，但这些组织都只能在村域范围内活动。而基于地缘关系、血缘关系、业缘关系以及共同的兴趣而形成的一类松散型组织，也对村落的发展与村落管理产生至关重要的影响。这类组织包括宗族性组织、民间信仰类组织、产业化组织以及各类专业技术协会等。在推进农业产业化发展的战略下，龙头企业以及依托龙头企业的组织等，对聚落发展与管理的影响日渐加强。如西昌市明日风集团对西昌市柏枝村的影响，不仅修建村级道路、基础设施，还安排了大量农村剩余劳动力。在这种情况下，其影响力有时甚至超过政府组织或者村民自治组织，也可能操纵聚落管理。而山区农村特别是少数民族地区，受经济发展水平与地域文化的影响，宗教、宗族、大姓等对村落的影响力非常强大，有的甚至超越村民委员会与村党支部。

应该说，农民专业合作经济组织是乡村聚落管理中一支重要力量，在“三农”问题深受各级政府重视的时代，该组织一直是农村工作的重点培育和发展对象。中央1号文件多次强调扶持农民专业合作经济组织，在部分产业化程度较高、农村经济比较发达的地区，专业合作经济组织已较发达，成为凝聚农民的重要经济组织。又由于该组织具有跨区域、以经济活动为主的特点，对传统聚落管理组织也具有重要影响，有时会影响聚落资源利用的决策。

四、山区聚落组织重构与发展趋势

伴随着农村税费改革以及新农村建设，合村并组、撤乡建镇、城乡一体化等，农村聚落管理也在发生剧烈变动，很难用一两句话进行总结。不过，发生在湖北与河北山区的聚落组织重建，可以说明一二。可以预见的是，随着国家对“三农”问题的高度重视和新农村建设的全面开展，聚落组织资源的重构与发展还会持续进行。

（一）互联责任区

互联责任区兴起于河北兴山县农村，其基本内容是以村民自治为基础，以山区农民居住集中、办事方便、联系紧密为前提，以自然村落、房屋院场为基本单元，每十户左右的农户建立一个小区，由小区村民民主选举一名村民担任区代表，由区代表组织农民在自觉自愿的前提下开展互联活动[7]。基本做法是：①十户一区，构建大村组小社区的新格局。根据山区农户大分散小集中的特点，以屋场院子为基础，把相对就近的十户左右的农户组织起来，形成一个户联责任区。②责任区实施四联一体，即经济联合、治安联防、好事联办、困难联帮。③六员一人，每个责任区选出一名区代表，赋予区代表"法律政策的宣传员、经济发展的指导员、生计网络的信息员、小区事务的组织员、两委班子的监督员、稳定一方的治调员"等六员职责。责任区的设置体现五大特点：一是人本性。以人为本，激发群众的参与意识。其基本内核就是村民的自治、自理和自主，可以充分调动群众自发、自愿和自觉的参与意识。责任区以地理的自然村落和院子屋场为基本单位，以十户左右为基本的小型规模，体现山区农村分散经营与生活的特征。二是自治性。三是联动性——改变户自为阵，人自为战的农民传统分散局面，一个联合贯穿始终，强调集体统一运作，改变农村"各种各的田，各挣各的钱，相互不照闲"的状况。四是互利性——互联责任区中，利益最重要。实行经济联合、治安联防、好事联办和困难联帮，不仅对每一户有利，而且对大家都有利。五是制约性。

（二）社区理事会

这是村组归并后出现的一种新型管理模式，以湖北秭归县为例[8]。2003 年 7 月，秭归县杨林桥镇决定在赵家山村试行撤消村民小组，组建农村社区的农村体制改革试点工作。湖北省秭归县杨林桥镇是一个典型的山区农村乡镇，2001 年底，全镇 36 个村合并为 14 个村，合并后平均每个村 17km^2、1 800 人，最大的村 32km^2、2 400 多人。针对合村并组后各个村地域扩大、村干部减少、工作难度加大的实际，杨林桥镇党委政府在认真调查研究、广泛征求民意、慎重反复比较的基础上，提出按照"地域相近、产业趋同、利益共享、群众自愿"的原则，于 2003 年 7 月，在该镇赵家山村开始了撤消村民小组、进行农村社区建设试点的有益探索，2003 年 11 月在试点取得成功后，在该镇 14 个村普遍推行了农村社区的建设工作，全镇 8 468 户全部自愿加入到了自己选定的社区，共建社区 306 个，社区理事会成员 1 028 人。各个社区设立社区理事会，由 3～5 人组成，设理事长 1 人，理事和理事长义务为所在理事会的村民服务，理事和理事长由村民直接选举产生，任期 1 年，一般都是由当地德高望重、公道正派的村民、经营能人、产业大户或退离休干部职工担任。社区理事会在村民委员会的框架内活动，将行政色彩很浓的"村民委员会—村民小组—农户"的农村基本组织结构改革成由村民自由组合的"村民委员会—社区理事会—基本农户"的基本构架。社区按照大家共同制定的《社区章程》组建，章程规定，社区实行完全自治，表现在社区民主组建、理事及理事长直选产生、社区事务民主决定、理事及理事长的活动群众监督、社区事务共同管理，真正体现了村民自我教育、自我管理、自我监督、自我发展的民主精神。

第二节　山区聚落管理的实质、重点与存在的问题

一、山区聚落管理的实质

从我国乡村管理的变迁不难发现，聚落管理无不体现国家权力与村民自治权力的不断较量，并最终以国家权力为主的一种管理范式存在。对乡村社会的管理，重点集中在乡村组织网络结构的重建、乡村土地以及人口等基本生产资料的控驭等方面，以保证国家政治制度、政策、发展项目的顺利执行，确保农村能够提供工业化发展所需要的原料、资金，确保城镇建设所需要的资金、人才、资源。因而，可以明显看出，对乡村社会的管理及政策变化，与不同时期经济社会发展重点是相一致的。而乡村自治管理能够拥有多大权力，取决于国家"给予"多少，而且这种额度还随时可以收回[9]。人民公社后实行的"乡政村治制度"也是国家给予的，是国家在改变对村落的控制方式——在改变经济控驭权的同时，减少了乡村社会事务的控制和过于直接的介入。在国家部分让出乡村管理控制权的同时，一种在市场经济条件下和农户个体生产条件下，基于地缘、血缘、亲缘关系而发展起来的组织资源，则越来越发挥着较大的控制性作用，特别是对聚落认同度、非农产业发展等方面，甚至超出国家权力的影响。因此，我们说，乡村聚落管理一直就是国家权力与乡村自治力量不断制衡的结果。国家重点在社会稳定，在于确保相关政策制度能够顺利实施，在于聚集所需要的资源、资金与人力。相反，村落与村民关注的焦点则在于聚落身份、聚落资源的利用与分配、房舍改造以及聚落认同度。

由于国家的乡村管理过多集中在政治管理、生产资料控制、土地资源归属等方面，对聚落实体景观的空间演变、对聚落基本构成单元——家庭居住条件等方面的管理基本由聚落内部决定。在人民公社时代则采取抑制消费的办法，农民依靠从集体中获得的收入难以积累来修建新房，以改善居住条件。这一段时期，农村居住条件几乎没有改善。阎云翔在黑龙江南部下岬村的多次调查发现，在1950～1980年期间，村民的居住条件相差无几，房基地由集体统一分配。在1983～1990年的7年间，全村新建房屋102所，翻盖或扩建房子121所，房屋的使用面积也从75m^{2}左右增加到110 m^2[10]。农民居住条件的改善使得农村聚落的更新速度非常快。据国家统计局统计资料表明，我国农村居民人均居住面积1978年为8.1 m^2，1997年为22.5 m^2。时至2000年，农村人均钢筋砖木结构住房面积就达到15 m^2，基本上达到了小康阶段的生活要求。"50年代住草房，70年代住瓦房，80年代住楼房，90年代住洋房"是对这种变化最为真实的描述。不仅如此，聚落分散的速度也在加快，据对鄂西利川市28个典型村的调查资料：其总人口由1949年的14 966人发展到1999年的39 348人，增加了1.6倍，居民点也由1 258个增加到3 115个，增加了1.5倍。新增人口的住房不是在传统居民点的外围扩

展，而是重新新建居民点，居民点人口规模基本保持不变甚至还略有缩小。

二、山区聚落管理的重点

基于国家对乡村管理的制度性约束以及计划经济的遗产影响，我国现阶段的乡村管理重点不是对聚落空间形态、聚落实体景观以及聚落公共空间的合理配置与布局，而是将村落置于乡村利益代言人和所有权者的位置上，将管理重点放在资源控制、公共产品供给以及公共事务等方面。结合山区聚落的分散性、社会文化封闭性、资源多样性等特点，现阶段山区聚落管理的重点主要体现在以下几个方面。

（一）对土地资源的管理

土地是聚落最大的公共资源，也是聚落存在、发展的基础。对土地资源的支配最能体现聚落的控制权力，也是村干部之所以为村干部的关键。村土地利用包括耕地的发包承包权、林地承包发包权、草地经营处置、森林经营管理、农地用作建设用地（挖鱼塘、修宅基地）、土地转包以及宅基地审批等，往往是聚落管理的中心任务。这是因为，土地到现在仍然是农民的生存之本，保障农民人人享受土地权力的制度，是中国社会稳定、经济发展的根本。因而，在我国各类生产资料陆续市场化之后，农村土地仍然为集体所有，对土地、林地、草地的承包经营与利益分配仍然表现为村落管理的中心。实际上，对农村集体土地（包括林地、草地等）的管理，都有严格的法律法规和条例，按理只要按照政策和法律规定就行。但是，在实际运行中，土地的承包管理却是根据村落具体情况进行的，耕地的承包期限、留公地、收取承包费、签订承包合同等，不同村落所采取的办法是有很大区别的，有的留存有公地，山区农村预留公地的情况较少。以川西地区农村为例，较为普遍的情况是耕地自第一轮承包以来就未进行过调整，人口增加给家庭带来的粮食压力主要是通过开垦荒地荒山解决的，个别村落的开荒地数倍于承包地。对非耕地资源（林地资源、草地资源、荒地荒山等）的管理，情况比较复杂，有的村落将林地草地划分到户，有的村落自行管理，有的村落划分到户的林地只有自留山（柴山），有的村落则是集体柴山。村集体的用材林等，大部分是控制在村集体的手中，这曾经是山区村落集体经济的重要来源。

（二）对集体经济的管理

除土地之外，聚落集体资产（包括固定资产与流动资产等）也是村级管理的重点之一。集体经济管理主要体现在集体资源所产生的收益及其分配方面，也是农业税时代农村经营管理的重点内容。农村体制改革之后，大部分村落集体经济名存实亡，集体资产大量流失，许多地方还出现严重的村级负债。负债的形成及偿还是村落管理的重点，也是农村经营管理的关键内容之一。围绕集体资产及其处置，相关部门多次出台相应的制度、条例等，力图规范农村集体经济处置行为，减少集体资产损失。

（三）对公共事务的管理

村落公共事务管理包括协调上级工作、达标活动、产业结构调整以及协调邻里纠纷等内容。这是村落公共事务管理的重点内容之一。由于实行户营经济之后，农业的产前、产中、产后以及农村劳动力外出等，都是农户自己决策和处理，村级组织在这方面的活动基本不介入，以确保村民自主经营的权力。但在引导村民调整结构、协调灌溉水利、调解村民纠纷等方面，还将花费一定的时间和精力。根据农业部对 121 个村庄的调查，仅 2003 年就有 105 个村庄发生各类纠纷 723 起，平均每个村落发生 6 起。所发生的这类纠纷，大部分由村干部进行调解，也有由村内有一定威望的长者进行调解的。

（四）对公益事业建设的管理

村庄中公益事业建设最能反映村庄治理的成效，也最能体现村庄管理能力。由于我国政府对城镇和乡村采取不同的管理方式，城镇由国家解决公共产品如道路、学校、交通、供水、供电等一系列问题，而农村公共事业则由村落集体自行解决，国家只提供有限的帮助。这些公共事业包括学校、饮用水、电、道路等，而这些公共产品的供给往往又与上级所开展的达标活动结合起来，成为乡村公共事业的重要内容。尽管目前学校等的建设以及教师工资已经全部由国家解决，但是村落出行道路依然通过村民一事一议来解决[11]。这就为村落管理留下巨大的基础设施建设管理空间。在农户家庭经营的背景下，如何控制聚落资源并发展聚落经济，通过集体经济的发展，改变村落公共产品供给，成为考验聚落管理能力的重要手段。面对上级政府的各类达标活动以及各种发展项目，村落管理者“八仙过海”，采取跑、要、贷等手段，多方筹集资金，促进本村基础设施的改善。山区由于地势、自然条件等原因，基础设施建设管理的难度远远大于平坝地区。

此外，对人的管理也是聚落管理的重要内容。国家通过严格的户籍制度，将居民划分为农业人口与非农业人口，农业人口只能在农村，在特定的地域范围内活动，除婚嫁等外，特定聚落的人口是不能到其他聚落安家落户的。即使在“乡政村治”时代，在人口流动速度加快并快速向城镇转移的过程中，农村人口在聚落之间的流动也只限于婚嫁以及政府指导下的聚落迁建，以及有亲(血)缘关系的家庭之间进行。因为，甲村农户要到乙村落户，必须得到村民大会获得 2/3 村民的同意，必须要有宅基地等。在土地资源非常紧张的情况下，要新增人口并从已有人口中分得土地，显然是不现实的。在农业税时代，政府通过承诺减免农业税、土地整理等获得土地，用于大型工程的移民安置。那么在免除农业税之后，还有什么方法可以用来安置呢？

三、山区聚落发展与管理的诸多问题

由于国家农村管理战略以及管理实践的偏好，与平原地区农村相比较，山区聚落发展呈现出分散、单体聚落多、聚落负债、聚落生态环境恶化、发展水平低等问题。这些问题既是聚落管理不完善的体现，也是山区特有的自然环境条件所决定的。

（一）山区聚落的分散与无序

分散虽然是山区聚落空间分布的固有特点，但过度分散所造成的后果也是非常严重的，而且其分散分布往往超出了当时历史、社会、经济所容许的分散程度，导致聚落社会发展的封闭、原始、落后与生态环境的恶化，并严重阻碍乡村经济的发展与社会进步。

众所周知，聚落群体系同任何耗散的开放系统一样，也体现了系统演化过程中无序与有序的转化关系。它既不是完全有序系统，也不是完全无序系统，有序中生长着无序，无序中存在有序。如果缺少合理的引导，聚落群体系的演变就会以无序转变为主，并经过相当长时期后才可能转变为有序的发展。我国山区聚落群体系的演变，受地域利益的束缚和地形地貌、自然环境控制，往往只能在行政村范围内演变，若非借助政府强制措施或工程性安置，很难突破村域边界，形成大规模的、合理的聚落群。由于地域利益边界的存在，这种一定地域范围内的聚落空间演化虽然看似合理，有一个或多个中心聚落支撑，但若将其置于在一个大的区域（乡或县乃至市）内，却又表现出明显的分散性、低层次性，尤其是中心聚落的小规模与分散。如果考虑到众多的单户村、三户村，聚落群体系的演化就更加不合理了，所造成的后果也是十分严重的。

1. 聚落占地对有限耕地的蚕食

乡村聚落建设缺乏统一的建设规划，建房无序，加上厕所、圈舍的随意搭建等，聚落空间布局的极度分散，无疑扩大了居民点占地，使原本十分有限的耕地资源更加稀缺。全国土地资源调查数据显示，全国农村居民点面积达到 1 470 万 hm^2，人均占地 $182m^2$，远远高于国家标准规定的上限 $150m^2$，且大部分为平房，集约利用程度很低。在山区农村，农民在公路两旁重建新房的现象较为普遍，导致原有房屋的空置，形成空心化的聚落。所谓聚落空心化，就是随着聚落占地的不断外扩，传统中心聚落内部空置，只有少数人居住并逐渐破落衰败，原民居或搬到外围，或沿乡村道路修建。聚落原址不仅被人们遗忘，而且还有大量的废沟（塘）、闲置地、洼地等，土地利用率很低，新建单体聚落又彼此分离，形似星星般点缀在原聚落周围。虽然聚落空心化是传统农村聚落在发展演变过程中表现出的一种趋势和现象，但对农村发展极为不利，表现为浪费土地资源、加大农舍占地比例、安全隐患以及影响农村社会治安与稳定[12]。在我国人多地少的国情下，大量空心村、低效土地利用的存在，委实是一种极大的浪费，也与建设社会主义新农村的目标格格不入。

2. 聚落生态环境污染加重

聚落分散，也加重农村面源污染。表现在生活垃圾随意堆放、生活污水任意排放，农村养殖场粪便污染，作物秸秆大量浪费，植被退化，化肥农药、地膜等污染严重，以及城镇生活垃圾不断向农村转移，特别是旅游聚落、景区等，生活垃圾已经成为影响农村生态环境的重要因素，而这些旅游聚落又多集中在山区。在许多山区，有漂亮的房舍、有穿戴一新的农民，却没有像样的厕所、没有清洁卫生的饮用水等，有的是“室内现代化，室外脏乱差”，有的是“远看是别墅，近看空架架”。

另一方面，山区农村能源结构单一，大量依靠薪柴、秸秆等传统生物质能源。据统计，大约 57％的农村生活用能为秸秆、薪柴，长江上游地区农村户均薪柴消耗量在 5～8m^3 之间，牧区消耗的牛粪在 5t 左右，不仅对聚落生态环境形成较大压力，而且“烟熏火燎”造成的室内烟尘污染也非常严重，尤其对妇女和儿童的身体健康极为不利。

3. 增大农村公共产品供给难度，造成农村公共产品匮乏

山区农村与平原农村，最大的差别不在于收入差距，而是农村人口所享用的公共产品资源差距。山区耕地破碎，聚落规模普遍较小，单家独户的院落比较多，给公共产品的供给带来很大的困难。尽管国家不断加大对农村公共产品的投入力度，并提出整村推进的扶贫模式，但出行难、看病难、入学难仍然是许多山区人口面临的主要问题。山区聚落规模小，几户、十几户的自然村很多，不可能为这些村落提供完善、便捷的公共产品。

（二）村民参与“村治”不充分

尽管村民委员会组织法对村委会的组成及职能有明确的规定，国家相关部门也通过各种政策制度等，竭力规范村落管理者的行为。但是，在村务管理的实践中，仍然存在这样或那样的问题，在村干部与村民之间形成尖锐对立，表现出明显的村民参与缺位。相对于一些原则规定，村务管理实践更多集中在人事、财务和资源的控制权方面，既防止来自外部的掠夺干扰，保护本村利益的完整和村民的利益。另一方面，利用村民赋予的权力，建立自己的威信，形成对村民的掠夺行为——滥用权力、搭车收费、不公平分配、浪费资源、疏于公共投资以及将集体资产用于私人用途，等等。

1. 新权威的加强与村民利益的受损

“乡政村治”的乡村管理模式，其初衷和出发点都是好的。但是在实际运行过程中，特别是在保证村民权利和自治能力两个方面，借助于相关的政策制度，仍然存在诸多的不如意，表现出新权威加强，如行政权力的干预、精英控制、“城归”与能人治理等特点，

农村公共产品供给不充分。农业生产基础设施在经过长期超负荷运行之后，灌溉设施、水利设施等年久失修，很难再承担农业抗风险的重任；村内大小活动，或无人理事，或被少数精英控制。体制内精英扮演着既要代表本村群众，又要代表乡镇政府的“双重角色”，或者说扮演起集国家代理人、社区守望人和家庭代言人三者于一身的角色，很难处理好三者之间的关系。特别当经济发展加速，土地流转的速度加快，乡镇等国家权力对乡村土地流转的干预力度明显增加。个别地方甚至以新农村建设、城乡一体化为借口，形成新一轮的土地流转占用。村民的生存之本再次被剥夺，并产生大量的失地农民。

2. 聚落负债

聚落管理缺失产生的另一个问题就是聚落负债，这种负债更多又表现为村民参与决策的缺位所形成的。我国村级债务非常严重，而村级债务增加最快的时期又是 1990 年后的阶段。在 1990 年前全国只有 402.5 亿元，到 1993 年增加到 1 021.3 亿元，1997 年为 1 978.6 亿元，2001 年达到 2 796.9 亿元[13]。四川省 2002 年锁定乡村债务 277.9 亿元，其中乡镇负债 229.3 亿元，乡平均 455 万元；村级负债 48.6 亿元，村平均 9.5 万元。负债最多的乡镇债务高达 3.5 亿元，最多的村达 1 337 万元。到 2004 年底，全省乡村债务规模在 400 亿元。在债务构成中，普六、普九教育负债占 25%，乡村道路等基础设施建设负债占 40%，因财政体制改革负债占 20%，关闭合作基金会及企业发展负债占 15%。而剑阁县，一个山区农业县，全县村级负债总额就高达 8 280 万元，行政村村级负债 15.7 万元，农民人均负债 476.6 元[14]。负债（借款）来源大体包括：向银行借贷，向私人借贷，向农民收取。

沉重的负债导致村级组织运转困难，一些干部称自己为“守债人”，一些地方甚至成为农村新的上访户。负债已经成为山区聚落管理中难以回避的一个新问题，对目前新一轮的农村发展产生重大影响。从村落负债构成看，达标活动是负债的主体，其次是农村政策调整，这两项负债似乎都与村落发展的社会环境有关，都是我国农村发展战略矛盾的结果。但细究其原因，则是村落管理的缺位，与“乡政村治”模式不相适应，实则表现为村民话语权的缺失与村民自治的不完整。

（三）农村人口流动加大聚落管理的难度

农村人口大量跨区域流动，形成声势浩大的民工潮，已是不争的事实。这些流动农民工，对乡村经济社会的发展起到极大的推动作用，为乡村发展积累资金、资源、技术，成为乡村社会文明与先进知识文化的传播者，也是最早将城市聚落的钢筋水泥瓷砖引入乡村、改变山区聚落传统建筑形态的人群。阎云翔在黑龙江农村住宅结构的考察中指出，住房建设的改革来自于外出打工的农民，在修建新房的过程中引入城市单元房的理念，对传统住宅结构进行调整，并很快普及到全村。其结果大量复制城镇住宅结构，建筑面积大量增加，彼此分离的独立房屋不断增多，形成空心村。这在传统劳务输出地区，愈发明显。四川省的川中丘陵地区，农村住房翻新的速度越来越快，新建住房的结构向小别墅的方向发展，但彼此之间的院落越来越分离，加剧聚落的分散布局。

在流动人口大量跨区域流动的同时，也对乡村管理产生严重隐患，可以说阻碍乡村经济发展[15,16]。大量人口外流造成的后果有：①对村落自治组织经济资源的吸取能力是一个巨大考验，实际上，很多外出流动人口及家庭在缴纳各种税费方面，是较为滞后的，个案研究发现，外出务工家庭存在严重的税费拖欠行为。②村落自治的组织基础弱化，一定数量素质较高村民的存在是村落自治管理的组织基础。现实情况却是大量高素质的村落人口通过流动的形式，常年离开村落，村落干部的来源只能在"矮子中选高个"，民选村官素质普遍低于外出务工人员，不具有影响和控制能力，也缺乏增收能力，有的地方甚至出现村长与村支书双双在外打工的情况。③聚落资源控制能力弱化，典型表现就是住宅建设的无序化，修房造屋成为个体私事，想怎么修就怎么修，要建多大就建多大，彼此之间摆阔气，相互攀比，使新建住宅无序发展，并占用了大量良田好土。

（四）聚落特色的丧失与古聚落（古村古镇）的破坏

尽管早在1993年国务院就颁布实施了《村庄和集镇规划建设管理条例》，建设部也出台了《关于印制和使用〈村镇规划选址意见书〉的通知》，1996年又制定了《村镇建筑工匠从业资格管理办法》，从制度政策层面引导乡村聚落的健康发展。但是受各种因素的影响，农村聚落发展仍然处于一种相对自发的状态，有法不依的问题比较严重，聚落建设特别是单体聚落（住房）建设随意性大，村庄（落）、集镇等建设表现出明显的趋同化，千村一面、千房一样的景观随处可见，传统聚落特色及聚落文化正在逐渐消失。

聚落是人类居住的空间形态，是人类长期适应当地自然地理环境的结果，蕴涵着悠久的历史和灿烂的文化，其建筑、人文、民俗、经济活动等是地方文化的符号和生动反映，是不可再生的人文资源。聚落景观在社会变迁过程中，历尽沧桑，能够依然保持着独特风貌的古聚落已经不多。就是这为数较少的古聚落，在商品经济的冲击下，在聚落管理缺位的情况下，正在迅速消失，其独特的个性和风貌在急速衰减，古聚落与现代化建设的矛盾突出，聚落生态环境恶化。

第三节 山区聚落管理的意义、原则

一、山区聚落管理的意义

（一）新农村建设的要求

建设社会主义新农村是我国现代化进程中的重大历史任务，是统筹城乡发展和以工促农、以城带乡的具体化，是遏制城乡差距拉大趋势、扩大农村市场需求的根本出路，是解决"三农"问题、全面建设小康社会的重大战略举措。什么是新农村？新农村就是"生产发展、生活宽裕、乡风文明、村容整洁、管理民主"。它至少包括以下六新：一是新房舍，体现民族风情、聚落特色、节约耕地、节约材料和节约能源；二是新设施，要有完善的基础设施，道路、水电、广播、通信、电信等配套设施俱全；三是新环境，农民生活环境清洁，农村生态环境良好、优美；四是新农民，要培养有理想、有文化、有道德、守纪律的新型农民；五是新风尚，移风易俗，树立科学、文明的新生活观；六是新秩序，农村法制健全，农村社会和谐稳定。

无论是新农村建设的哪一个方面，都离不开与之相适应的农村管理及管理制度建设。正如前述，传统乡村管理，由于忽视对聚落建筑物、聚落生态环境、聚落文化等方面的管理，才会出现无序、封闭、分散的聚落社会。山区由于地形破碎，聚落分散，在山区实施社会主义新农村建设，更需要强有力的管理技术、管理手段和管理制度。另一方面，一家一户的小规模生产，除满足生计外，很难有所发展，必须借助新型的管理手段与生产技术，扩大生产规模，提高商品率；这种一家一户自成一体的修房造屋模式，不便于生活垃圾与生活污水的集中处理，不便于清洁饮用水、光纤、电话等管线的布设，不可能取得"村容整洁"的目标；如果仍然保持现存的管理思路与管理模式，村民的话语权、村民的参与意识等都不可能有很大提高，自然难以形成乡风文明、管理民主的新农村建设目标。因此，我们认为，山区新农村建设必须有新的山区管理模式与之相适应。

(二) 生态环境保护的要求

聚落是一个由多种物质要素和自然要素组成的综合系统，包括人及其活动空间、自然系统、环境系统等。因而，一个聚落的发展必须有能够满足聚落人口生活和生产需要的基本自然资源，必须具有容纳聚落人口进行活动的土地和空间。与平原聚落相比较，山区人口生存活动需要的空间更大，受山地重力作用和自然灾害的影响，人的活动对生态环境的影响会更大。由于山区聚落与外界的交流少，聚落封闭，山区居民对原生态资源的依赖大大高于平原地区。以生活能源为例，平坝地区农村已经基本用电、燃气代替薪柴了，而山区居民依然以薪柴为主，高原地区甚至以牛粪为主。这对生态环境造成较大的压力。而荒漠化、石漠化、水土流失、自然灾害等则是山区聚落正在承受的生态退化威胁。成思危同志在考察贵州喀斯特地区农村发展时强调，在喀斯特石漠化严重地区，新农村建设的重点应该放在石漠化的治理，这种治理不能依靠大兵团作战，不能采取纯工程措施，正如天然林保护工程必须借助社区力量一样，石漠化的治理也必须依靠分散的农村聚落，依靠村民的力量，采取工程措施与聚落管理措施相结合的方法，才能取得成效。

(三) 持续利用土地的要求

我国是一个人均耕地资源十分紧张的国家，我们以世界 1/20 的耕地，养活世界总人口的10%。我国又是一个土地资源浪费比较严重的国家,我国经济增长的取得不仅依靠投资拉动,而且与耕地资源的减少密切相关,甚至可以说是牺牲耕地换来的。在我国人均 GDP 超过 1 000 美元大关之后,迎来经济社会的黄金发展时代,这个时代将伴随着大量的城镇建设用地的扩张期,城镇建设需求使大量耕地转化为非农用地。而我国又是一个农业人口为主的大国,尽管全国每年有 9 000 万农民工进城务工,城镇人口占总人口的比例高达 43%,但是,由于进城人口的社会保障等系列问题没有很好解决,这些人成为"双栖性"人口,过着"钟摆"生活,既占有城镇资源,又保留乡村传统的居住形态,甚至还在不断改善这种传统的居住形态,形成进城务工人员的增多与乡村住房面积扩大并存的格局,对节约集约利用土地是非常不利的。

另一方面,我国正在进行新一轮的土地利用规划,提出城镇建设用地的增加必须与农村居民点占地的减少挂钩。村庄土地整理成为今后土地利用的重要方向之一。村庄土地整理,不仅仅是国土部门的事务,更是村庄土地占有者——广大村落居民自己的重大任务。对村庄土地整理的管理,必将推动聚落管理工作的纵深发展。测算表明,全国村庄土地整理,近期(2010)和远期(2030)可分别净增加耕地面积 173.81 万～296.58 万 hm^2、279.10 万～401.86 万 hm^2,整理系数分别为 1.42%～2.42%和为 2.27%～3.27%。但是,村庄土地整理工作,不是纯技术问题,更是管理问题。村庄能否合并、如何合并以及合并后如何发展,必须得到村落广大农户的理解和支持,必须得到村落管理者的密切配合。

(四) 城镇化的必然要求

城镇化是社会经济发展的必然趋势,而城镇则是农村聚落演化发展方向。在从自然村—中心村—集镇—建制镇—城市的聚落发展层级下,不同的发展阶段要求有不同的管理水平与之相适应。如果说自然村、中心村仍然是农业社会的典型,适应传统的农业社会管理模式,那么,集镇与建制镇等,则要求出现与之相适应的管理模式。而且,随着社会的不断发展和进步,自然村、中心村将呈现不同程度的衰减,而集镇、建制镇的数量将不断增多,最终形成以建制镇、集镇为主体的农村聚落形态。当然,这是一个漫长的经济社会发展过程,自然村的减少更多是由经济因素决定的,而建制镇的增加则更多是由政治因素决定的。但管理制度的变化对这个演变也具有重要的影响。特别是我国是一个有 13 亿人口的大国,在城镇化的过程中,不可能将所有农村人口都转移到大城市,更多人口转移是在小城镇以及集镇实现的。而且,山区人口向城镇、向坪坝的转移更是一个十分漫长的过程。只有那些具有在大城市生存发展能力者,才可能进入大城市,绝大部分人口仍将在小城镇、集镇和中心村安家落户。从这一点上看,如何构建合理的山区聚落体系、完善聚落公共设施与管理制度,将是长期的艰巨任务。

(五) 加强聚落管理是社会稳定的需要

人们通常将乡村基层组织的管理状况用三个 1/3 来表示,即 1/3 基层组织管理能力较强，1/3能够正常运转，还有1/3基本处于瘫痪状态。如果将村级社会经济发展水平与村落管理水平相联系，我们同样可以发现，村级基层组织管理能力较强的村，其经济社会发展水平高，集体经济实力较强，大名鼎鼎的明星村都是这样。即使在西部山区，乡村经济社会总体发育程度较低的区域，仍然表现出这样的特点。来自于岷江上游以及甘孜州的调查发现，村落基层组织管理水平越高，村落基础设施等公共产品供给越好，村民整体经济水平越高。相反，那些基层组织管理能力较弱，或者根本就缺乏管理的村落，均比较贫困。而且，由于管理能力低，即使是贫困村，也没有能够挤入国家整村推进扶贫的重点村落。因为，现实情况是，整村推进以及其他相关项目，都必须要求有一定的劳资配套，村民或者出钱，或者出力，或者既出钱又出力。基层组织如果不健全，或缺乏管理组织能力，自然不能提供有效的配套劳资，也就不能保障项目的成功。在这种情况下，即使上级政府愿意将项目投入该村，也不能通过检查验收，最终以失败告终。据了解，2005年中央财政安排专项扶贫资金130亿元，是1990年的13倍；其中投向内蒙古、广西、西藏、宁夏和新疆五个民族自治区，以及贵州、云南、青海三个少数民族人口较多省份的财政扶贫资金量就达48.4亿元。如何争取到这笔资金，需要村落自我管理与发展能力与之相适应。从这个角度看，要想借助整村推进以及新农村建设等项目，改善村落公共产品供给状况，促进村落发展，缺乏村落管理能力是不可能的。鉴于此，要真正提高广大山区贫困人口的生活水平、改善生存状态，必须建立健全聚落管理组织，提高管理者能力；要想利用这笔资金，必须健全管理制度。

二、山区聚落管理的基本原则

（一）协调性原则

聚落是乡村人口的居住场所与活动空间，因而是一个包括建筑物在内的多种实体的结合。对山区聚落的管理（或治理）不仅仅表现为传统的村落管理，即村落内部事务的管理、村落建筑物形态的管理，还包括聚落与聚落之间的联系与协调，以及支撑聚落发展的产业协调、生产协调、环境协调、民族文化协调等。因为，山区聚落是一个集经济社会生态于一体的复合系统，各系统之间互相依存、互相制约，在系统内部与系统之间要紧密配合，互相协调。因而，聚落体系的布局、聚落内部各建筑物之间、聚落民众的私密空间与公共空间以及聚落中心与耕作半径之间，要互相协调，这样才能方便人们的生产与生活。

协调性的另一方面是处理好集体、个人、国家之间的关系。尽管有新农村政策的支持，有工业反哺农业、城市支持乡村的发展条件，但聚落基础设施建设与改善，能够从国家及各级政府所得的投入还是十分有限的，大量的资金还必须依靠聚落自身特别是农户的发展，依靠合理的布局与规划来吸引资金和资源。这是聚落管理中必须遵循的基本原则。聚落发展不能为获得国家的支持、为成为政府资助的典型而牺牲民众的利益，失去聚落特色，失去个性，失去传统。

（二）开放性原则

传统的山区聚落所特有的封闭社会特征、封闭的管理方式，不利于聚落发展。现代社会是一个开放的社会，开放才能促进融合与交流，开放才能发挥各自的比较优势，开放才能鉴别，才能发展。任何聚落都不可能离开于外部的联系而偏安于一隅，聚落的发展离不开外界的支持。聚落发展并不仅仅是建设用地的扩大，功能的提高，单纯地安排好物质设施的相关内容，还必须从聚落的经济、社会、环境各方面综合发展，使聚落空间环境的发展不仅仅满足经济的增长，更要有助于社会的进步，以及生态环境的保护。开放型聚落，符合新农村建设的基本思想，开放才能促进聚落规模的扩大。如果一个聚落采取自闭的办法，采取排斥的办法，便不能获得"生产发展、生活富裕、村容整洁、乡风文明、管理民主"。开放包括人口的流动、资源的流动、信息的流动，只有加强这些流动，聚落才能"活"起来，才能有生命力，才能持久发展。

（三）参与性原则

公众参与源于美国，加拿大紧随其后。美国不仅在规划上、在一般的市政管理上也十分重视公众参与。虽然我国"乡政村治"的管理模式就是强调村民参与村级事务管理的权利，就是希望通过村民的广泛参与来促进村级社会经济与环境的协调发展。但是，由于"乡政村治"的非自治性，以及长期计划经济、封建残余思想的影响，村治中的公众参与程度仍然比较低，仅限于村民委员会成员选举时的参与，有些村民甚至连选举机会都放弃掉。在村落事务的管理、村落发展等重大问题上，参与程度非常低。正因为如此，才会出现乡村债务像雪球似的不断增长，才会导致村民利益的缺失。村民参与是聚落管理必须坚持的基本原则。只有聚落民众的广泛参与，所形成的决策、发展规划、收益分配等，才具有广泛的群众基础。村民参与对于村落发展与管理能够促成管理方案更符合实际，更能体现广大村民的利益和需求，提高村民的主人意识，提高聚落凝聚力，减少村级资源的流失与村级债务的攀升。参与还包括聚落参与区域经济发展和社会进步。

（四）可持续性原则

山区聚落是一个由经济社会生态组成的复合系统，是人们长期适应环境的结果。聚落管理要体现聚落复合生态经济社会系统的特征，妥善处理好各子系统之间的关系，特别是人与自然的关系，实现持续发展。乡村聚落是集社会经济于一体的产物，具有生命周期。聚落管理必须符合聚落发展的生命周期，才能实现聚落可持续发展。

（五）文化传承性原则

山区聚落不是建筑物的简单叠加，而是人与自然环境长期适应的结果，反映特定区域特定的生产关系、经济发展水平、科学技术等，具有突出的地域性和文化属性。保护并使地域性聚落文化得以发展是聚落管理的重要内容之一。继承并强调地域性文化，既是维持全球多样性文化的需要，也是当地居民对聚落和建筑精神功能的需要，是人居环境不断提高的一个方面。而聚落是地域文化多样性的载体之一，保持聚落文化特色是聚落管理应有之义。

第四节　山区聚落管理基本构架

一、山区聚落管理的内容

管理就是为达到一定目标而进行的一系列筹划、治理活动的总称。山区聚落管理，就是在现有乡村制度安排下，为缩小城乡差距、改善乡村生态环境、提高乡村人口居住生产环境、发展农业生产、增加农民收入而进行的一系列治理、规划活动。聚落管理不仅十分重视现有乡村制度安排下的双层经营管理制度及其覆盖的内容，还十分重视聚落建设管理、聚落空间布局管理以及聚落人口管理等，把乡村建设成为“生产发展、生活富裕、管理民主、村容整洁”和“乡风文明”的山区新农村。

（一）聚落更新管理

聚落更新主要体现为物质环境的更新、配套设施更新等，是聚落发展演化的必然现象。更新缘于聚落不适应社会、经济、生产和生活需要，缘于功能的变化、设施配套的要求、社会信息和心理因素的作用。聚落更新一般包括自发的更新、调控性更新。前者主要指农户自发的建房现象，后者主要指有计划的改变或迁移。目前，山区聚落更新较多以自发更新为主，以聚落内房屋更新为主。俗语说“小康不小康，关键看住房”。我国经济的快速发展给山区聚落更新提供强大的外部环境，而“工业反哺农业、城镇支持乡村”的环境条件下，大量农村人口外流后汇入乡村的工资性收入，使农村住房建设得到蓬勃发展。对逐步富裕起来的大多数农民来说，最大的消费和最大的理想就是建房。在经历农村改革带来的建房热之后，因劳动力流动与新农村建设的推行，聚落更新速度之快前所未有。

尽管更新是历史的必然，但无论哪一种形式的更新，都会涉及对生态环境的影响、消耗资源的影响、地域文化传承的影响、对使用者——人的影响以及对社会经济方面的影响。其可能引发的负面影响，包括文化品质的降低、传统价值的丧失、物质环境的损害、形成大量“类城市聚落”、“普通聚落”，造成能源、材料、经济的浪费，破坏原有的生态平衡。因此，聚落更新实际上是非常复杂的系统工程，必须处理好局部更新与整体发展的关系、更新数量与质量的关系、现实发展需求与未来发展之间的关系，否则就可能由于更新而出现如前所述的蚕食耕地、类城市聚落、普通聚落盛行等问题。

毫无疑问，聚落更新是聚落管理的主体内容之一。聚落更新管理就是要对自发更新行为加以引导，使自发的建房行为符合聚落持续发展的需要，符合农村经济发展的要求，并纳入农村发展规划。通过更新管理，对废弃的宅基地等闲置资源，进行有效管理与利用，节约集约利用每一寸土地。目前，由于社会经济发展和城市化速度的加速，以及乡村人口居住观念的不断变化，聚落更新的速度越来越快，单体聚落（房屋）的大量更新，在缺乏有效管理的情况下，不仅空间布局分散，而且建筑形态单一，形成千村一面的建筑风格，具有浓郁的地域特色与民俗特色的建筑文化正在逐步流失。不论平原还是山区，不论城市近郊还是远郊，不论是农区还是农牧交错区，不论南方农村还是北方农村，大部分新修房屋外墙均被贴上耀眼的瓷砖，自然保护区周边也不例外。卧龙自然保护区内就有大量新建住宅的外墙被瓷砖占据，在发展乡村旅游、打造"熊猫精品旅游环线"的过程中，这些瓷砖外墙又不得不进行除瓷行动。这种由于缺乏相应的管理约束、形成千村一面的聚落景观，最终又被新的发展思路所替代。这些脱离当地文化与地理环境的前卫建筑，自然会随岁月的流逝而发生变化。类似的现象还很多，特别在一些古村落、特殊聚落，在一部分先富裕起来后进行的住屋更新改造，可能会对聚落整体结构以及聚落文化形成破坏。因此，对聚落的更新管理，应该成为当代乡村聚落管理的重要内容。

（二）聚落空间管理

聚落是乡村居民生产生活的重要场所，这个场所通俗地讲就是空间资源，包括聚落民众的生活空间与生产空间两大部分，以及与生产生活空间相伴随的环境空间。生活空间由农户家庭私密空间与居民公共活动空间构成，生产性空间按照聚落产业发展需要，又可以划分为农业生产空间、非农产业发展空间以及为这两大产业服务的道路。聚落空间管理就是在一定区域范围内对聚落空间资源的合理划分，使家庭私密空间、公共空间、农业生产空间、非农产业空间、道路等资源进行有效配置。家庭私密空间具有很强的私密性，其更新发展主要受制于经济社会发展以及家庭个体经济发展水平之影响，具有很强的自发性、不确定性，对家庭私密空间的管理只能从人均建筑面积、建筑风格等方面进行统一。居民公共活动空间则是聚落实体内除家庭院坝外的、供居民行走、休息以及生产活动的各种空间组合，如道路、晒场、水渠、管线铺设、公共活动室、学校等等，具有很强的公共产品属性。其发展水平，受制于聚落人口规模、经济发展水平、聚落功能定位和聚落文化以及社会环境等多种因素，是聚落管理的重点。我国广大乡村，在改革之后，公共活动空间一再萎缩，大部分地方已经没有公共活动室，道路毁损，渠塘渗漏，机井干枯，农村完全演变为各自为阵、各户为营的个体经济时代，公共管理职能弱化。近几年，虽然各地在专项资金的支持下，新建起党员活动室，自来水也进村入户，但农村公共产品供给还是无法满足农民生产生活的需求。如何有效配置聚落空间资源，如何提高聚落内公共产品的数量与质量，如何实现聚落与聚落之间的有效联系，都是聚落空间管理的重要内容。

（三）生态环境管理

聚落生态环境是农村生态环境的重要组成部分，对聚落生态环境的管理应当成为农村生态环境管理的重点。过去，我国生态环境保护与环境治理，过多集中在城镇为核心的点源污染治理以及城镇生态环境的改善上，农村聚落生态环境建设被长期忽视，以至于形成城镇与乡村二元生态结构，城镇生态环境越来越好，农村生态环境越来越差，乡村聚落污染被严重忽视。环境政策上也沿用城乡分治办法，污染企业搬到农村，特别是西部农村。山区聚落环境面临两种情况，一是环境污染，主要是水体污染、大气污染、固体废弃物污染、噪音污染和农田土壤污染；二是生态环境退化，表现为森林缩减、林种结构单一、草地过载等生态环境退化，使山村与森林的距离越来越远，陡坡垦荒、毁林开荒等使大量边缘土地转化为陡坡耕地。环境问题的产生，既有聚落自身的问题，如垃圾随处堆放，化肥农药地膜大量使用，牲畜粪便污染，以及生活能源等导致的，还有些来自于外界的污染，如污染企业的迁入、旅游者的入境等。为改变山区聚落的生态环境问题，国家先后在村级实施生态村建设、生态家园建设以及沼气建设等项目，极大地改善了农村聚落生态环境。但是，受制于聚落管理水平的落后以及聚落民众对聚落生态环境建设的认识偏差，这些生态建设总是以“运动”形式出现，并演绎为一种“达标”工作，聚落民众没有真正认识到这些工程所带来的实实在在的好处，而且项目一结束，就失去了生命力。如沼气项目，从 20 世纪 70 年代就开始推动，到现在也没有被广泛接受。又如“生态家园建设”项目，部分乡村发展演变为乡村住宅外墙粉刷运动，墙壁虽然洁白了，屋内依然如故，引起群众的反感。

生态环境管理是山区聚落的自律行为，必须建立在聚落需求的基础上，以聚落自身的约束与发展为主，任何外力的影响都不可能长期持续。但聚落生态环境管理，又离不开政府的支持与舆论的引导。政府的支持，可以成为拉动民众维护生态环境的杠杆，如退耕还林等，政府少量的补助就推动大面积的生态退耕，但仅靠政府的支持是不能持久的。来自舆论的导向，可以提高村民的环保意识，将污染企业拒之于门外。聚落生态环境管理不仅仅是污染的治理和植被的恢复，更多是将聚落生产废弃物转变为投入物，建立起循环利用的生态产业发展模式，营造清洁、健康、安全的生产与居住环境。

（四）资源资产与项目管理

聚落最重要的资产是土地以及在土地上生活的聚落民众。对土地以及其他资源的管理，过去、现在和将来都是聚落管理的重点。尽管经过了 20 多年的农村改革，农村市场经济发展水平也明显提高，农民的生活水平显著改善，但对农民而言，土地所体现出的保障功能仍然十分明显，在缺少完善的社会保障制度时，离开土地的农民仍然是很危险的。所以说，土地是农民的生存之本。对土地资源的管理，将是山区聚落管理的重要内容，涉及聚落能否持续发展。

在完全免除农业税之后，传统意义上将土地划分为口粮地与承包地，已经失去意义。承包地与口粮地一样，不再负担农业税，在这种情况下，如何有效管理土地资源、保障新增人口的土地使用权，成为新形势下面临的新问题。特别是中央提出缩小城乡发展差距，在统筹城乡发展和新农村建设的现实情况下，村组归并、乡镇合并等不可避免，在村组归并过程中，土地资源如何在新村进行有效整合，如何集中设置中心村等，都是聚落土地资源管理面临的新问题。成都市在实行城乡一体化的过程中，配合农村居民新村的建设，将口粮地之外的农耕地集中，实施标准化整理，并委托农业产业化公司租赁开发。原有的村域地域界限被打破，土地收益重新在归并后的农户之间进行分配。如果不能有效管理土地及其收益分配，很可能引发新的社会矛盾。

除耕地资源外，草地、林地等则是山区聚落的重要生计资源，对家庭贡献率甚至超过耕地贡献率。对草地、林地资源的管理，一直是山区聚落管理的重点。绝大部分山区聚落，聚落集体经济发展完全依靠所掌握的林地草地资源。

发展项目是聚落发展的重点内容。聚落内实施的项目内容比较多，有来自上级相关部门所实施的项目，如农业项目、牧业项目、水利设施项目、村道建设项目、林业项目等，还有聚落为发展集体经济所实施的项目，如兴办集体牧场、农场、林场，以及集体开矿等，这些项目的管理也是聚落管理的重要组成部分。

（五）人口管理

控制人口数量、提高人口质量是我国的基本人口政策。培养新型农民又是新农村建设的基本要求，因为新农村建设必须以一定数量的、较高素质的人口为基础条件，也只有一定的人口质量作基础，才能达到“村容整洁、乡风文明、管理民主”。尽管传统村落管理也非常重视人口的管理，特别在人民公社时期，人口特别是有劳动能力的人口，被严格管理起来。在“乡政村治”时代，人口管理集中在生育管理方面，即计划生育控制上，村干部以及乡镇计生专干采取“刮宫引产”方式强制杜绝超生人口，对超生户采取“赶猪牵羊”等抄家手段，收取计划生育罚款。这是传统乡村管理中最基本的人口数量控制手段，也是各地广泛采用、行之有效的手段，这种偏激的做法也同样激起村民与村干部之间的极大矛盾。相比较而言，对提高人口质量所作的努力，则主要集中在民办公助的村小、幼儿园以及借助上级政府开展的各种季节性农民技术培训活动，这些活动具有时效性、针对性等特点，缺少以村落为基本单元的人口综合素质培训活动。

在一些经济比较发达的村落，集体经济比较好，在提高人口素质方面也取得可观成效，如华西村、南街村等，从幼儿园、小学到中学、技校乃至于大学，都倾力投入。部分少数民族地区，以寨子为单位开展文化娱乐活动，比如转山会、安巴节、赛民歌以及骑马摔跤等，以提高寨子的凝聚力，并弘扬了传统文化。随着经济发展与乡村居民生活水平的提高,各类丰富村民文化生活的活动也不断开展起来,传统文化又再次获得青睐。提高人口质量,丰富村民的文化生活,应该是聚落管理的重要内容。聚落人口管理,不仅仅是人口数量控制、人口文化素质提高,还包括健康水平提高。通过举办各层次适合村民参与的集体活动、建立健全集体活动室以及定期健康检查等,保障村民强健的身体,提高村民的健康水平。聚落人口管理是开放的管理,不能采取传统的封闭式管理,限制聚落人口之间的流动。人口只有不断流动,才能促进聚落的更快发展。

(六) 日常事务与文化管理

山区聚落是由不同家庭聚族而居的结合体,依靠相关的组织与制度维系。聚落不仅要维系内部协调和谐,还要负责对外联系,保持与外界的正常的信息、能源、物资、人员等交流与沟通,这就需要进行协调与管理。聚落日常事务管理包括纠纷调解、社会治安以及资产处理等问题。

目前,各地试点实施的参与性资源管理办法与措施,可以为今后聚落资源资产管理提供一些有益的借鉴。资产资源管理由于涉及个体利益,特别是管理者的利益,历来都是国家强调的重点,并为此出台许多政策措施,保障村落资产的完整性、村落经济的透明性,但也是乡村管理中问题最多、引发村民与自治管理者对立的重要原因。

聚落文化不仅包括建筑文化,还有归属文化、生育文化、制度文化等等。在我国农村土地集体所有制的制度规范之下,只要村民还在从事农村劳动,还在农村集体土地之上居住,那么,就必须服从一种社区归属,一种由若干聚落结合在一起形成的聚落社区。无论你搬迁到哪一个地方,都是某个聚落特定的成员。其身份将长期保留,除非该村民变成城镇居民。这就是聚落社区的一种强烈的认同文化。生育文化是聚落重要的一种文化伦理观,尽管农村地区的生育观念非常相近,但不同聚落的生育文化还是有相当大的差异。这种差异的形成,更大程度上取决于聚落管理。健康先进的生育文化,依存于聚落管理水平的高低。

二、山区聚落管理的常用手段

(一) 规划手段

规划管理是有效调控山区聚落体系结构的基本手段。那么,什么是规划?规划是一种运用科学方法改善技巧的艺术,其艺术性在于因地制宜,善于处理。规划工作的实质是从事将来环境变化的设计,核心概念是面向公共利益的社会幸福。规划必须建立在对环境内部相关事物广泛理解的基础之上,规划的实施依赖于政治决策以及法律和管理程度。其最重要的特征就是对未来的导向性。由于我国山区聚落长期形成的无序发展局面,加强规划管理,对于建设和谐社会、小康农村与新农村,具有重要意义。

村落规划不是土地利用规划,也不是小城镇建设规划,更不等同于村落建设规划,它是多种规划的集合体。要使规划成为聚落管理的重要手段,规划自身必须有前瞻性、可操作性以及灵活性。支撑聚落有效管理的规划主要包括以下几方面。

聚落体系结构布局规划。这一规划主要对一定区域范围内的聚落体系结构,进行合理布局,以确定聚落与聚落之间距离、不同聚落功能以及发展规模,形成一个结构合理、功能互补的聚落体系。所谓聚落体系结构,就是在一定区域范围内,以集镇为中心,由集镇、中心村、基层村等居民点按照一定的层次、功能、空间结构组成的有机整体。在这个有机结合体中,首先要确定具有区域经济社会带动作用的中心镇及其规模,以及与中心镇相匹配的次级集镇位置和所联系的村落。村落的规模、大小以及功能等,要既有特色,又要与上级集镇有效互补。对于一定区域内极度分散的聚落,要进行适当调整。开展村落体系结构布局规划的重要一步就是根据规划中的村落性质、发展规模、用地结构等,对某些村落实行撤并,做到适当集中。这是复杂而又艰巨的一步,是整个村落规划中的重要部分。在传统的村镇总体规划及建设上,往往重视镇及集镇的建设、规划,忽视对村落的布局规划,有漂亮的小城镇,也有落后的村落与之配套。而且,传统的以乡建镇的小城镇发展模式,也出现许多不经济的方面。不仅是聚落体系的合理布局,还要考虑到生产用地、基础设施、聚落与聚落之间的联系与交流等方面。这一工作,往往不能由单个的聚落完成,应该由政府相关部门来进行,所制定的规划,要进行严格的论证说明。通过合理的聚落体系结构规划,要重点建设规模较大的中心居民点,限制规模较小居民点的发展,以实现村镇布局由分散到集中的过渡。对于自然条件好的地区,村庄分布散乱、规模较小时,可以考虑迁村并点,把居住分散、布局零乱的村庄合并成整齐划一并具有一定规模的村庄,既可以节约用地,又可美化村庄环境,改善农民的生产、生活条件与环境。

聚落发展规划。对村落发展的性质、规模、布局、土地合理利用等内容进行合理综合改建或建设规划。村落规划是村落发展史上具有重大意义的事件,村落规划对于村落合理布局、调整人和自然环境的关系、促进生产发展都有重大意义。发达国家在研究城市规划的同时,就研究了村落规划问题。村落规划的基本任务是做到村落的发展与社会发展相适应,有利于促进经济的发展;同时又要与环境相协调,做到可持续发展。

聚落产业发展规划。有产业才能形成集聚,依靠传统农业产业的山区聚落,只能形成较为分散的聚落群,不可能形成较为集中的、规模大的集镇。在农村改革开放后,农村早已摆脱纯农业时代,乡村非农产业产值早已超过农业,成为乡村人口的重要就业领域。但是,由于缺乏规划,非农产业的布局不合理,普遍存在"村村点火、户户冒烟",不仅对环境造成污染,而且还存在明显趋同特征,形成乡村非农产业发展之间的恶性竞争。聚落产业规划就是着眼于经济社会发展和地方资源特色,以农业及其衍生产业为基础,以一定区域范围内的聚落为具体对象,制定适合不同聚落发展的产业发展方向,做到一村一业,或一乡一业,实现规模化发展,从而加快各种生产要素的集聚。

乡村规划建设管理。这是一个庞大的社会系统工程,与广大农民的切身利益直接相关。因此，要加强乡村规划建设管理机构建设，努力造就一支适应发展要求的高素质管理队伍。一是要进一步建立健全乡镇一级的乡村规划管理所，做到机构、编制、人员、经费等的落实。最好是县级以下的乡村规划建设管理机构实行垂直管理，以减少地方和部门利益以及各种关系对乡村规划建设和管理的干扰。二是建议配置村一级的乡村规划建设管理员，纳入村级“几大员”的管理，以解决乡村规划建设管理中工作量大，管理跟不上的问题，适应目前乡村建设事业迅速发展的要求。

（二）制度手段

没有规矩，不成方圆。任何组织的发展都必须依靠一系列制度进行维系。制度，不仅包括成文的制度，还包括不成文的约定俗成；既包括国家支持管理乡村的输入性制度，如村民委员会组织法、中国共产党基层工作条例、村务公开等法律法规和政策，也有许多内生性制度，如村规民俗、族规家规等。这些制度，共同维系村落的稳定与发展，共同规范人们的行为，形成村落特有的村落文化与村落凝聚力以及由制度而衍生出的村落文化、村落建筑文化、资产管理文化、互动文化等。制度管理历来是聚落管理的重要手段，特别是在国家政权干预的情况下，运用一系列的制度，架空聚落管理阶层与聚落民众，直接干预基层运作。这种外生性制度是最常见的管理制度，根据其作用范围分为四类。

第一类，聚落组织及功能的法制化管理，核心内容是聚落事务由聚落居民自主管理。1998 年 11 月 4 日通过并实施的《中华人民共和国村民委员会组织法》是从法律的角度对聚落社区内的村民委员会及村民小组的地位及功能予以认定。村民委员会属于村民自治组织，由村民选取产生，负责管理村域范围内的社会稳定与进步事务，支持村集体经济组织的发展。村民自治是村民通过自治组织依法管理与村民利益相关的村内事务，实现村民自我管理、自我发展和自我服务。它既是村民依法自主管理本村事务的基层民主制度，也是新的历史条件下农村治理的一种重要表现形式。村民自治组织的形成，采取村民自愿的原则，其范围可大可小，习惯上还是沿袭原生产大队的地域范围。由于村民自治组织的主要负责人（村长、村会计等）的月补助由财政解决，在免除农业税之后，地方财政负担增加，各地又开始通过村组合并的办法，扩大村民自治的区域范围。

第二类，聚落经济组织行为的规范管理，以建立公开透明的农民合作经济和集体经济，减轻农民负担。主要制度包括财政部《村合作经济组织财务实施制度》和《村合作经济组织会计制度》（试行）；中共中央、国务院“关于切实做好减轻农民负担工作的决定”（1996 年 12 月 30 日）；《村集体经济组织财务公开暂行规定》（1997 年 12 月 16 日）；中共中央办公厅、国务院办公厅《关于在农村普遍实行村务公开和民主管理制度的通知》（中办发〔1998〕9 号）；中共中央《关于健全完善村务公开和民主管理制度意见》（2004 年 6 月 22 日）。从制度上规范聚落经济组织的行为，为聚落经济发展提供制度保障。

第三类，聚落土地及相关资源管理。对土地的追求是中国历代农民运动的根本宗旨。农民土地经营权的相关政策主要体现在有关的法律法规之中，主要有:《中华人民共和国宪法》、《中华人民共和国土地管理法》、《中华人民共和国森林法》、《中华人民共和国土地承包法》等，以及国家对征用土地的补偿条例、宅基地管理办法等。这些法律法规对农村聚落土地的所有权主体和经营权进行了严格规定。

第四类，聚落生态环境保护管理。农村生态环境日益退化，严重危及农村聚落长远发展，危及城镇生产生活。对聚落生态环境建设与保护的相关管理措施主要有《野生动物保护法》、《自然保护区管理条例》、《水土保持法》、《天然林保护工程》、《退耕还林条例》等，并对山区聚落发展产生至关重要的影响。许多研究指出，天然林资源保护工程名为国有天然林资源保护和国有森工企业的职能转换，实际上林区聚落社区的发展同样受到严重影响，不仅集体天然林不能采伐，而且与木材采伐、加工相关的集体企业与个体企业也同样关闭转产，运输木材的车辆或闲置，或处理，伐木工人回乡，严重影响对森林资源依赖较高的人口的生存质量。

（三）村落制度（包括习俗、民俗）手段

国家制定的相关法律法规与政策制度等，是从大的方面来管理农村社会，促进农村社会的协调发展，但不能具体规定每个村落怎么管理。正如在相同的土地承包办法下，不同村落对此法的执行也是不一样的，有的村不断调整土地，有的村从第一轮土地承办后就没有再进行过类似的调整；有的地方采取将土地全部承包到户，不留公地的办法，有的村则留下许多公地，有的村甚至将土地再集中起来，发展集体经济。因此，相同的政策制度不同的发展范式，关键就是村落将相关政策、制度与村落具体情况相结合，形成所谓“内生性制度”。这种内生性制度是国家政策与村域文化、资源、人口、宗教等结合所形成的产物，是具体指导村落发展的规章制度，包括村规民俗、道德规范、传统习俗以及各村落自行制定的相关制度，如土地分配管理办法、集体林副产品采集办法等。这些制度规定，才实实在在地影响着村落的发展，并形成村落特有的文化特色。对这些特色文化的保存，才形成今天引以为豪的古村落、明星村等的发展模式。

如果说，市场经济的影响与城市观念的扩散，已经将城市郊区、经济发达地区村落管理制度化并形成许多规章制度。那么，在相对偏远的山区聚落、少数民族聚落，村落管理则更多依靠习俗、传统规范等维系，并体现在聚落生态环境保护上。

三、参与式管理的理念与思路

应该说，管理是依靠制度维系的。没有制度的管理，不能称之为管理。我们上述所讨论的规划、制度等，实际上都是所谓的制度管理。关键是这种制度是如何得来的？是否体现被管理者的意愿，是否符合被管理者与管理者的利益？在传统的聚落管理里，往往采取一种自上而下的模式，通过上级政府的影响来管理村落，从而出现村民与上级政

府、村民与村干部之间的尖锐对立，许多管理制度都不能贯彻下去，许多支持村落发展的项目，往往以失败而告终。究其原因，就是我们的制度、所选择的项目，不为广大的村民所理解和接受，或者说这些项目和制度，偏离村民的实际需求。

村民自治，不失为一种好的村落管理理念。其本意是村落自己的事务自己管理，村落日常事务委托为村民所认可的代表管理。但是，在实际执行过程中，由于种种不可抗拒的力量，自治发生偏离，村民所选举的代表不能代表村民的利益，不能维护村民的利益，从而引发新的矛盾。参与式管理理念，就是赋权于民，让村民真正对村落发展事务当家做主。这一理念就是在国家制度约束下，将社区群众置身于社区发展的主体地位，让所制定的管理制度、规章条例、所实施的发展项目被社区群众所认可和符合村民利益。因而，这一发展管理理念自 20 世纪 70 年代末期提出以来，就得到相关国家、国际组织以及发展机构的认可，在发展中国家广为应用。该理念被运用在社区发展项目、农村发展项目的预调查与评估、林业项目、健康项目、生态项目等领域。这一方法之所以广为接受，主要是该理念所配套的一系列工具和手段能够有效保障聚落民众的广泛参与，使村民的意愿得以体现。其理念和方法，可以在聚落管理中得到广泛使用。表 7.3 列出参与式管理常用工具及运用范围。

表 7.3　参与式管理及常用工具

常用工具	背景	生产/生活	自然/社会资源	约束、问题、发展机遇
资源分布图(mapping resources)	·		·	
剖面图(transect mapping)	·	·		·
农事与非农事活动季节分析(seasonal analysis)		·		·
历史趋势图(trending diagramming)	·			·
排序或矩阵排序(matrix ranking)		·	·	·
财富排序(wealth ranking)		·		·
社会关系及组织机构分析(social diagram and grass-roots analysis)	·		·	·
产品市场分析(marketing analysis)		·		·

常用工具说明：

资源分布图。聚落资源分布与利用图是聚落居民对其朝夕相处的环境状况的描述，是最常用的聚落评估资料收集方法之一，反映聚落的基本组成要素，包括农户平面分布、道路走向、公共设施(学校、医疗点、集体活动室、市场等)、耕地、林地、牧草地、水源、聚落边界等，便于快速、及时了解聚落的基本情况与特征，为进一步的聚落调查提供帮助。

剖面图。剖面图能够反映聚落周围的立体特征即垂直地带性，特别适合山区地形。通过对聚落边界内的土地状况进行从高到低的描述和绘制，反映不同高度带和生态环境条件下的土地利用特点以及存在的问题，以帮助聚落的管理者和外来参与者直观判断聚落现状，理解聚落的特征。

农事与非农事活动季节分析。农事与非农事活动季节分析工具以时间为基础，根据聚落的农事和非农事活动情况，反映不同时段聚落的主要生产活动、劳动力流动、农作物生长及收获状况、家畜生产以及影响民众生产生活的相关信息，如降雨时空分布、自然灾害、资金状况等，便于聚落发展项目的设计。此外，通过农事活动与非农事活动季节分析，人们还能够清楚地了解不同时期内生产和消费方式、粮食储备状况、资金供给状况等，使聚落发展与管理计划更具有针对性。

历史趋势图或历史大事记。历史趋势图是以图或表的形式反映聚落历史上所发生的重大事件及其产生的影响。所不同的是，趋势图是以图的形式反映历史大事件对聚落的生产、生活、资源利用变化、新技术推广等方面的内容，而大事记是以表的形式反映不同时期聚落发生的大事件以及这些事件的影响。

排序或矩阵排序。排序是指通过打分、投票或者排序，综合聚落民众的意见，将排序的事物按照优先顺序排列起来的过程。矩阵排序是要求参与者通过横向和纵向的比较来评判和打分，从而综合出参与者的优先选择结果的过程。它能够反映聚落民众对所发生的事情或将要发生事情的评价、偏好或认知程度，也能反映村民对当前发展问题的态度，主要取决于排序的内容。

财富排序。聚落并非同质社会组织，农户与农户之间不仅存在明显的经济收入差距，在聚落中的社会地位也有很大不同。由于这些不同（差异），其农业资源利用方式、对共有资源的依赖程度也是有很大差别的，他们所希望的发展项目与目标也存在明显的不同。而且，在相同的自然生态环境状况下，发展差异存在亦为寻找发展项目提供思路。

社会关系及组织机构分析。聚落首先是一个地域活动组织，不仅聚落内部有各种社会首属群体、有社会基本单元——农户，而且还有聚落管理组织、经济组织以及各类非正式的宗族、宗教组织。此外，无论是封闭的聚落、开放聚落，都将融入社会大系统，进行物质、信息、资金、人才等交换和流动，有来自政策层面的信息、技术层面的信息，有各种资金、物资的进出。因而，聚落社会关系及组织机构图谱能够揭示聚落发展原因，帮助聚落寻找相关的社会资源。

产品市场分析。市场分析广泛运用于聚落发展与管理中，是对聚落主要产品（农产品、林副产品、畜产品、手工工艺品以及旅游客源地等）的市场流向进行调查分析，从而发现聚落产品市场流通各环节存在的问题和潜在机遇，为聚落长远经济活动提供决策依据。

第五节　聚落管理中的政府职责

一、聚落管理为何需要政府介入

第一，山区聚落管理是新农村建设的重要切入点，而新农村建设以政府为主导、农民为主体。政府的主导不能面对千家万户的农村家庭，只能以山区聚落管理组织为载体，以聚落为单元，有效推动农村建设，特别是国家对农村地区的基础设施建设、公共产品投入等。否则，直接面对农村家庭，不仅不可能，而且还将增大社会操作成本，造成乡村社会管理混乱。另一方面，乡村基础设施的建设、公共产品的投放，也必须以一定规模的聚落为对象，不能以农户为单元实现路通、水通、电通等基础设施入户，否则不仅会加大农村基础设施供给成本，还会降低土地利用效率。以一定人口规模的聚落为对象，改善基础设施供给，就必须建立健全聚落管理，以有效管理为实施前提。我国“十一五”规划中制定2010年基本实现乡村道路水泥化和油化发展目标，这一目标的实现必须以有效的聚落管理为载体。只有聚落管理与政府主导相结合，新农村建设才能取得满意成效。

第二，尽管我国乡村劳动力大量转移到城镇务工，每年为乡村带来大量的务工收入，在劳务输出大县，务工收入早已超过当地财政收入。但是，这些收入对于改善山区农村基础设施、发展农村经济而言，仍然是杯水车薪。山区农村的发展，还必须依靠国家的政策扶持和财政投入。缺少国家投入，农村管理工作也将难以为继。

第三，山区聚落管理缺乏必要的财政支撑，管理也将是一句空话。我国山区聚落不仅面临严峻的负债压力，而且在农村税费减免以后，绝大部分地方，依靠税费维持的聚落集体经济陷入困境，许多事务性工作由于缺少经费而搁浅。特别是聚落体系规划、发展规划等，缺少经费支持，这方面的工作将不能有效开展。在这种情况下，建设社会主义新农村，实现村容整洁、减少农村住宅占地等，都将是一句空话。要提高聚落管理效率，必须有国家财政的大力支持。

第四，山区聚落管理，贵在制度的贯彻和执行，贵在制定有效的、针对性的聚落管理制度。从我国乡村社会组织变迁以及经营管理制度的演变来看，国家制度调控是十分关键的。各类聚落管理制度、规章以及习俗等，都是在国家制度框架下，根据各地的实际情况制定的。目前，尽管国家已经制定大量有关农村发展、农村经营管理的法规、条例、政策和制度，但与农村经济社会的发展相比，仍然有许多亟待改善，许多新的制度和法规需要制定。因而，国家通过制度、立法等引导农村聚落管理，仍然是十分关键的。

二、聚落管理中政府职责定位

在山区聚落管理中，政府的职责如何定位，从哪些方面介入？这是一个值得探讨的问题。由于我国从中央到地方，实行五级行政管理体制（即中央—省（自治区、直辖市）—市—县（旗）—乡（镇）），各级政府所面对的对象有别，所承担的职责不一样，其介入山区聚落管理的方式也不一样。总体上看，政府在乡村管理中具有主导作用，要根据社会经济可持续发展的要求，制定符合乡村社会发展的游戏规则，并通过一系列的制度性安排，确保这些规则的有效实施。这些制度性安排，包括相关的制度立法、收入分配等，并通过发挥国家的公共财政管理职能，对乡村公共产品进行资金供给，以改善农业生产环境，提高农民收入水平，实现乡村社会有序、健康、持续发展。

（一）制度、政策管理

不管大小、层次，作为政府，其重要职能之一就是制定符合社会发展的游戏规则，并通过制度安排确保规则能够有效实施。这一点，可以从前面叙述乡村管理变迁中得到证实，无论是采取农业合作化、人民公社、乡政村治，还是现在提倡的新农村建设，都是政府制度安排的体现，这种制度安排也是根据不同时期农村、农业在社会经济发展中职能的体现而形成的。今后，特别是在全面小康建设、和谐发展过程中，政府通过一系列的制度安排、政策调控，来影响乡村管理走向，来消除城乡差别，来体现社会公平。这正如新农村建设中一再强调的三句话，即“农村经济的发展”、“国家的政策扶持”和“社会的广泛参与”，国家的政策扶持实际上就是制度安排的结果，国家通过合理的制度安排，促进农业、农村、农民“三农”问题的解决。近两年，最为有效的制度安排有：①全部免除已实施了 2 000 多年的农业税制度；②农村 9 年义务制教育免除学杂费，贫困地区还免交书本费；③农村集体供养的“五保户”变为财政供养；④村官补贴由财政直接补贴。这些制度安排，不仅大大减轻农民负担、增加农民收入，还直接促成山区聚落管理职能的部分转变，传统的催粮催款职能被新的职能所替代。同时，面临新的制度安排，又需要有一系列的制度与之配套，这些都需要各级政府提出相应的制度安排，确保农村经济社会协调发展。

（二）服务管理

无论面对农村还是城镇，政府应该以服务为主，而不是以生产及追求 GDP 为主。在山区聚落管理中，政府应该提供什么样的服务呢？除前述提及的制度规范外，要提高山区聚落管理水平，实现“民主管理”，与政府服务是分不开的。①乡村组织管理人力资源建设。农村基层管理人才短缺突出地反映为干部低文化结构、思想僵化、年龄老化的现状。据江西上饶市委组织部对 52 个乡、749 个村的调查，55 岁以上村干部 335 名，占总数的 7.7%；小学以下文化程度的 636 名，占总数的 13.77%；高中文化程度 1 334 名，占总数的 30.16%；大专以上文化程度的仅有 37 名，占 0.85%[17]。这种乡村干部素质状况，进行正常的自治管理都明显不适，更不用说进行新农村建设。面对这种乡村管理人才队伍现状，政府依托所掌握的人才、资金资源等，特别是覆盖乡村的各种职能部门，提供相关的组织管理人才培训，以提高基层管理者素质。②农民培训服务。我国乡村人口素质低是制约乡村发展的关键，受素质低下的影响，务工农村劳动力只能在城市从事报酬低下的工作，依靠体力挣钱，一旦失去劳动能力，就很难在城镇生存下去。据河南省对外出务工人员的抽样调查分析，全省 1 300 多万外出务工人员中，高中毕业生只占 10%左右，初中毕业生占 30%，小学毕业生占 30%，还有相当一部分为文盲，并且 80%以上的人口没有受到过相关技能培训。这种情况就要求政府提供免费的培训，以提高农村人口的素质。③公共产品供给服务。长期依靠聚落解决村落公共产品(道路、活动室、清洁水源、光缆、电、水等)是不合理的。城镇聚落的公共设施由政府承担，从未有过街道办事处“修路架桥”等先例，却有农村社区自行“修路架桥建学校”的事实。这一点，是约束山区聚落发展并造成聚落严重负债的最主要原因。政府作为管理国家的代表，具有调节收入分配等基本功能，解决公平是其本质。农村占据全国大部分地方，对农村的发展，政府具有义不容辞的责任，着眼点不应该是结构调整，不是安排村民种什么？怎么种？而应该是为村民的生产发展和居住环境改善创造条件，为农村聚落提供必不可少的公共产品。只有这样，聚落才能实施有效管理。当然，政府的供给不是无条件的，必须优先满足规模性聚落发展需要，对自然村落（小规模）的公共产品供给，只能采取村落合并的办法，优先照顾大村的发展。也不是所有的农村公共产品都由政府解决，大包大揽的做法同样不可取。④规划服务。我国山区聚落分散、无序、基础设施差，很大程度上是政府规划滞后的结果。目前，国家既然提出新农村建设，提出20字的新农村建设目标，以及到2010年全部解决乡村道路问题，规划服务就愈加重要了。应该说，规划是山区聚落管理的基础，没有规划，就好比缺少目标，山区聚落管理就不可能有前瞻性，聚落发展就不可能具有持续性、开放性和协调性。与山区聚落管理、新农村建设有关的规划，应该是综合性发展规划，是一个以一定区域范围内的聚落体系合理布局的规划，是超越村落地域界限的规划，只能由政府组织相关人员在充分尊重群众意愿、吸收村民参与的条件下制定，以指导聚落发展管理。作为山区聚落发展不可缺少的基本条件，规划理当由各级政府提供，属于一种服务性产品。⑤管理绩效评估服务。“乡政村治”管理模式将是我国山区聚落管理的一种长期模式，对于村治绩效评估，尽管有村民委员会组织法及其他相关法律作指导，但在村治过程中，受许多因素控制，除换届选举外，很难对这种绩效进行评估。作为乡镇政府，应组织村民开展相关的管理评价活动，及时监督和纠正相关的错漏。

（三）政府介入山区聚落管理的方式

实际上，在山区聚落管理中，制度性介入是政府最基本的管理介入。正如前述反复讨论的，政府通过各种制度安排，影响山区聚落管理所依存的组织资源，影响聚落对各类资源的管理与控制。这一点，我们将不再讨论。这里，重点讨论政府通过项目介入、工作安排、业绩考核对聚落发展的影响和管理能力的考验。

项目（资金）介入。所谓项目介入就是政府通过农村发展项目对山区聚落管理的认证和考验。“三农”问题是我国经济社会发展的关键问题之一，每年国家通过各种渠道和途径，实施大量的项目来刺激乡村经济社会的发展。这些项目有公共产品供给项目、农田水利以及生产布局调整等，项目组织和实施对山区聚落管理能力有较高的要求，因为这些项目均要求地方、基层有一定的配套，到聚落层面则要求提供土地、劳动力等投入，那么缺乏有效管理能力的村落，很难获得发展项目。随着国家一系列惠农政策的实施，还将有更多的项目、资金流向农村，对山区聚落管理能力的要求会更高。通过项目介入乡村管理的方式也将会长期存在。

工作安排。在我国自上而下的行政管理体制中，上级有各种各样的职能部门，有不同的工作安排，如医疗卫生部门、计划生育、社会保险等，不同的部门有不同的工作安排，这些工作最终将落实到具体聚落，由聚落管理人员负责落实到户到人。这种大量的工作安排，也会对聚落管理形成干扰与影响，甚至会主导聚落管理。

业绩考核。激励竞争机制不仅在市场经济领域广为使用，也逐渐引入政府管理中。为完成各类项目、目标等，各级政府以及相关职能机构均制定奖励措施，并将这些措施与村管理人员的补贴等挂钩，从而影响村落管理。特别是在征收农业税费的时代，不少村干部实际上成为乡镇政府的代言人。这种业绩考核还将继续发挥作用。

三、政府参与聚落管理应处理好的几个关系

（一）政府主导但不能干预聚落管理

无论是乡村经济的发展，还是山区聚落管理，政府都是主导者，但不是主体。主体还是农村聚落自身。国家高度重视三农问题，也给予农村发展许多优惠政策和措施，但国家不能干预更不能剥夺山区聚落管理。从过去的经验来看，国家对乡村问题越是重视，越容易越俎代庖，直接指挥农村发展，干扰聚落正常的管理途径。在大力建设社会主义新农村的热潮下，部分地方已经凸显出政府建新农村、政府为主体的迹象，而真正的主体——农民缺位。政府应该摆正自己的位置，从制度、服务和资金使用效率等方面，引导、规范农村管理，从公共产品的供给上，为聚落管理创造制度环境。

（二）重视古聚落的发展与保护

传统聚落是中国先民长期适应自然环境的结果，具有鲜明的个性特征。这些聚落多保存在我国各山系和偏远落后的农村，如广西的岭南山区，就保存大量具有历史风貌和地域特色的聚落；西南横断山区，不仅是自然地理条件多样性最丰富的地区，也是传统山区聚落最具特色的地区之一。对于传统聚落的发展与保护，政府具有义不容辞的责任。随着我国城市生活不断向农村扩散和影响，以及村民生活水平提高后对住房改造的加快，乡村传统聚落正在被大量改造更新，聚落特色正在逐渐消失；如何保护这些濒危的、散落乡村的、孤岛式的人文景观资源，是各级政府应该高度重视的问题。不少古村落，在汹涌的市场经济和古村落旅游的浪潮下，正在逐渐消失，与古村落并存的村落文化也正在被人们遗忘。作为政府，有义务在发展聚落经济、提高人们生活水平的前提下，保护古聚落。

（三）审视和评估各项工程，减少工程建设对聚落与聚落管理带来的负面影响

各类农村发展项目与工程很多，诸如近几年大量实施的退耕还林、生态移民、天然林保护、整村推进扶贫等，本是一片好心，但在具体实施过程中，个别地方对聚落管理提出许多要求，有些甚至造成聚落管理人员与聚落民众之间的严重冲突，致使“惠农”工程演化为“坑农”工程。

参考文献

[1] 朱平:“乡村聚落的发展与保护”,《地理教学》,2005(2)。

[2] 荆学民:《组织行为学》,北京大学出版社,2003,21～27。

[3] 程同顺、赵映红:“中国乡村管理模式的回顾与前瞻”,《上海社会科学院学术季刊》,2000(1)。

[4] 朱守银、张海阳、阎辉:“农村税费改革试点和乡村管理体制改革跟踪研究报告”,《经济研究参考》,2003(40)。

[5] 毛丹:《一个村落共同体的变迁》,学林出版社,2000,129。

[6] 沈茂英:“岷江上游典型聚落非木质林产品开发利用调查”,《四川林勘设计》,2004(2)。

[7] 冯裕芳、张国祥:《户联责任区——农村管理模式的探索与回顾》,中共中央党校出版社,2004,7～8。

[8] 李程、从玉华、董伟等:“杨林桥农村社区调查:农村自治单元新裂变”,http://www.ccrs.org.cn。

[9] 见文献[5],85。

[10] 阎云翔:“从南北炕到单元房——黑龙江农村的住宅结构与私人空间的变化”,《中国乡村研究(第一辑)》,商务印书馆,2004,172～186。

[11] 交通部:《乡村道路管理条例》,2006年3月1日生效。

[12] 吕社奇:“浅析空心村现象的危害与根治”,《小城镇建设》,2003(8)。

[13] 王润雷:“全国村级债务形成的几个阶段及成因”,《中国农业会计》,2004(4)。

[14] 梁国志:“关于剑阁县乡村负债情况的调查”,《地方财政研究》,2005(5)。

[15] 任敏:“流出精英与农村发展”,《青年研究》,2003(4)。

[16] 李伟:“论人口流动对流出地农村村民自治的影响”,《云南行政学院学报》,2005(2)。

[17] 李涛:“重视乡村组织人力资源建设”,《老区建设》,2005(10)。

彩图 2.1　青藏高原山区聚落空中俯视图
（由拉萨飞往成都的飞机窗口拍摄　　王青摄）

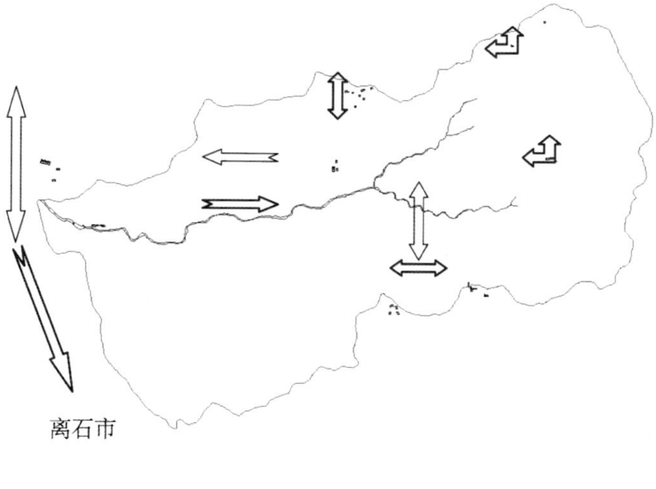

彩图 2.2　山西省离石市王家沟流域聚落分布与等高线叠加图

彩图 2.2　山西省离石市王家沟流域聚落分布与等高线叠加图(续)

彩图 2.3　云南省宁蒗县泸沽湖落水村（临湖聚落）

彩图 3.1　云南省怒江江边一侧山地聚落垂直分布（福贡）。图中有两个聚落：山上为二半山夷平面聚落；山脚下为怒江河谷阶地聚落。（王青摄）

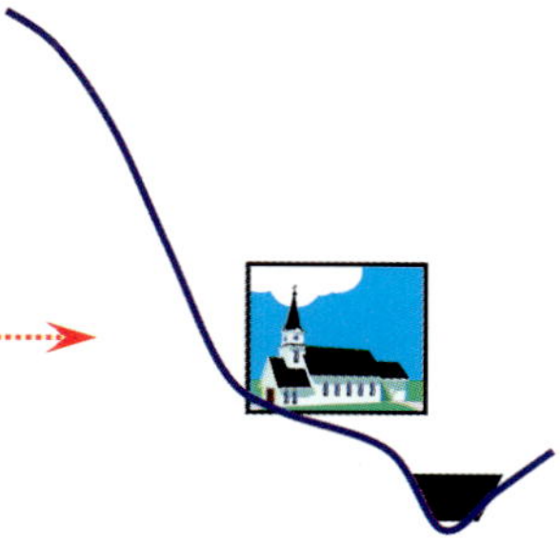

彩图 3.2　金沙江干热河谷区山区聚落。图中有两个聚落：山上聚落位于林带下方山坡缓平面；山脚下聚落由公路通向云南昭通市。(王青摄)

彩图 3.3　理想中的山区聚落

转引自《中国国家地理》2006，1:36。原名：中国人理想的阳宅模式：背山面水的小乡村。绘图／徐维亚

彩图3.4　四川省西南山地典型聚落景观——米易县新山傈僳族乡新山村（陈勇摄）

彩图3.5　四川省米易县新山乡麦地村景观（陈勇摄）

彩图 3.6　四川省米易县新山乡麦地村传统聚落建筑——土墙草房（陈勇摄）

彩图 4.1　四川省攀枝花市盐边县渔门镇高坪彝族村

彩图 4.2　黑龙江省大兴安岭地区漠河县北极村

彩图 4.3　黑龙江省大兴安岭地区漠河县北极村

彩图 4.4　黑龙江省大兴安岭地区森工聚落（漠河县金沟林场）

彩图 4.5　四川省攀枝花市盐边县二滩库区移民聚落（渔门镇就地后靠安置区）

彩图 4.6　云南省昆明市东川区铜都镇紫牛村大凹子组原聚落

彩图 4.7　山区居民生活燃料采集（云南省昆明市东川区铜都镇紫牛村大凹子组）

彩图4.8　横断山区聚落分布（四川省甘孜藏族自治州丹巴县梭坡乡）

彩图4.9　横断山区聚落分布（四川省攀枝花市盐边县彝族聚落）

彩图4.10　横断山区聚落“补丁式”土地垦殖（四川省阿坝藏族羌族自治州小金县）

彩图4.11　燕山山区聚落分布（河北省承德市隆化县）